Automotive
Electronic Control Engine

자동차 전자제어 엔진
이론실무

이 상 문 박 재 림
김 성 현 조 일 영 共著

 미전사이언스

자동차 전자제어 엔진

이론과

FOREWORD [머 리 말]

자동차의 주요 핵심장치 중 하나인 엔진은 성능향상, 안전성, 연비향상 등을 도모하기 위하여 대부분 기계적 시스템 보다는 전자제어화 되고 있는 추세 있다. 또한, 점차적으로 엄격해지고 있는 배출가스 규제에 부응하기 위하여 엔진제어의 정밀화 및 자동화를 위한 엔진 전자제어화 기술이 급속도록 발전되고 있으며, 각 부품 및 센서류의 다양화로 다소 구조가 복잡해지고 있다. 그리고 이와 같은 센서, 액추에이터 및 제어장치들에서 발생되는 고장 및 원인을 파악하기가 상당히 까다롭다.

그러나 자동차 전자제어엔진은 메이커에 따라 센서나 부품의 형상 및 구조는 다소 상이할수 있으나 근본으로 제어적인 부분은 비슷하다. 따라서, 이와 같은 엔진 전자제어시스템에 대한 구조 및 원리를 충분히 이해함으로써 이들 시스템의 고장진단 및 점검방법 등에 대한 실무적인 부분까지 이해하여야만 전체적인 전자제어 엔진시스템을 포괄적으로 파악할 수 있을 것이다.

본 교재는 오랜 강의와 실무 경험을 토대로 자동차를 전공하는 학생들과 현장에서 정비를 하고 있는 실무자 및 자동차에 관심이 있는 일반인들에게도 날로 발전하고 있는 자동차 전자제어 엔진 분야의 새로운 기술정보를 제공함으로써 전자제어 엔진시스템을 이해하게 하는데 그 목적이 있다.

또한 전자제어 엔진시스템을 정확히 이해하고 고장진단 관련 실무능력을 배양할 수 있도록 이론과 실무 내용을 동시에 기술하였다. 집필에 최선을 다하였으나 필자의 천학비재 한 탓으로 부족한 점이 많으리라 생각되며 미비한 부분에 대한 독자 여러분의 질책과 많은 충고를 부탁드리며 조속한 기회에 내용의 수정과 보강을 약속드린다.

끝으로 본 교재 출간을 위해 물심양면으로 애써주신 도서출판 **미전사이언스** 사장님 및 관계자 여러분에게 감사드린다.

2012년 6월

저자 씀

CONTENTS **[차 례]**

03 CHAPTER
전자제어용 센서의 작용 및 점검

04 엔진 ECU
CHAPTER

05 전자제어 시스템
CHAPTER

08 Hi-DS사용법
CHAPTER

01 전자제어 엔진의 개요

1. EMS(engine management system)

최근의 자동차용 엔진은 종래의 기계식으로 작동되는 시스템에 비하여 보다 효과적이고 다양한 외부환경에 적극 대응이 가능하도록 각 시스템이 전자제어화 내지는 자동화되고 있다. 따라서 과거 엔진에 비하여 출력, 성능, 연비, 에미션 저감, 각 부품의 신뢰성 등이 매우 향상되는 추세에 있다.

EMS란 아래와 같은 사용자의 엔진요구조건을 만족시키기 위하여 각 단품을 개발하고, 이 단품들을 조합하여 엔진의 전 운전영역에서 사용자의 요구조건에 적합하게끔 엔진을 제어 관리하는 것을 말한다.

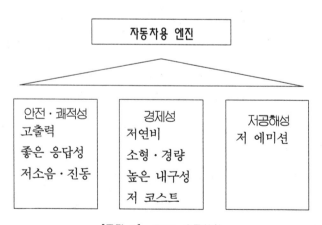

[그림 1] EMS 요구사항

일반적으로 엔진 개발 시 요구되어지는 조건은 다음과 같다.

① 엔진 성능향상 : 엔진 구동력 및 가속성능의 극대화

② 운행의 경제성 : 연료소비율의 극소화

③ 환경공해법의 적합성 : 유해배출가스의 극소화

④ 운행의 신뢰성 : 엔진구동 시 고장 및 A/S의 극소화

⑤ 안락한 운행 : 운행 시 엔진소음 및 진동의 극소화

현재, 자동차용 동력원으로 사용되는 엔진은 대부분이 왕복형 내연기관으로 1800년대 말기에 탄생한 이래 상기와 같은 엔진 요구조건을 만족시키기 위해 다양한 개발이 이루어 졌으나 그 내연기관의 근본적인 원리나 연소개념은 변함이 없다. EMS에 부응한 엔진의 개발과정을 2차 대전 전후를 기준하여 살펴보면 아래 표와 같다.

[엔진개발 목표 및 동향]

년 대	엔진개발 목표	엔진개발 동향
2차대전 전후	차량의 고속화를 위한 엔진	• 고속화를 위한 단행정 엔진 개발
1950년대	소형엔진의 성능향상	• 자동차용 가스터빈엔진 개발 • 로터리엔진 개발 • 가솔린분사시스템 개발 추진
1960년대	엔진의 고속화에 따른 내구성 향상	• 전자제어 연료분사장치의 실용화 • 내구성이 향상된 디젤엔진 개발
1970년대	오일쇼크로 인한 연료소비율 감소	• 터보차저를 이용한 엔진성능 향상 • 디젤엔진의 승용차량 탑재 • 엔진효율 증가를 위한 ceramic부품 개발 • 배기규제 강화에 대응한 엔진 개발
1980년대	엔진의 Speed/Sports화 요구대응	• FBC엔진의 개발 • 가솔린분사식 엔진의 개발 • DOHC엔진의 개발 • 산소센서, 촉매장치 등의 개발
1990년대	가솔린엔진 전자제어 가속화 디젤엔진 전자제어화	• 엔진제어용 정밀센서 개발 • 가변압축비 엔진 개발 • 가변 캠축 엔진 개발 • 린번엔진 개발 • GDI엔진 개발

년 대	엔진개발 목표	엔진개발 동향
2000년대	LEV, ULEV, SULEV 대응 엔진 개발	• Emission Gas 저감 시스템 개발 • LNG, CNG엔진 개발 • CRDI엔진 개발 • LPI시스템 개발
2010년대	환경문제에 대응한 대체연료 자동차 엔진 개발	• 하이브리드 전기자동차 개발 • 수소 자동차 개발 • 천연가스 자동차 개발 • 태양광 자동차 개발 • 전기 자동차 개발

2. 전자제어 엔진기술의 발전방향

앞으로 전자제어 엔진기술의 발전방향은 환경문제에 대한 대응기술은 OBD(on board diagnosis)기능의 강화, 연료소비량 감소에 의한 유해 배기가스 및 이산화탄소 배출량 감소, 청정 대체에너지의 이용 등이 주요 개발기술이 될 것이다.

OBD-Ⅱ는 기존의 OBD-Ⅰ의 연료계통, 산소센서, 배기가스 재순환시스템에 대한 진단방법을 개선하는 것을 포함하여 촉매컨버터의 효율, 엔진실화(engine miss fire) 등을 추가진단 항목으로 설정하고 이들의 진단방법을 표준화 하도록 의무화 한 것이다. 또 이를 더욱더 강화한 OBD-Ⅲ가 발표되고 있다. 낮은 연료소비율 자동차 엔진의 개발은 지금까지는 연료의 경제성 측면에서 검토 되었으나 앞으로는 이산화탄소 배출량 감소를 위한 측면에서 더욱 요구될 전망이다.

연료소비율을 낮추기 위한 기술은 부품소재의 경량화 및 새로운 소재의 개발과 희박연소 엔진의 개발이 요구되는 실정이다. 이를 위하여 실린더 별 공연비 제어기술과 희박연소 엔진의 제어기술, 가솔린 직접분사 방식(GDI : gasoline direct injection type) 엔진의 개발 등이 일부 실용화되어 사용되고 있다. 청정 대체에너지 기술은 하이브리드 자동차(hybrid vehicle), 전기자동차, CNG(compression natural gas)엔진, 수소연료전지 등의 개발이 주요내용이다.

이와 같은 배기가스 및 연료소비율 문제를 중요시하면서도 엔진의 출력성능은 운전자의 요구조건을 만족하여야 하기 때문에 전자제어엔진 기술은 매우 중요한 분야를 차지하게 되었다.

3. 가솔린 분사시스템의 개발역사

최초의 가솔린 분사장치는 1912년 독일의 보쉬회사(bosch company)에서 항공기용으로만 국한하여 개발하였으나 1930년대에 자동차에 적용하기 시작하였다. 1940년대에는 미국의 Hilborn과 Enderle가 경주용 자동차에 가솔린 분사장치를 적용한바 있다. 1947년경 트랜지스터의 개발과 각종 전자부품의 개발은 자동차용 가솔린 분사장치개발의 촉매 역할을 하였으며 수많은 연구가 행해졌다.

미국의 벤딕스(Bendix)사는 1953년에 Electrojector(electronic injector) 개발 프로젝트에 착수하여 1957년경에 개발을 완성하였고 1960년에 독일의 보쉬(Bosch)사가 그 특허를 인수하여 자동차에 전자제어 가솔린 분사장치를 장착하게 되었다. 그 후, 1966년에 D- Jetronic, 1972년에 K-Jetronic이 개발되었으며 또한 반도체 기술의 향상과 전자제어기술의 향상에 힘입어 현재 많이 사용되는 L-Jetronic이 완성되었고 1979년에는 보쉬사의 모트로닉시스템(motronic system), GM의 TBI(SPI)가 탄생되었다.

1980년대에는 센서기술의 향상과 마이크로컴퓨터 기술의 향상 등으로 더욱더 신뢰성이 높고 성능이 우수한 가솔린 분사시스템이 개발되었다. 그리고 1995년에는 미쓰비시(mistubishi)사의 실린더 내 가솔린분사기술(GDI : gasoline direct injection)이 개발된 이래 급속도의 발전을 거듭하고 있다.

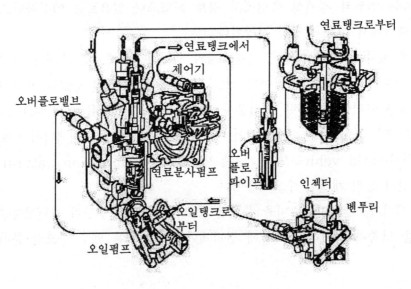

[그림 2] Gutbord 연료분사 시스템

연도 / 구분		40회[1993년(후반기)]	41회[1994년(전반기)]	42회[1994년(후반기)]	43회[1995년(전반기)]	44회[1995년(중반기)]
토공	일반토공			⑩토량환산의 L 및 C 값		⑳토공장비 운반거리 ㉑동결심도
	연약지반	⑳침하량 측정방법 ㉑연약지반 개량공법		⑩Preloading		
	사면안정					⑳Seed spray
	옹벽, 보강토					⑳정지토압
	건설기계			⑩불도저 작업원칙 ⑩Trafficability		
기초				⑩말뚝의 부마찰력 ⑩진공케이슨 침하공법 ⑩Guide Wall의 역할	⑳Cap Beam concrete	⑳기초의 허용지내력
콘크리트	일반콘크리트	⑳지름, 공칭지름 ⑳변동계수, 증가계수 ㉑안전성과 사용성		⑩PC강재의 Relaxation ⑩Creep ⑩철근 공칭단면적 ⑩골재의 유효흡수율 ⑩Cold Joint	⑳유동화제 ⑳해사사용 염해대책 ⑳알칼리 골재반응	⑳혼화제의 촉진제
	특수콘크리트					
도로				⑩CBR의 정의	⑳평판재하시험	⑳콘크리트포장 수축이음 ⑳Repaver와 Remixer
교량				⑩FCM		⑳용접의 비파괴검사
터널				⑩터널굴진시 Cycle 작업 종류 ⑩Shotcrete Rebound ⑩암반의 파쇄대	⑳NATM 계측종류, 설치장소 ⑳RQD ⑳규암의 시공상 특성	⑳암반발파시 자유면 ⑳암반 균열계수
댐				⑩Curtain Grouting	⑳Con'c 표면 차수댐	
항만						
하천						
총론				⑩PERT·CPM에서 Total Float		⑳공정관리상의 비용구배
구조계산 기타			※ 41회는 용어문제 미출제			

실질적인 엔진 전자제어의 시초는 1950년대이나 그 기본은 기계식 연료분사 제어에 있는 만큼 그 보다 훨씬 이전에 시작된 기계식 연료분사 제어(K‐제트로닉이라 함)의 역사부터 살펴보기로 한다.

1930년대 항공기 엔진을 대상으로 연료분사제어에 대한 연구가 진행되어 오다가 제2차 세계대전 기간 중 군용기에 사용한 것이 가솔린엔진의 엔진 연료분사 제어의 시초라 볼 수 있다. 그러나 이때까지도 자동차 분야에서는 연료분사 제어의 장점에도 불구하고 가격 대비 성능을 만족하지 못하는 단점으로 인해 사용이 유보되어 오다가 출력, 과도 응답 및 성능향상이 요구되는 경주용 차량에 1950년 말 최초로 실용화되었다. 양산 승용차 엔진에는 1950년에서 1953년에 걸쳐 Goliath, Gut Brod 양 회사가 2실린더 2행정 엔진에 사용한 것이 최초이다. 그 후 1957년 Benz사가 Benz 300SL(4행정 사이클 엔진)에 연료분사 제어를 사용하였다.

1950년대 판매된 가솔린 분사장치는 모두 디젤엔진용 분사펌프로부터 응용한 플런저 방식 분사장치로 보쉬(bosch)사가 개발하여 공급하였다.

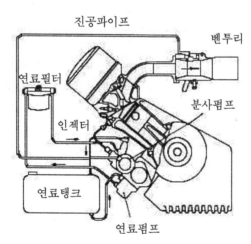

[그림 3] Benz 300SL 연료분사 시스템

1958년 발표된 Benz 200SE에 설치된 연료분사장치는 기계식 제어이긴 하지만 흡기다기관에 그룹분사(group injection)로 분사하는 방식이 사용되었다. 또한 시동 인젝터(start injector)와 온도‐시간 스위치(thermo‐time switch)에 의한 시동방법, 시동 및 웜업(warm‐up)에 따른 공기의 증량, 흡입공기 온도 및 대기압력에 대한 공연비 보상장치 등이 도입되었다.

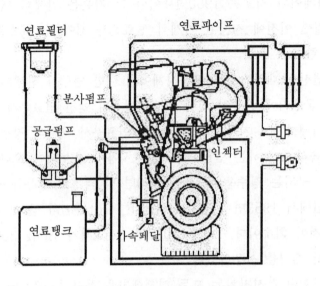

[그림 4] Benz 200SE 연료분사 시스템

하지만 이상은 기계식 제어시스템이며, 전자제어방식 연료분사시스템의 효시라고 볼 수 있는 것은 Bendix사(社)가 1953년에 개발에 착수해 1957년 발표한 전자분사 (electro injector) 방식이다. 이후 10년 뒤 1966년 보쉬(bosch)사가 개발한 D - 제트로닉(jetronic)은 많은 자동차회사에서 사용하면서 엔진 전자제어의 발전을 이루는 발판을 마련해 주었다. 여기서 우리는 잠시 보쉬사가 개발을 시작한 1962년 전후의 상황을 살펴 볼 필요가 있다.

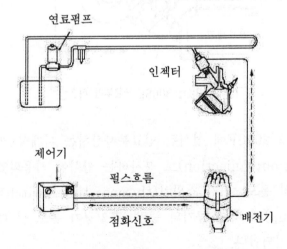

[그림 5] 초기의 전자제어 연료분사 시스템(electrojector)

자동차에 의한 대기오염문제는 1950년대부터 부각되기 시작하였고, 특히 1957년부터 1960년대 전반에 걸쳐서는 미국 연방정부 및 캘리포니아(california) 주 정부에 의한 오염조사 결과에 의해 배기가스대책을 자동차업체에 요구했으며, 1960년에는 캘리포니아 주에 자동차 배기가스에 의한 대기오염을 규제하는 법이 제정되었고, 1965년 7월부터 시행되었다. 그때 당시 고안된 배기가스 대책은 촉매방식, 후 연소(after - burn), 다기관 공기 분사(manifold air injection) 등 주로 후 처리에 의한 것이 대부분이었다.

한편 전자기술의 발전을 보면 트랜지스터는 게르마늄에서 실리콘 트랜지스터로 넘어가면서 가격이 낮아지고, 신뢰성이 향상됨에 따라 자동차부품으로 사용이 가능하게 되었다. 즉 이러한 배출가스 규제법의 등장과 전자기술의 발전에 따라 공연비 제어의 정밀도가 높은 D - 제트로닉이 등장하였다. 보쉬사는 D - 제트로닉 발표 5년 뒤인 1972년 매스 플로(mass flow)방식의 연료분사 형태가 다른 2가지 종류의 엔진 전자제어시스템을 발표하였다. 이 방식은 기계식 연료분사방식인 K - 제트로닉과 전자제어 방식의 순차분사방식인 L - 제트로닉이다. 이 방식들은 스피드 덴시티(speed density)와 같은 간접 공기량 측정에 비해 공기 유량계(air flow meter)로 직접 공기량을 검출하기 때문에 배기가스 규제를 만족시킬 수 있을 만큼 공연비 제어 정밀도를 향상시킬 수 있다.

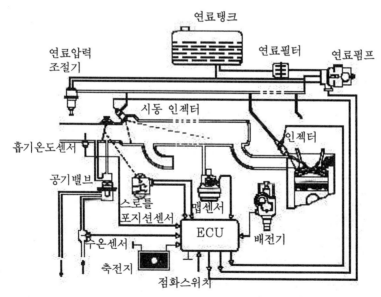

[그림 6] D-제트로닉 시스템의 구성

앞서 언급한 후처리 기술 이외에도 배기가스 규제에 대응하기 위해 도입된 기술로는 산소센서와 삼원촉매가 있다. 삼원촉매는 배출가스 중 유독성분인 HC, CO의 산화, NOx의 환원반응이 동시에 일어나도록 하는 촉매로 배출가스를 정화시키는 시스템이다.

그러나 이런 정화 성능은 공연비가 이론 공연비 부근의 좁은 범위 내에 있을 때에만 가능하며, 촉매 앞쪽에 산소농도를 산소센서를 이용하여 검출하고 연료 분사량을 피드백(feedback) 보정하여 이론 공연비 부근으로 유지시키는 제어방법으로 배기규제에 대응할 수 있다. 매스 플로방식에 산소센서를 이용한 피드백제어를 추가한 제어컴퓨터(이하 ECU로 표기)는 현재 거의 모든 자동차에서 사용되고 있다.

여기서 매스 플로(mass air flow) 계측방법에 대해 살펴보면, 보쉬가 발표한 L - 제트로닉은 베인(vane)방식이며, 1980년 MELCO(미쯔비시 전기)에서 칼만 와류방식, 1981년 열선(hot wire)방식이 히다치(hitachi)와 보쉬(bosch)에 의해 발표되었다. 다시 전자기술은 트랜지스터에서 IC(integrated circuit)로 발전하여 마이크로컴퓨터 시대를 맞이하게 되었으며 이는 『아날로그시대』에서 『디지털시대』로의 변천을 의미한다. 마이크로컴퓨터를 엔진제어에 사용한 것은 1976년 GM의 점화시기 제어(MISAR)이다. 이로 인해 기존의 기계식보다 엔진의 운전조건에 따른 정밀한 점화시기 제어가 가능하게 되었고, 이후 ECU는 연료분사, 점화시기 제어, 공전제어(ISC : idle speed control) 등을 조합한 총합 제어로 발전하게 되었다.

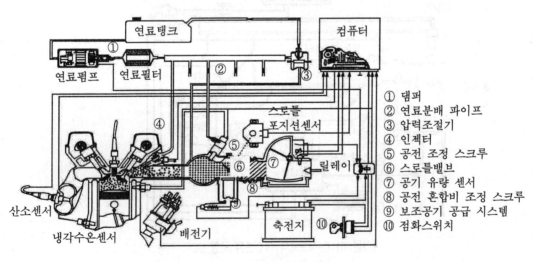

[그림 7] L-제트로닉 시스템의 구성

디지털시대에서 주목해야 할 내용은 다음과 같다.

① 연료 및 점화제어장치가 통합되어 운전 파라미터를 서로 공유하여 제어하는 장치가 증가하였으며 이로 인하여 출력, 연비 및 운전성능(drive ability)을 향상시킬 수 있다.

② 제어 정밀도 향상, 피드백제어, 학습제어가 가능하게 되었으며, 컴퓨터 내의 기억 시스템(memory)를 이용하여 목표 값으로부터 벗어난 값을 기억하고 이에 대한 적절한 조치를 하는 것이 가능해졌다. 매스 플로(mass flow)방식에 산소센서 피드백(O_2 sensor feedback), 학습 제어기능을 지닌 ECU는 1981년 도요타에 의해 실용화되었다. 학습제어를 사용하면 엔진 및 각종 부품의 노화(aging)에 의한 보정이 가능하기 때문에 각 제작회사에서 사용하고 있다.

③ 스피드 덴시티(speed density)방식의 발전이다. 마이크로컴퓨터의 출현에 의해 복잡한 제어와 자유로운 특성의 실현이 가능해 졌다. 엔진 회전속도와 흡기다기관 압력으로 표시된 운전 조건에 대해 필요한 연료량을 프로그램으로 정밀하게 제어 하는 것이 가능해 졌기 때문에 스피드 덴시티방식도 매스 플로방식과 거의 동등한 공연비 제어 정도를 확보할 수 있게 되었다.

④ 독립 분사방식을 사용한 희박연소(lean - burn)시스템의 등장이다. 1984년 도요 타는 스피드 덴시티방식의 T - LCS(toyota lean combustion system)를 실용 화 시켰다. 그 이후 연소 압력을 검출하고 공연비 피드백을 실행하는 연료 압력 센서(fuel pressure sensor)방식의 희박연소시스템(lean - burn system)를 시 판하였다.

현재 국내 차량에 적용되고 있는 가솔린 분사장치는 대부분 L-Jetronic을 기본으로 하고 있다. 전자제어가솔린 분사시스템은 각종 센서를 이용하여 기관의 상태나 주위환 경 조건 등을 감지하여 ECU(ECM)에 입력한 후 연산하여 기관의 작동 요구조건에 가 장 적합한 분사량을 인젝터(injector)를 이용하여 흡기다기관(MPI) 또는 실린더 내 (GDI)에 연료를 분사시킴으로써 기관 성능의 향상, 공연비의 향상과 함께 유해 배출가 스도 저감시킨다.

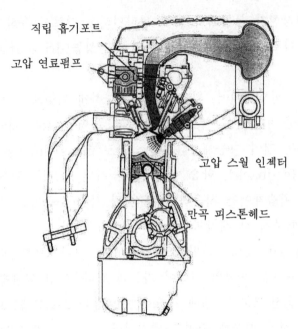

직립 흡기포트

고압 연료펌프

고압 스월 인젝터

만곡 피스톤헤드

[그림 8] GDI 시스템의 구성

[가솔린분사시스템 개발동향]

분사시스템 방식		개발목표 및 내용
기계식	1930년대	• 항공기엔진의 빙결현상 제거 및 출력 향상
	1950년대	• 일부 racting car에 적용 • 기계식 연료분사시스템 • 미세 공연비제어 기능 없음
	1958년	• Benz 200SE 차량에 적용, 그룹분사방식
전자제어식	1957년	• Bendix사 Electrojector 개발
	1967년	• Bosch사 D-Jetronic 개발
	1972년	• Bosch K-Jetronic, L-Jetronic 개발 • 산소센서, 삼원촉매 등의 개발
	1979년	• Bosch Motronic양산 • GM TBI시스템 개발 • Ford CFI시스템 개발
	1980년	• Melco Karman vortex식 AFS 개발 • 티타니아 산소센서 개발

분사시스템 방식		개발목표 및 내용
전자제어식	1981년	• Bosch Hot wire식 AFS 개발
	1987년	• Bosch Hot film식 AFS 개발
	1980년~1995년	• 엔진제어관련 정밀센서류 개발
	1995년	• Mitsubish GDI시스템 개발
	2000년~2008년	• LPI시스템 개발
	2008년~	• 하이브리드 전기자동차 시스템 개발 • 전기자동차 시스템 개발

4. 가솔린 분사시스템의 분류

4.1. 제어방식

4.1.1. 기계식 제어방식(mechanical control injection)

이 방식은 분사량을 흡기관 내에 설치된 센서플랩(sensor plate)에 의하여 연료분배기(fuel distributor) 내의 제어플런저(control plunger)를 움직여 인젝터로 통하는 통로의 면적을 변화시켜 제어하는 방식으로 기계식 연속분사방식을 말하며 Bosch사의 K- Jetronic이 여기에 해당된다. 국내에서는 적용된바 없다.

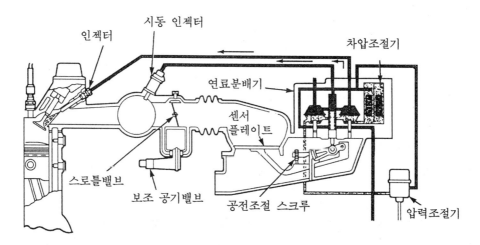

[그림 9] K-제트로닉 시스템의 구성

4.1.2. 전자제어방식(electronic control injection)

각 사이클마다 흡입되는 공기량을 기준으로 ECU가 각 센서를 이용하여 연료분사량을 제어하는 방식이다. D-Jetronic, L-Jetronic이 여기에 속한다. 현재 대부분의 전자제어 가솔린 분사식엔진은 L-Jetronic를 기본으로 하고 있다.

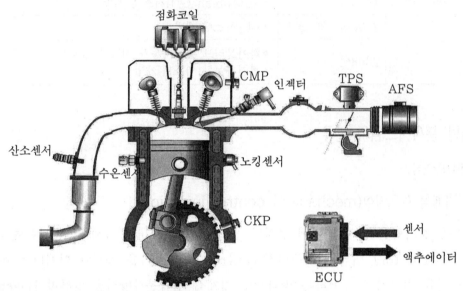

[그림 10] 전자제어 가솔린분사식 엔진의 기본구성

4.2. 분사위치

가솔린분사의 종류에는 흡기관 내 분사방식과 흡기포트 분사방식 그리고 최근에 개발된 실린더 내 분사방식이 있다. 흡기관 내 분사방식에는 기계식 연속분사시스템(K-Jetronic), SPI방식(single point injection or throttle body injection : TBI)이 있고 흡입포트 분사방식에는 MPI(multi point injection or port fuel injection : PFI)방식이 있다.

현재 국내의 자동차용 전자제어 가솔린기관에는 대부분이 MPI방식을 사용하고 있다.

4.2.1. SPI시스템(single point or throttle body injection)

이 방식은 FBC와 MPI방식의 중간 방식으로 1개 또는 2개의 인젝터를 스로틀 바디(throttle body)의 벤투리부 즉 스로틀밸브 상단에 장착하여 연료를 분사하는 방식으로 MPI시스템에 비하여 구조가 간단하다.

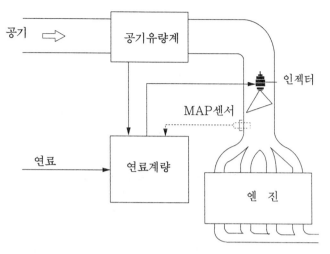

[그림 11] SPI 시스템

ECU는 동기(synchronized) 또는 비동기(unsynchronized)방식에 의하여 인젝터의 구동펄스를 제어한다. 동기분사 방식은 배전기나 크랭크축에 의하여 발생되는 기준신호마다 1회의 분사펄스를 주어 연료를 분사하며 비동기분사방식은 기준신호와는 별개로 주어진 기간 동안 인젝터에 분사펄스를 1회 주는 방식이다.

SPI방식은 FBC식에 비하여 연료계량의 향상, 정비의 용이성, 제작비가 싼 이점이 있으나 기화기식과 같이 각 실린더로의 혼합기 공급의 불균등, 흡기다기관에서의 응축 등의 단점이 있다.

4.2.2. MPI시스템(multi point injection or port fuel injection)

이 방식은 각 실린더에 해당하는 흡입포트(intake port)에 인젝터를 각각 1개씩 설치하여 연료를 분사하는 방식이다. 연료는 흡기밸브 바로 앞쪽에서 분사되기 때문에 월웨팅(wall wetting)에 전혀 문제가 없으며 기관의 냉·온에 관계없이 최적의 성능이 보장된다.

연료분사는 배기행정 말에 분사되며 이미 분사된 연료는 흡입포트 부근에서 흡기밸브가 열릴 때까지 기다리는 동안에 기화되며 흡기밸브가 열리면 실린더로 공기와 함께 유입된다. 그리고 설계 시 최적 체적효율을 내는 흡기다기관의 설계가 자유로우며 저속 또는 고속에서 토크(torque) 영역의 변경이 가능하다.

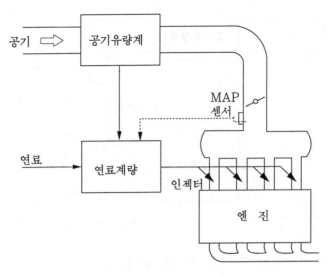

[그림 12] MPI 시스템

4.2.3. GDI시스템(gasoline direct injection)

이 방식은 디젤기관과 같이 실린더 내에 가솔린을 직접분사하는 방식(GDI)으로 약 35~40 : 1의 초 희박 공연비의 연소가 가능하다. 연료공급압력은 일반 가솔린 분사식 (흡기관 분사식)의 경우 약 $2~4kgf/cm^2$인데 비하여 약 $50~100kgf/cm^2$으로 매우 높으며, 실린더 내 유동을 제어하는 직립형 흡기포트, 연소를 제어하는 만곡형 피스톤헤드, 고압 연료펌프, 고압 스월 인젝터(swirl injector) 등이 적용되고 있다.

4.3. 분사량 제어방식

4.3.1. AFC방식(air flow controlled injection)

AFC방식은 스로틀밸브 개도에 따라 공기청정기로 유입되는 흡입공기량을 직접 공기 유량계(AFM : air flow meter)로 검출하여 이 신호를 기준으로 기본 분사량을 결정하여 분사시키는 방식으로 L-Jetronic이 여기에 속한다. 현재 국내차량의 대부분은 AFC방식을 채택하고 있다.

4.3.2. MPC방식(manifold pressure controlled injection)

MPC방식은 흡입공기량을 에어혼(air horn) 부분에 가해지는 정압에 의해 센서플레이트를 이동시키고 이 움직임은 연료분배기의 제어플런저의 행정을 변화시켜 분사량을 제어하는 방식으로 국내에서는 채택되지 않고 있다. K-Jetronic이 여기에 속한다.

4.3.3. MAP센서 방식(manifold absolute pressure sensor type)

이 방식은 스로틀밸브 개도의 변화가 흡기다기관내 진공도를 변화시키므로 흡입공기량을 흡기다기관 내 진공압력 변화를 이용하여 검출하며 이 압력변화에 상당하는 출력전압을 ECU에 보내면 ECU가 이 신호를 기초로 기본 분사량을 결정하여 분사하는 방식으로 D-Jetronic이 여기에 속한다.

4.4. 분사방식

4.4.1. 연속분사방식(continuous injection type)

기관이 기동되면 시동이 꺼질 때까지 계속적으로 연료를 분사시키는 방식으로 K-Jetronic, KE-Jetronic이 여기에 속한다.

4.4.2. 간헐분사방식(pulse timed injection type)

일정한 시간 간격으로 연료를 분사하는 방식으로 D-Jetronic, L-Jetronic, motronic : mono Jetronic)이 여기에 속한다.

4.5. 흡입공기량 계측방식

4.5.1. 직접계측 방식(mass flow type)

공기유량계(AFM : air flow meter)가 직접 흡입공기량을 계측하고 이것을 전기적 신호로 변환시켜 이 신호를 ECU로 보내어 분사량을 결정하는 방식이다.
① 베인식(vane or measuring plate type)
② 칼만와류식(karman vortex type)
③ 열선식(hot wire type)
④ 열막식(hot film type)

4.5.2. 간접계측 방식(speed density type)

흡기다기관 내의 절대압력(진공을 0으로 한 압력: 대기압력 + 진공압력), 스로틀밸브의 개도, 기관의 회전속도로부터 흡입공기량을 간접적으로 계산하는 방식으로 D-Jetronic, motronic이 여기에 속한다. 흡기다기관내 압력의 측정으로 초기에는 아네로이드 기압계(aneroid anemometer)를 사용하였으나 현재는 피에조(piezo) 압전소자를 이용한 MAP(manifold absolute pressure sensor)센서를 사용하고 있다.

4.5.3. 스로틀 스피드방식(throttle speed type)

스로틀 스피드방식은 1cycle 당 기관에 흡입되는 공기량을 스로틀밸브의 개도와 기관의 회전속도로 추정하며 이 공기량을 기초로 하여 분사량을 결정하는 것이다. 흡입공기량은 기관의 회전속도와 스로틀 개도에 대하여 복잡한 함수관계에 있기 때문에 공기량의 검출이 쉽지 않아 현재 잘 사용되지 않고 있으나 다른 방식의 AFM을 사용하는 시스템에서 AFM의 페일 백업모드(fail back up mode)로 채택되기도 한다.

4.6. 분사시기

4.6.1. 동기분사(synchronized or sequential injection)

동기분사는 점화순서에 따라 각 실린더의 흡입행정(배기행정 말)에 맞추어 연료를 분사하는 방식이다.

4.6.2. 그룹분사(group injection)

그룹분사는 흡입행정이 서로 이웃하고 있는 실린더를 그룹별로 묶어서 연료를 분사하는 방식이다. 일반적으로 6실린더 기관에 적용하며 2실린더씩 묶어서 분사하면 3그룹분사, 3실린더씩 묶어서 분사하면 2그룹 분사방식이 된다.

4.6.3. 동시분사(simultaneous injection)

동시분사는 전 실린더에 대하여 크랭크축 매회전마다 1회씩 일제히 분사하는 것을 말하며 시동 시나 급가속시에 동시분사를 행한다.

교육학습(자기평가서)

학 습 안 내 서		
과 정 명	전자제어엔진의 가솔린 분사장치	
코 드 명		담당 교수
능력 단위명		소요 시간
개 요	전자제어엔진의 기술 발전 및 분사시스템의 제어 방식에 대해 이해하고 각 전자제어 분사시스템에 입·출력 신호의 점검 및 진단을 통하여 현장실무 능력을 배양할 수 있도록 한다.	
수 행 목 표	전자제어가솔린 연료분사시스템에서 분사시스템 제어방식과 분사량 제어방식에 대해 이해 하고 관련배선을 실차를 통하여 측정 분석함으로써 엔진의 기본적인 고장진단은 물론이고 현장실무 능력을 배양할 수 있도록 한다.	

실습과제

1. 전자제어 엔진 기술의 발전 방향에 대해 이해한다.
2. 전자제어 분사시스템의 제어 방식에 대해 이해한다.
3. 전자제어 분사시스템의 개발 역사에 대해 이해한다.
4. 전자제어 분사시스템의 분사량 제어방식에 대해 이해한다.

활용 기자재 및 소프트웨어

실차량, T-커넥터, MUT(Hi-DS 스캐너), Muti-Tester, 엔진튜업기(Hi-DS Engine Analyzer), 점퍼클립, 노트북 등

평가방법	평가표			
	실습내용	성취수준		
		예	도움 필요	아니오
평가표에 있는 항목에 대해 토의 해보자 이 평가표를 자세히 검토 하면 실습내용과 수행목표에 대해 쉽게 이해할 것이다.	전자제어 분사장치의 구조 및 단품을 이해할 수 있다.			
	전자제어 분사시스템의 개발역사에 대해 이해할 수 있다.			
같이 실습을 하고 있는 사람을 눈여겨보자 이 평가표를 활용하면 실습순서에 따라 실습할 수 있을 것이다.	전자제어 분사시스템의 제어방식을 이해할 수 있다.			
동료가 보는 데에서 실습을 해 보고, 이 평가표에 따라 잘된 것 과 좀 더 향상시켜야할 것을 지적 하게 하자	전자제어 분사량 제어방식에 대해 이해할 수 있다.			
	....			

예 라고 응답할 때까지 연습을 한다.

성취 수준

실습을 마치고 나면 위 평가표에 따라 각 능력을 어느 정도까지 달성 했는지를 마음 편하게 평가해 본다. 여기에 있는 모든 항목에 예 라고 답할 수 있을 때까지 연습을 해야 한다. 만약 도움필요 또는 아니오 라고 응답했다면 동료와 함께 그 원인을 검토해본다. 그 후에 동료에게 실습을 더 잘할 수 있도록 도와달라고 요청하여 완성한 후 다시 평가표에 따라 평가를 한다. 필요하다면 관계지식에 대해서도 검토하고 이해되지 않는 부분은 교수에게 도움을 요청한다.

02 전자제어 가솔린분사 (EGI)시스템의 구성

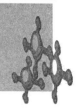

1. 전자제어 가솔린분사시스템의 주요 구성요소

현재의 전자제어 가솔린 분사시스템은 대부분이 L-Jetronic시스템을 기본으로 하는 MPI형이 대부분이다. 연료공급시스템은 각 실린더의 흡기 매니폴드에 연료를 직접 분사하기 위하여 각 실린더의 흡기밸브 앞에 인젝터가 설치되어 연료를 분사한다. 즉, 기관 각부에 장착된 각종 센서(AFM, ATS, WTS, TPS, BPS, O_2센서 등)로부터 입력되는 전기적 신호를 바탕으로 ECU가 기관의 조건 및 주행상태에 알맞은 연료를 분사하며 일반적인 엔진 전자제어 입·출력 및 연료분사량 제어는 ECU에 의하여 인젝터의 니들밸브(needle valve)가 열려 있는 개변시간으로 결정되므로 정밀제어를 할 수 있으며 점화시기도 정확히 제어한다.

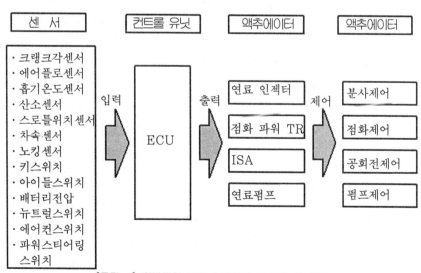

[그림 1] 일반적인 엔진 전자제어 입·출력 및 제어

일반적으로 가솔린 분사시스템은 크게 연료계통(fuel system), 공기계통(air system), 제어계통(control system) 및 점화계통(ignition system)으로 구성된다.

[가솔린 분사시스템의 기본구성]

항목	구성요소
흡입계통 (air system)	흡입공기량 계측기(AFM : air flow meter &sensor), 스로틀바디(throttle body), 서지탱크(surge tank), 흡기다기관(intake manifold)
연료계통 (fuel system)	연료펌프(fuel pump), 인젝터(injector), 연료압력조절기(fuel pressure regulator), 고압필터(filter), 연료분배파이프(common rail) 등
제어계통(control system)	각종센서(냉각수온센서, 흡입공기온도센서, 스로틀위치센서, 공전위치센서, 크랭크각센서, 산소센서, 녹센서 등), ECU(electronic control unit)
점화계통(Ignition system)	배전기(No.1 TDC센서, 엔진회전수센서), 파워 TR, 점화코일 등

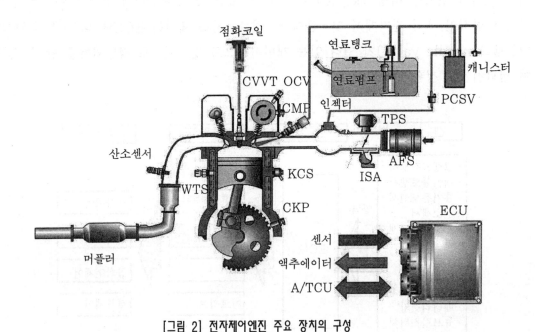

[그림 2] 전자제어엔진 주요 장치의 구성

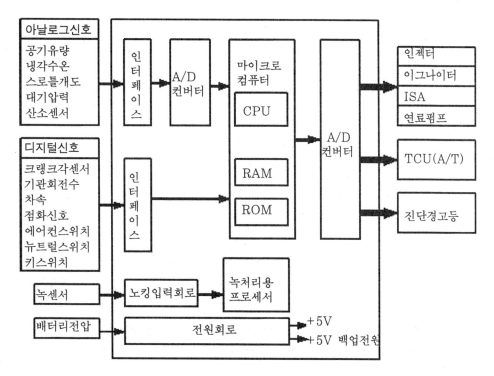

[그림 3] ECU의 구성도

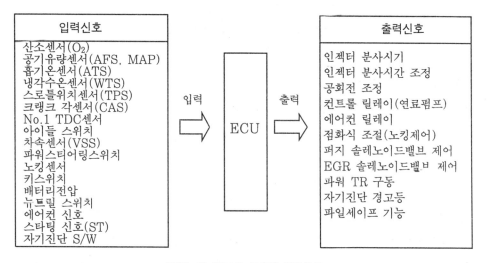

[그림 4] ECU의 입출력 블록선도

2. 연료계통(fuel system)

연료 공급장치는 기관의 모든 작동조건에 요구되는 양의 가솔린을 분사시켜 주기 위한 것이며 연료탱크(fuel tank), 연료펌프(fuel pump), 연료여과기(fuel filter), 연료분배관(fuel delivery rail), 연료압력조절기(fuel pressure regulator), 인젝터(injector)로 구성되어 있다.

연료펌프에 의하여 압송된 연료는 연료여과기를 거쳐 인젝터로 공급되며 압력조절기에 의해 흡기다기관의 압력보다 항상 일정한 압력만큼 높게 조절된다. 따라서 인젝터로 분사되는 연료의 양은 인젝터의 니들밸브를 구동하는 솔레노이드코일의 통전시간으로 결정하며 여분의 연료는 연료탱크로 되돌아온다.

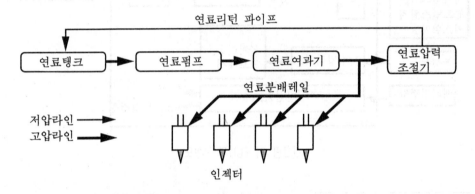

[그림 5] 연료계통의 연료 흐름 구성도

2.1. 연료펌프(fuel pump)

대부분의 전자제어 가솔린 분사식 기관의 연료펌프는 전기식으로 연료탱크에 내장(in tank type)하거나 연료탱크 근방의 공급라인(in line type)상에 설치하고 있으나 현재는 내장형을 많이 사용하고 있다. 내장형 연료펌프는 연료탱크의 연료 속에 내장되어 있으므로 소음이 적고 열발생이 적어 연료라인 중의 베이퍼록(vapour lock) 현상을 방지할 수 있으며 신뢰성이 높다

일반적으로 연료펌프는 연료라인상의 베이퍼록 현상을 방지하기 위하여 기관의 실제 소비연료량의 약 5~10배 정도의 연료 송출능력을 갖도록 설계하고 있다. 연료펌프의 송출압력은 보통 약 2~6kgf/cm^2 정도이다. 릴리프밸브는 연료펌프 내 또는 연료 공급라인 상의 압력이 과도하게 상승될 경우 개방되어 펌프나 연료공급 회로를 보호하는 역할을 한다.

기관이 정지하여 연료펌프의 작동이 중지되면 첵밸브는 리턴스프링의 장력으로 즉시 닫혀 연료 공급라인 내에 잔압을 유지시킨다. 연료는 고온이 되면 증기(vapour)를 발생시키기 쉬우므로 가압 즉 잔압을 유지하면 연료의 비등점을 높여 베이퍼록 현상을 막을 수 있고 재시동성을 확보할 수 있다. 첵밸브는 펌프가 작동을 정지한 경우 스프링장력으로 닫혀서 연료 파이프 내에 잔압을 유지시키는 기능을 하며 재 시동할 때 연료압력이 용이하게 상승하고 베이퍼록이 발생하지 않도록 해준다.

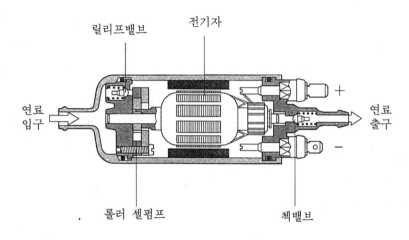

[그림 6] 연료펌프의 구성

2.2. 분배 파이프(delivery pipe, rail)

모든 인젝터에 같은 양의 연료를 공급하기 위하여 연료의 여유 분량을 저장하고 압력을 일정하게 유지하는 기능을 하며, 인젝터의 설치 및 탈착을 용이하게 한다. 그러나 일부 엔진에서는 인젝터가 실린더헤드에 직접 설치되기도 한다.

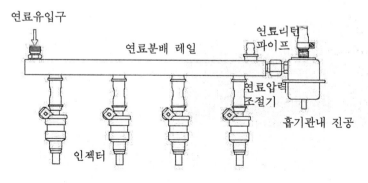

[그림 7] 연료분배 파이프(rail)

2.3. 연료 압력조절기(pressure regulator)

ECU는 인젝터로 분사되는 연료의 량을 인젝터 솔레노이드코일의 통전시간으로 제어한다. 따라서 통전시간이 일정하더라도 인젝터에 가해지는 연료의 압력이 높으면 분사량은 증대되며 반대로 연료압력이 낮으면 분사량은 감소하게 된다. 인젝터는 연료를 흡기관 내에 분사하므로 대기압에 대하여 연료압력을 일정하게 하면 흡기관내의 절대압력이 낮은 경우 연료 분사량이 많아지고, 흡기관 내 절대압력이 높은 경우에는 적어진다.

따라서 압력조절기는 기관의 동일한 연료 요구조건에 대하여 항상 일정한 연료가 분사되도록 연료압력을 흡기다기관 압력에 대하여 항상 설정 압력만큼 높게 연료압력을 제어함으로써 인젝터의 분사량을 솔레노이드의 통전시간으로 결정하도록 한다.

결과적으로 연료압력조절기는 인젝터의 분사압력이 흡기관 부압에 대하여 항상 일정하게 유지하도록 조절하는 기능을 갖고 있으며 주로 연료 분배관(fuel delivery rail) 끝에 장착된다. 연료 압력조절기는 금속제 하우징, 밸브, 밸브홀더(valve holder), 압축스프링(compression spring), 진공실(vacuum chamber), 연료실(fuel chamber)로 구성되어 있다. 진공실은 진공호스로 서지탱크(surge tank) 즉, 흡기다기관과 연결되어 항상 흡기다기관의 부압이 걸리며 연료압력이 규정압력을 초과할 경우 다이어프램이 서지탱크의 진공에 의하여 밀려올라가 여분의 연료는 리턴파이프(return pipe)를 거쳐 연료탱크로 복귀된다.

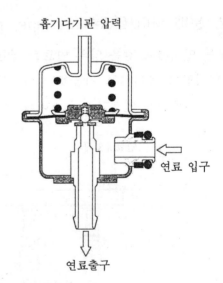

흡기다기관 압력

연료 입구

연료출구

[그림 8] 연료압력 조절기의 위치 및 구조

흡기다기관의 진공도가 높으면 다이어프램을 당기는 힘이 강해져 연료탱크로 복귀되는 연료의 양이 증가되어 인젝터에 가해지는 연료압력이 낮아지게 된다. 일반적으로 압력조절기에 적용되는 설정압력은 기관에 따라 다소 차이는 있으나 보통 $2\sim4kgf/cm^2$ 정도이다.

2.4. 인젝터(injector)

전술한 바와 같이 기계식 연속분사장치는 연료분배기에 의하여 계량된 연료가 기관 작동중 계속분사 된다. 전자제어 가솔린 분사장치에서 연료분사는 인젝터에 의하여 이루어지며 분사량은 ECU에서 계산된 인젝터의 개변시간에 좌우된다.

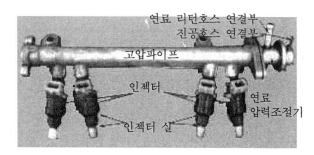

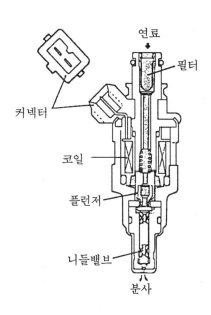

[그림 9] 인젝터의 구조

분사방식은 인젝터의 설치 수에 따라 SPI(single point injection)방식과 MPI(multi point injection)방식으로 나누어지며 SPI방식의 경우 인젝터는 스로틀바디의 스로틀밸브 바로 위에 1개 내지 2개의 인젝터가 장착되며 MPI방식의 경우는 각 실린더의 흡기포트 입구에 각각 1개씩의 인젝터가 설치된다.

일반적으로 기계식 연속분사의 경우 연료압력에 의하여 니들밸브가 개폐되는 기계식 인젝터가 사용되며 전자제어식 분사장치의 경우 솔레노이드방식의 인젝터를 사용하고 있다. 솔레노이드방식의 인젝터는 ECU(ECM)의 전기적 신호에 의하여 ON/OFF제어 된다.

일반적인 구조는 밸브바디(valve body)와 니들밸브(needle valve)가 부착되어 있는 플런저(plunger)로 구성되어 있다. 솔레노이드 코일에 전류가 흐르면 솔레노이드가 자화되어 플런저가 상승되면서 니들밸브를 약 0.1mm 정도 상승시키며 이때 연료는 원통형 분사구멍을 통하여 분출된다.

솔레노이드 코일에 전류가 차단되면 니들밸브는 리턴스프링(return spring)의 장력으로 밸브시트(valve seat)에 밀착되어 연료의 흐름을 차단시킨다. 인젝터에는 저저항형과 고저항형 인젝터가 있으며 인젝터를 작동시키는 회로방식에 따라 전압 제어방식과 전류 제어방식이 있다.

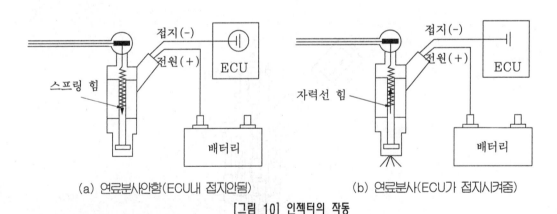

(a) 연료분사안함(ECU내 접지안됨)   (b) 연료분사(ECU가 접지시켜줌)

[그림 10] 인젝터의 작동

2.4.1. SPI용 인젝터

SPI방식은 1개 또는 2개의 인젝터에 의하여 스로틀밸브 상부 또는 스로틀밸브와 매니폴드 벽사이의 틈으로 연료를 분사시키므로 인젝터 팁(injector tip)의 형상이 원추형으로 되어 있다.

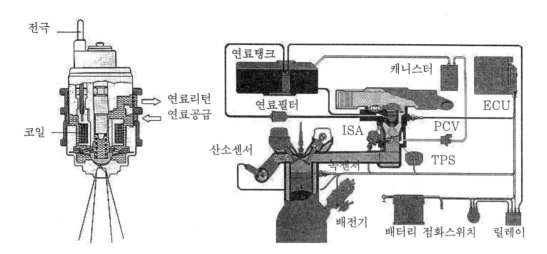

[그림 11] SPI용 인젝터의 구조

SPI방식은 인젝터의 개변시간 또는 분사 빈도에 따라 연료량을 계량하는 것으로 ECU제어가 용이하며 정확한 연료계량이 가능하다. 또, 구조가 MPI방식보다 간단하여 장착이 용이하고, 1점 분사방식으로 공전시 미량의 유량 계측의 정도가 양호하다.

그러나 각 실린더에 대한 연료 분배가 불균일하며 MPI방식에 비하여 성능 및 에미션 컨트롤(emission control)이 다소 떨어진다. 국내에서는 대우자동차(TBI : throttle body injection, leman)의 일부 기관에 적용한 바 있다.

2.4.2. MPI용 인젝터

MPI장치는 여러 가지 센서를 이용하여 기관의 작동조건을 지속적으로 검출하여 ECU로 신호를 보내면 ECU는 이 신호를 기준하여 적절한 연료의 양을 계산하여 최적 량의 연료를 인젝터로 분사함으로써 기관의 출력, 배기정화, 연비 및 주행성 등을 향상 시키고 있다. 연료 분사는 흡기포트 입구에서 밸브방향으로 직접분사 한다. 일반적인 MPI용 인젝터는 커넥터가 장착된 하우징(housing), 솔레노이드 코일(solenoid coil) 니들밸브가 연결된 플런저(plunger) 등으로 구성되어 있다.

연료펌프로부터 공급된 연료는 흡입구에 설치된 여과기(filter)를 거쳐 인젝터의 연료 계량 부분으로 흐르며, 연료의 계량은 스프레이 홀(spray hole)과 인접한 밸브시트 (valve seat) 부에 의하여 이루어진다. 솔레노이드 코일이 여자되지 않는 동안은 코어 스프링과 공급압력은 니들밸브를 밸브시트에 밀착시켜 연료의 분사를 중지시킨다.

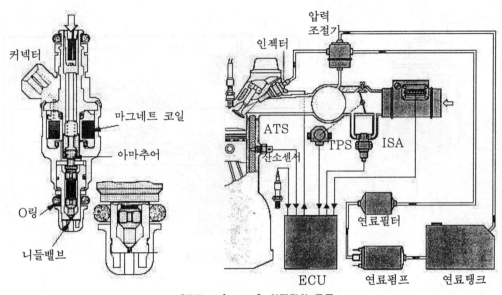

[그림 12] MPI용 인젝터의 구조

코일에 펄스가 가해져 여자되면 전자력으로 플런저 즉, 니들밸브를 상승시켜 스프레이 홀을 통하여 연료를 분사하게 된다.

2.4.3. 인젝터의 구동

인젝터의 구동방식에는 전압구동방식과 전류구동방식이 있다. 전압구동방식은 인젝터 솔레노이드코일에 일정 전압를 인가하여 연료분사량을 제어하며 인젝터에 직렬로 저항체(레지스터)를 연결하여 구동전압을 낮추어 제어함으로써 솔레노이드 코일의 발열을 방지하기도 한다.

ECU가 분사신호를 보내면 인젝터 구동용 파워 트랜지스터가 ON되어 인젝터 접지 회로가 만들어지므로 인젝터에 전류가 흘러 인젝터가 작동된다. 인젝터의 응답성을 좋게 하기 위해서는 인젝터의 자체 저항값을 작게(인턱턴스를 작게) 해야 하므로 레지스터를 이용하여 인젝터에 걸리는 전압을 낮추어 코일의 발열을 방지한다. 전류구동방식 인젝터회로는 레지스터를 사용하지 않고 인젝터에 직접 배터리 전압을 가해 인젝터의 응답성을 향상시키도록 하고 있다.

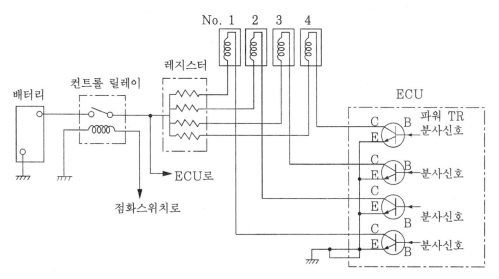

[그림 13] 전압구동 인젝터회로

ECU 내부에 전류의 량을 제한하는 회로를 구성하여 분사초기에 높은 전류(고전류 회로)를 흘려 플런저 흡인을 좋게 하며 분사응답성을 향상시켜 무효분사시간을 단축시키고 있다. 이후 분사지속 시간 동안에는 낮은 전류(저전류회로)를 흘려주어 코일의 발열을 방지함과 동시에 전류소비를 적게 한다.

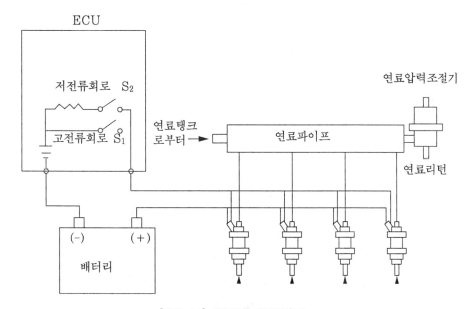

[그림 14] 전류구동 인젝터회로

2.4.4. 인젝터 무효분사시간

인젝터는 ECU로부터 분사량에 대한 분사신호를 받으면 솔레노이드 코일에 전류가 흘러 니들이 열리면 분사가 진행된다. 그러나 니들밸브의 기계적인 관성문제(자체 질량 및 리턴스프링 장력), 코일의 포화전류 확보시까지 시상수문제 등으로 인하여 정확히 구동펄스와 같은 동작을 하지 못한다. 즉, 니들밸브가 최대 리프트로 열리기까지는 어느 정도 시간 지연이 요구되며 이 시간을 밸브열림시간(To)이라 한다.

또한, 최대 리프트에 도달한 직후에는 니들밸브의 플랜지부가 스페이서에 충돌하여 어느 정도 시간이 흐른 뒤 안정된 다음 정지하게 된다. 밸브가 닫힐 경우에도 시간 지연과 안정화에 시간이 요구되며 이를 밸브 닫힘시간(Tc)이라 한다. 여기서 밸브 열림과 밸브 닫힘의 작동지연 시간은 밸브가 닫힐 때보다 열릴 때가 길며 이 시간차 즉, 밸브 열림 시간과 밸브닫힘 시간 차이 만큼은 연료가 분사되지 않으므로 이를 무효분사시간 이라 한다. ECU는 이 시간만큼 분사시간을 + 보정한다.

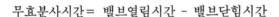

무효분사시간= 밸브열림시간 - 밸브닫힘시간

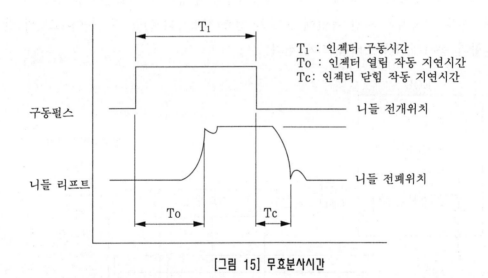

[그림 15] 무효분사시간

3. 공기계통(air system)

공기계통시스템은 흡입공기량 계측기(AFM: air flow meter), 스로틀바디 (throttle body), 서지탱크(surge tank), 흡기다기관(intake manifold) 등으로 구성되어 있다.

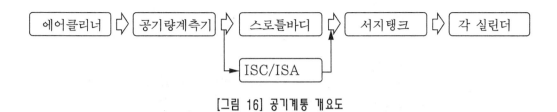

[그림 16] 공기계통 개요도

L-Jetronic시스템에서 흡입공기량은 AFM(air flow meter)에서 계측되어 ECU로 신호를 보내면 ECU는 이 신호를 기초로 하여 기본 분사량을 계산한다. 그리고 공기청정기에서 흡입된 공기는 AFM을 지나 스로틀바디(throttle body), 서지탱크(surge tank)를 거쳐 흡기다기관으로 유입되며 이때 흡입포트 근방의 인젝터에서 분사된 연료와 함께 혼합, 기화된 후 연소실로 들어간다. 흡입되는 공기의 량은 스로틀밸브의 개도에 따라 조절되며 저온시나 공회전시의 공기량의 조절은 에어밸브(air valve), ISC 서보(idle speed control servo)기구, ISA(idle speed actuator)등에 의하여 공기통로나 스로틀밸브의 열림량을 조절하여 제어한다.

3.1. 흡입 공기량 제어방식

흡입 공기량은 계측되어 컴퓨터로 보내지며 이에 따라 연료량이 결정되므로 그 정밀도가 매우 중요하다. 계측방식에 따라서 L - 제트로닉, D - 제트로닉, 및 L-제트로닉이 있으며 공기 유량센서를 이용한 직접 계측방식인 L - 제트로닉 방식이 검출 정밀도가 높고 응답성이 좋지만 엔진이 고속으로 회전되면 저항으로 작용하는 약간의 단점은 있다.

D - 제트로닉방식은 흡입저항은 없으나 흡기다기관에서 발생하는 부압으로 제어되므로 정밀한 계측은 어려우나 가격 면에서 유리하고 정밀도가 최근에는 많이 개선되었기 때문에 사용이 점차 증가하고 있다.

3.2. 스로틀 바디(throttle body)와 서지탱크

스로틀바디에는 흡입공기량을 제어하는 장치로써 가속페달과 연동되어 흡입공기량을 제어하는 스로틀밸브(throttle valve), 공회전 속도 제어장치(ISC : idle speed control, ISA(idle speed actuator), 스로틀개도를 검출하는 스로틀위치센서(TPS : throttle position sensor) 등으로 구성되어 있다.

[그림 17] 스로틀바디 구조

그리고 한랭 시 빙결현상(icing)을 방지하기 위하여 스로틀바디 하단부에는 냉각수 입·출입 통로가 설치되어 있으며 각종 진공장치를 작동시키기 위한 진공포트(vacuum port)가 설치되어 있다. SPI(single point injection) 및 MPI(multi point injection)스로틀바디가 있으나 대부분 MPI용을 사용하고 있다. 종래의 기화기 방식은 흡입계통의 설계가 거의 일정한 형상을 가지는 한계가 있었으나 전자제어 가솔린분사식 엔진으로 발전되면서 흡기계통의 설계가 자유로워 형상이 매우 다양화 되고 있다.

엔진의 성능향상을 위해서는 흡기계통의 과급효과 및 분배가 잘 이루어질 수 있는 구조로 설계되어야 한다. 따라서 최근의 흡기계통의 구조는 서지탱크와 공명튜브 등을 두고 있는 흡기통로가 일반적이다. 흡기통로를 따라 흐르는 흡입공기는 각 실린더에 흡입 행정시 발생하는 부압(진공)에 의해 빨려 들어오므로 맥동을 갖게 된다. 이러한 공기의 맥동은 흡입공기의 과급효과나 분배기능을 저하시키므로 흡입 통로에 맥동을 줄일 수 있는 서지탱크, 벨로즈호스, 공명관, 에어댐퍼 등을 설치하고 있다.

3.3. 흡입공기량 계측기(AFM : air flow meter)

흡입공기량 계측기는 연소실 내로 흡입되는 공기량을 측정하는 장치로써 흡입되는 공기량은 AFS(air flow sensor)에 의해 ECU로 전기적 신호로 변환되어 입력된다. ECU로 입력된 흡입공기량은 엔진회전수 신호와 함께 연산하여 기본 분사량을 결정한다.

흡입공기량의 계측방법에는 매스플로방식(mass flow type), 스피드 덴서티방식(speed density type)이 있다. 매스플로방식은 AFM에 공기가 직접 접촉하여 계측되며, 공기의 흐름량을 전기적 신호로 변환시켜 ECU로 보내는 방식으로 베인식(vane or measuring plate type), 칼만와류식(karman vortex type), 열선식(hot wire type), 열막식(hot film type) 등이 있다.

스피드 덴서티방식은 흡기다기관 압력이 1사이클당 흡입하는 공기량에 거의 비례하는 원리를 이용한 것으로 흡기다기관 압력과 기관의 회전속도를 검출하여 ECU가 기본분사량을 결정하는 방식이다. 흡기다기관 압력검출에는 주로 MAP센서(manifold absolute pressure sensor)를 사용한다.

3.3.1. 공기 유량 계측방식

[1] 베인식(vane type)

스로틀밸브의 개도에 따라 흡입공기량이 증가하면 AFM내부의 가동 베인(vane or flap)이 이동한다. 베인의 운동력과 리턴스프링과의 장력이 평행되는 상태에서 베인의 각도는 흡입공기량에 대응하며 이 개도를 가동 베인과 연동되는 포텐시오미터(potentio meter)의 출력전압비로 바꾸어 이 전기적 신호를 ECU로 보낸다.

구조는 간단하지만 고속회전에서 메저링 플레이드가 흡입 저항요소가 될 수 있다. 가동베인에 연결된 보상판(compensation plate)과 댐핑실(damping chamber)은 갑작스런 흡입공기량의 변화나 공기의 맥동에 대한 가동베인의 움직임을 안정시키는 역할을 한다.

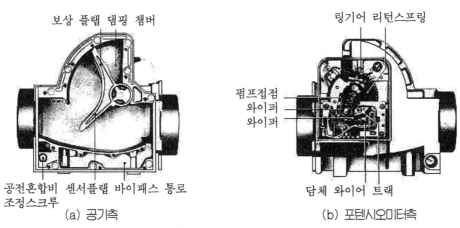

보상 플랩 댐핑 챔버 　　　　　링기어 리턴스프링

펌프접점
와이퍼
와이퍼

공전혼합비 센서플랩 바이패스 통로　　　담체 와이어 트랙
조정스크루
(a) 공기측 　　　　　　　　　　(b) 포텐시오미터측

[그림 18] 메저링플레이트식 AFM의 구조

그리고 바이패스 공기통로 조정 스크류(bypass adjustment screw)는 바이패스 통로의 면적을 조정함으로써 포텐시오미터의 출력값을 변화시켜 공전시 공연비를 목표치로 제어한다.

연료펌프 스위치(fuel pump switch)는 포텐시오미터 내부에 장착되어 있으며 가동베인의 축에 의하여 개폐되는 스위치이다. 기관 정지시에는 베인이 닫혀 있으므로 베인에 연결되어 있는 슬라이더가 펌프스위치를 밀어 펌프를 정지시키며, 기관이 작동하면 베인이 열려 슬라이더가 스위치를 ON시켜 연료펌프를 가동시킨다. 베인식에 의한 공기량 계측은 체적유량이므로 공기의 밀도 변화 즉 온도나 압력에 따른 연료보정을 할 필요가 있다.

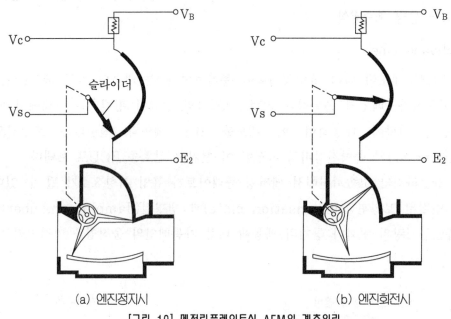

(a) 엔진정지시   (b) 엔진회전시

[그림 19] 메저링플레이트식 AFM의 계측원리

[2] 칼만 와류식(karman vortex type)

공기 흐름속에 와류발생 기둥을 놓으면 기둥 뒤에는 와류가 일정하게 발생하는데 이를 칼만 와류(karman vortex)라 한다. 이 와류 발생수는 흡입되는 공기의 유속이 빠를수록 증가하는데 이 와류의 수를 초음파발신, 수신장치를 이용하여 측정함으로써 그때의 유량을 알아낼 수 있도록 되어 있다.

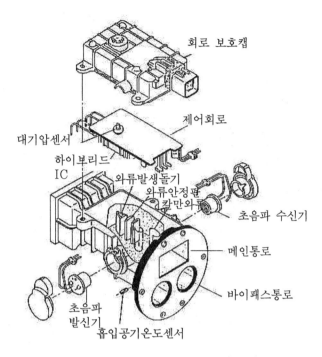

회로 보호캡

제어회로

대기압센서

하이브리드
IC

와류발생돌기

와류안정판

칼만와류

초음파 수신기

메인통로

바이패스통로

초음파
발신기

흡입공기온도센서

[그림 20] 칼만와류식 AFM의 구조

이 방식은 와류에 의한 공기밀도 변화를 이용하는 방식으로 관로 내에 초음파발생장치(ultrasojic transmitter)와 수신장치(ultrasonic receiver)를 장착하여 연속적으로 발생하는 일정한 주파수의 초음파를 수신할 때 밀도변화에 의한 수신신호가 와류에 의하여 주기적으로 변조되는데 제어회로에서는 칼만 와류를 통과한 초음파의 위상차를 검지하여 각종 필터회로를 거쳐 파형을 정형하고, 하이브리드 IC(hybrid IC)에 의하여 공기의 유속에 비례하는 전기적 펄스 시그널을 ECU로 보내어 분사량을 결정하도록 되어 있다.

이 방식에 의한 공기량 계측은 체적유량이므로 역시, 온도나 압력에 따른 공기의 질량변화를 보정할 필요가 있으므로 흡입공기 온도센서(ATS)와 대기압센서(BPS)가 내장되어 있다. 이 AFS의 출력신호는 디지털신호로써 흡입공기량이 많으면 많을수록 출력주파수도 높아진다.

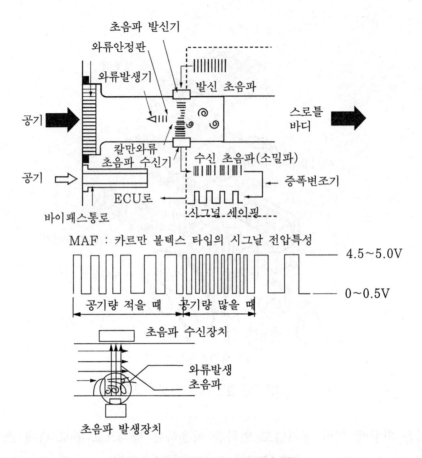

[그림 21] 칼만와류식 AFM의 계측원리

흡입공기의 통로에 돌기를 만들어 공기가 지나면서 와류를 일으키게 한다. 이 와류에 초음파를 보내면 수신되는 초음파의 주파수가 와류의 정도에 따라 변하게 되는데 이 원리를 이용한 것으로 공기의 흐름양에 따라 와류발생이 달라진다.
• 공회전 : 25~50Hz
• 2000rpm 정도 : 70~130Hz

[3] 열선방식(hot wire, film type)

공기중에 발열체를 놓으면 공기에 의하여 열을 빼앗기므로 발열체의 온도가 변화하며 이 온도의 변화는 공기의 유속에 비례한다. 이러한 발열체와 공기와의 전열현상을 이용한 것이 열선(hot wire) 또는 열막(hot film)방식 AFM이다.

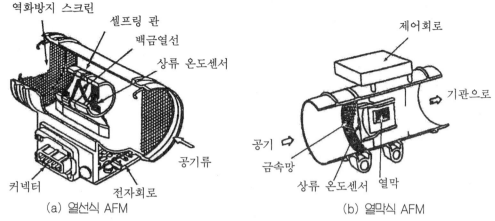

(a) 열선식 AFM   (b) 열막식 AFM

[그림 22] 열선/열막식 AFM의 구조

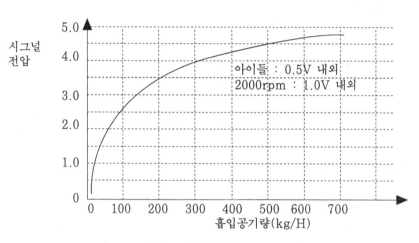

[그림 23] 열선/열막식 AFM의 출력전압 예

이 방식은 흡입공기 온도와 열선 약(0.07mm 두께의 가느다란 백금선) 또는 열막(약 0.2mm 두께의 얇은 세라믹 기판에 백금선, 온도센서, 정밀저항기를 층저항으로 지접시킨 막)과의 온도차를 일정하게 유지하도록 하이브리드 IC가 제어한다. 따라서 공기량 출력은 공기의 밀도변화에도 상응될 수 있으므로 온도나 압력에 의한 ECU의 보정이 필요 없다.

통과 공기 유량이 증가하면 열선 또는 열막은 냉각되어 저항이 감소하고 제어회로에서는 즉시 통과 전류를 증가시키게 되며 이 전류의 증가는 열선(열막)의 온도가 원래의 설정온도(약 100℃)가 될 때까지 계속된다. 따라서 ECU는 이 전류의 증감을 감지하여 흡입공기량을 계산한다.

그리고 원리적으로 질량유량에 대응하는 출력을 직접 얻을 수 있기 때문에 보정 등의 후처리가 필요하지 않다. 열선식 AFM은 기관이 흡입하는 공기의 질량을 직접 계측하므로 공기의 밀도 변화와는 무관하게 정확한 계측을 할 수 있고 다음과 같은 이점이 있다.

① 공기 질량을 직접 정확하게 계측할 수 있다.

② 공기 질량 감지부의 응답성이 빠르다.

③ 대기압 변화에 따른 오차가 없다.

④ 맥동 오차가 없다.

⑤ 흡입공기 온도가 변화하여도 측정상의 오차가 없다.

[4] 흡입 부압감지 방식(MAP센서)

흡입 공기량과 흡기다기관 부압의 상관관계를 이용하여 공기량을 검출하는 방식이다. 초기에는 아네로이드 기압계 방식을 사용하였으나 현재는 대부분 부압을 감지하는 진공센서(map sensor)인 반도체 피에조 저항형 센서를 사용하고 있다. 이 방식은 피에조 저항센서의 실리콘 결정이 압력을 받으면 전기적 저항이 변하는 것을 이용한다.

4. 제어계통(control system)

엔진을 전자제어 하기위해서는 입력부분(sensor), 제어부분(ECU) 및 출력부분(actuator)이 구성되어 있어야 하며 입력은 엔진의 각종 상태 즉, 흡입공기량, 냉각수 온도, 흡기온도, 엔진회전수 및 차속 등의 상태를 센서에 의해 측정한 후 ECU에 입력된다.

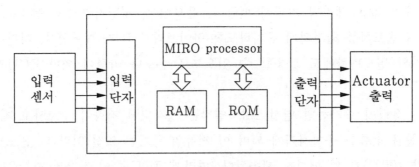

[그림 24] 제어계통의 기본구성

ECU는 일종의 컴퓨터로써 각종 센서로부터 입력된 신호를 바탕으로 연료분사량(기본 분사량, 보조 분사량), 분사시기, 점화시기 및 공회전속도제어 등의 각종 제어를 하는 것으로 전자제어 가솔린분사식 엔진의 핵심부에 해당된다.

종래의 ECU는 연료분사량만 제어하였으나 컴퓨터나 마이크로칩의 발달로 여러 가지의 고정밀한 통합제어가 가능하게 되었다. 엔진의 상태를 검지한 ECU는 그 상황에 가장 적절한 제어값을 기억하고 있는 ROM 데이터와 비교, 연산, 판단한 후 작동부인 액추에이터(actuator)를 구동시킨다.

액추에이터는 보통 ECU로부터 보내오는 전기적 신호를 기계적인 일로 변환시키고 제어 대상을 자동적으로 작동시키는 일을 한다. 전자제어 가솔린분사식 엔진의 액추에이터로는 인젝터, 파워트랜지스터, ISC(ISA)장치, 컨트롤릴레이 등이 있다. 전자제어 가솔린분사식 엔진의 일반적인 제어내용은 다음 표와 같다.

[엔진제어 내용 예]

제어항목	제어내용
연료분사제어	• 엔진회전수와 공기량에 적합한 기본 분사량 제어 • 시동분사량 제어 • 워밍업 전후 연료분사량 제어 • 가감속 시 연료보정 제어 • 산소센서에 의한 공연비 피드백 제어 • 인젝터 구동시간 및 연료차단 제어
공회전속도제어	• 시동시 제어 • 패스트아이들 제어 • 공회전 피드백 제어 • 공회전속도 보상 제어(idle speed up control) • 대쉬포트 제어(dashpot control)
점화시기제어	• 기본점화시기 제어 • 시동시 점화시시 제어 • 점화시기 보정 제어 • 노킹시 점화 제어
캐니스터 PCSV 제어	• 냉각수온 및 엔진회전수에 따른 PCSV 제어
메인 릴레이 제어	• 이그니션 키 On/Off 시 제어
연료펌프 릴레이 제어	• 이그니션 키 On/Off 시 제어
에어컨 릴레이 제어	• 엔진시동 및 가속 시 에어컨 컴프레서 On/Off 제어
자지진단 및 페일세이프 (fail safe) 제어	각 센서의 고장을 사전에 진단하여 경고등으로 표시하거나 고장발생 시 mapping data 값으로 제어

5. 점화계통(ignition system)

　자동차의 증가에 따른 배출가스의 대기환경 오염이 심각해짐에 따라 점차적으로 배기 규제가 강화되면서 LEV(low emission vehicle), ULEV(ultrl low emission vehicle)의 개발이 급속도로 진행되고 있다. 현재 사용하고 있는 자동차용 엔진은 내연기관으로 엔진 에미션가스 저감을 위한 근본적인 방법은 연료의 완전연소에 있다. 따라서 과거의 기계식 점화장치를 보다 성능과 신뢰성이 확보된 풀 트랜지스터식 점화장치를 개발하여 사용하여 왔으나 엔진의 최적 점화시기를 맞추는 데는 한계가 있다.

　따라서, 이와 같은 최적점화시기를 맞추기 위해 전자제어 점화장치를 개발 적용하게 되었다. 전자제어 점화장치는 엔진의 상태(회전수, 부하, 온도, 노킹 등)를 각 센서를 이용하여 신호를 검출하고 ECU에 보내면 ECU는 최적 점화시기를 연산하여 1차 코일의 전류 차단신호를 파워트랜지스터를 보내주면 2차 코일에 고압의 2차 전압이 발생되게 된다.

[점화장치별 제 특성]

항목	포인트방식	무접점방식	컴퓨터방식
1차전류 단속	접점식(포인트식)	홀소자 및 파워TR 사용	파워TR 사용
콘덴서사용	필요	불필요	불필요
진각, 지각기구	원심, 진공진각기구	원심, 진공진각기구	ECU 자동제어
점화코일	개자로형	개자로형	폐자로형(ㅁ형)
로터사용	필요	필요	●필요(배전기방식) ●불필요(DIS방식)
회전수변화에 따른 성능	고속에서 접점 채터링현상에 따른 부조현상 발생	저속, 고속성능이 안정	속도에 관계없이 고성능의 탁월한 안정성
기계적 정비	스파크발생으로 인한 접점 훼손으로 잦은 간극조정	간극조정 불필요 단, 초기 조정 필요	조정 불필요
진각, 지각 제어성능	원심진각장치의 비정상으로 인한 엔진 부조화	원심진각장치의 비정상으로 인한 엔진 부조화	ECU에 의한 자동조절
최적점화시기 제어	엔진 상태에 따른 적절한 점화시기 부여 불가능	엔진 상태에 따른 적절한 점화시기 부여 불가능	ECU에 의한 최적점화시기제어 가능

이는 종래의 기계식 점화장치에 비하여 매우 진보된 형식으로 일반 배전기에 부착되었던 원심진공 진각장치가 없으며 진각, 지각 제어는 ECU에 의해 이루어진다. 또한, 점화코일도 폐자로 형식의 특수코일을 사용하여 고전압을 유도하고 있다. 트랜지스터식을 포함한 모든 점화방식에는 1개의 점화코일에서 고전압을 발생시켜 배전기와 점화케이블을 통하여 점화플러그에 공급하게 되는데, 이 고전압을 배전하는 과정에는 기계적인 부분이(로터 등) 남아있기 때문에 전압가하와 누전 등의 손실이 야기된다. 또한, 배전기 내의 로터와 캡의 접지전극 사이의 에어갭(air gap)을 뛰어넘어야 하기 때문에 에너지 손실이 발생되고 전파 잡음의 원인이 되기도 한다.

이와 같은 고전압 배전 중에 발생하는 에너지 손실이나 전파잡음 등의 단점을 보완하기 위하여 풀트랜지스터 방식을 보완한 방식이 DLI(distributor less ignition), DIS(direct ignition system)이다. DLI(전자 배전 점화방식)는 배전기를 사용하지 아니하고 트랜지스터 등을 사용하여 전자적으로 배전하는 방식으로 그 구성요소는 그림 25와 같다.

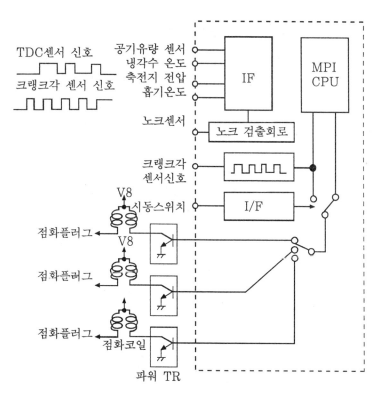

[그림 25] DLI방식의 구성도

일반적인 배전부분은 점화시기를 검출하여 그 신호를 발생하는 부분과 고 전압을 분배하는 부분으로 구성된다. DLI방식은 이 중에서 고 전압의 분배부분을 없앤 것이며, 점화 신호를 만들기 위하여 캠축 포지션 센서가 필요하게 된다. 또한 DLI방식은 동시 점화방식과 독립 점화방식으로 구분된다.

동시 점화방식은 2개의 실린더에 1개의 점화코일에 의하여 배기행정 중인 실린더와 압축행정인 실린더를 동시에 점화시키는 것이다. 이 경우 압축행정에 있는 실린더는 내부압력이 높으므로 전압을 가하여도 방전이 어려우나 배기행정에 있는 실린더는 대기압력에 가까운 압력이므로 전압이 가해지면 쉽게 방전을 한다. 압력이 높으면 방전이 어려운 이유는 다음과 같다. 공기의 분자밀도가 높으면 점화플러그 전극 틈새에 있는 기체 분자 수가 많아지고, 공기 분자와의 충돌로 전자가 가속하는 거리가 작아진다. 이에 따라 전자가 충분히 가속되지 못하므로 공기분자를 차례로 이온화해 나갈 수 있는 능력이 작아진다. 그러므로 압력이 높은 기체에서는 높은 전압을 가하지 않으면 방전이 이루어지기 어렵다. 동시점화에서 배기행정에 있는 실린더 내의 압력은 대기압력 정도로 낮아진다.

일반적으로 대기 압력 하에서는 점화플러그의 틈새가 1mm일 때 약 2,000V 정도의 전압으로도 불꽃방전이 가능하므로 배기행정의 불꽃방전은 압축행정의 불꽃방전에 비해 저항이 거의 없는 경우와 같다. 즉, 그림 26과 같이 압축행정에 있는 점화플러그와 배기행정에 있는 점화플러그에 직렬로 고 전압을 가하면 배기행정에 있는 점화플러그는 거의 저항이 없는 것이 되고 전압의 대부분은 압축행정에 있는 점화플러그에 가해지게 된다.

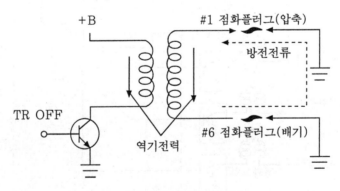

[그림 26] 동시 점화방식

이와 같은 동시 점화방식은 독립 점화방식과 비교하여 장치의 구성이 비교적 간단하고 가격이 저렴하지만 배기행정에서 불필요한 불꽃을 방전하기 때문에 불꽃방전 횟수가 배가되고, 또한 중심전극에 비해서 고온에 되는 접지전극 쪽이 부 극성(負 極性)으로 되기 때문에 점화플러그 전극 소모가 큰 단점이 있다.

독립 점화방식은 엔진의 실린더 수와 같은 수의 점화코일과 파워 트랜지스터를 지니고 있어 장치의 가격이 높지만, 점화코일을 점화플러그 바로 위쪽에 비치하기 때문에 고압 케이블(high tension code)이 필요 없고 점화 에너지 손실을 감소시킬 수 있는 장점이 있다.

DLI방식은 직렬 4기통 DOHC나 V6 DOHC엔진에 사용되고 있다. 이 타입은 ECU 작동신호, 점화 1차 파형, 작동전류 및 점화 2차 파형을 동시에 점검할 수 있다. DLI타입의 회로도에서 1차 파형과 베이스파형을 모두 볼 수 있지만 다음에 나올 회로는 점화코일 구동용 TR이 외부에 별도로 있지 않고, ECU에 내장되어 있어 1차 파형은 측정이 가능하나 ECU작동 신호는 볼 수가 없는 경우도 있다.

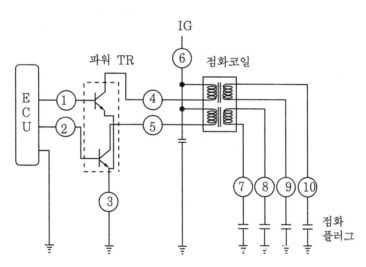

[그림 27] DLI식 점화회로도

그림 28은 공회전에서의 DLI 점화계통 오실로스코프 진단 화면이다. 1차 파형을 보는 것은 코일이 실제 작동하였는지를 확인하려고 하는 것이며, ECU 작동신호를 보는 것은 고장의 근거가 ECU로부터 발생한 것인지를 확인하는 것이다. 점화전류는 ECU 신호가 발생함에 있어 점화코일이 작동은 하더라도 제대로 작동했는지를 분석하기 위함이다.

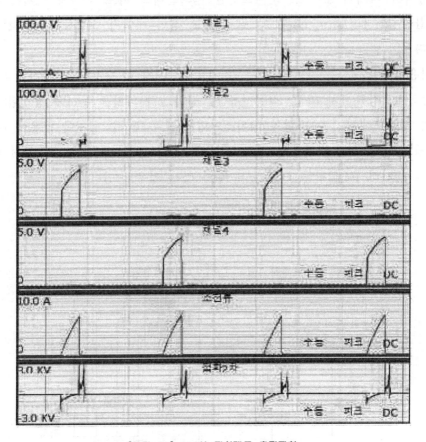

[그림 28] DLI식 점화계통 측정파형

교육학습(자기평가서)		

학 습 안 내 서

과 정 명	전자제어가솔린 연료분사시스템		
코 드 명		담당 교수	
능력 단위명		소요 시간	
개 요	각 메이커별 연료분사시스템의 각 계통별 관련 회로의 이해에 필요한 관련 지식습득과 고장진단 및 관련 배선의 점검을 위해 각 조건에 작동 및 이상여부를 측정장비 및 MUT 등을 이용하여 고장현상을 파악함으로써 연료분사시스템에 관련한 고장진단 및 분석능력을 가질 수 있도록 한다.		
수 행 목 표	전자제어가솔린 연료분사시스템에서 각 계통별 관련배선을 고장진단하고 정비하는 능력을 습득시키기 위해 전원공급 및 접지 등에 대한 실차점검을 실시하여 연료분사시스템 관련 전기회로의 이해는 물론이고 단품에 대한 고장진단 및 ECU 제어 관련 내용을 습득하도록 한다.		

실습과제

1. 연료시스템의 각 계통별 구조, 장착위치, 커넥터 및 핀 수 등의 파악
2. 각 회로의 단선, 단락을 점검한 후 규정값(정상차량)과 비교하여 이상 유무를 파악한다.
4. MUT를 이용한 고장진단

활용 기자재 및 소프트웨어

실차량, T-커넥터, MUT(Hi-DS 스캐너), Muti-Tester, 엔진튜업기(Hi-DS Engine Analyzer), 점퍼클립, 테스터램프 , 노트북 등

평가방법	평가표			
	실습내용	성취수준		
		예	도움 필요	아니오
평가표에 있는 항목에 대해 토의해보자 이 평가표를 자세히 검토하면 실습내용과 수행목표에 대해 쉽게 이해할 것이다. 같이 실습을 하고 있는 사람을 눈여겨보자 이 평가표를 활용하면 실습순서에 따라 실습할 수 있을 것이다. 동료가 보는 데에서 신습을 해보고, 이 평가표에 따라 잘된 것과 좀더 향상시켜야할 것을 지적하게 하자. 예 라고 응답할 때까지 연습을 한다.	연료분사시스템의 구조 및 단품을 이해할 수 있다.			
	각 계통 관련한 전기회로를 이해할 수 있다.			
	각 계통의 엔진 튜업기(Hi-DS)로 점검할 수 있다.			
	각 계통의 고장진단 및 분석능력을 가질 수 있다.			
	....			

성취 수준

실습을 마치고 나면 위 평가표에 따라 각 능력을 어느 정도까지 달성 했는지를 마음 편하게 평가해 본다. 여기에 있는 모든 항목에 예라고 답할 수 있을 때까지 연습을 해야 한다. 만약 도움필요 또는 아니오 라고 응답했다면 동료와 함께 그 원인을 검토해본다. 그 후에 동료에게 실습을 더 잘 할 수 있도록 도와달라고 요청하여 완성한후 다시 평가표에 따라 평가를 한다. 필요하다면 관계지식에 대해서도 검토하고 이해되지 않는 부분은 교수에게 도움을 요청한다.

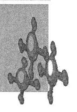

1. 센서의 정의(sensor)

일반적으로 센서란 물리, 화학, 생물 등의 자연현상으로부터 그 상태변화의 신호를 검출하여 전기적신호(전류, 전압, 임피던스)로 변환시키는 것을 말한다.

전자제어식 가솔린엔진은 엔진 각부에 장착된 각종 센서(AFS, ATS, WTS, TPS, BPS, CPS, CAS, MAP센서, O_2센서 등)로부터 입력되는 전기적 신호를 바탕으로 ECU가 기관의 조건 및 주행상태에 알맞은 연료를 분사하며, 연료분사량의 제어는 ECU에 의하여 인젝터의 니들밸브(needle valve)가 열려 있는 개변시간으로 결정되므로 정밀제어를 할 수 있으며 점화시기도 정확히 제어한다.

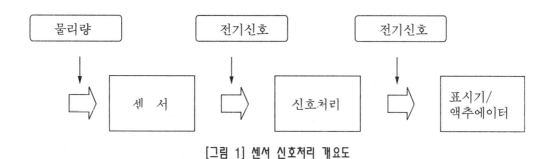

[그림 1] 센서 신호처리 개요도

[엔진제어시스템별 센서 및 제어특징]

항 목	멜코(melco)	지멘스(siemens)	보쉬(bosch)
입력센서 및 신호	산소센서, AFS, ATS, TPS, CAS, TDC센서, WTS, BPS, 아이들 스위치, VSS, IG 스위치, BAT.전압, 퍼지솔레노이드 스위치, P.N 스위치(A/T), 에어컨 스위치 신호	AFS, CAS, 홀센서, TPS, 산소센서, VSS, WTS, 녹센서, ATS, 엔진회전수, 인히비트스위치, 에어컨 스위치	MAP센서, CAS, 홀센서, TPS, 녹센서, ATS, 엔진회전수, 드라이브 포지션스위치, 인히비트스위치, 에어컨스위치, IG 신호
액추에이터 및 출력제어	인젝터, 점화코일, ISC모터, PCSV, 연료펌프, 컨트롤릴레이, 에어컨 릴레이, 점화시기제어, 자기진단	인젝터, 파워 TR, ISA, 연료펌프 릴레이, PCSV, 에어컨 릴레이, 엔진경고등, 엔진회전수 출력, 쿨링팬 릴레이, 콘덴서 팬 릴레이, 파워 릴레이, TPS 출력	인젝터, 파워 TR, ISA, 연료펌프릴레이, PCSV, 에어컨릴레이, 엔진경고등, 자기진단출력, 쿨링팬 릴레이, 콘덴서 팬 릴레이, 엔진회전수 출력, 파워릴레이, TPS출력
연료분사 제어	-AFS에 의한 직접계측으로 연료분사 제어(고장시 rpm, TPS) -시동시 분사 제어 -기본분사 제어 -연료차단 -발진시 분사 제어 -공연비피드백 제어	-AFS에 의한 직접계측 연료분사 제어(고장시 rpm, TPS) -시동시 분사 제어 -기본분사 제어 -연료차단 -발진시 분사 제어 -폐회로제어 -공연비 학습 제어 -퍼지 학습 제어	-MAP센서에 의한 간접계측으로 연료분사제어(고장시 rpm, TPS) -시동시 분사 제어 -기본분사 제어 -연료차단 -발진시 분사 제어 -폐회로 제어 -공연비 학습 제어
공회전 제어	Step Motor 방식 ISA 방식	ISA 방식	ISA 방식

그림 2는 엔진제어 계통을 간략하게 나타낸 것이다. 엔진의 기본 입력은 공기와 연료이며, 출력은 기계적 구동력과 배기가스의 배출이 된다. 여기서 센서는 엔진에서 발생하는 물리적 변수를 측정하며 그 값은 신호처리 기구를 통하여 컴퓨터(ECU ; electronic control unit)에 전기적 신호로 보내진다.

그리고 ECU는 엔진 가동에 필요한 각종 제어 변수를 계측 또는 운전조건을 판단하여 액추에이터(actuator)를 가동시키는 전기 출력신호를 발생한다. 일반적으로 엔진을 제어하기 위하여 측정할 변수들은 공기유량, 흡기다기관 부압, 대기압력, 냉각수 및 흡입공기의 온도, 크랭크축 및 캠축 각도와 회전속도, 배기가스 내의 산소농도, 스로틀밸브 열림정도, 노크발생 여부 등이다.

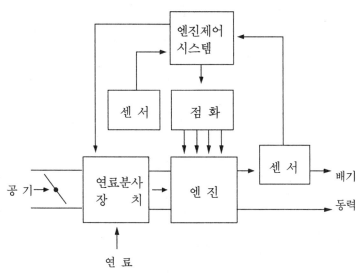

[그림 2] 엔진제어 계통의 개략도

　　센서의 종류에는 크게 물리량의 변화에 대응하여 연속적인 전기신호를 발생시키는 아
날로그형 센서(analog type sensor)와 디지털형 센서(digital type sensor)로 구분
할 수 있다. 아래 표는 각 형태의 센서의 종류를 나타낸다.

[센서의 종류]

종류		특징
아날로그형	가변저항형 센서	센서에 입력되는 물리량의 값에 의해 저항값이 아날로그적으로 변화하는 것 ●신호처리과정 : 저항값 → 전압 → 디지털 신호로 변환(A/D) ●사용되는 물리량 : 변형, 열, 자기, 빛, 화학흡착 또는 반응열
	가변전압형 센서	●센서에 입력되는 물리량의 값에 의해 센서의 출력전압이 아날로그적으로 변화하는 것 ●에너지 변환형 : 센서 자체가 전압을 발생시키는 것(기준전압 공급없음) CPS(crank position sensor), 압전형, 열기전력, 녹센서. ●에너지 제어형 : 기준전압센서, 3-wire 센서 TPS, 포텐셔미터 전원공급, 출력신호, 접지선의 3개의 선으로 구성되어 있음 신호처리는 센서의 출력을 증폭기 또는 A/D변환기에 직접연결 후 처리
	가변전류형 센서	센서에 입력되는 물리량의 값에 의해 센서의 출력전류가 변화 ●신호처리 : 전류 → 전압 변화 ●종류 : 외부 광전효과형, 전리형, 전기화학형 등 외부광 전효과형(광전자 배증관 : Photo multiplier)

종 류		특 징
아날 로그형	인덕턴스 변화형 센서	• 투자율이 높은 재료를 코일의 중간에 삽입하여 변위, 휨 등의 역학량 계측에 이용(기계적인 변위를 비접촉으로 계측하는 경우) • 측미계(미소변위측정), 압력측정, 진동측정
	용량변화형 센서	• 센서에 입력되는 물리량의 값에 의해 용량(conductance)이 아날로그적으로 변화하는 센서 • 용량을 변화 시키는 변수 : 전극간 거리, 전극면적, 전극간 유전율 압력측정, 미소변위측정, 수분계, 콘덴서마이크로폰 등에 이용
	주파수 변화형 센서	• 센서에 입력되는 물리량에 의해 센서가 발생하는 연속 주기신호의 주파수가 아날로그적으로 변화하는 것 • 도플러효과를 이용한 속도계(LDV : laser doppler velocimeter) • 신호처리 : 주파수변화 → 직류전압 → 디지털 변환(A/D) 　　　　　　주파수변화 → 디지털 주파수계로 계수
디지털 형	On/Off형	센서에 입력되는 물리량이 어느 일정한 값 이상이면 "ON" 상태로 출력되고 그 이하값이면 "OFF" 상태를 출력함(threshold level) • TTL IC(입력 5V) : 0.8V 이하(OFF), 2.5V 이상(ON) 속도가 빠르나 전파잡음에 약하고 정전기에 취약하다 • CMOS IC(입력 3~18V) : 1/3 이하(OFF), 2/3 이상(ON) 소비전력이 매우 적다 • 접점형 : 각종 스위치류 　무접점형 : Photo TR을 이용한 가로등의 On/Off 센서
	펄스형	센서의 출력이 펄스 형태로 나타나는 것 • 물리량의 변화 → 펄스 시간폭, 펄스시간간격, 펄스발생률의 변화 • CAS, VSS 등

2. 엔진제어용 센서의 종류와 점검

2.1. 온도 검출용 센서(temperature sensor)

2.1.1. 흡입 공기온도센서(ATS : air temperature sensor)

[1] 계측원리

　기관에 흡입되는 공기의 질량은 온도 및 대기압력에 따라 변하므로 체적유량을 계측하는 AFM(베인식, 칼만와류식 등)에서는 이들 온도 및 압력에 대한 공기의 질량 보정이 요구된다. 따라서, 흡기온도센서는 흡입되는 공기의 온도를 검출하는 것으로 부특성 (NTC : negative temperature coefficient) 서미스터(thermister)로 되어 있다.

　NTC 서미스터는 온도가 하락하면 저항값이 증가하고 온도가 상승하면 저항값이 하락하는 특성을 가진다.

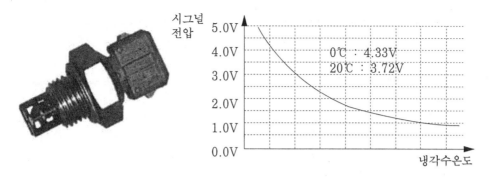

시그널
전압

5.0V
4.0V
3.0V
2.0V
1.0V
0.0V

0℃ : 4.33V
20℃ : 3.72V

냉각수온도

[그림 3] 흡입 공기온도센서의 구조 및 출력특성

(1) ATS의 실질적인 역할

① 흡입되는 공기의 온도를 감지

② 공기의 무게(공기 분자수)를 정확히 알기 위함

③ 엔진에 흡입되는 실제 공기량을 계산하도록 한다.

ECU는 ATS로 부터의 출력 전압을 기초로 하여 흡입공기 온도에 대한 분사량의 보정을 행한다. ATS의 출력전압은 1~5V사이 이며, 분사량에 미치는 영향은 그다지 크지 않으므로 엔진의 부조나 출력에는 큰 영향을 주지 않는다.

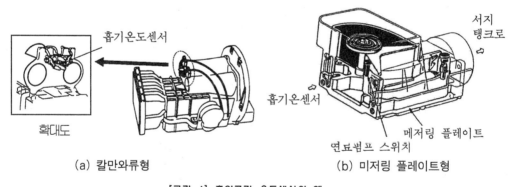

흡기온도센서

확대도

(a) 칼만와류형

서지
탱크로

흡기온센서

메저링 플레이트

연료펌프 스위치

(b) 미저링 플레이트형

[그림 4] 흡입공기 온도센서의 예

(2) ATS 이상 시 발생하는 현상

① 특별한 엔진에 이상발생은 없음

② 엔진 과열시 Knocking이 발생됨(고정온도로 지각이 안됨). 엔진과열시 점화시기 지각을 ATS를 기준으로 함.

③ 최근 엔진제어 프로그램에서는 WTS와 TPS 두 가지로 제어하므로 ATS 고장시 노킹은 발생 되나 심하지 않게 됨

④ 엔진회전수가 간헐적으로 설정 공회전으로 복귀하지 않거나 시동 꺼짐

⑤ 산소센서 피드백량이 비정상적으로 적거나 많아짐

⑥ ISC 밸브 학습량이 비정상적으로 많아지거나 적어짐

⑦ 주행 중 출력저하 또는 가속성능 저하

⑧ 주행 중 울컥거림 및 시동꺼짐

⑨ 연료소모 과다, 매연과다 배출

ATS는 흡입공기량 계측기 내부 또는 별도로 흡입관로 상에 설치되며 일부 차종에서는 MAP센서 내부에 설치(T-MAP센서)하기도 하나 대부분 원리나 특성은 유사하다.

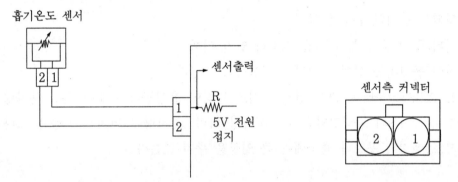

[그림 5] 흡입공기 온도센서 관련회로도

[2] 점검내용

① 센서에 ref.(5V) 전원이 공급되는지 점검한다.

② 각 배선의 단선, 단락, 접지성을 점검한다.

③ 흡입공기온도에 따른 출력전압을 점검한다.

[3] 점검방법

① 하네스측 커넥터전압계를 설치하여 ref. 전원공급을 확인한다.

② 멀티미터의 적색 프로브는 센서측 커넥터 1번 단자 흑색 프로브는 차체 또는 ECU측 커넥터 47번 단자에 연결하여 접지성을 확인한다.

③ ECU측 커넥터 47번 단자에 전압계를 설치하여 흡입공기온도 변화에 따른 출력전압을 점검한다.

④ 스캔툴장비(Hi-DS스캐너, 하이스캔 등)의 DLC 케이블을 차량의 자기진단 커넥터에 장착한 후 자기진단을 실시하여 서비스 데이터를 확인하고 오실로스코프 출력파형을 측정 점검한 후 분석 진단한다.

점검방법	엔진상태	점검위치	규정값		측정값	비고
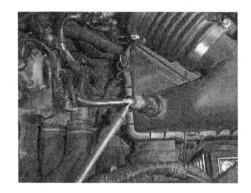	점화스위치 ON	하네스측 커넥터 1번단자	4.8~5.0V			전원 공급
	점화스위치 ON	센서측 2번 단자와 차체 또는 47번 단자	0Ω			접지
	점화스위치 ON	ECU측 47번 단자	0℃	3.3~3.7V		센서 출력 전압
			20℃	2.4~2.8V		
			40℃	1.6~2.0V		
			80℃	0.5~0.9V		

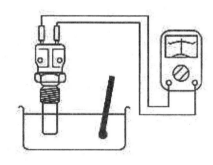

[그림 6] ATS 출력점검

[4] 센서출력 전압 및 파형점검

① MUT 또는 엔진 튜업장비의 자기진단용 DLC 케이블을 차량의 자기진단 커넥터에 연결한 후 센서출력값을 확인 점검한다.

② 오실로스코프 CH1(+적색 프로브) : ATS 신호선에 연결, CH1(-흑색 프로브) : Batt(-)에 연결한다(출력파형 점검).

③ IG ON 상태에서 출력파형을 점검한다.

구 분		출력값			현상 및 분석
		점화시기	분사시간	엔진회전수	
ATS 정상시	상온				
	40℃				
ATS 출력전압 시뮬레이션 (엔진공회전 상태)	3.3~3.7V				
	1.6~2.0V				
	0.5~0.9V				

[흡기온도센서의 출력 전압의 예]

점검 조건	온도(℃)	출력 전압(V)
점화스위치 ON	0	3.3~3.7
	20	2.4~2.8
	40	1.6~2.0
	80	0.5~0.9

그림 7은 파형측정기를 이용하여 센서의 출력파형을 측정한 것이다. 파형측정기로부터는 출력신호의 시간에 따른 변화를 관찰하며, 순간적인 단선 또는 단락 현상을 점검한다.

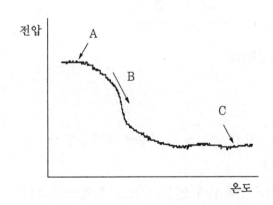

(a) 흡기온도센서 출력파형 분석

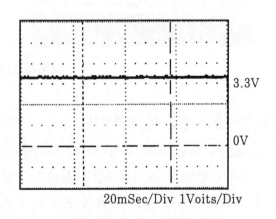

20mSec/Div 1Voits/Div

(b) 흡기온도센서의 출력파형 예

[그림 7] 흡기온도센서 출력파형 분석

그림 7(a)에서 A부분은 온도가 낮은 경우이며, B부분은 온도가 상승함에 따라 출력 전압이 낮아지고 있음을 나타낸다. C부분은 흡기온도가 높을 경우를 나타낸다. 흡입 공기의 온도는 짧은 시간에 큰 변화가 없으므로 비교적 긴 시간동안 파형을 점검하는 것이 요구된다. 그림 7(b)은 상온(常溫)에서 엔진을 시험할 때 흡기온도센서의 출력을 측정한 것이다.

[5] 고장진단

흡기온도센서의 고장진단은 온도변화에 따른 저항값 또는 출력전압으로 진단하며, 커넥터의 접촉상태와 단선 및 단락유무를 점검한다. 단품(單品)으로 점검을 하는 경우 헤어드라이어(hair dryer) 등을 이용하여 온도변화에 따라 저항값 또는 출력전압을 측정한다. 이때 온도 변화에 따라 저항값 등이 변화하지 않으면 센서 자체의 고장으로 교환한다. ATS 고장 시에는 ECU 메모리 대체값으로 페일세이프(fail safe)한다.

[6] 고장일 때 발생하는 현상

① 엔진 과열시 노킹이 발생 됨(고정온도로 지각이 안됨). 엔진과열시 점화시기 지각을 ATS를 기준으로 제어한다.
② 최근 algorithm에서는 WTS와 TPS 두 가지로 제어하므로 ATS고장 시 노킹 발생과 연료소모 과다, 매연 과다 배출한다.
③ 엔진회전수가 간헐적으로 설정 공회전으로 복귀하지 않거나 시동이 꺼진다.
④ 산소센서 피드백(feed back)량이 비정상적으로 적거나 많아진다.
⑤ ISC밸브 학습량이 비정상적으로 많아지거나 적어진다.
⑥ 주행 중 울컥거림, 주행 중 출력저하 또는 가속성능 저하한다.

교육학습(자기평가서)

학 습 안 내 서

과 정 명	ATS(흡입공기온도센서)		
코 드 명		담당 교수	
능력단위명		소요 시간	

개 요	흡입공기 온도센서의 고장진단 및 정비에 필요한 관련지식과 그 목적을 달성하기 위한 기본적인 개념인 ATS의 원리 및 관련 전기회로를 이해할 수 있도록 실습을 구성하였다. 여러 가지 고장사례에 대한 실습을 통해 흡입공기 온도센서가 엔진제어에 관여하는 내용 및 고장시 엔진에 미치는 영향을 이해할 수 있다.
수 행 목 표	흡입공기 온도센서에 대한 구조를 익히고 관련회로도를 숙지하며 센서자체의 고장, 각 회로의 단선, 단락 및 전원공급 이상 여부를 진단 측정한 후 규정값과 비교하여 이상 유무를 파악하도록 한다.

실습과제

1. 차량별 흡입공기 온도센서의 구조, 장착위치, 커넥터 및 핀수 등의 파악
2. ATS (흡입공기온도센서) 자체의 고장 진단
3. 각 회로의 단선, 단락을 점검한 후 규정값(정상차량)과 비교하여 이상 유무를 파악한다.
4. MUT를 이용한 ATS자기진단 및 출력파형 분석

활용 기자재 및 소프트웨어

실차량, T-커넥터, MUT(Hi-DS 스캐너), Muti-Tester, 엔진튠업기(Hi-DS Engine Analyzer), 테스터램프, 노트북 등

평가방법	평가표			
평가표에 있는 항목에 대해 토의해보자 이 평가표를 자세히 검토하면 실습 내용과 수행목표에 대해 쉽게 이해할 것이다. 같이 실습을 하고 있는 사람을 눈여겨보자 이 평가표를 활용하면 실습순서에 따라 실습할 수 있을 것이다. 동료가 보는 데에서 실습을 해보고, 이 평가표에 따라 잘된 것과 좀더 향상시켜야할 것을 지적하게 하자 예 라고 응답할 때까지연습을 한다.	**실습내용**	**성취수준**		
		예	도움 필요	아니오
	NTC 서미스터의 특성을 이해할 수 있다.			
	ATS의 전원공급 상태를 점검할 수 있다.			
	배선의 접지를 점검할 수 있다.			
	MUT를 이용한 센서출력값을 분석할 수 있다.			
	센서출력 파형을 측정 , 분석할 수 있다.			
	성취 수준			
	실습을 마치고 나면 위 평가표에 따라 각 능력을 어느 정도까지 달성 했는지를 마음 편하게 평가해 본다. 여기에 있는 모든 항목에 예 라고 답할 수 있을 때까지 연습을 해야 한다. 만약 도움필요 또는 아니오 라고 응답했다면 동료와 함께 그 원인을 검토해본다. 그 후에 동료에게 실습을 더 잘할 수 있도록 도와달라고 요청하여 완성한 후 다시 평가표에 따라 평가를 한다. 필요하다면 관계지식에 대해서도 검토하고 이해되지 않는 부분은 교수에게 도움을 요청한다.			

2.1.2. 냉각수온센서(WTS : water temperature sensor)

[1] 계측원리

　엔진 냉각수온센서는 실린더블록 또는 서모스탯 입구의 냉각수 통로에 설치되며 냉각수의 온도를 검출하는 부특성 서미스터(NTC thermister)로 일종의 저항기이다. 즉, 온도가 상승하면 저항 값이 작아지고, 온도가 내려가면 저항값이 커지는 특성이 있다. 따라서, 낮은 냉각수 온도에서는 출력전압이 높아지고, 높은 냉각수 온도에서는 낮은 출력전압을 나타낸다.

　냉각수온 변화에 따른 서미스터의 저항변화는 전압으로 변화되며 출력전압 신호는 ECU의 A/D컨버터(analog/digital converter)를 통하여 입력 처리된다. 따라서 냉각수온 센서는 기관의 냉각수온 변화에 따른 연료 분사량의 증감 및 점화시기를 보정하는데 사용한다. WTS의 출력전압은 ATS와 마찬가지로 1~5V사이 이다. 그림 8(b)는 일반적인 수온센서의 회로를 나타낸 것이며, R_T는 수온센서의 저항값을 나타내고 이때 센서의 출력전압 V_T는 다음과 같다.

$$V_T = \frac{R_T \cdot V}{R + R_T}$$

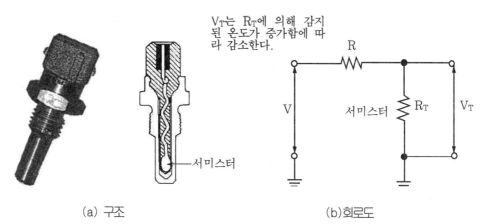

V_T는 R_T에 의해 감지된 온도가 증가함에 따라 감소한다.

(a) 구조　　　　　　　　　　(b)회로도

[그림 8] 수온센서의 구조 및 회로

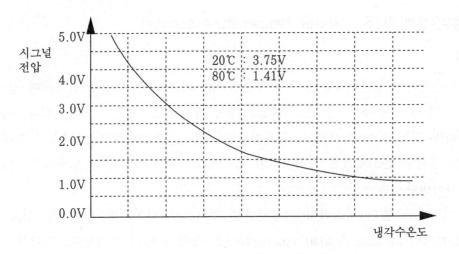

[그림 9] 냉각수온센서 출력전압

[2] 회로구성 및 단자

그림 10은 수온센서의 회로 및 단자를 나타낸 것이다. 1번은 접지단자이고, 2번이 출력신호 단자이다. 또한 2번 단자의 ECU 쪽에는 풀업저항이 들어 있으며, 센서에 전원을 공급한다.

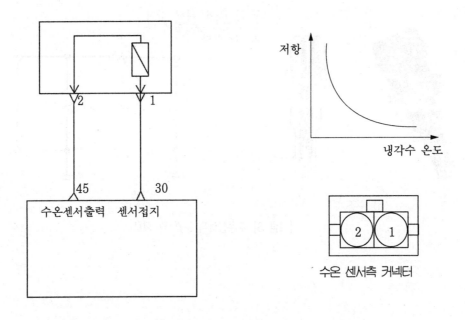

[그림 10] 수온센서 회로 및 단자구성

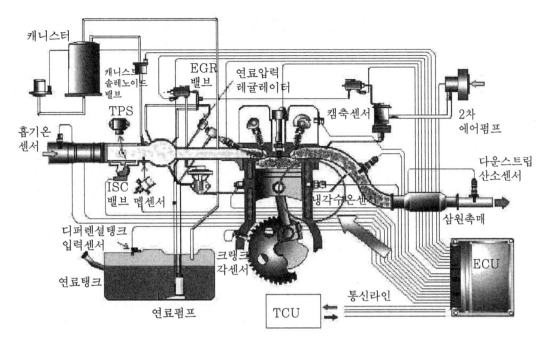

[그림 11] 냉각수온센서 장착위치

[3] 점검내용

① 센서에 ref.(5V) 전원이 공급되는지 점검한다.

② 각 배선의 단선, 단락, 접지성을 점검한다.

③ 냉각수온 변화에 따른 저항변화값과 출력전압을 점검한다.

[4] 점검방법 및 점검순서

공전속도가 규정값에 미치지 못하거나 엔진을 난기운전을 할 때 검은 배가가스를 배출한나면 수온센서의 결함을 점검하여야 한다. MUT나 오실로스코를 이용하여 WTS 출력파형을 점검한다. 또한 커넥터의 접촉상태, 배선의 단선 및 단락을 점검하고, 온도 변화에 따른 저항값의 변화 또는 전압을 점검한다.

[온도에 따른 수온센서의 저항값 및 전압값]

냉각수 온도(℃)	저항값(kΩ)	전압값(V)
0	5.18~6.6	4.05
20	2.27~2.73	3.44
40	1.06~1.30	2.72
80	0.29~0.35	1.25

그림 12는 수온센서의 출력 파형이다. 수온센서는 부특성 서미스터형식이므로 온도가 높으면 저항 값이 작아지고 출력 전압도 낮아진다. 그림에서 A부분은 엔진 냉각수 온도가 낮은 상태로 높은 출력 전압을 나타내고 있다. B부분은 냉각수 온도가 상승하면서 출력전압이 감소하고 있음을 나타낸다. C부분은 냉각수 온도가 정상에 도달하여 일정함을 나타낸다.

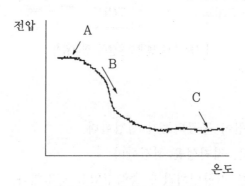

[그림 12] 수온센서의 파형분석

(1) 점검순서

① 하네스측 커넥터 2번 단자에 전압계를 설치하여 ref. 전원공급을 확인한다(IG ON상태).

② 멀티미터의 적색 프로브는 센서측 커넥터 1번 단자 흑색 프로브는 차체 또는 ECU측 커넥터 30번 단자에 연결하여 접지성을 확인한다.

③ ECU측 커넥터 45번 단자에 전압계를 설치하여 흡입공기온도 변화에 따른 출력전압을 점검한다.

④ 스캔툴(MUT)을 이용하여 자기진단과 센서출력값을 분석 진단한다.

⑤ 오실로스코프 기능을 이용하여 출력파형을 측정한 후 분석 진단한다.

⑵ 전원, 접지, 센서 출력 전압점검

① 멀티미터 적색 프로브를 하네스측 2번 단자(전원공급단자)에 흑색 프로브를 배터리(-) 또는 차체에 연결한다(ref. 전원 공급 점검).

② 멀티미터 적색 프로브를 하네스측 1번 단자(접지단자)에 흑색 프로브를 배터리(-) 또는 차체에 연결한다(접지 전압 점검).

③ 멀티미터 적색 프로브를 센서측 2번 단자에 흑색 프로브를 배터리(-) 또는 차체에 연결한다(출력 전압 점검).

점검요령	엔진상태	점검위치	규정값		측정값	비고
	점화스위치 ON	센서측 2번 ~ BAT(-) 사이	4.8~5.0V			전원 공급
	점화스위치 ON	센서측 1번 단자와 차체 또는 47번 단자	0Ω			접지
	점화스위치 ON	센서측 2번 단자 또는 ECU측 47번 단자	0℃	3.3~3.7V		센서 출력 전압
			20℃	2.4~2.8V		
			40℃	1.6~2.0V		
			80℃	0.5~0.9V		

[5] 센서출력 및 파형점검

① MUT 또는 엔진 튜업장비의 자기진단용 DLC 케이블을 차량의 자기진단 커넥터에 연결한 후 센서 출력값을 확인 점검한다.

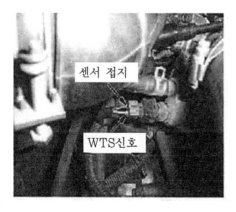

센서 접지
WTS신호
자기진단 커넥터

[그림 13] WTS 위치 및 출력점검

② 오실로스코프 CH1(+적색 프로브) : ATS 신호선에 연결, CH1(-흑색 프로브) : 배터리 (-)에 연결한다(출력파형 점검).

③ IG ON상태에서 출력파형을 점검한다.

구 분		출력값			현상 및 분석
		점화시기	분사시간	엔진회전수	
WTS 정상시	상온				
	40℃				
WTS 출력전압 시뮬레이션 (엔진공회전 상태)	3.3~3.7V				
	1.6~2.0V				
	0.5~0.9V				

[그림 14] 냉각수온센서 출력파형

[6] 고장일 때 나타나는 현상

일반적으로 WTS고장 시(126℃ 이상 : 단락, -38℃ 이하 : 단선) 고장으로 판정하고 ECU에 메모리 된 대체값으로 제어하며 쿨링팬을 항상 돌게 한다. 다른 제어시스템의 경우 흡기온을 통해 초기에 냉각수온 값을 추정 계산하고 시간에 따라 증가시켜 일정 시간 후 정상 작동온도로 판단하게 한다.

① 냉간 시 초기 시동성 불량 또는 시동불능이 될 수 있다.

② 공회전 시 엔진 부조 및 시동꺼짐 현상이 발생될 수 있다.

③ 주행 중 출력저하 및 가속성능 저하 또는 시동꺼짐 현상이 발생된다.

④ 연료소모 과다 및 일산화탄소 및 탄화수소의 배출이 증가될 수 있다.

교육학습(자기평가서)		
학 습 안 내 서		

과 정 명	WTS(냉각수온센서)		
코 드 명		담당 교수	
능력단위명		소요 시간	
개 요	냉각수온센서의 고장진단 및 정비에 필요한 관련지식과 그 목적을 달성하기 위한 기본적인 개념인 WTS의 원리 및 관련 전기회로를 이해할 수 있도록 실습을 구성하였다. 여러 가지 고장원인에 대한 실습을 통해 냉각수온센서가 엔진제어에 관여하는 내용 및 고장시 엔진에 미치는 영향을 이해할 수 있다.		
수 행 목 표	냉각수온센서에 대한 구조를 익히고 관련회로도를 숙지하며 센서자체의 고장, 각 회로의 단선, 단락 및 전원공급 이상 여부를 진단 측정한 후 규정값과 비교하여 이상 유무를 멀티미터를 이용한 기본측정 및 진단장비의 Hi-DS를 이용한 파형측정 분석을 통하여 파악하도록 한다.		

실습과제

1. 차량별 냉각수온센서의 구조, 장착위치, 커넥터 및 핀수 등의 파악
2. WTS(냉각수온센서) 자체의 고장 진단
3. 각 회로의 단선, 단락을 점검한 후 규정값(정상차량)과 비교하여 이상유무 파악
4. MUT를 이용한 WTS 자기진단 및 출력파형 분석

활용 기자재 및 소프트웨어

실차량, T-커넥터, MUT(Hi-DS 스캐너), Muti-Tester, 엔진튠업기(Hi-DS Engine Analyzer), 테스터램프, 노트북 등

평가방법	평가표			
		성취수준		
	실습내용	예	도움 필요	아니오
평가표에 있는 항목에 대해 토의해보자 이 평가표를 자세히 검토하면 실습 내용과 수행목표에 대해 쉽게 이해할 것이다. 같이 실습을 하고 있는 사람을 눈여겨보자 이 평가표를 활용하면 실습순서에 따라 실습할 수 있을 것이다. 동료가 보는 데에서 실습을 해보고, 이 평가표에 따라 잘된 것과 좀더 향상시켜야할 것을 지적하게 하자 예 라고 응답할 때까지 연습을 한다.	NTC 서미스의 특성을 이해할 수 있다.			
	WTS의 전원공급 상태를 점검할 수 있다.			
	MUT를 이용한 센서출력값을 분석할 수 있다.			
	센서출력 파형을 측정, 분석할 수 있다.			
	………………………			
	성취 수준			
	실습을 마치고 나면 위 평가표에 따라 각 능력을 어느 정도까지 달성 했는지를 마음 편하게 평가해 본다. 여기에 있는 모든 항목에 예라고 답할 수 있을 때까지 연습을 해야 한다. 만약 도움필요 또는 아니오 라고 응답했다면 동료와 함께 그 원인을 검토해본다. 그 후에 동료에게 실습을 더 잘할 수 있도록 도와달라고 요청하여 완성한 후 다시 평가표에 따라 평가를 한다. 필요하다면 관계지식에 대해서도 검토하고 이해되지 않는 부분은 교수에게 도움을 요청한다.			

2.2. 압력 검출용 센서(pressure sensor)

2.2.1. 흡기다기관 압력

[1] 흡기다기관 압력 특성

그림 15는 흡입계통을 간략하게 나타낸 것이다. 흡기다기관은 실린더에 공기와 연료의 혼합기가 들어오는 통로이며, 엔진은 흡기다기관으로 공기를 흡입하는 펌프(pump)로 볼 수 있다. 엔진이 가동되지 않을 때에는 공기가 흐르지 않으며, 흡기다기관의 압력은 대기 압력과 같다. 엔진이 가동할 때 흡기다기관 중의 스로틀밸브는 부분적으로 공기흐름을 방해하는 요소가 된다. 이것은 흡기다기관 내의 압력을 감소시켜 대기압력보다 낮게 하여 흡기다기관 내에 부분 진공(부압[負壓])을 형성하도록 한다.

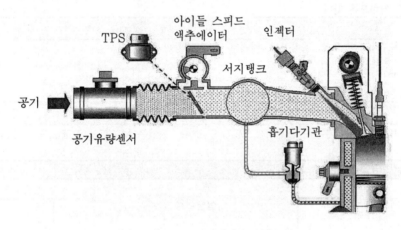

[그림 15] 흡입계통의 개략도

그러나 실제 엔진은 완벽한 진공펌프(vacuum pump)가 아니며, 또한 완전 진공 상태가 되지 못하므로 공전시 흡기다기관 절대압력(대기압력+진공압력)은 0보다 다소 높다(강한진공상태).

항 목	내 용
압력의 단위	PSI, kgf/cm^2, kPa, mmHg, bar, Torr...
게이지압력(대기압을 기준)	절대압력 - 대기압력
절대압력(완전진공을 기준)	게이지압력 + 대기압력

그러나 스로틀밸브가 완전히 열리면(WOT : wide open throttle) 흡기다기관 내의 압력은 대기압력에 가깝게 된다. 따라서 엔진이 가동될 때 흡기다기관 절대 압력은 비교적 적은 값에서 대기압력 가까이 변화하게 된다. 스로틀밸브의 위치가 일정할 때 흡기다기관 내의 압력변화 상태를 보면 각각의 실린더가 순차적으로 공기를 흡입하기 때문에 상승 및 하강을 한다. 각각의 실린더는 흡입밸브가 열리고 피스톤이 상사점(top dead center)에서 하사점(bottom dead center)으로 내려갈 때 공기를 흡입하며 흡기다기관 내의 압력은 이때 감소한다. 이 실린더의 공기 흡입은 흡입밸브가 닫히면 완료되며, 흡기다기관의 압력은 다른 실린더가 공기를 흡입하기 전까지는 계속 증가한다.

이와 같은 과정이 반복적으로 진행되므로 흡기다기관 내의 압력은 각 실린더의 행정 사이에서 상승 및 하강으로의 펌프작용(pumping)은 한 실린더로부터 다음 실린더로 변화된다. 각 실린더의 흡입행정은 크랭크축 2회전 당 1회씩 발생하므로 N개의 실린더에 의한 회전에서 흡기다기관 내의 압력변화 주파수는 다음과 같다.

실제의 엔진제어 계통에서는 흡기다기관 내의 평균압력이 필요하며, 일정한 엔진 회전속도에서 생성되는 토크(torque)는 근사적으로 흡기다기관 압력의 평균값에 비례한다. 즉, 순간적인 흡기다기관 압력의 빠른 변화는 엔진제어에서 불필요하므로 흡기다기관 압력 측정방법은 압력 진동 성분은 제거하고 평균값만을 측정한다.

$$Fp = \frac{N \times \mathrm{rpm}}{120}$$

Fp : 흡기다기관 내의 압력 변화 주파수
N : 실린더 수
rpm : 엔진 회전속도

엔진제어 계통에서 이와 같은 흡기다기관 내의 절대 압력을 측정하는 센서가 MAP (manifold absolute pressure)센서이다.

[2] 흡기다기관 진공 점검

① 진공 프로브를 진공포트에 연결한다(T 커넥터를 사용하여 연료압력 조절기 호스쪽과 서지탱크쪽 동시에 연결).
② 시동을 건 후 엔진이 워밍업 되고 팬이 작동하지 않을 때 진공압력을 측정한다.

[그림 16] 흡기다기관 진공압력측정(간접)

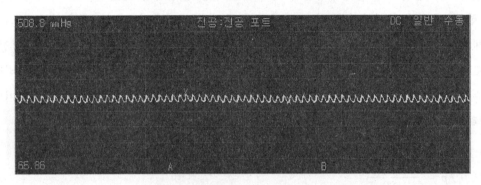

[그림 17] 서지탱크 진공압력 출력파형

③ 공회전 시 평균 진공값은 평균 진공값 : 252±10mmHg 정도 임.

④ 평균 진공값 : 252±10mmHg보다 현저히 높을 경우, 스로틀바디 가스켓, 서지탱크 가스켓, 호스 빠짐 상태를 확인한다.

2.2.2. 대기압센서(BPS : barometric pressure sensor)

대기압력은 공기의 밀도(密度)를 나타내는 하나의 지표이다. 고도(高度)가 높아짐에 따라 공기밀도가 낮아지므로 실린더로 흡입되는 공기량이 적어진다. 따라서 일정한 공연비(air/fuel ratio : 혼합비)를 유지하기 위하여 필요한 연료량은 고도가 높아질수록 작아진다.

이와 함께 점화시기도 공기밀도에 따라 조정이 필요하며, 일부의 자동차에서는 배기가스 재순환(EGR : exhaust gas recirculation)밸브의 가동 및 공전 속도(idle speed) 조정을 보정하기 위하여 사용되기도 한다. 또한 고도 또는 기후에 따라 변화하는 공기의 밀도를 보정하기 위하여 대기압력 측정이 요구되는데, 이를 위한 장치가 대기 압력센서이다.

대기 압력센서는 대기압력을 계측하여 현재 차량의 고도를 계산한 후 흡입공기의 대기압력 변화에 따른 밀도 보정 및 연료 분사량과 점화시기 보정에 사용된다. 설치위치는 공기유량센서에 함께 부착되거나 차체에 별도로 설치되기도 한다.

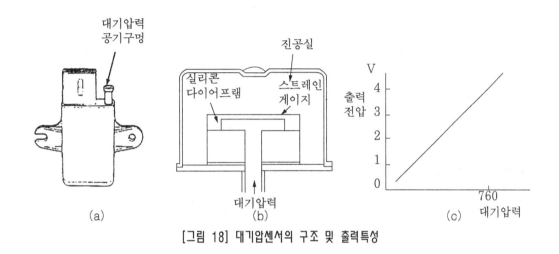

[그림 18] 대기압센서의 구조 및 출력특성

[1] 계측원리

일반적으로 피에조 압전 효과(piezo electric effect)에 의해 스트레인 게이지(strain gauge)의 저항치가 압력에 비례해서 변화하므로 이 압력변화를 출력전압으로 절대 압력을 측정한다.

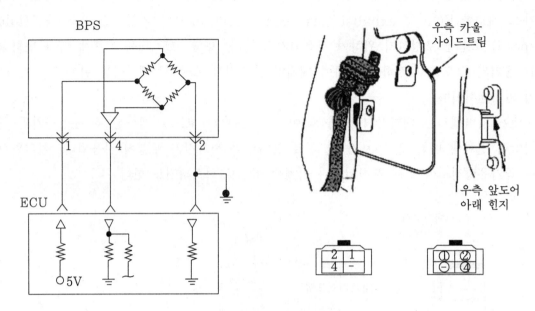

[그림 19] 독립형 대기압센서

[2] 회로구성 및 단자

위의 그림 19는 독립형 대기압센서 및 회로를 그림 20은 칼만 와류형 공기유량센서에 설치된 대기압센서의 회로 및 단자를 나타낸 것이다. 그림 20에서 1번 단자가 센서 전원이고, 5번 단자는 센서의 출력단자이다.

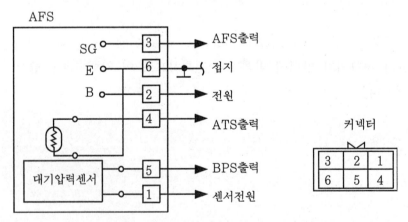

[그림 20] 대기압력센서의 회로 및 단자의 예

[3] 점검방법

디지털 멀티미터를 사용하여 센서의 전원을 점검한다. 즉, 점화스위치 ON상태에서 1번 단자의 출력전압을 측정하여 규정 입력전압과 비교한다. 센서의 출력전압은 5번 단자에서 측정하며, 규정값은 평지에서 약 3.8~4.8V이면 정상이다. 그밖에 접촉상태 및 단선·단락 유무를 점검한다. 스캔툴(scan tool)을 이용하여 대기압력센서의 출력파형을 측정할 경우는 측정할 때 대기 압력의 변화가 거의 없으므로 시간에 따라 일정한 값(규정값)을 나타내는 것이 정상이며, 순간적인 단선 또는 단락 등을 점검한다.

[4] 고장일 때 나타나는 현상

① 공전할 때 엔진 부조현상(대기압력의 차이가 매우 클 때)이 발생한다.
② 높은 지역을 운행할 때 엔진 부조현상이 발생한다.

2.2.3. MAP센서(manifold absolute pressure sensor)

MAP센서(흡기다기관 절대압력 센서)는 흡기다기관 내의 절대압력을 측정하여 실린더로 흡입되는 공기량을 간접적으로 알아내는 것이며, MAP센서는 절대압력에 비례하는 아날로그 출력신호를 ECU로 전달하고, 이 출력신호는 ECU 내의 기억장치(memory) 내에 미리 저장된 데이터에 따라 실린더로 흡입되는 공기량으로 환산하여 흡입 공기량에 대응하는 인젝터 구동시간의 제어에 이용된다. 현재 사용되고 있는 MAP센서는 피에조 압전소자를 이용하고 있다. 일반적으로 압력 측정용 센서로 사용되고 있는 것은 압전저항 스트레인 게이지(piezo resistive strain gauge)의 반도체 압력 센서이다.

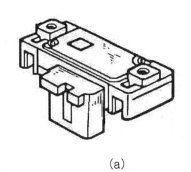

(a)

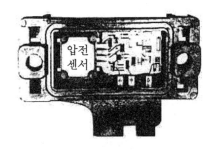

(b)

[그림 21] MAP센서의 구조

그림 22는 압력소자의 내부구조를 나타내고 있다. 이 센서는 약 $3mm^2$의 실리콘 칩 (silicon chip)을 사용하고 있으며, 이 칩의 가장자리 두께는 약 250μm이고, 중앙의 두께는 25μm 정도이며, 이 부분이 압력을 검출하는 다이어프램(diaphragm, 막)이다. 또한 칩의 아래부분은 내열 유리판으로 밀봉되어 있으며, 내부는 진공상태로 되어 있다.

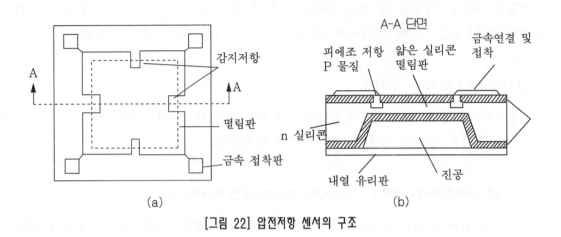

[그림 22] 압전저항 센서의 구조

압전저항은 다이어프램 가장자리에 위치하며, 다이어프램 표면에 작용한 압력에 따라 각 저항 값은 비례하여 변화한다. 압력에 비례하는 전기신호는 휘스톤 브리지(wheat stone bridge)회로를 이용하여 얻는다.

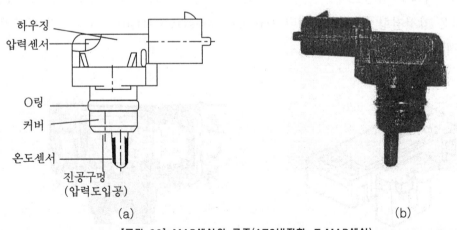

[그림 23] MAP센서의 구조(ATS내장형: T-MAP센서)

[1] 계측원리

압력측정은 MAP센서 내부에 설치된 센서 칩에 의해 이루어진다. 센서 칩의 압력 도입구멍으로 인가된 압력은 압력에 따라 저항값이 변화하는 실리콘 다이어프램 뒤쪽에 작용한다. 실리콘 다이어프램 상에는 4개의 저항으로 구성된 휘스톤 브리지가 형성되어 압력이 인가되면 다이어프램에 변형이 발생하며 이때 피에조 저항 효과에 의해 4개의 저항값들에 변화가 발생하게 되어 압력에 비례하는 선형(線型)적인 출력 전압을 얻는다.

이 출력전압은 실리콘 다이어프램의 주위 회로부분에서 증폭작용 및 특성 조정을 거친 후 출력단자를 통하여 ECU로 전달된다. ECU로 전달된 출력전압은 다시 압력으로 환산된 후 미리 내장되어 있는 엔진 회전속도(rpm)와 압력에 따른 공기량 환산방식에 따라 흡입공기량으로 환산하고, ECU는 이 흡입공기량에 대응하는 연료분사를 위해 인젝터 구동시간을 제어한다. 즉, MAP센서는 흡기다기관의 압력변화에 따라 흡입공기량을 간접적으로 검출하여 연료의 기본 분사량과 분사시간 및 점화시기를 결정하는데 사용된다.

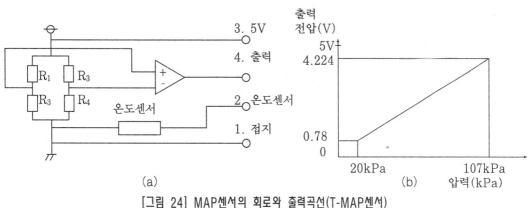

[그림 24] MAP센서의 회로와 출력곡선(T-MAP센서)

MAP센서와 서지탱크 사이를 진공호스로 연결하여 흡기다기관 절대압력을 계측하며, 엔진이 가동되고 있을 때 흡기다기관 내의 압력은 엔진상태에 따라 변화한다. 스로틀밸브가 열려 엔진부하 및 회전속도가 증가하면 흡기다기관 내의 절대압력은 증가하고(부압은 작아짐), 스로틀밸브가 닫혀 엔진부하 및 회전속도가 낮아지면 흡기다기관 내의 절대압력도 작아진다(부압이 커진다). 일부 차량에서는 MAP센서를 대기압력을 측정하는데도 사용하므로 고도(高度)변화에 따른 제어요소로 이용하기도 한다.

[2] MAP센서의 특징

① 흡입계통의 손실이 없다.

② 흡입공기 통로의 설계(lay out)가 자유롭다.

③ 가격이 싸다.

④ 공기밀도 등에 대한 고려가 필요하다.

⑤ 고장이 발생하면 엔진 부조 또는 가동이 정지된다.

[3] 회로구성 및 단자

그림 25는 MAP센서의 회로 및 단자구성의 예를 나타내고 있다. 1번 단자는 센서의 입력전원으로 5V가 작용하고 있으며, 2번은 센서의 출력단자이며, 3번은 접지 단자이다.

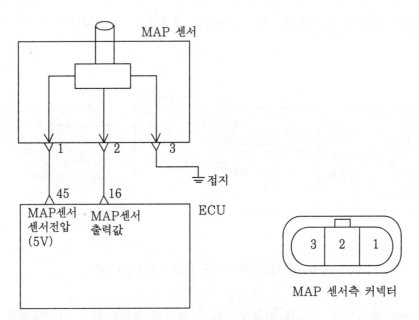

[그림 25] MAP센서의 회로 및 단자구성의 예

[4] MAP센서 점검방법

① 디지털 멀티미터를 이용하여 센서의 공급전원을 점화스위치 ON상태에서 1번 단자의 출력전압을 측정하여 규정의 입력 전압(5V)이 공급되는지를 점검한다.

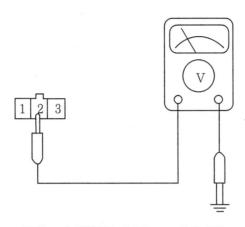

[그림 26] 전압계를 이용한 MAP센서 점검

② 센서의 출력신호는 1번 단자에서 측정한다. 이때 점화스위치 ON상태(엔진의 시동을 걸지 않은 상태)에서 출력전압은 약 3.9~4.1V 정도이며, 엔진이 공전할 때에는 0.8~1.6V 정도의 출력전압이 측정된다.

③ 커넥터의 접속상태, 전원 공급쪽과 접지쪽의 단선 및 단락유무를 점검한다.

④ 엔진의 가동이 가끔 정지되는 경우에는 크랭킹(cranking)상태에서 MAP센서의 하네스를 흔들어 본다. 이때 가동이 정지되면 커넥터의 접촉불량으로 판단할 수 있다.

⑤ 점화스위치 ON상태에서 출력값이 규정값을 벗어나면 MAP센서나 ECU의 결함으로 판단할 수 있다.

⑥ MAP센서의 출력 전압이 규정값을 벗어나더라도 엔진이 공회전을 하면 MAP센서를 제외한 다음과 같은 결함을 고려한다.

    ㉮ 서지탱크와 진공호스의 연결 불량

    ㉯ 연소실 내에서의 불완전 연소

    ㉰ 흡기다기관에서의 공기 누출

⑦ 그림 27은 엔진이 공전할 때 MAP센서의 출력파형을 측정한 예이다. 공전할 때 스로틀밸브의 열림정도의 변화가 없으면 MAP센서의 출력 전압도 일정하게 나타나지만, 스로틀밸브의 열림정도를 변화시키면 이에 대응하여 MAP센서의 출력값도 변화한다. 센서의 출력값이 작은 경우는 엔진의 부하가 작은 경우이고, 흡기다기관 내에는 큰 부압이 형성된다.

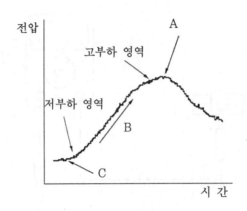

[그림 27] MAP센서의 출력파형 분석

그림 27에서 A부분은 흡기다기관 내의 절대압력이 높은 부분으로 높은 출력 전
압을 나타내며, 낮은 부압을 표시한다. B부분은 스로틀밸브가 열림에 따라 흡기다
기관 내의 절대압력이 상승하고 있음을 알 수 있다. C부분은 낮은 출력전압으로
흡기다기관 내의 절대압력이 낮고, 높은 부압을 나타낸다.

[5] 전원, 접지, 센서 출력 전압점검

① 멀티미터 적색 프로브를 하네스측 1번 단자에 흑색 프로브를 배터리(-) 또는 차체
에 연결한다(ref. 전원 공급 점검).

② 멀티미터 적색 프로브를 하네스측 3번 단자에 흑색 프로브를 배터리(-) 또는 차체
에 연결한다(접지 전압 점검).

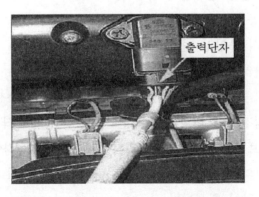

[그림 28] MAP센서(T-MAP: ATS내장형)출력점검

③ 멀티미터 적색 프로브를 센서측 2번 단자에 흑색 프로브를 배터리(-) 또는 차체에 연결한다(출력 전압 점검).

점검요령	엔진상태	점검위치	규정값	측정값	비고
하네스측 커넥터	점화스위치 ON	하네스측 커넥터 1번 단자	4.8~ 5.0V		전원공급
	점화스위치 ON	센서측 3번 단자와 차체	0Ω		접지
	점화스위치 ON	센서측 2번 단자	4.8~ 5.0V		센서 출력전압
	공회전	센서측 2번 단자	0.5±0.2V		센서 출력전압

[6] 파형점검

① MUT 또는 엔진 튜업장비의 자기진단용 DLC 케이블을 차량의 자기진단 커넥터에 연결한 후 자기진단 항목 중 센서 출력값을 점검한다.

② 오실로스코프 CH1(+적색 프로브) : TPS 신호선에 연결, CH1(-흑색 프로브) : 배터리 (-)에 연결

③ 오실로스코프 CH2(+적색 프로브)를 센서출력 단자(2번)에 CH1(-흑색 프로브)를 배터리(-) 또는 차제에 연결한다(출력파형 점검).

④ 시동 ON, 엔진을 워밍업 한 후 공회을 유지시킨다.

⑤ 가속페달을 끝까지 순간적으로 밟았다 놓는다(급가속 시험: 엔진회전수가 1500 rpm 이상이 되지 않을 정도로 순간적으로 밟았다 놓는다).

점검항목	서비스 데이터표시	점검조건	엔진상태	규정값	측정값	비고
MAP센서	흡기관내 부압	·엔진냉각수온 : 80 ~95℃ ·각종램프 및 전장품 모두 OFF ·트랜스액슬 중립 ·스티어링 중립	점화스위치 ON	850~ 1024mb		
			공회전	250~ 400mb		

CHAPTER 03

전자제어용 센서의 작용 및 점검 | 089

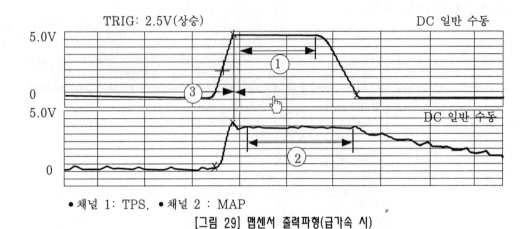

• 채널 1: TPS, • 채널 2 : MAP

[그림 29] 맵센서 출력파형(급가속 시)

[7] 고장일 때 나타나는 현상

① 크랭킹은 가능하지만 엔진의 시동이 어렵다.

② 공전할 때 엔진 부조현상이 발생한다.

③ 과다한 연료분사로 연료 소비량이 증가한다.

④ 촉매 컨버터의 열화가 촉진된다.

2.3. 공기유량센서(AFS : air flow sensor)

2.3.1. 공기유량센서의 개요

유량(流量)은 단위시간 당 흐르는 공기의 양으로 정의되며, 공기의 양이 체적인 경우에는 체적유량이고, 질량인 경우에는 질량유량이 된다. 따라서 유량의 단위는 체적유량의 경우는 ℓ/s 또는 m^3/s이고, 질량 유량인 경우에는 kg_f/s이다.

엔진제어장치에서 흡입공기의 유량은 엔진의 성능, 운전성능, 연료 소비율 등에 직접적인 영향을 미치는 요소이다. 특히 연료분사장치에서는 기화기와 달리 흡입 공기량을 계측하여야만 그에 알맞은 연료량을 공급할 수 있으므로 흡입 공기량을 정확하고, 빠르게 측정하는 것이 매우 중요하다.

흡입공기량의 계측방법에는 직접계측방식과 간접계측방식이 있으며 직접계측방식은 흡입공기의 체적이나 질량을 측정하는 방식으로 체적유량 측정방식(volumetric flow measuring type)과 질량유량 측정방식(mass flow measuring type)으로 나누며 간접계량방식은 흡입공기량을 직접 검출하지 않고 흡기매니폴드 내의 절대압력이나 스로틀밸브의 각도 및 기관의 회전속도로부터 공기량을 측정하는 MAP센서(manifold absolute pressure sensor)가 있다.

직접계측방식은 AFM(air flow meter)에 공기가 직접 접촉하여 계측되며, 공기의 흐름량을 전기적 신호로 변환시켜 ECU로 보내는 방식으로 베인식(vane or measuring plate type), 칼만와류식(karman vortex type), 열선식(hot wire type), 열막식(hot film type) 등이 있다.

2.3.2. 엔진제어에서의 유량 계산

엔진제어에서 측정되는 유량은 흡입공기의 질량 유량이며, 측정범위는 대략 10~1000kg_f/h 정도이다. 유량 측정방법에는 간접 계측방식과 직접 계측방식의 2가지로 나눌 수 있다.

간접 계측방식은 스피드 - 덴시티(speed - density)방식과 스로틀 스피드(throttle speed)방식이 있으며, 스피드 - 덴시티방식은 흡기다기관 내의 압력(MAP센서 사용)과 엔진 회전속도로부터 유량을 간접적으로 계측하는 방식이며 D - 제트로닉에서 사용하는 흡입 공기량 계측방법이다.

간접 계측방식에서 공기유량(ma)은 다음과 같이 나타낸다.

$$m_a = \frac{\text{rpm} \times V \times \eta \times P}{R_a \times T_a}$$

rpm : 엔진 회전속도　　　　V : 실린더 당 배기량
η : 엔진의 체적 효율　　　P : 흡기다기관 내의 압력
R_a : 흡입공기의 기체상수　　T_a : 흡입공기의 온도

따라서 엔진 회전속도와 흡기다기관 내의 압력을 알면 흡입공기의 질량 유량을 알 수 있다. 스로틀 - 스피드방식은 스로틀밸브의 열림량과 엔진 회전속도로부터 흡입공기량을 간접 계측하는 방법이며 많이 사용되지는 않는다.

직접 계측방법은 유량계를 이용하여 질량 유량을 직접 계측하는 방법이며, 매스 플로 (mass flow)방식이라고도 하며, L-제트로닉에서 사용한다. 이때 질량 유량은 다음과 같이 나타낼 수 있다.

$$ma = Va \times \rho$$

ρ : 공기 밀도
Va : 체적 유량(흡입 공기의 속도×단면적)

공기의 밀도는 다음과 같다.

$$\rho = \frac{P}{Z \times R_a \times T_a}$$

P : 대기압력
Z : 압축성 계수
R_a : 흡입공기의 기체상수
T_a : 흡입공기의 온도

따라서, 직접 계측방식에서는 흡기다기관에 흐르는 공기의 속도와 단면적으로부터 체적 유량을 구하고, 온도와 압력을 보상하여 질량유량을 구하는 방법과 직접 질량 유량을 구하는 방법이다. 흡입공기의 체적유량을 측정하는 방법은 메저링 플레이트방식, 칼만 와류방식(karman type) 등이 있고, 질량유량을 검출하는 방식에는 열선 및 열막 방식(hot wire type or hot film type) 등이 있다.

2.3.3. 베인식 AFS(vane type air flow sensor)

엔진에 흡입되는 공기의 부압에 의해 가동베인이 회전운동을 하는 것을 이용한 것으로 가동베인식 또는 메저링 플레이트식이라 하기도 한다. 이 방식은 베인이 흡입공기에 의해 회전할 때 베인축이 회전하면서 축 뒤편에 설치된 가변저항의 가동접점이 회전함에 따라 저항값이 변화되는 것을 이용하여 흡입공기량을 계측하는 것으로 현재는 거의 쓰이지 않는다.

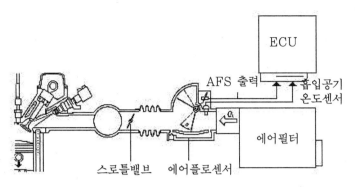

[그림 30] 베인식 AFM의 장착위치

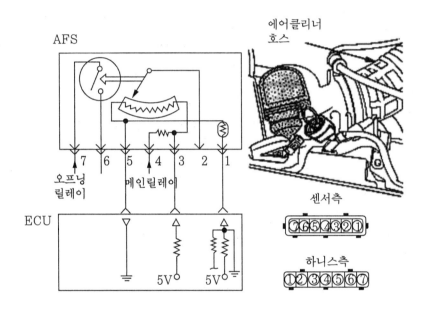

[그림 31] 베인식 AFS의 회로도

2.3.4. 칼만와류식 AFS(karman vortex type air flow sensor)

[1] 계측원리

칼만 와류방식 공기유량센서의 계측원리는 균일하게 흐르는 유동부분에 와류(渦流 ; vortex)발생장치를 놓으면 칼만 와류라는 와류 열(vortex street ; 渦流列)이 발생하는데 이 칼만 와류의 발생 주파수와 흐름속도(流速)와의 관계로부터 유량을 계측한다. 따라서 칼만 와류의 발생 주파수를 측정하면 흐름속도를 알 수 있고, 흐름 속도와 공기 통로의 유효 단면적의 곱으로부터 체적유량을 구할 수 있다.

칼만 와류방식에는 발생 주파수를 검출하는 방식에 따라 거울(mirror) 검출방식, 초음파 검출방식, 압력 검출방식 등이 있다.

그림 32는 초음파 검출방식으로 와류에 의한 공기의 밀도 변화를 이용하여 관로 내에 연속적으로 발신되는 일정한 초음파를 수신할 때 밀도 변화에 의해 수신 신호가 와류의 수만큼 흩어지는 것으로 와류의 발생 주파수를 검출한다.

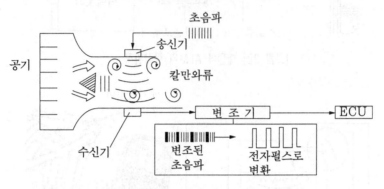

[그림 32] 칼만 와류방식(초음파 검출방식)

그림 33은 압력에 의한 검출방식이다. 이 방식은 칼만 와류가 발생할 때 공기량에 따라 발생하는 압력진동을 압력센서로 감지하여 칼만 와류와의 발생 주파수를 측정하는 것이다.

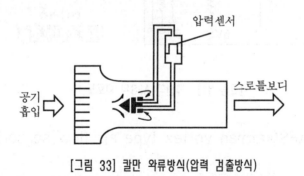

[그림 33] 칼만 와류방식(압력 검출방식)

그림 34는 칼만 와류방식 공기 유량센서의 출력신호이다. 그림에서와 같이 출력 신호는 디지털(digital)신호이기 때문에 마이크로프로세서(micro processer)에서 처리하기에 매우 유리한 장점을 지니고 있다.

(a) 공기량이 적을 때(공전시 : 낮은 주파수)　　(b) 공기량이 많을 때(전부하시 : 높은 주파수)

[그림 34] 칼만 와류방식의 출력신호

　또한 출력신호는 흡입 공기량에 비례하는 주파수신호를 나타낸다. 즉, 공기량이 적을 경우는 주파수가 낮고, 공기량이 증가하면 주파수가 높아지는 특성이 있다.

　그러나 측정하는 유량이 체적유량이므로 질량유량으로 변환하기 위하여 흡입공기 온도 및 대기압력에 따른 보정이 필요하다. 그림 35는 칼만 와류방식 공기유량센서의 형상이며, 흡기온도센서와 대기압센서(BPS)가 함께 설치된 것을 볼 수 있다.

[그림 35] 칼만 와류방식 공기유량센서의 형상

[2] 칼만 와류방식의 점검방법

　그림 36은 칼만 와류방식 공기유량센서의 회로와 단자를 나타낸 것이다. 이 센서에는 흡기온도센서와 대기압력센서가 함께 설치되어 있으므로 단자를 확인할 때 주의하여야 한다.

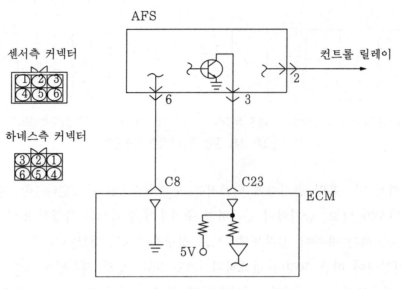

[그림 36] 칼만 와류방식의 회로도 및 단자

(1) 멀티미터를 이용하는 방법

그림 37에 전압계를 이용하여 출력전압을 측정하는 방법을 나타내었다. 센서의 입력 전원은 5V이지만 출력신호가 주파수 특성을 나타내므로 약 2.7~3.2V 정도의 값을 나 타낸다. 그러나 출력신호 주기가 너무 빠르므로 멀티미터 점검은 큰 의미가 없으므로 스캔툴이나 오실로스코프에 의한 파형측정을 하여야 한다. 또한 전원 전압이나 접지회 로의 단선 및 단락 여부를 점검한다.

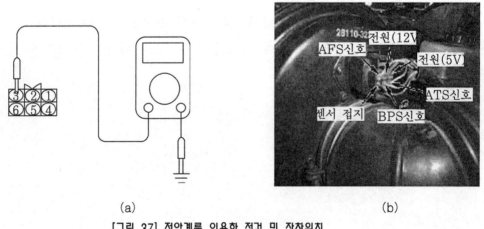

(a)   (b)

[그림 37] 전압계를 이용한 점검 및 장착위치

(2) 스캔툴(scan tool)을 이용하는 방법

칼만 와류방식은 주파수형태의 출력을 나타내므로 출력신호를 검출하기 위해서는 파형 시험기를 이용하는 것이 좋다. 그림 38은 엔진이 공전할 때의 출력파형이다. 이 출력파형에서 주파수를 측정하여 규정값과 비교하고, 파형의 변화 상태를 점검한다.

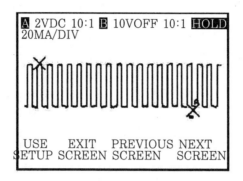

[그림 38] 칼만 와류방식의 출력파형(공전할 때)

[칼만 와류방식 공기 유량센서의 출력 규정값]

점검 항목	점검조건	엔진 가동상태	규정값
출력 주파수	• 엔진 냉각수 온도 : 80~95℃ • 각종 등화장치, 냉각 팬 및 전장부품 모두 OFF • 변속 레버 중립 • 조향핸들 직진위치	750rpm	30~50Hz
		2000rpm	70~130Hz
		주행할 때	주행상태에 따라 변함

그림 39는 칼만 와류방식의 출력파형을 의미한다. A부분은 기준전압을 나타내는 수평선 형태를 이루며, B부분은 피크-피크전압(peak to peak)을 나타내는 것으로 기준 전압의 크기와 같다. C는 거의 접지상태를 나타내는 수평선이다. 이때 접지전압은 0.4V를 초과하지 않아야 한다. 만약, 전압이 0.4V 이상을 초과하는 경우는 센서 또는 컴퓨터에서 접지불량을 점검한다.

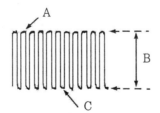

[그림 39] 칼만 와류방식의 출력파형 분석

(3) MUT 또는 엔진 튠업장비의 센서출력 및 파형점검

① MUT 또는 엔진 튠업장비의 자기진단용 DLC 케이블을 차량의 자기진단 커넥터에 연결한 후 자기진단 항목 중 센서 출력값을 점검한다.

점검항목	서비스 데이터표시	점검조건	엔진상태	규정값	측정값	비고
AFS	센서 공기량 주파수	·엔진냉각수온 : 80~95℃ ·각종램프 및 전 장품 모두 OFF ·트랜스액슬 중립 ·스티어링 : 중립	공회전	30~50Hz		
			2000rpm	70~130Hz		
			레이싱	레이싱 시 주파수 증가		

② 오실로스코프 CH1(+적색 프로브) : TPS 신호선에 연결, CH1(-흑색 프로브) : 배터리 (-)에 연결

③ 오실로스코프 CH2(+적색 프로브)를 센서출력 단자(3번)에 CH1(-흑색 프로브)를 배터리(-) 또는 차제에 연결한다(출력 파형 점검).

④ 시동 ON, 엔진을 워밍업 한 후 공회전을 유지시킨다.

⑤ 가속페달을 끝까지 순간적으로 밟았다 놓는다(급가속 시험 : 엔진 회전수가 1500 rpm 이상이 되지 않을 정도로 순간적으로 밟았다 놓는다).

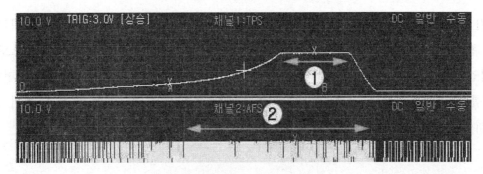

[그림 40] 칼만볼텍스식 AFS 출력파형

(4) 결과분석

항목	급가속 구간		공회전 구간
TPS	급가속 High구간 전압이 현저히 높은 경우	센서접지 전압이 0.1V 이상 시 접지불량 확인 접지정상시 센서단품 확인	평균값이 현저한 차이가 있을 경우 급가속 구간의 TPS 참고하여 검사진행
	급가속 High 구간 전압이 현저히 낮은 경우	가속페달 케이블 느슨함 확인 TPS 본선의 단선, 단락 확인 TPS 출력선 확인(ECU에서 TPS출력선까지)	
AFS	펄스가 빠질 경우	AFS 자체 불량 확인 TPS 상승된 후와 페달이 닫힌 후의 간헐적 AFS펄스 빠짐은 정상	High간은 3.5V 이상 Low구간은 1.5V 이하로 출력되어야 함 1. AFS 값이 계속하여 3.5V 이상 출력시 - 센서접지 확인, - 센서단품 확인 2. AFS 값이 계속하여 1.5V 이하 출력시 - AFS 전원선 확인 - AFS에서 ECU까지 신호선 단락 확인 - 센서 단품 확인 3. AFS P/No로 이종품 여부 확인

2.3.5. 열선, 열막식 AFS(hot wire, film type air flow sensor)

[1] 계측원리

그림 41은 열선방식 공기유량센서의 구조를 나타낸 것이다. 열선(hot wire)은 지름 70μm의 가는 백금(Pt)선이며, 원통형의 계측튜브(measuring tube) 내에 설치된다. 계측튜브 내에는 정밀 저항기, 온도센서 등도 설치되어 있다. 계측튜브 바깥쪽에는 하이브리드(hybrid)회로, 출력 트랜지스터, 공전 전위차계(idle potentio meter) 등이 설치된다.

하이브리드회로는 몇 개의 브리지회로 저항을 포함하고 있으며, 제어회로와 크린 버닝(clear burning)기능을 한다. 공전 전위차계는 공전할 때 공연비를 조정하기 위해 사용되며, 온도센서는 흡입 공기의 온도를 보상하기 위해 사용한다. 즉, 같은 유량의 공기가 공급되더라도 공기가 차가울 때에는 따뜻할 때보다 열선의 발열량이 커지게 되므로 전류가 많이 공급되어 오류가 발생할 수 있다.

(a)

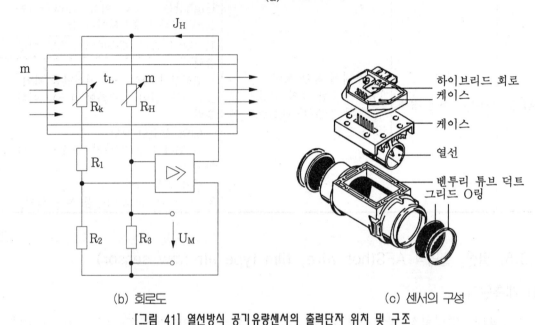

(b) 회로도   (c) 센서의 구성
[그림 41] 열선방식 공기유량센서의 출력단자 위치 및 구조

따라서, 온도센서를 이용하여 흡입공기의 온도가 변화하더라도 정확하게 계측하기 위하여 사용된다. 그리고 공기의 흐름 중에 발열체를 놓으면 공기에 열을 빼앗기게 되므로 발열체는 냉각되고, 발열체 주위를 통과하는 공기량이 많으면 그 만큼 빼앗기는 열량(熱量)도 증가한다. 열선방식 공기유량센서는 이와 같이 발열체와 공기와의 사이에서 일어나는 열전달 현상을 이용한 것이다.

그림 42는 열선방식 공기 유량센서의 계측 원리를 나타낸 것이다. 열선방식 공기 유량센서에서 열선은 브리지회로의 일부를 구성하며, 제어 회로는 흡입공기의 온도와 열선의 온도차이를 일정하게 유지할 수 있도록 제어한다. 즉, 공기 유량이 증가하면 열선은 냉각되고 저항은 감소한다.

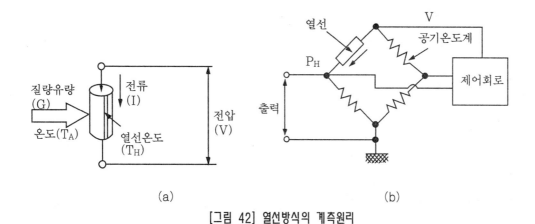

[그림 42] 열선방식의 계측원리

이에 따라 브리지회로의 전압 관계가 변화하며, 제어회로는 전류를 증가시켜 열선의 온도가 원래의 설정온도가 되도록 한다. 여기서, 열선을 가열하는 가열 전류와 통과하는 공기질량 사이에는 다음과 같은 관계가 성립된다.

흡입공기 통로 중에 설치된 발열체(열선)로부터 공기로 전달되는 열전달 계수(h)는

$$h = \alpha + \beta \sqrt{G_a}$$

h : 열전달 계수, α, β : 상수
G_a : 공기의 질량 유량

이 되고, 열선에 가해진 전력의 열평형을 고려하면

$$VI = (\alpha + \beta \sqrt{G_a}) A (T_H - T_A)$$

V : 열선에 인가되는 전압(V) I : 열선에 흐르는 전류(A)
A : 열선의 전열 면적(m^2) T_H : 열선 온도(℃)
T_A : 흡입 공기 온도(℃)

여기서 온도 차이($T_H - T_A$)를 일정하게 제어하면

$$VI \propto \alpha + \beta \sqrt{G_a}$$

이 되고, 열선에 걸리는 전압은

$$V = IR$$

$$R : \text{열선의 저항 값}(\Omega)$$

이며, 열선에 흐르는 전류는

$$I \propto \sqrt{a + \beta \sqrt{G_a}}$$

가 된다.

  이 출력 전압은 질량유량의 함수이므로 공기밀도의 변화에 따른 보정이 필요 없다. 또한 출력신호는 아날로그 신호이며, 그림 43과 같다. 열선방식 공기 유량센서의 특성은 흡입 공기의 질량 유량을 직접 정확하게 계측할 수 있으며, 응답 성능이 빠르고 고도(高度)의 변화나 흡입 공기의 변화에 대한 보정이 필요 없는 장점이 있다.

  그러나 열선에 오염물질이 부착되면 측정 오차가 발생할 수 있는 단점이 있다. 이를 방지하기 위하여 엔진의 가동이 정지될 때마다 일정시간 동안 높은 온도로 가열하여 청소를 하며 이를 크린 버닝(self clean burning)이라 한다.

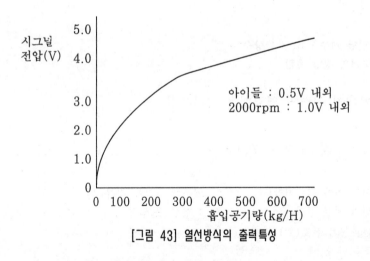

[그림 43] 열선방식의 출력특성

  열선방식의 단점을 보완하여 등장한 것이 열막방식 공기유량센서(hot film type air flow sensor)이다. 열막방식은 열선방식의 백금열선, 온도센서, 정밀 저항기 등을 세라믹(ceramic) 기판(基板)에 층 저항(層 抵抗)으로 집적(集積)시킨 것이며, 계측원리는 열선방식과 같다.

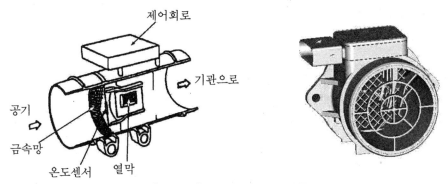

[그림 44] 열막방식 AFS의 구조

　열막방식은 열선방식에 비하여 열손실이 적기 때문에 작게 하여도 되며, 오염 정도가 낮다.

[2] 열막방식 AFS의 회로구성 및 단자

　그림 45는 열막방식 공기유량센서의 회로도 및 단자구성을 나타낸 것이다. 1번 단자가 센서의 출력신호를 나타내며, 2번 단자는 센서 전원단자이며, 3번 단자는 센서의 접지이다.

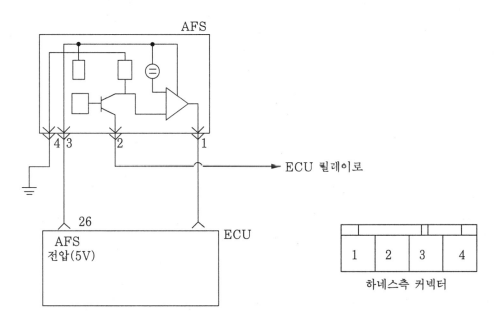

[그림 45] 열막방식 AFS의 회로도 및 단자의 구성

그러나 차종에 따라 단자의 기능이 변화할 수 있으므로 해당 차량의 정비 지침서를 반드시 확인하여야 한다.

[3] 열막방식 AFS의 점검방법 및 측정

① 센서에 ref.(5V) 전원이 공급되는지 점검한다.
② 각 배선의 단선, 단락, 접지성을 점검한다.
③ 출력파형을 점검하여 파형의 빠짐 또는 일그러짐이 있는지 점검한다.

(1) 점검방법

① 하네스측 커넥터 3번 단자에 전압계를 설치하여 ref. 전원공급을 확인한다.
② 디지털 전압계의 흑색 프로브는 센서측 커넥터 4번 단자(센서접지 또는 차체 어스)에 적색 프로브는 ECU측 커넥터 1번 단자 사이에 연결하여 출력전압을 점검한다.
③ 4번 단자와 차체 사이에 저항계를 설치하여 접지성을 점검한다.
④ MUT를 설치하여 서비스데이터 항목에서 엔진 조건에 따른 출력주파수를 점검한다.
⑤ MUT, Engine Analyzer, 오실로스코프 등을 이용하여 출력파형을 점검한다.

(2) 멀티미터 측정

점검요령	엔진상태	점검위치	규정값	측정값	비고
	점화스위치 ON	하네스측 커넥터 3번 단자	4.8~5.0V		전원공급
	공회전	ECU측 1번 단자	0.7~1.1V		센서 출력전압
	3,000rpm	ECU측 번 단자	1.3~2.0V		센서 출력전압

1 2 3 4
하네스측 커넥터

(3) 스캔툴을 이용하는 방법

그림 46은 엔진이 공회전할 때 출력파형을 측정한 예이다. 흡입 공기량의 변화가 없는 경우 출력은 일정한 전압을 나타낸다. 그림 47은 흡입 공기량이 변화하는 경우를 측정한 것이다.

그림 47에서 A는 스로틀밸브가 완전히 열린상태(WOT)로 최대 가속을 나타낸다. B는 흡기다기관으로 들어오는 공기량이 증가하고 있음을 나타내며, C는 공전할 때 들어오는 공전보상 흡입공기의 흐름을 나타내며, D는 공기 플랩의 움직임에 의한 감쇄 작용이다. 일반적으로 흡입공기가 증가함에 따라 출력전압이 증가한다.

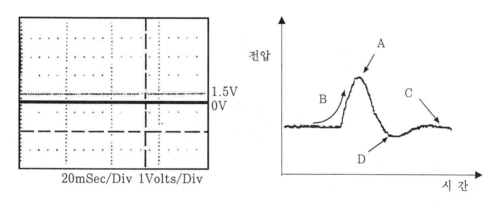

[그림 46] 열막방식의 출력파형(2000rpm)   [그림 47] 열막방식의 출력파형 분석

(4) 파형점검

① 오실로스코프 CH1(+적색 프로브) : TPS 신호선에 연결, CH1(-흑색 프로브) : Batt(-)에 연결

② 오실로스코프 CH2(+적색 프로브)를 센서출력 단자(1번)에 CH1(-흑색 프로브)를 배터리(-) 또는 차체에 연결한다(출력 파형점검).

③ 시동 ON, 엔진을 워밍업 한 후 공회전을 유지시킨다.

④ 가속페달을 끝까지 순간적으로 밟았다 놓는다(급가속 시험 : 엔진회전수가 1500 rpm 이상이 되지 않을 정도로 순간적으로 밟았다 놓는다).

[4] 결과분석

① 급가속 최대값 전압이 현저히 높으면 센서 접지 전압 확인(0.1V 이상일 때 : 접지불량 확인, 접지 정상시 : 센서단품 불량 확인)

② 급가속 최대값 전압이 현저히 낮으면

③ AFS 전원 확인하여 이상시, AFS 본선의 단선, 단락 확인

④ AFS 출력선 확인

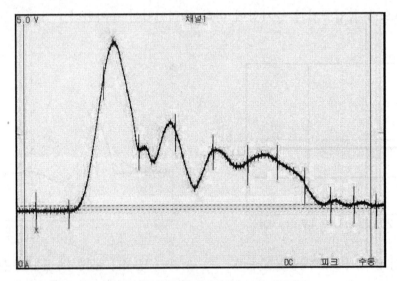

[그림 48] 열막방식의 AFS 실제 출력파형

2.3.6. 공기유량센서의 특성비교 및 고장진단

그림 49는 공기유량센서의 출력신호를 비교한 것이다. 베인방식은 출력 전압이 흡입공기 체적에 반비례하며 아날로그신호이다. 칼만 와류방식은 출력신호가 흡입공기 체적에 비례하는 주파수 신호이며 디지털신호이다. 또한 열선방식은 흡입공기 질량의 4승근에 비례하는 아날로그 신호이다.

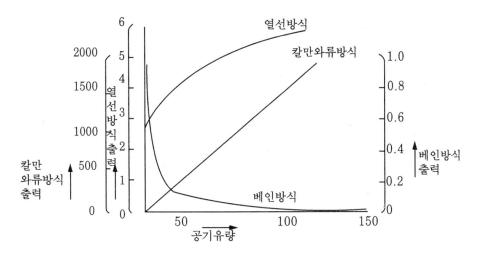

[그림 49] 공기유량센서의 출력신호 비교

[1] 고장진단

공기유량센서는 다음과 같은 내용을 점검하도록 한다.

① 엔진의 가동이 가끔 정지하는 경우에는, 가동하는 상태에서 센서의 하네스를 흔들어본다. 이때 가동을 멈추면 공기유량센서 커넥터의 접촉 불량으로 판단할 수 있다.

② 점화스위치가 ON(엔진의 시동이 걸리지 않은 상태)에서 공기유량센서의 주파수가 0Hz가 아니면 공기유량 센서 또는 컴퓨터의 결함으로 판단할 수 있다.

③ 공기유량센서의 주파수(또는 센서 출력전압)가 규정값을 벗어난 경우라도 엔진이 공전을 한다면 센서 자체를 제외한 다음과 같은 결함을 고려한다.

    ㉮ 공기 흡입호스의 분리 또는 공기청정기 엘리먼트의 막힘 등에 의한 공기 유량 센서 내의 공기흐름이 방해를 받는 경우

    ㉯ 점화플러그, 점화코일, 인젝터의 결함, 불완전한 압축압력 등에 의한 실린더 내의 불완전 연소

    ㉰ 흡기다기관에서 공기누출

    ㉱ 배기가스 재순환(EGR)밸브의 밀착 불량

[2] 고장일 때 일어나는 현상

① 크랭킹은 가능하나 엔진 시동 성능이 불량하다.

② 공전할 때 엔진의 회전상태가 불안정하다.

③ 공전을 하거나 주행 중에 시동이 꺼진다.

④ 주행 중 가속력이 떨어진다.

⑤ 공기유량센서의 출력 값이 부정확할 때 자동변속기에서 변속할 때 충격이 발생할 수 있고, 완전히 고장이 나면 변속 지연이 발생할 수 있다.

교육학습(자기평가서)

학습안내서

과 정 명	AFS(공기유량센서)		
코 드 명		담당 교수	
능력단위명		소요 시간	
개 요	각 메이커별 공기유량센서의 고장진단 및 정비에 필요한 관련 지식과 그 목적을 달성하기 위한 기본적인 능력인 각 공기유량센서 관련회로도를 이해할 수 있도록 실습을 구성하였다. 여러 가지 해석문제와 실습을 통해 학생 스스로 흥미를 갖고 회로도의 해석에 자신감을 가질 수 있도록 한다.		
수 행 목 표	각 메이커별 에어플로미터 및 센서를 고장 진단하고 정비하는 능력을 습득시키기 위해 센서출력값, 전원공급, 접지 등에 대한 실차점검을 실시하여 공기유량센서 관련 전기회로도를 이해하고 단품에 대한 고장진단 및 ECU 제어 관련 내용을 습득하도록 한다.		

실습과제

1. 공기유량센서의 구조, 장착위치, 커넥터 및 핀 수 등의 파악
2. 칼만볼텍스식 공기유량센서의 점검
3. 핫와이어/필름식 공기유량센서의 점검
4. 맵센서의 점검

활용 기자재 및 소프트웨어

실차량, T-커넥터, MUT(Hi-DS 스캐너), Muti-Tester, 엔진튠업기(Hi-DS Engine Analyzer),
테스터램프 노트북 등

평가방법	평가표			
	실습내용	성취수준		
		예	도움 필요	아니오
평가표에 있는 항목에 대해 토의해보자 이 평가표를 자세히 검토하면 실습 내용과 수행목표에 대해 쉽게 이해할 것이다. 같이 실습을 하고 있는 사람을 눈여겨보자 이 평가표를 활용하면 실습순서에 따라 실습할 수 있을 것이다. 동료가 보는 데에서 실습을 해보고, 이 평가표에 따라 잘된 것과 좀더 향상시켜야할 것을 지적하게 하자 예 라고 응답할 때까지 연습을 한다.	각 AFS의 계측원리 및 배선 회로를 이해할 수 있다.			
	각 AFS의 전원공급 상태를 점검할 수 있다.			
	MUT를 이용한 각 AFS의 출력값을 분석할 수있다.			
	센서출력 파형을 측정 , 분석할 수 있다.			
	…………………………			
	성취 수준			
	실습을 마치고 나면 위 평가표에 따라 각 능력을 어느 정도까지 달성 했는지를 마음 편하게 평가해 본다. 여기에 있는 모든 항목에 예라고 답할 수 있을 때까지 연습을 해야 한다. 만약 도움필요 또는 아니오 라고 응답했다면 동료와 함께 그 원인을 검토해본다. 그 후에 동료에게 실습을 더 잘할 수 있도록 도와달라고 요청하여 완성한 후 다시 평가표에 따라 평가를 한다. 필요하다면 관계지식에 대해서도 검토하고 이해되지 않는 부분은 교수에게 도움을 요청한다.			

2.4. 위치 및 회전각센서

엔진 제어에서의 위치 정보를 제공하는 센서는 스로틀밸브의 열림정도를 나타내는 스로틀포지션센서(TPS ; throttle position sensor), 일부 공전속도 제어장치에서의 모터포지션센서(MPS ; motor position sensor), 배기가스 재순환장치에서 EGR밸브포지션센서, 크랭크축포지션센서(CPS ; crank shaft position sensor), 캠축포지션센서(phase sensor) 등이 사용된다.

이와 같은 센서는 엔진제어에서 엔진 부하상태에 대한 정보를 제공하고, 연료분사 및 점화시기의 결정, 공전속도 조정과 배기가스 재순환 제어 등에서 매우 중요한 역할을 한다. 위치를 검출하기 위한 계측원리는 일반적으로 전위차계(電位差計 ; potentiometer), 전기저항, 홀(hall)효과, 전자유도, 광학적인 방법 등이 사용된다.

2.4.1. 스로틀위치센서(TPS : throttle position sensor)

[1] 계측원리

스로틀위치센서는 스로틀밸브의 열림정도를 검출하여 공회전, 가감속 등의 엔진부하상태를 판별하는 센서로 스로틀밸브의 축과 같이 연동되는 가변 저항기의 일종인 전위차계(potentiometer)이다.

스로틀밸브가 회전하면 저항값이 변화하며 이 변화되는 저항값은 전압변화로 출력되며 ECU는 이 출력 전압값과 기관의 회전수 등 다른 센서로 부터의 입력신호를 바탕으로 기관의 운전조건을 판정하여 분사량을 결정한다. TPS의 종류에는 선형방식(linear type)과 접점방식(switch type)이 있다. 전위차계는 저항선이나 저항물질로 만든 일종의 가변 저항기이다. 그림 50은 전위차계의 구조를 나타내고 있다.

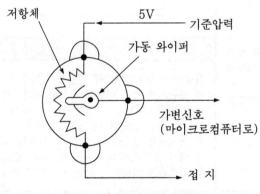

[그림 50] 전위차계의 구조

전원 공급단자와 접지단자, 미끄럼운동을 하는 와이퍼에 연결된 신호단자로 구성되어 있다. 전원 공급단자와 접지단자사이의 저항은 전위차계 전체의 저항이 되며 변화지 않는다. 그러나 신호단자와 접지단자사이의 저항은 미끄럼 운동하는 와이퍼가 움직임에 따라 변화되며, 이것은 공급된 일정한 전압을 분압된 형태로 신호를 발생한다. 이러한 전위차계를 이용한 센서는 스로틀포지션센서, 모터포지션센서, EGR밸브 포지션센서 등이 있으며, 메저링 플레이트방식 공기 유량계도 전위차계를 이용한다.

그림 51은 접점방식 스로틀포지션센서의 가동 예를 나타낸 것이다. 스로틀밸브의 움직임은 전위차계의 미끄럼운동 기구를 움직이고, 미끄럼운동 기구의 움직임에 따라 신호단자에서 출력전압이 발생한다. 즉, 스로틀밸브가 완전히 열리면 높은 전압(공급전압 가까이)이 나오고, 완전히 닫히면 낮은 전압(0V 가까이)이 나온다.

스로틀밸브가 이들 사이에 있으면 공급 전압과 0V사이의 값을 출력한다. 스로틀포지션센서에는 선형방식(linear type)과 접점방식(switch type)이 있으나 대부분 선형방식을 사용하고 있다. 공회전의 판단은 TPS 내부나 별도의 공회전 접점(switch)에 의해 판단하나 공회전 스위치가 없는 경우에는 TPS 출력 로직을 이용하여 공회전을 판단한다.

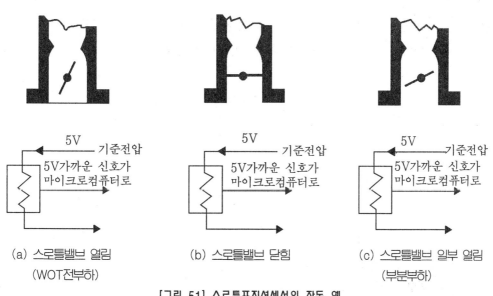

(a) 스로틀밸브 열림
(WOT전부하)

(b) 스로틀밸브 닫힘

(c) 스로틀밸브 일부 열림
(부분부하)

[그림 51] 스로틀포지션센서의 작동 예

그림 52는 선형방식 스로틀 포지션센서의 위치 및 구조와 회로를 나타내고 있으며, 스로틀밸브와 연동(連動)하여 움직이는 2개의 브러시가 있고, 1개의 접점이 저항 물체 위를 미끄럼운동하여 움직이는데 따라 스로틀밸브의 열림정도 대응하는 선형(線型)적인 출력전압을 얻을 수 있다. 또한, 스로틀밸브의 완전 닫힘상태를 검출하기 위한 공전 접점이 있다.

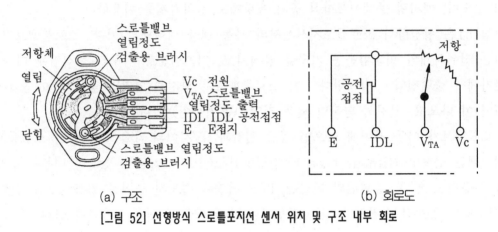

(a) 구조   (b) 회로도

[그림 52] 선형방식 스로틀포지션 센서 위치 및 구조 내부 회로

[2] 회로구성 및 단자

그림 53은 스로틀 포지션센서의 회로 및 단자를 나타낸 것이다. 1번 단자는 센서의 출력신호이며, 2번은 접지, 3번은 센서 전원 입력단자이다.

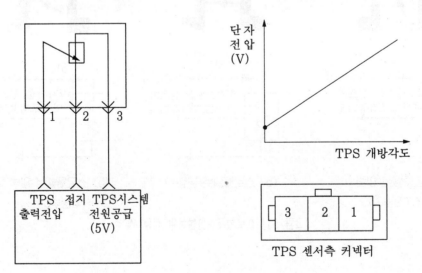

[그림 53] 스로틀 포지션센서의 회로 및 단자구성 예

[3] 점검방법

스로틀 포지션센서는 일종의 가변 저항기이므로 센서 자체저항을 먼저 점검한다. 즉, 스로틀 포지션센서의 커넥터를 분리하고, 센서 전원 입력단자와 접지단자 사이의 저항값을 측정하여 해당 엔진의 규정값과 비교 점검한다. TPS배선 단선, 단락 또는 커넥터의 접촉불량 등을 점검한다. 적용되는 모델에 따라 규정값이 다르므로 반드시 해당 엔진의 정비지침서를 참조하여야 한다. 전압계를 이용하여 점검하는 경우에는 점화스위치 ON상태에서 센서 전원 입력 단자에서 5V의 전압이 작용하는 지를 점검하고, 센서의 출력전압은 공전할 때 규정값은 약 0.4~0.9V 정도이다. 또한, 스로틀밸브를 서서히 가동시켜 출력저항 또는 출력전압의 변화를 관찰한다. 출력신호의 변화가 없거나 규정값이 벗어나면 단선 및 단락유무를 점검하고 스로틀 포지션센서를 교환한다.

그림 54는 파형시험기로 측정한 공전할 때의 출력파형이다. 출력신호의 파형으로부터 순간적인 단선 및 단락유무와 신호의 시간에 따른 변화 상태를 점검한다. 그림에서 A부분은 출력신호가 접지로 순간적인 단락 또는 전위차계 저항 물체의 간헐적인 단선상태를 나타낸다. B부분은 스로틀밸브의 완전 열림상태(WOT: wide open throttle)로 최대 전압을 나타내고 있다. C부분은 출력전압이 증가하고 있는 것으로 스로틀밸브가 열리고 있음을 나타낸다. D부분은 출력전압이 감소되고 있는 것으로 스로틀밸브가 닫히고 있음을 알 수 있다. E부분은 스로틀밸브가 닫힌상태로 최소 전압을 나타내고 있다. F부분은 스로틀밸브가 완전히 닫힌 상태에서 점화스위치 ON일 때 DC 오프셋(off-set)전압을 나타내고 있다.

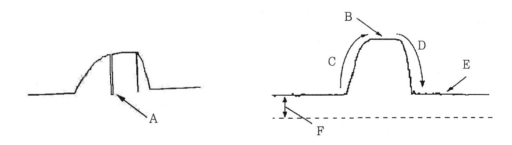

[그림 54] 스로틀 포지션센서의 파형분석

점검요령	엔진상태	점검위치	규정값	측정값	비고
	점화스위치 ON	하네스측 커넥터 3번 단자	4.8~5.0V		전원공급
	점화스위치 ON	센서측 2번 단자와 차체 또는 30번 단자	0Ω		접지
	점화스위치 ON공회전	ECU측 53번 단자	0.25~0.8V		센서 출력전압
	점화스위치 ON WOT	ECU측 53번 단자	4.25~4.8V		센서 출력전압

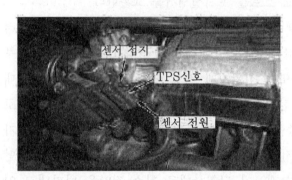

[그림 55] TPS 출력점검

[4] 센서출력 및 파형점검

① MUT 또는 엔진 튠업장비의 자기진단용 DLC 케이블을 차량의 자기진단 커넥터에 연결한 후 자기진단 항목 중 센서 출력값을 점검한다.

점검항목	서비스 데이터표시	점검조건	규정값	측정값	비고
스로틀 포지션센서	스로틀밸브 개도	공회전	8~12°		
		가속시	가속량에 따라 완만히 변화		
		WOT	80~82°		

② 오실로스코프 CH1(+적색 프로브) : TPS 신호선에 연결, CH1(-흑색 프로브) : 배터리(-)에 연결한다(출력파형 점검).

③ 시동 ON, 엔진을 워밍업 한 후 공회전을 유지시킨다.

④ 가속페달을 끝까지 완만하게 밟았다 놓는다.

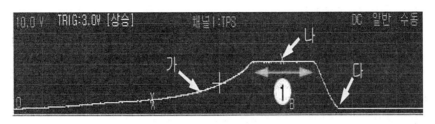

[그림 56] TPS 출력파형

[5] 결과분석

항목	가 부분(가속)	나 부분	다 부분
TPS 파형	가속페달을 밟음에 따라 완만한 상승파형이 나타나야 한다.	노이즈(noise) 발생이 없어야 한다.	스로틀밸브가 닫힐 때 채터링(chettering)현상이 없어야 한다.
출력전압	급가속 High구간 전압이 현저히 높은 경우	센서접지 전압이 0.1V 이상 시 접지불량 확인 접지정상시 센서단품 확인	평균값이 현저한 차이가 있을 경우 급가속 구간의 TPS 참고하여 검사진행
	급가속 High구간 전압이 현저히 낮은 경우	가속페달 케이블 느슨함 확인 TPS 본선의 단선, 단락 확인TPS 출력선 확인(ECU에서 TPS출력선까지)	

[6] 고장일 때 나타나는 현상

① 공회전 시 엔진 부조 및 간헐적 시동 꺼짐현상 발생.

② 주행할 때 가속력이 떨어진다.

③ 출발 또는 주행 중 변속 시 충격이 발생할 수 있다.

④ 일산화탄소(CO), 탄화수소(HC) 배출량이 증가하거나 연료소모가 증대될 수 있다.

⑤ fast idle불량(회전수가 오락가락하거나 약 1800~2000rpm에서 떨어지지 않는다)

⑥ TPS 고장시에는 고정개도(예: 30.83°)로 고정하고 부하조건에 따라 보정값을 달리한다. 따라서 공회전 회전수가 상승한다. 대쉬포트(dashpot)기능과 공회전 학습을 중지한다(공회전상태에서 최적 연료량, 공기량, 스로틀위치값 등의 학습 중지)

교육학습(자기평가서)

학 습 안 내 서

과 정 명	TPS (스로틀위치 센서)		
코 드 명		담당 교수	
능력단위명		소요 시간	
개 요	각 메이커별 스로틀 위치센서의 고장진단 및 정비에 필요한 관련 지식과 그 목적을 달성하기 위한 기본적인 능력인 TPS의 원리 및 관련 전기회로를 이해할 수 있도록 실습을 구성하였다. 여러 가지 해석문제와 실습을 통해 학생 스스로 흥미를 갖고 회로도의 해석에 자신감을 가질 수 있도록 한다.		
수 행 목 표	엔진에서 운전자의 의지를 나타내는 스로틀위치 센서에 대한 고장진단 및 정비능력을 습득시키기 위해 센서 출력값, 전원공급, 접지 등에 대한 실차점검을 실시하여 스로틀 위치 센서 관련 전기 회로도를 이해하고 단품에 대한 고장진단 및 ECU 제어 관련 내용을 이해하도록 한다.		

실습과제

1. 차량별 스로틀위치 센서의 구조, 장착위치, 커넥터 및 핀수 등의 파악 한다.
2. 스로틀위치 센서 자체의 고장진단
3. 각 회로의 단선, 단락을 점검한 후 규정값(정상차량)과 비교하여 이상 유무를 파악 한다.
4. MUT를 이용한 TPS자기진단 및 출력파형 분석

활용 기자재 및 소프트웨어

실차량, T-커넥터, MUT(Hi-DS 스캐너), Muti-Tester, 엔진튠업기(Hi-DS Engine Analyzer), 테스터램프, 노트북 등

평가방법	평가표			
평가표에 있는 항목에 대해 토의 해보자 이 평가표를 자세히 검토 하면 실습 내용과 수행목표에 대해 쉽게 이해할 것이다. 같이 실습을 하고 있는 사람을 눈여겨보자 이 평가표를 활용하면 실습순서에 따라 실습할 수 있을 것이다. 동료가 보는 데에서 실습을 해보고, 이 평가표에 따라 잘된 것과 좀더 향상시켜야할 것을 지적하게 하자 예 라고 응답할 때까지 연습을 한다.	**실습내용**	**성취수준**		
		예	도움 필요	아니오
	TPS의 특성을 이해할 수 있다.			
	TPS의 전원공급 상태를 점검할 수 있다.			
	MUT를 이용한 센서 출력값을 분석할 수 있다.			
	센서출력 파형을 측정, 분석할 수 있다.			
	....			

성취 수준

실습을 마치고 나면 위 평가표에 따라 각 능력을 어느 정도까지 달성 했는지를 마음 편하게 평가해 본다. 여기에 있는 모든 항목에 예 라고 답할 수 있을 때까지 연습을 해야 한다. 만약 도움필요 또는 아니오 라고 응답했다면 동료와 함께 그 원인을 검토해본다. 그 후에 동료에게 실습을 더 잘할 수 있도록 도와달라고 요청하여 완성한 후 다시 평가표에 따라 평가를 한다. 필요하다면 관계지식에 대해서도 검토하고 이해되지 않는 부분은 교수에게 도움을 요청한다.

2.4.2. 크랭크각 센서(CAS : crank angle sensor)

기관의 점화시기를 제어하기 위해서는 피스톤의 위치를 알아야 하는데 크랭크각과 피스톤의 변위는 서로 상관관계가 있으므로 크랭크 각도를 검출하면 피스톤의 위치를 알 수 있다. 그리고 점화시기는 적어도 크랭크각 1°단위의 정도를 요구한다. 예를 들어 기관 회전속도가 3000rpm인 경우 크랭크각 1°는 시간적으로 56μs라는 극히 짧은 시간이 되므로 타이밍을 정확히 제어하기 위해서는 크랭크각을 정확히 검출해야만 한다.

일반적으로 CAS는 점화시기의 기준인 크랭크각과 함께 회전수의 검출도 병행하고 있다. 크랭크각센서는 엔진 회전속도 및 크랭크각의 위치를 감지하여 연료분사시기 및 연료 분사시간과 점화시기 등의 기준 신호를 제공한다.

CAS는 CPS(crank position sensor, CKP sensor)라고도 하며 1번 상사점을 검출하기위해 #1TDC 센서 또는 cam angle sensor를 별도로 캠축에 장착하기도 한다. 크랭크각의 검출방법에는 발광다이오드(LED) 및 포토다이오드 등으로 구성된 광전(光電)식(optical type), 마그네틱 픽업(magnetic pick up)과 톤 휠(tone wheel) 등을 이용한 전자식(inductive pulse generator type), 자기저항형, 홀 센서식(hall generator type) 등이 있다.

[1] 자기 저항형 센서(reluctance sensor)

그림 57은 자기 저항형(磁氣 抵抗型) 회전센서의 구조를 나타낸 것이며, 타이밍로터(timing rotor)와 로터의 바깥쪽에 설치된 픽업코일(pick up coil), 자석 등으로 구성되어 있다.

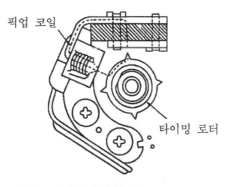

픽업 코일

타이밍 로터

[그림 57] 자기 저항형 회전센서의 구조

그림 57에서와 같이 자석의 자속(磁束)은 타이밍로터를 거친 후 픽업코일을 통과하고 있으며, 타이밍로터가 회전하면 로터 돌기부분의 간극이 변화하기 때문에 픽업코일을 통과하는 자속량이 변하게 된다. 이때 자속량의 변화에 상응하여 전압이 코일의 양끝에 발생하며, 발생전압은 자속의 변화를 방해하는 방향으로 발생하므로 교류 전압(交流 電壓)의 형태로 나타난다. 이때 픽업코일에서 전압이 유지되기 위해서는 자속이 변화하고 있어야 한다는 점이 중요하다. 즉, 엔진이 가동되지 않을 때에는 자속의 변화가 없으므로 출력 전압이 0이 되기 때문에 엔진을 가동하여야만 위치를 알 수 있고 타이밍을 맞출 수 있다.

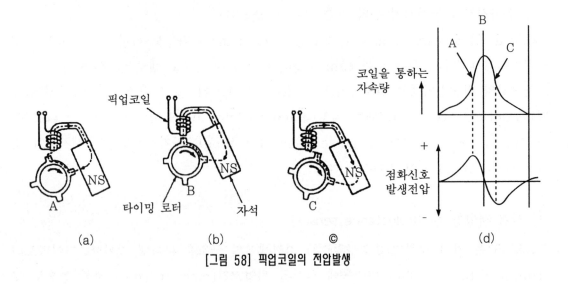

(a)　　　　　　　(b)　　　　　　　©　　　　　　　(d)

[그림 58] 픽업코일의 전압발생

[2] 홀센서(hall sensor)

홀센서는 홀효과(hall effect)를 이용한 것으로 캠축의 위치를 측정하는 경우에 많이 사용된다. 그림 59는 홀효과를 나타낸 것이며, 홀소자는 작고 얇으면 편평한 반도체 물질로 만들어진다. 2개의 영구자석사이에 도체를 직각으로 설치하고 도체에 전류를 공급하면 도체 내의 전자는 공급전류와 자속의 방향에 대해 각각 직각방향으로 굴절되어 한쪽은 전자 과잉상태가 되고 다른 한쪽은 전자 부족상태가 되어 양끝에 전위차가 발생되는 현상을 홀 효과라 한다. 이때 발생 전압은 전류와 자장(磁場)의 세기에 비례, 전류가 일정할 경우 자장의 세기에 비례하는 출력을 발생하지만 전압이 약하여 증폭하여 사용한다. 이 홀 센서는 자기 저항형 센서와 비슷하나 자기 저항형 센서는 엔진이 가동하지 않을 경우에도 출력을 발생하지만 홀 센서는 이런 점을 해결하였다.

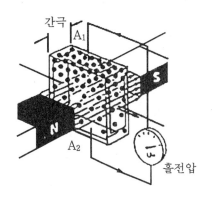

간극
A_1
S
N
A_2
홀전압

[그림 59] 홀효과

[3] 캠축 포지션센서

1번 실린더의 압축행정 상사점을 감지하는 것으로 각 실린더를 판별하여 연료분사 및 점화순서를 결정하는데 사용한다. 제조회사에 따라서 1번 실린더 상사점 센서 또는 페이스 센서(phase sensor) 등으로 부르며, 일부는 홀 효과(hall effect)를 이용하는 센서의 경우는 홀 센서라 부르기도 한다. 크랭크 각 센서와 같은 측정원리를 사용하며, 홀 효과를 이용하는 것과 광학방식 센서의 경우는 크랭크 각 센서와 함께 설치되기도 한다.

캠축 포지션센서는 캠축에 설치된 돌기가 캠축과 같이 회전하면서 홀 센서의 감지 부분과의 간극이 변화하여 기전력(起電力)을 발생하는 원리를 이용한 것으로, 캠축 1회전(크랭크축 2회전)에 1번의 디지털 펄스신호를 출력한다. 즉, 홀소자에 전류가 흐르면 소자 내부의 전자가 한쪽 방향으로 편향되어 전위차가 발생하므로 이 전압을 검출하는 것이다. 출력 전압은 전류와 자계의 세기에 비례하며, 소자의 두께가 얇을수록 크게 된다.

[4] 광학식 크랭크각센서(optical type CAS)

[1] 계측원리

광학식 크랭크각센서는 엔진 회전속도를 광센서를 이용하는 검출하는 것으로 각각 2 개씩의 발광다이오드(LED : light emitting diode)와 포토다이오드(photo diode) 어셈블리와 No.1 TDC 및 회전수 검출용 Slit Plate를 배전기 축 내에 설치하여 발광 다이오드에서 나온 빛이 디스크가 회전할 때 슬릿을 통과하면 포토다이오드가 빛을 받아 일반다이오드와는 반대방향으로 통전되어 ECU에 5V가 입력되고 빛이 차단되면 0V 입력된다. 4개의 슬릿에서 얻어지는 신호는 엔진 회전수를 연산하는 기준신호로써 크랭크축의 압축상사점이 정위치에 있는지 검출하는 크랭크각 센서이다.

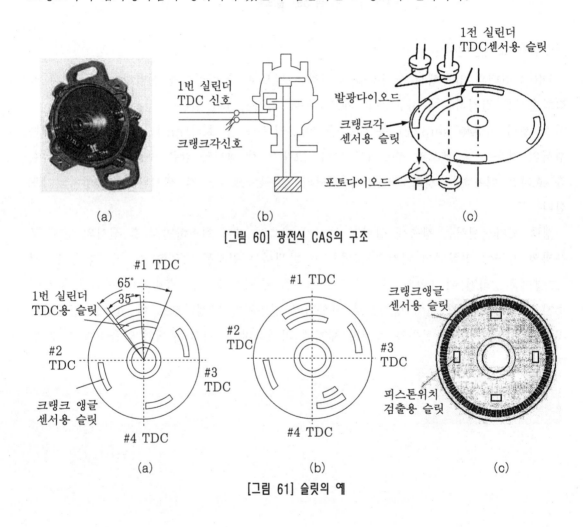

[그림 60] 광전식 CAS의 구조

[그림 61] 슬릿의 예

내측의 1개 슬릿에서 얻어지는 신호는 No.1 실린더에 대한 기초신호를 판별하여 크랭크각 및 No.1 TDC를 판별하도록 한다. 이 두 센서의 신호는 연료분사순서와 점화시기를 결정하는데 가장 중요한 신호로 이용된다.

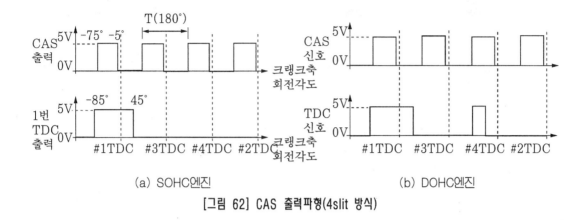

(a) SOHC엔진　　　　　　　　　(b) DOHC엔진

[그림 62] CAS 출력파형(4slit 방식)

그림 63(a)은 광학방식 크랭크각센서의 설치 예를 나타내고 있으며, 그림 63(b)은 마그네틱방식 크랭크 각 센서의 부착 예이다.

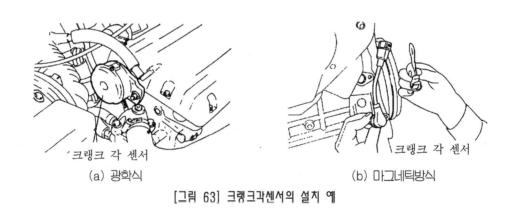

(a) 광학식　　　　　　　　　(b) 마그네틱방식

[그림 63] 크랭크각센서의 설치 예

(1) 마그네틱방식 크랭크각센서(magnetic type CAS)

마그네틱방식 회전센서는 영구자석, 코일, 코어 등으로 구성되어 있으며, 그림 64는 크랭크축센서의 구조와 출력신호를 나타내고 있다. 이 방식은 target wheel의 톱니(tooth: long tooth와 short tooth로 구성)가 마그네틱센서로 된 CAS를 지나칠 때 센서에서 발생되는 전자력을 차단하면서 전압이 발생된다.

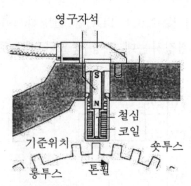

[그림 64] 마그네틱방식 크랭크각센서의 구조와 출력특성

마그네틱방식 크랭크각센서는 크랭크축에 설치된 톤휠(또는 타킷 휠이라고도 함)에 여러 개의 돌기(장치마다 다르며 일반적으로 6°간격으로 58개의 돌기를 설치하고, 2개는 제거하여 참조점으로 사용하는 경우도 있다)를 설치하고 돌기 가까이 센서를 설치한다. 따라서 엔진이 가동됨에 따라 크랭크축에 함께 설치된 톤휠이 회전하고 이에 따라 센서 내의 자속이 변화하며 전압 신호를 발생한다. 이때 돌기와 센서 사이의 간극(에어갭)이 매우 중요하다. 즉, 규정간극보다 작을 경우에는 정상적인 출력신호보다는 높은 전압이 발생하여 고속운전에서 불안정한 상태를 발생시킬 수 있으며, 반대로 규정보다 간극이 클 때에는 정상적인 출력신호보다 낮은 출력전압을 발생하여 크랭킹할 때 문제가 발생할 수 있다.

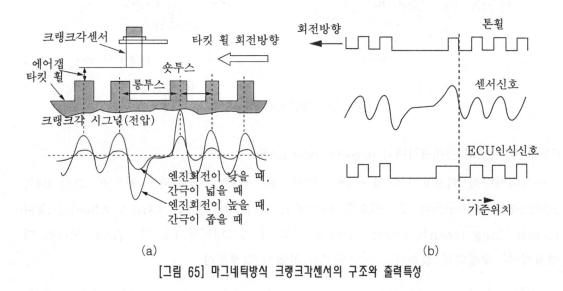

[그림 65] 마그네틱방식 크랭크각센서의 구조와 출력특성

따라서 크랭크 각 센서를 설치할 때에는 규정토크와 규정 간극을 정확히 하여 설치하는 것이 매우 중요하다. 발생전압은 에어갭이 작을수록 회전수가 높을수록 높게 나오며 에어갭이 클수록 회전수가 낮을수록 낮게 나온다. 크랭크각센서는 시그널의 높이 (peak)로 판정하는 것이 아니고 시그널이 낮은데서 높은 곳으로 올라가는가(rising edge)와 높은데서 낮은 곳으로 내려가는가(falling edge)를 판정한다.

[2] 회로구성 및 단자

(1) 광학식 크랭크각 센서

그림 66은 광학식 크랭크각센서의 회로 및 단자구성 예이다. 광학방식 크랭크각센서는 1번 실린더 상사점 검출용 센서를 함께 포함하고 있다. 1번 단자는 접지이고, 2번 단자는 센서 전원 입력단자, 3번 단자는 1번 실린더 상사점 검출신호, 4번 단자가 크랭크 각 위치 출력신호를 나타낸다.

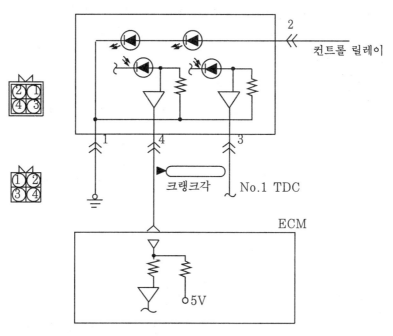

[그림 66] 광학식 크랭크각센서의 회로 및 단자 예

(2) 마그네틱방식 크랭크각센서

그림 67은 전자 유도방식 크랭크각센서의 회로 및 단자를 나타낸 것이다. 1번 단자는 접지, 2번과 3번 단자는 센서의 출력신호를 발생한다.

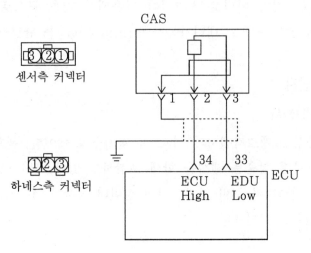

[그림 67] 마그네틱방식 크랭크각센서의 회로 및 단자구성 예

(3) 홀센서식 크랭크각센서

그림 68은 캠축 포지션센서의 회로와 단자의 구성을 나타낸 것이다. 1번 단자는 접지이고, 2번 단자는 출력신호 단자이다. 3번 단자는 센서 전원 입력단자이다.

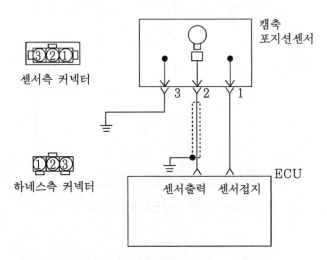

[그림 68] 캠축 포지션센서의 회로 및 단자 구성의 예

[3] 점검방법

예상하지 못한 충격이 주행할 때 느껴지거나 공전할 때 엔진의 가동이 갑자기 정지하는 경우에는 크랭크 각 센서의 하네스를 흔들었을 때 엔진의 가동이 정지한다면 센서 커넥터의 접촉 불량을 점검한다. 전자 유도방식 크랭크각센서의 경우에는 엔진이 크랭킹상태에서 타코미터의 지침이 0rpm이라면 크랭크각센서의 자체 또는 점화장치 쪽의 결함을 점검한다. 엔진의 크랭킹상태에서 회전속도계의 지침이 0rpm이고 시동이 되지 않으면 점화코일 또는 컴퓨터 내의 파워 트랜지스터의 고장을 점검한다.

광학방식 크랭크각센서의 경우에는 점화스위치 ON상태(시동은 걸지 않은 상태)에서 크랭크각센서의 펄스신호가 출력되면 크랭크 각 센서 또는 컴퓨터의 결함을 점검한다. 엔진의 시동이 걸리지 않을 때 크랭킹할 때 센서의 출력신호가 0rpm이라면 크랭크각센서의 결함이나 타이밍벨트의 끊어짐을 점검한다. 또한 크랭크각센서의 회전속도가 규정값을 벗어나고, 공전이 가능하다면 수온 센서의 고장, ISC(idle speed control) 서보 (servo)의 고장 등을 점검한다.

디지털회로 시험기를 사용하여 센서의 단선 및 단락유무를 점검하고, 커넥터의 접촉상태를 점검한다. 크랭크각센서는 주기적인 신호를 나타내므로 파형시험기를 이용하여 출력파형을 점검하는 것이 필요하다.

그림 69(a)는 엔진 회전속도 2000rpm에서 전자유도방식 크랭크각센서의 출력파형을 측정한 것이고, 그림 69(b)는 공전할 때(780rpm) 출력파형을 측정한 것이다. 그림에서 출력전압은 엔진 회전속도에 따라 변화하고 있음을 알 수 있다. 즉, 2000 rpm일 경우에는 약 6V 정도이고, 공전할 때에는 약 2.7V 정도이다.

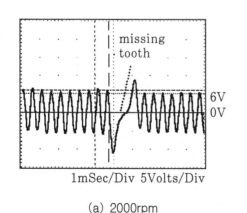

(a) 2000rpm

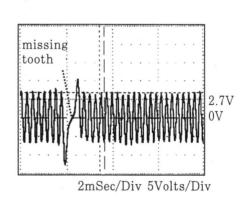

(b) 공회전시

[그림 69] 전자 유도방식 크랭크각센서의 출력파형

그리고 주파수를 보면 2000rpm일 때에는 약 2kHz이고, 공전할 때에는 약 78Hz이다. 따라서, 톤 휠의 돌기 숫자가 60개라면 이것으로부터 엔진 회전속도를 다음의 공식으로부터 계산할 수 있다.

주파수(f)는 주기(T)의 역수(逆數)이므로 엔진 회전속도(N ; rpm)는

$$엔진\ 회전속도(N) = \frac{1}{T \times 돌기\ 수} \times 60$$

그림에서 미싱 투스(missing tooth)로 표시된 부분은 참조점을 나타내기 위해 톤 휠에서 돌기를 없앤 부분이다.

그림 70(a)은 전자 유도방식 크랭크각센서의 출력파형 분석을 나타내고 있다. 그림에서 A부분은 최대 전압을 나타낸 것이며, 각각의 파형이 같은 값을 나타낸다. 만약 어느 하나가 다른 것보다 작다면 톤휠의 돌기가 파손되었거나 구부러진 것을 나타낸다. B부분은 최소 전압을 나타내는 것으로 A부분의 경우와 같다. 또한 톤 휠의 돌기 부분과 센서의 감지 부분 사이의 틈새가 일정하여야 하며, 틈새가 규정값을 벗어나는 경우 파형에 나타나는 출력전압의 크기도 달라진다.

그림 70(b)은 광학방식 크랭크각센서의 출력파형이다. 광학방식센서는 그림에서와 같이 디지털 펄스형태의 출력파형을 발생한다. 그림에서 A부분은 기준 전압을 나타낸 것이며 일정한 수평선을 나타내며, B부분은 출력신호가 OFF되는 순간으로 직각의 수직선을 나타낸다. C부분은 피크-피크(peak to peak)전압으로 기준 전압과 같다. D부분은 거의 접지 상태를 나타내는 것으로 일정한 수평선을 나타낸다. 그리고 엔진 회전속도가 증가할수록 주파수가 증가한다.

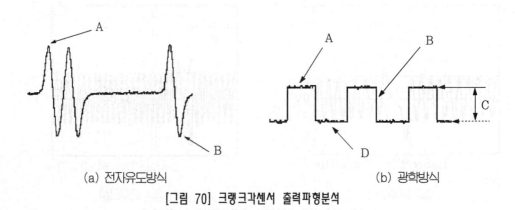

(a) 전자유도방식   (b) 광학방식

[그림 70] 크랭크각센서 출력파형분석

홀센서식의 경우 캠축 포지션센서가 불량하면 정확한 순차분사가 되지 못한다. 멜코 방식에서는 캠축 포지션센서가 고장일 경우에는 엔진의 시동이 거의 불가능하고, 보쉬나 지멘스 방식의 경우에는 시동은 가능하다. 그러나 정확한 순차분사가 이루어지지 않으므로 냉간상태에서 배기가스나 연료 소비율에 영향을 줄 수 있다.

캠축 포지션센서의 점검은 디지털 전압계를 이용하여 3번 단자에 전원이 공급되는지를 점검한다. 또한 커넥터의 접촉상태, 단선 및 단락 유무를 점검한다. 그림 71은 홀센서 방식의 캠축 포지션센서를 공전상태에서 측정한 파형이다.

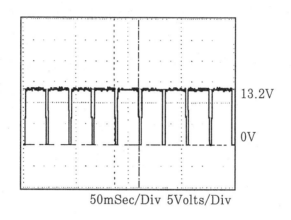

[그림 71] 캠축 포지션센서 출력파형

[4] 고장일 때 나타나는 현상

① 크랭킹을 가능하나 엔진시동이 어렵다.

② 연료펌프의 구동이 어렵다.

④ 점화 불꽃발생이 어렵다.

⑤ 주행 시 가끔 엔진이 정지되고, 재 시동 시 시동이 어렵다.

⑥ 멜코방식 홀센서식의 경우 엔진 시동이 불가능하다.

⑦ 보쉬, 지멘스 홀센서식에서는 엔진시동은 가능하나 냉간상태에서 배기가스와 연료 소비율이 나빠질 수 있다.

⑧ CAS 고장 시에는 공연비 및 공회전 학습제어를 중지한다.

⑨ CAS 고장 시에는 Cam angle sensor 신호를 분석하여 피스톤위치와 rpm을 계산하여 연료 및 점화제어를 하며 노킹제어를 정지시킨다.

⑩ 엔진 최고회전수를 설정값(예: 3000rpm)으로 제한시킨다.

2.5. 산소센서(O₂ sensor, lambda sensor)

2.5.1. 산소센서 개요

배기가스 규제에 대응하여 다양한 기술을 개발하고 있지만 그 중에서도 3원 촉매 (TWCC : three way catalytic converter)를 이용한 배기가스의 뒤처리 기술을 가장 많이 사용하고 있다. 3원 촉매는 일산화탄소(CO)와 탄화수소(HC)의 산화와 질소 산화물(NOx)의 환원작용을 동시에 하여 유해 배기가스의 발생을 억제시키는 장치이다. 이 삼원 촉매의 정화율은 혼합기 상태가 이론공연비 부근일 때 가장 양호하다.

그림 72는 공연비 변화에 따른 3원 촉매의 정화 효율을 나타낸 것이다. 3원 촉매는 이론 공연비 부근에서 일산화탄소, 탄화수소, 질소 산화물의 정화 효율이 가장 높음을 알 수 있다. 즉, 이론 공연비 보다 농후하면 일산화탄소와 탄화수소의 배출량이 증가하고, 이론 공연비 보다 희박하면 질소 산화물의 배출량이 증가한다.

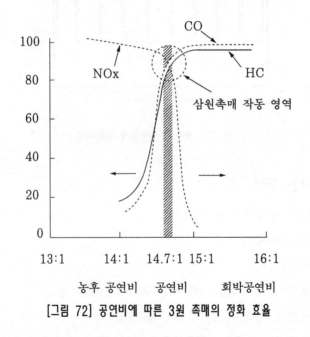

[그림 72] 공연비에 따른 3원 촉매의 정화 효율

따라서 3원 촉매가 효율적으로 가동되기 위해서는 이론 공연비에서 연소가 될 수 있도록 제어하는 것이 필요하다. 산소센서는 혼합비를 이론공연비(14.6~14.7) 부근으로 정밀 제어(공연비 feed back control : closed loop)하기 위해 배기가스 중의 산소농도를 감지하여 출력전압을 ECU로 전송한다. 이를 공연비 피드백제어(feedback control) 또는 람다 제어(λ-control)라 한다.

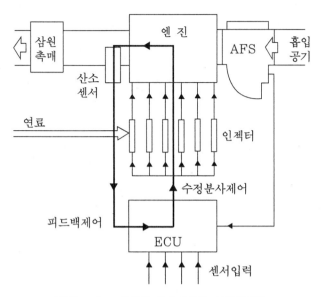

[그림 73] O₂센서에 의한 공연비 피드백제어

산소센서는 배기가스 중의 산소농도에 따라 전압을 발생하는 일종의 화학적 전압 발생 장치이다. 즉, 배기가스 중의 산소농도가 높아(희박한 연소의 경우)대기 중의 산소와 농도 차이가 적으면 발생 전압은 낮고, 반대로 배기가스 중의 산소농도가 낮으면(농후한 연소의 경우)대기 중의 산소와 농도차이가 커져 발생전압도 높다. 특히 이와 같은 변화가 이론 공연비를 중심으로 급격하게 나타나므로 산소센서는 공연비 제어에 매우 유리한 점을 지니고 있다. 일반적으로 엔진 제어 장치에서 산소센서가 갖추어야할 조건은 다음과 같다.

① 이론 공연비에서 전압의 급격한 변화가 있을 것

② 배기가스 내 산소 변화에 따른 신속한 출력전압 변화가 있을 것

③ 농후·희박 사이의 큰 차이가 있을 것

④ 배기가스의 온도 변화에 대하여 안정된 전압을 유지할 것

산소 센서는 사용하는 소자의 재료에 따라 산화 질코니아(ZrO_2)를 사용하는 질코니아타입(1972)과 산화티탄(TiO_2)을 사용하는 티타니아타입(1982) 2종류의 산소센서로 분류된다. 질코니아 산소센서는 공기와 연료의 비율이 이론공연비 보다 농후하면 약 1V, 희박하면 약 0V를 출력하며 이론공연비 부근에서 출력전압이 급변한다.

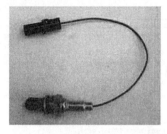 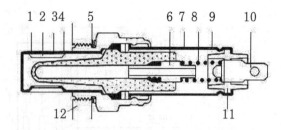

1.백금전극 2.질코니아소자 3.백금전극(-) 4.보호튜브(배기측) 5.하우징 6.접촉부싱
7.보호튜브(대기측) 8.접촉스프링 9.통기공(대기) 10. 전기단자(+) 11. 절연체 12. 배기관

[그림 74] 질코니아타입 O₂센서의 구조

티타니아 산소센서는 이론공연비 부근에서 저항이 급변하는 성질을 이용한 것으로 농후한 공연비에서 0.3~ 0.8V, 희박한 공연비에서 4.3~4.7V를 출력한다. 최근에는 산소센서의 활성도를 높이기 위하여 내부에 히터를 장착하기도 한다.

 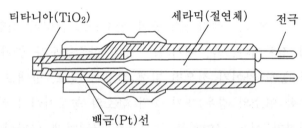

[그림 75] 티나니아타입 O₂센서의 구조

2.5.2. 질코니아 산소센서(zirconia O₂ sensor)

[1] 구조 및 계측원리

그림 76은 질코니아 산소센서의 구조를 나타낸 것이다. 질코니아 산소 센서는 산화질코니아에 적은 양의 이트륨(yttrium ; Y_2O_3)을 혼합하여 시험관 형상으로 소성한 소자의 양면에 백금을 도금하여 만든 것이다.

센서 안쪽은 대기(大氣), 바깥쪽은 배기가스가 접촉하도록 되어 있다. 질코니아 산소 센서는 저온에서는 매우 저항이 크고 전류가 통하지 않지만, 고온에서 안쪽과 바깥쪽의 산소농도 차이가 크면 산소 이온만 통과하여 기전력을 발생시키는 특성을 지니고 있다. 산소이온은 산소분압이 큰 대기측에서 분압이 낮은 배기쪽으로 이동한다.

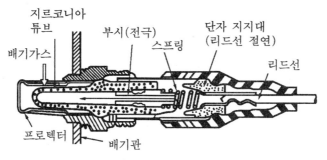

[그림 76] 질코니아 산소센서

그림 77은 질코니아 산소센서의 작동원리를 나타낸 것이다. 이온은 전기적으로 극성(極性)을 지니고 있는 입자이며, 산소이온은 2개의 과잉 전자를 갖고 있으므로 음극으로 되어 있다.

따라서 산소이온은 산화 질코니아에 끌리는 경향이 있으며, 이것들은 바로 백금전극의 안쪽인 산화 질코니아의 표면에 끌려가게 된다. 센서의 공기가 접촉하는 부분은 전기적으로 배기가스보다 더 음극이 되므로 전기장이 산화 질코니아 물질사이에 존재하고, 그 결과로 전위차가 발생한다.

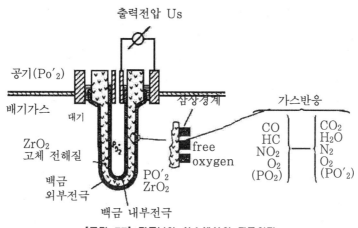

[그림 77] 질코니아 산소센서의 작동원리

이 전위차는 배기가스 내의 산소농도와 센서의 온도에 비례하며, 다음과 같은 Nernst 공식으로 표시된다.

$$Us = \frac{RT}{4F} ln \frac{pO79_2''}{pO_2'}$$

R : 가스 정수[J/mol°K],　　　T : 절대 온도[°K]
F : 패러데이 상수(faraday's constant)[9.65x014 C/mol]
pO''_2 : 대기 중의 산소 분압[Pa],　pO'_2 : 배기가스 중의 산소 분압[Pa]

일반적으로 배기가스에 존재하는 산소의 양은 산소의 부분압력으로 표시되는데, 이 부분 압력은 산소의 압력 대 총 배기가스의 압력의 비율로 나타낸다. 배기가스가 농후한 혼합기의 경우 산소의 부분압력은 공기압력의 $10^{-16} \sim 10^{-32}$의 범위이며, 희박한 혼합기의 경우에는 약 10^{-2} 정도이다. 산소센서의 활성화 온도는 약 300℃(실제 약 370℃ 이상) 부근으로 백금이 CO를 산화시키는 온도이다. 따라서 산소센서의 활성화를 빠르게 하기위해 센서내부에 히터를 장착시킨다.

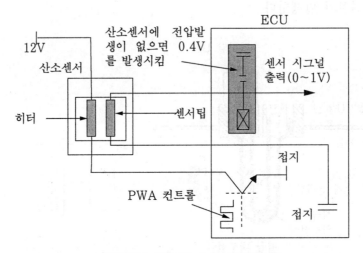

[그림 78] 질코니아 산소센서의 회로도

[2] 센서 출력특성

그림 79는 공연비(공기비)에 따른 산소 센서의 출력특성을 나타낸 것이다. 혼합기가 농후한 경우에는 배기가스 중의 산소농도가 적으므로 농도 차이가 커져 전위차가 크고, 희박한 경우는 배기가스 중의 산소농도가 높으므로 농도 차이가 작아 전위차가 적다.

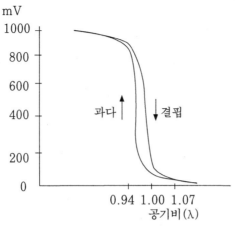

[그림 79] 질코니아 산소센서의 출력특성

이러한 변화가 이론 공연비를 중심으로 나타나므로 스위치 특성이라 부르기도 한다. 그러나 실제의 연소과정에서는 이론 공연비를 중심으로 이러한 차이가 크지 않으므로 소자의 표면에 다공성(多孔性)의 백금을 도금하여 충분한 농도차이가 발생하도록 한다. 백금에 의한 반응은 다음과 같다. 이 백금의 촉매작용으로 농후한 혼합기가 연소하면 적은 양의 산소가 일산화탄소와 거의 완전히 반응하여 백금 표면의 산소는 거의 0으로 되기 때문에 산소 농도차이가 매우 크게되어 약 1V의 기전력이 발생한다.

희박한 혼합기가 연소되는 경우 배기가스 중의 산소농도는 높은 농도이며, 일산화탄소는 낮은 농도이므로 일산화탄소와 산소가 반응하여도 산소의 농도는 크게 낮아지지 않으므로 농도 차이가 작아 기전력이 거의 발생하지 않는다.

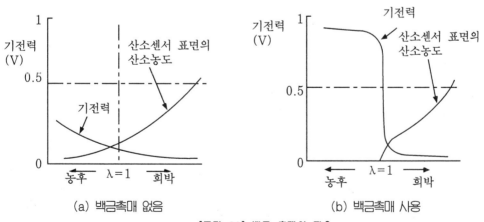

[그림 80] 백금 촉매의 작용

그림 80은 산소센서에서 백금 촉매를 사용하지 않은 경우와 사용한 경우의 차이점을 나타낸 것이다. 또한 공연비가 농후에서 희박 쪽으로 변화할 때와 희박에서 농후한 쪽으로 변화할 때 히스테리시스(hysteresis)현상이 나타난다. 이것으로 인하여 산소센서의 응답 특성에 차이점이 발생한다. 즉, 농후에서 희박으로 변화할 때 소요되는 시간과 희박에서 농후로 변화할 때의 시간이 다르게 나타난다.

그림 81은 온도에 따른 전압의 변화를 나타내고 있으며, 온도는 센서의 출력특성에 많은 영향을 미치고 있다. 온도가 약 300℃ 이하에서는 센서의 출력 값이 온도에 따라 급격히 변화하므로 엔진제어에서 사용하기가 어렵다. 약 300℃ 이상에서 농후한 경우는 약 900mV 정도로, 희박한 경우는 약 100mV 정도에서 안정된 값을 나타낸다.

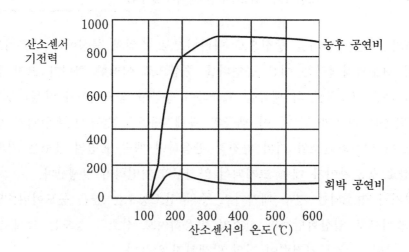

[그림 81] 온도에 따른 산소센서의 출력변화

또한 온도는 스위칭(switching)시간에도 영향을 미치며, 그림 82는 이와 같은 특성을 나타낸 것이다. 농후에서 희박으로 또는 희박에서 농후로 변화되는데 소용되는 시간이 350℃에서 약 200mS 정도인데 800℃에서는 약 100mS이다. 따라서 온도 변화 때문에 스위칭 시간이 약 2 : 1이 됨을 알 수 있다.

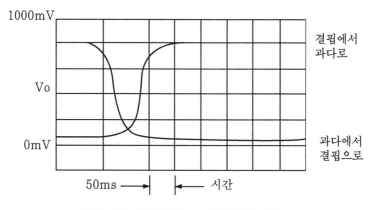

[그림 82] 온도에 따른 스위칭시간의 변화

2.5.3. 티타니아 산소센서(titania O$_2$ sensor)

티나니아 산소센서는 세라믹(ceramic) 절연체 끝에 전자전도체인 티나니아소자 (TiO$_2$)를 부착한 것으로 산소농도 차에 따른 전항변화를 이용하여 출력전압을 발생시 킨다. 또한 낮은 배기온도에서 센서의 성능을 향상시키기 위해 백금과 로듐 촉매로 구 성되어 있다.

그림 83과 84는 티타니아 산소센서의 구조와 출력특성을 나타낸 것이다. 티타니아 산소센서는 전자 전도체인 산화티타니아 주위의 산소 분압에 대응하여 전기 저항이 변 화하는 것을 이용한 것이다. 이 센서는 이론 공연비를 경계로 하여 저항 값이 급격히 변화하는 특성을 지니고 있다.

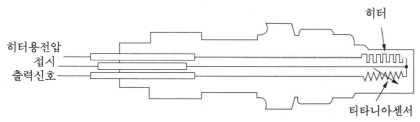

[그림 83] 산화 티타니아 산소센서의 구조

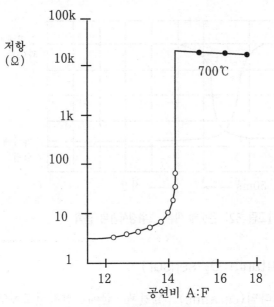

[그림 84] 티타니아 산소센서의 저항변화특성

배기가스 산소농도 변화에 따른 티나니아 소자의 저항변화 특성은 다음식으로 표시할 수 있다.

$$R_T = APO_2^n \exp\left(\frac{E}{kT}\right)$$

A : 상수 E : 활성화 에너지 k : 볼츠만 상수 T : 절대 온도
n ; 1/4 PO : 산소분압

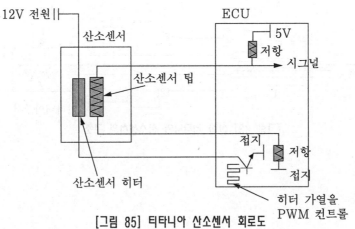

[그림 85] 티타니아 산소센서 회로도

티나티아소자 역시 활성화온도(약 370℃ 이상)가 되어야 산소농도 변화에 따라 저항이 민감하게 하므로 내부 히터회로가 내장되어 있다. 자체 기전력이 발생되는 질코니아식 산소센서와 달리 티타니아식 산소센서는 ECU 인식 시그널 전압을 얻기 위해 풀업저항을 이용한 전원공급(ref. 5V)을 하며 시그널 전압은 약 0.05~4.95V가 얻어진다. 배기가스 온도가 낮은 경우(팁 활성화온도 이하) 전압이 약 2.5V부근에 머무르게 된다.

산화 지르코니아 산소센서와 티타니아 산소센서의 특성은 다음 표와 같다.

[산소센서의 특성 비교]

항 목 \ 종 류	산화 지르코니아 산소센서	산화 티타니아 산소센서
원리	이온 전도성을 이용한다.	전자 전도성을 이용한다.
출력	기전력이 변화한다.	저항 값이 변화한다.
감지	산화 지르코니아 표면	산화 티타니아 내부
특징	배기가스와 표준 가스 분리	배기가스 중 소자 삽입
첨가물	안정화용 이트륨 첨가	-
공연비	조정이 쉽다.	조정이 어렵다.
내구성	작다.	크다.
응답성	불리하다.	유리하다.
가격	유리하다.	불리하다.

2.5.4. 산소센서 점검

[1] 회로구성 및 단자

그림 86은 산소센서의 회로 및 단자의 구성 예를 나타낸 것이다. 3번 단자는 열선에 전원을 공급하는 단자이고, 4번은 열선의 전지 단자이다. 1번 단자는 산소센서의 출력 단자이고, 2번 단자는 산소 센서의 접지 단자이다.

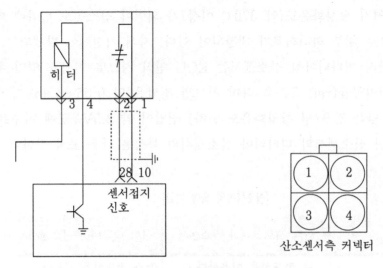

산소센서측 커넥터

[그림 86] 산소센서의 회로 및 단자구성

[2] 점검방법

산소센서의 점검은 먼저 기본적인 점검 즉, 커넥터 접속상태, 배선의 단선 및 단락 유무를 점검하고, 파형시험기를 이용하여 출력신호의 파형을 분석한다. 그림 87은 산소센서의 출력파형의 예이다. 정상적인 경우는 약 200mV 이하에서 600mV 이상까지 주기적인 변화를 나타낸다.

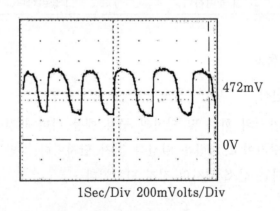

472mV

0V

1Sec/Div 200mVolts/Div

[그림 87] 산소센서의 출력파형의 예

산소센서의 점검이 정상인 경우에도 센서의 출력전압이 규정값을 벗어나면 공연비 조정에 관련 있는 다음 항목들을 점검한다.

① 인젝터의 결함 유무

② 개스킷 틈새 등을 통한 공기누출

③ 공기유량센서

④ 흡기온도센서

⑤ 수온센서

⑥ 연료압력

즉, 평균 출력전압이 0.5V 이상을 나타내는 경우는 농후한 연소가 이루어지고 있는 것으로 공기유량센서의 출력이나 인젝터의 누출 등을 점검한다. 또한 평균 출력전압이 0.45V 이하를 나타내는 경우에는 희박한 연소를 하고 있는 상태이므로 진공누출이나 센서 자체의 불량일 수 있다. 특히, 주의할 것은 산화 지르코니아 산소센서의 경우는 저항을 직접 측정하지 않는 것이 바람직하다. 산소센서 자체가 전압을 발생하는 형식이 므로 저항을 측정할 때 센서에 손상을 줄 수 있다.

위와 같이 산소센서 자체의 고장인지 공연비 불량으로 산소센서의 출력 전압이 비정 상적인지를 구별하는 방법은 산소센서 히터부분 단자에 14V의 전압을 인가하고 약 1~2분 정도 기다렸다가 산소센서 출력전압을 확인하여 출력전압이 10~100mV가 나오는 지를 확인한다. 만약 출력전압이 나오면 산소 센서의 성능은 정상이라 판단하고 다른 부분을 점검한다.

(a)   (b)

[그림 88] 산소센서위치 및 전압측정 단자

[3] 점검시 주의사항

① 아날로그 멀티미터로 저항을 재지 말 것(테스터 자체에서 전압이 나오므로 산소센서 내부가 손상됨)
② 출력전압 측정 시 멀티미터를 사용하지 말 것
③ 출력전압은 응답시간을 잴 수 있는 오실로스코로 파형을 분석할 것
④ 센서반응검사 시 200mV에서 600mV까지 상승시간을 점검(100mS 이내 일 것)
⑤ 센서방응검사 시 600mV에서 200mV까지 하강시간을 점검(300mS 이내 일 것)
⑥ 출력단자를 어스시키지 말 것
⑦ 충격을 주지 말 것

[4] 고장일 때 나타나는 현상

① 산소센서의 불량은 공연비 제어에 큰 영향을 주지만 실제로 차량 상태를 보면 고장인 상태와 정상적인 상태를 거의 구분하기 어렵다. 산소센서의 불량은 유해한 배기가스를 다량 발생시킬 수 있다. 그리고 촉매컨버터에 손상을 줄 수 있기 때문에 확실한 점검이 요구되며 어느 시스템이든지 산소센서가 고장 나면 공연비 피드백제어를 중단한다.
② 공연비 제어가 불량해진다.
③ 급가속할 때 성능 저하 및 주행할 때 가속력이 떨어지거나 갑자기 엔진의 가동이 정지된다.
④ 연료 소모가 많거나 촉매가 손상될 수 있다.
⑤ 일산화탄소, 탄화수소 배출량이 증가한다.

교육학습(자기평가서)

학 습 안 내 서

과 정 명	산소센서(O$_2$sensor)		
코 드 명		담당 교수	
능력단위명		소요 시간	

개 요	엔진 ECU는 흡입되는 공기량을 파악한 후 엔진 부하조건에 해당되는 공연비를 제어하기 위한 연료 분사량을 조절한다. 연소과정 주 정확한 공연비제어가 이루어 졌는지, 연소실에서 혼합기가 점화되어 완전한 연소가 이루어 졌는지를 파악하고 적절한 연료량이 분사되었는지를 분석하기위해 산소센서가 이용된다. 산소센서에 문제가 발생하는 경우 공연비 피드백제어 및 엔진에 미치는 영향을 이해하기 위해 엔진 각 작동조건에 따른 작동 및 이상여부를 측정정비 및 MUT 등을 이용하여 고장현상을 파악함으로써 산소센서와 관련한 고장진단 및 분석능력을 가질 수 있도록 한다.
수 행 목 표	질코니아 및 티타니아 산소센서의 출력특성을 이해하고, 각 단품에 대한 점검, 접지점검, 전압파형, 센서시뮬레이션 등을 통하여 산소센서와 관련한 고장진단 분석능력을 배양하도록 한다.

실습과제

1. 산소센서의 구조, 장착위치 및 작동원리 등의 파악
2. 산소센서 자체 저항 점검
3. 관련 배선의 단선 단락 점검
4. 산소센서 출력전압 및 출력파형의 측정 분석

활 용 기자재 및 소프트웨어

실차량, T-커넥터, MUT(Hi-DS 스캐너), 디지털 Muti-Tester, 엔진튜업기(Hi-DS Engine Analyzer), 노트북 등

평가방법	평가표			
	실습내용	성취수준		
		예	도움 필요	아니오
평가표에 있는 항목에 대해 토의해보자 이 평가표를 자세히 검토하면 실습 내용과 수행목표에 대해 쉽게 이해할 것이다. 같이 실습을 하고 있는 사람을 눈여겨보자 이 평가표를 활용하면 실습순서에 따라 실습할 수 있을 것이다. 동료가 보는 데에서 실습을 해보고, 이 평가표에 따라 잘된 것과 좀더 향상시켜야할 것을 지적하게 하자 예 라고 응답할 때까지 연습을 한다.	산소센서 전압발생 원리를 이해할 수 있다.			
	산소센서 고정저항을 측정할 수 있다.			
	연료희박 판별검사를 할 수 있다.			
	산소센서 출력전압 파형을 측정 분석할 수 있다.			
	히터 선원공급 상태를 분석 섬섬할 수 있다.			
	성취 수준			
	실습을 마치고 나면 위 평가표에 따라 각 능력을 어느 정도까지 달성 했는지를 마음 편하게 평가해 본다. 여기에 있는 모든 항목에 예 라고 답할 수 있을 때까지 연습을 해야 한다. 만약 도움필요 또는 아니오 라고 응답했다면 동료와 함께 그 원인을 검토해본다. 그 후에 동료에게 실습을 더 잘할 수 있도록 도와달라고 요청하여 완성한 후 다시 평가표에 따라 평가를 한다. 필요하다면 관계지식에 대해서도 검토하고 이해되지 않는 부분은 교수에게 도움을 요청한다.			

2.6. 녹센서(knock sensor)

2.6.1. 녹센서 개요

엔진의 효율 향상을 위하여 높은 압축비의 엔진 개발이 요구된다. 그러나 압축비가 상승하면 연소 최대 압력이 증가하여 엔진의 효율은 향상되지만 그 만큼 녹발생 가능성이 커진다. 엔진의 정상적인 연소는 점화불꽃에 의해 혼합기에 점화되고 점화된 화염 면(flame front)이 전파되면서 이루어진다.

그런데 화염 면이 정상적으로 도달되기 전에 부분적으로 자기착화(self ignition)에 의해 급격하게 연소가 이루어지는 경우가 있다. 이 비정상적인 연소에 의해 발생하는 급격한 압력상승 때문에 실린더 내의 가스가 진동하여 충격적인 타음을 발생시키게 되며 이 현상을 녹 또는 노킹(knock or knocking)이라 한다.

[1] 녹 발생원인

　① 연소실의 형상
　② 연소실에 퇴적물이 쌓였을 때
　③ 혼합기가 희박할 때
　④ 흡기다기관의 형상
　⑤ 연료의 질이 떨어질 때
　⑥ 공기 밀도가 높을 때
　⑦ 엔진의 온도가 높을 때
　⑧ 점화시기가 너무 진각되었을 때

[2] 녹 발생 시 엔진에 미치는 영향

　① 점화플러그가 손상된다.
　② 피스톤이 손상된다.
　③ 실린더헤드 개스킷이 파손된다.
　④ 엔진 베어링이 손상된다.

등의 문제를 일으키게 되므로 엔진제어에서는 반드시 방지하여야할 현상이다. 이러한 노크의 발생을 방지하는 방법으로 사용되는 것이 엔진 노크 제어이다.

노크제어는 엔진에서 노크발생 여부를 감지하여 점화시기를 늦추어서 가능하며, 이때 노크발생을 감지하기 위해 사용되는 것이 노크센서이다. 노크센서는 실린더블록에 설치되어 엔진에서 노크가 발생될 때 일어나는 진동을 감지하여 컴퓨터로 신호를 보내어 점화시기를 제어하는데 사용된다. 노크는 점화플러그에 의해 발생된 화염이 도달하기 전에 국부적으로 자기 착화하여 급격한 압력상승 및 충격적인 소음을 유발하는 현상으로 출력감소 및 엔진의 내구성이 저하하는 원인이 된다.

일반적으로 점화 후 화염이 전파되어 최고 압력이 될 때까지는 약간의 시간이 소요되며, 엔진의 최대 출력을 얻기 위해서는 상사점 후(ATDC) 10~20°에서 최고 압력이 되도록 점화시기를 제어한다. 따라서, 점화 후 최고 압력 도달시간을 고려하여 점화시기는 하사점 전(BTDC)에서 설정된다.

그러나 엔진이 최대 성능을 발휘할 수 있는 점화시기는 노크가 발생되는 점화시기 부근에 있기 때문에 일반적으로 점화시기를 최적의 점화시기(MBT : minimum spark advance for best torque)에서 어느 정도 늦춘 상태(지각시킨 상태)를 유지하게 된다. 따라서, 엔진에서 노크발생을 제어하기 위해서는 엔진에서 노크의 발생을 감지하는 것이 필요하며, 이것을 통하여 노크가 발생하지 않는 최대 한도의 점화시기까지 진각시킬 수 있어 엔진의 토크와 출력증대 및 연료 소비율 향상 등의 효과를 얻을 수 있다.

2.6.2. 녹센서의 종류와 그 특성

[1] 전자 유도방식(jerk sensor)

그림 89는 전자 유도방식 노크센서를 나타내었다. 코일 속에 자석의 철심을 넣고 철심의 끝 면 부근에 진동자(vibrator)를 설치하고 철심과의 사이에 작은 틈새(air gap)를 둔 구조이다.

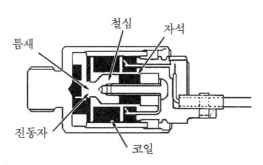

[그림 89] 전자유도식 녹센서의 구조

실린더블록의 진동에 의해 진동자가 진동을 하면 진동자와 철심사이의 간극이 변화하여 자기저항이 변화하므로 코일 속의 자속이 변화하고, 전자유도 원리에 의해 코일에 기전력이 발생하게 된다. 이때 진동자의 고유 진동수를 엔진에서 노크가 일어나 발생하는 실린더블록의 진동수와 일치시키면 노크가 일어날 때 최고로 진동자가 공진하여 코일에 교류전압이 발생한다.

[2] 압전방식 노크센서

압전방식 노크센서는 힘(압력)이나 기계적 진동을 받으면 전압을 발생하는 압전소자(피에조 반도체형 소자)를 이용한 것이며, 공진형과 비공진형이 있다. 공진형 노크센서는 센서 본체와 진동자 사이에 압전소자를 끼워놓고 진동자의 진동이 압전소자에 가해져 진동을 전압으로 변화시키는 것이다. 진동자는 노크 진동과 거의 같은 공진 주파수를 가지므로 서 노크가 일어날 때 큰 전압을 발생시키는 특징이 있다.

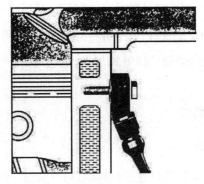

[그림 90] 압전소자식 녹센서의 구조

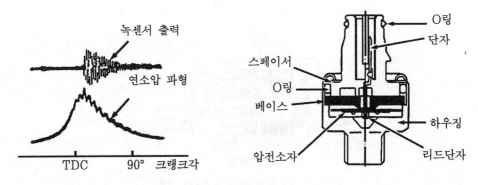

[그림 91] 공진형 노크센서의 구조와 출력특성

[3] 회로구성 및 단자

그림 92는 노크센서의 회로 및 구성단자를 나타낸 것이다. 2번 단자가 출력신호 단자이며, 3번 단자는 접지이다.

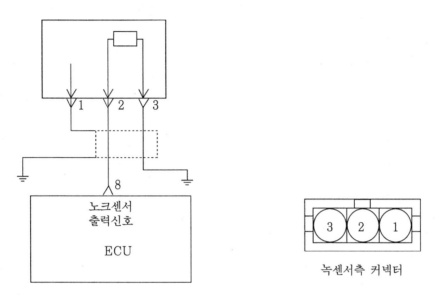

노크센서
출력신호

ECU

녹센서측 커넥터

[그림 92] 노크센서의 회로 및 단자구성 예

[4] 점검방법

녹센서의 점검은 커넥터의 접촉상태 및 단선과 단락유무를 점검한다. 실린더블록에 설치되어 진동을 감지하는 센서이므로 규정 토크로 설치되었는지를 점검하는 것이 필요하다. 또한 2번 단자와 3번 단자 사이의 저항 값과 정전 용량을 측정하여 규정 값에 맞는지를 점검한다.

그림 93은 노크가 일어날 때 출력신호를 파형 측정기로 측정한 파형이다. 그림 94는 노크 센서의 줄력파형을 분석한 것이다. 그림에서 A부분은 진폭을 나타내고, B부분은 주파수이다.

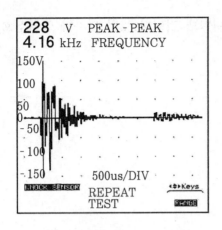

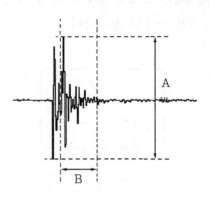

[그림 93] 녹 발생 시 센서의 출력파형   [그림 94] 녹센서의 출력파형 분석

[5] 고장일 때 일어나는 현상

고장현상을 운전자가 특별히 느끼기 어려우나 노크센서에서 고장이 일어나면 점화시기를 약 10° 정도 항상 늦추어 제어하기 때문에 가속할 때 힘이 부족하거나 엔진의 높은 부하 상태에서는 노크가 발생할 수 있다.

2.7. 차속센서

차속센서는 변속기 하우징이나 계기판 내에 장착되어 차량이 정지상태인지 또는 주행상태인지를 컴퓨터 및 계기판에 알려주는 기능을 한다. 컴퓨터는 이 신호에 의해 공전속도 조절밸브, 캐니스터 퍼지(canister purge), 토크 컨버터 클러치 및 자동변속기 변속단수 등을 결정하거나 제어한다.

차속센서는 속도계 내에 내장된 리드 스위치 형식과 변속기에 설치되는 홀방식 또는 마그네틱 방식을 등이 있다.

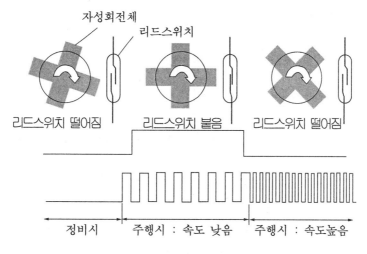

자성회전체
리드스위치

리드스위치 떨어짐　리드스위치 붙음　리드스위치 떨어짐

정비시　주행시 : 속도 낮음　주행시 : 속도높음

[그림 95] 리드스위치방식 차속센서

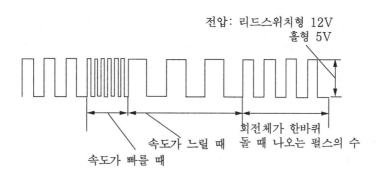

전압: 리드스위치형 12V
홀형 5V

속도가 느릴 때
속도가 빠를 때
회전체가 한바퀴
돌 때 나오는 펄스의 수

[그림 96] 리드스위치방식 차속센서 출력파형

2.7.1. 점검방법

차속센서 배선의 단선 또는 단락이 발생하면 차량을 감속하여 정지하고 할 때 엔진의 가동이 정지되는 경우가 있다.

따라서, 커넥터의 접속상태 및 배선의 단선 및 단락 유무를 점검한다. 리드스위치 형식이나 홀 효과의 차속센서는 그림 97과 같이 디지털 펄스형태의 신호를 발생한다. 따라서, 파형시험기를 이용하여 신호를 분석하는 것이 필요하다. 즉, 주파수 및 주기와 규정된 전압의 크기가 정상적으로 발생하는 지를 점검한다. 즉, 차속의 변화에 따라 주파수가 비례하여 증가하거나 또는 ON 및 OFF상태에서 입력 전압과 접지상태를 잘 유지하고 있는지 등을 점검한다. 리드스위치 형식의 경우는 입력 전압이 5V이고, 홀센서 형식의 경우는 입력 전압이 12V임을 고려한다.

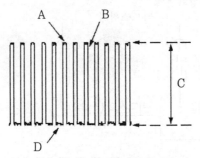

[그림 97] 차속센서의 출력 파형분석

그림 97에서 A부분은 기준 전압을 나타내며 일정한 수평선을 나타낸다. B부분은 전압의 변화 상태로 직각의 수직선을 나타낸다. C부분은 피크 - 피크(peak to peak)전압으로 기준 전압과 같다. D부분은 거의 접지 상태에 이르는 것으로 일정한 수평선을 나타낸다. 차속이 증가함에 따라 차속센서의 출력 주파수도 증가한다. 또한 접지에서의 전압 강하는 400mV 이하이어야 하며, 이를 초과하는 경우는 차속 센서 또는 컴퓨터의 접지 상태 불량이다.

2.7.2. 고장일 때 일어나는 현상

① 공전할 때 엔진에서 부조현상이 일어난다.
② 차량이 출발하려고 할 때나 주행하다가 정지할 때 순간 차량이 멈칫거리거나 시동이 꺼진다.
③ 엔진의 가속 성능이 떨어진다.

교육학습(자기평가서)

학 습 안 내 서

과 정 명	녹센서 및 차속센서		
코 드 명		담당 교수	
능력단위명		소요 시간	
개 요	녹센서와 차속센서의 구조, 특성 및 관련 회로를 이해하고 엔진 각 조건에 따른 작동 및 이상여부를 파악하기 위해 각 단품의 점검 및 파형을 측정장비를 이용하여 점검 분석함으로써 고장 유형 및 고장현상 등을 파악할 수 있는 실무 능력을 배양하는데 있다.		
수 행 목 표	녹센서와 차속센서의 점검 방법과 고장진단에 대해 파악하고 엔진 각 조건에 따른 작동 및 이상여부를 파악하기 위해 각 단품의 점검 및 파형을 측정장비를 이용하여 점검 분석함으로써 고장 유형 및 고장현상 등을 파악할 수 있다.		

실습과제

1. 녹센서의 구조, 작동원리 및 관련회로의 이해
2. 각 단품 및 관련센서의 고장 및 회로의 단선 단락 점검 분석
3. 차속센서의 점검 및 고장진단
4. 센서의 측정, 점검 분석

활용 기자재 및 소프트웨어

실차량, T-커넥터, MUT(Hi-DS 스캐너), Muti-Tester, 엔진튠업기(Hi-DS Engine Analyzer), 테스터램프, 노트북 등

평가방법	평가표			
	실습내용	성취수준		
		예	도움 필요	아니오
평가표에 있는 항목에 대해 토의해보자 이 평가표를 자세히 검토하면 실습 내용과 수행목표에 대해 쉽게 이해할 것이다. 같이 실습을 하고 있는 사람을 눈여겨보자 이 평가표를 활용하면 실습순서에 따라 실습할 수 있을 것이다. 동료가 보는 데에서 실습을 해보고, 이 평가표에 따라 잘된 것과 좀더 향상시켜야할 것을 지적하게 하자 예 라고 응답할 때까지 연습을 한다.	녹센서의 구조, 작동원리 및 관련회로의 이해할 수 있다.			
	각 단품 및 관련센서의 고장 및 회로의 단선, 단락 점검 분석할 수 있다.			
	차속센서의 점검 및 고장진단을 할 수 있다.			
	차속센서 및 녹센서의 측정, 분석할 수 있다.			
	....			

성취 수준

실습을 마치고 나면 위 평가표에 따라 각 능력을 어느 정도까지 달성 했는지를 마음 편하게 평가해 본다. 여기에 있는 모든 항목에 예라고 답할 수 있을 때까지 연습을 해야 한다. 만약 도움필요 또는 아니오 라고 응답했다면 동료와 함께 그 원인을 검토해본다. 그 후에 동료에게 실습을 더 잘할 수 있도록 도와달라고 요청하여 완성한 후 다시 평가표에 따라 평가를 한다. 필요하다면 관계지식에 대해서도 검토하고 이해되지 않는 부분은 교수에게 도움을 요청한다.

04 엔진 ECU

1. ECU(electronic control unit)

1.1. ECU의 개요

엔진을 전자제어 하기 위해서는 MICOM(micro computer)이 필요하며 자동차에 사용되고 있는 MICOM은 일반적으로 ECU 또는 ECM(electronic control module)이라 부르며 마이크로프로세서(CPU), RAM(random access memory), ROM(read only memory) 및 입출력 단자로 구성되어 있다. 즉, ECU는 일종의 컴퓨터로써 기관의 상태를 감지한 각종 센서로부터의 입력 신호에 따라 연료분사량(기본 분사량, 증량보정), 분사시기 및 점화시기 등을 제어하는 것으로 전자제어 가솔린 분사장치 중 핵심부에 해당한다.

엔진 ECU는 입력부분과 제어부분 및 출력부분으로 구성되어 있으며, 입력은 엔진의 각종 상태 즉, 흡입공기량, 냉각수온도, 흡입공기온도, 엔진 회전수 및 차속 등의 상태를 각 센서를 이용하여 측정한다. 그리고 이 측정된 신호를 입력 연산 처리하여 기관의 상태에 대응하는 최적의 연료분사 및 점화시기를 출력회로를 통하여 제어함으로써 각 액추에이티를 구동시킨다.

그림 1은 ECU내부의 입력(input), 프로세싱(processing), 저장(storage), 출력(output)을 나타내는 구성도를 나타내며 전원부, 센서신호 입력부, 마이크로프로세서, 출력부 등으로 구성되어 있다. 먼저, ECU는 AFM과 CAS로부터 기관의 흡입공기량과 회전속도를 검출하여 기본 분사량 즉, 기본분사시간을 계산하고 여기에 기관의 상태를 감지하는 각종 센서(ATS, WTS, BPS, TPS등)로부터의 입력신호를 이용하여 보정분사량(보정 분사시간)을 결정하여 총 분사량(총 분사시간)을 결정한다.

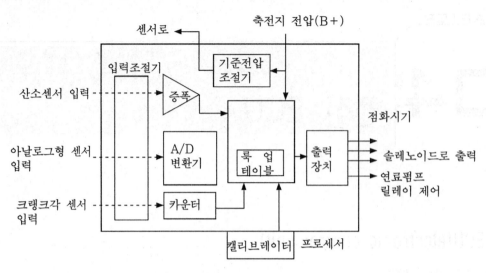

[그림 1] ECU 내부 블록선도

그리고, 각종 엔진 관련 센서의 신호를 기초로 최적 점화시기의 제어와 녹제어, 공회전피드백제어를 한다. 엔진에는 다양한 형태의 기계, 전기, 자기(磁氣)적으로 가동되는 센서가 부착되어 있다. 센서는 주행속도(車速), 엔진 회전속도, 대기압력, 배기가스 중의 산소 농도, 흡입 공기 유량, 냉각수 및 흡입 공기의 온도 등을 전압 형태로 컴퓨터에 보낸다.

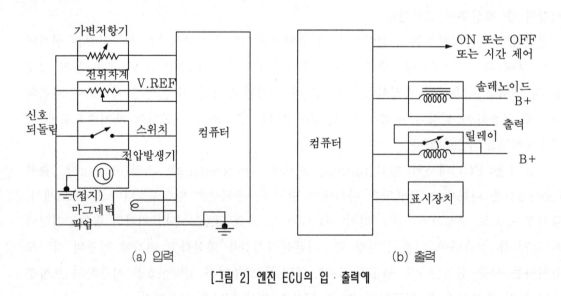

[그림 2] 엔진 ECU의 입 · 출력예

그림 2(a)는 컴퓨터에 입력되는 기본적인 입력신호의 예를 나타낸 것이다. 컴퓨터는 이 신호를 사용하기 전에 입력신호를 적절히 조절하게 된다. 즉, 미약(微弱)한 신호의 증폭, A/D(analog/digital)변환, 노이즈(noise) 제거, 전압 수준 조정 등의 처리과정을 거쳐 입력 데이터를 만든다.

프로세서에 입력된 데이터는 기억장치에 저장된 프로그램의 명령에 따라 다양한 산술 및 논리 연산과정을 거치고, 일부는 기억장치에 저장되며, 최종출력은 그림 2(b)와 같은 형태로 출력장치로 보내어 액추에이터를 구동한다. ECU는 제어 및 입·출력 과정을 통하여 주위의 다른 컴퓨터와 통신기능을 수행한다.

그림 3은 차체 제어 BCM(body control module)와 주위의 다른 전자제어 컴퓨터 사이의 신호를 공유하는 통신기능의 예를 나타낸 것이다. 센서로부터 ECU로, ECU로부터 액추에이터로의 입출력 상태의 점검은 각 차량의 시스템별로 다소 차이가 있으므로 점검 시 정비지침서에 의거 정확한 점검을 실시하여야 한다.

ECU가 정상적으로 작동하기 위해서는 ECU로 작동 전원이 공급되어야 한다. 이 전원은 ECU의 작동뿐만 아니라 차량의 센서 작동전원으로도 공급된다. 따라서, 이 전원이 공급되지 않을 경우 ECU가 작동되지 않으며 센서로 전원이 공급되지 않아 점화시기 및 분사시간(량)을 결정하지 못해 시동이 걸리지 않는다.

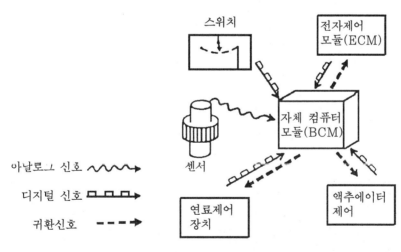

[그림 3] 컴퓨터의 통신기능의 예

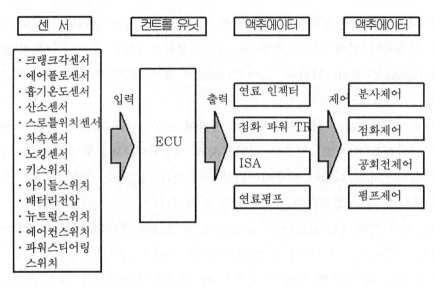

[그림 4] ECU의 입출력 및 제어 flow

[엔진제어항목 및 내용]

항 목	제어내용
연료분사	• 엔진회전수와 흡입공기량에 맞는 기본분사량 제어 • 워밍업 전후 연료량 보정제어 • 가감속에 대한 연료 증/감량 제어 • 공연비 피드백 제어 • 인젝터 구동시간 및 연료차단 제어
점화시기 제어	• 기본점화시기 제어 • 점화시기 보정제어(공회전, 주행조건, 촉매가열상태 등 • 녹제어 및 시동시 점화제어
공회전속도 제어	• 시동시 제어 • 패스트아이들 제어 • 공회전 보상제어(idle up/down: 에어컨, 동력조향, AT 등의 부하 시) • 대쉬포트 제어(dashpot)
연료증발가스 제어	캐니스터 PCSV(purge control solenoid valve)제어
메인릴레이 제어	이그니션키 On/Off시 제어(설정시간: 제작사양)
연료펌프릴레이 제어	이그니션키 On/Off시 제어(설정시간: 제작사양)
에어컨릴레이 제어	엔진시동 및 가속 시 에어컨 컴프레셔 Onn제어
자기진단 및 고장통제 기능	• 각 센서의 고장을 사전에 진단하여 경고등(warning lamp)으로 운전자에게 알림 • 고장 발생 시 ROM에 기억된 설정값으로 제어하는 기능(fail safe function / limp home function)

ECU로의 전원공급은 크게 배터리에서 ECU로 직접 공급되는 전원, 키스위치를 거쳐서 ECU로 공급되는 전원, 메인릴레이를 거쳐서 ECU로 공급되는 전원 등과 같이 다양하게 입력된다. 이중 배터리에서 ECU로 직접 공급되는 전원은 ECU 내부의 마이크로컴퓨터 내의 기억공간인 KAM(keep alive memory)에 전원을 공급하여 줌으로써 차량의 정보를 기억하게 된다. 또한, 배터리 전원을 이용하여 ECU는 각 센서로 공급되는 5V(ref.)의 전원을 공급하게 되며 이 전원이 공급되지 않을 경우 시동이 걸리지 않는다.

따라서 엔진 시동이 걸리지 않을 경우 배터리에서 ECU로 입력되는 각 단자의 전원전압을 측정 점검해야 한다. 만약, ECU 각 단자에 정상적인 전압이 측정되는데도 시스템이나 엔진에 이상이 발생될 경우, 현재 고장으로 판단되고 있는 ECU를 정상적인 동일 엔진에 장착하여 전과 동일한 현상이 발생되면 ECU불량으로 판정하여야 하나 만약 정상적이 차량에 설치한 후 이상이 없어지는 경우 ECU 이상 이라기보다는 다른 센서나 배선 등의 이상으로 판단하여야 한다.

1.2. ECU의 작동

그림 5는 엔진에 사용된 ECU의 가동 예이다. ECU가 가동하는 동안 마이크로프로세서가 모든 것을 제어한다. 마이크로프로세서의 클럭(clock generator)은 모든 프로세서의 가동 시간에 맞게 수행하기 위하여 일정한 전압 펄스를 발생한다. 또한, ECU가 어떤 형태의 기능을 수행하기 위해서는 그 ECU에 제어 프로그램을 설치하여야 하며, 그 프로그램은 ECU를 제작할 때 ROM(read only memory)에 저장된다.

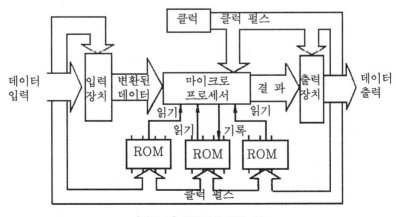

[그림 5] 컴퓨터의 가동 예

마이크로프로세서는 적당한 순서로 각각의 프로그램 명령을 읽어내도록 ROM에 지시한다. ROM에는 일반적으로 기본 엔진제어 프로그램뿐만 아니라 기준 데이터(look-up table, mapping data)도 입력되어 있으며, 이들 데이터는 각 센서를 통하여 측정된 값들과 서로 비교되어 결정될 수 있도록 구성되어 있다. ECU는 제어할 기능이 많으면 많을수록 ROM에 입력시켜야할 기준 데이터가 많아진다.

센서로부터 받아들인 정보는 입력 장치에 의하여 ECU가 처리할 수 있는 형태로 변환되고, 마이크로프로세서에 공급된다. 마이크로프로세서는 입력신호를 표준화하고 계산을 수행하여 기준 데이터와 비교하며, ROM에 저장된 프로그램을 기초로 하여 최종 결과를 결정한다. 이 때 RAM(random access memory)은 데이터를 일시적으로 저장하기 위하여 사용된다. 프로그램의 최종 결과는 출력장치로 보내지며, 출력장치는 액추에이터를 가동할 수 있도록 신호 변환을 한다.

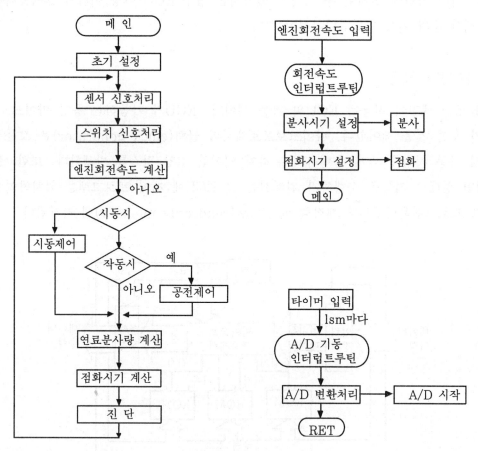

[그림 6] 엔진제어 플로차트

그림 6은 엔진제어 플로 차트(flow chart)의 한 예이다. 실제로 사용되는 것은 매우 복잡하게 되어 있지만, 기본적인 기능을 개념적으로 간단히 나타낸 것이다. 센서 신호와 스위치 신호가 입력되면서 시작하여 엔진을 시동할 때의 제어, 공전할 때의 제어를 하며, 연료 분사량과 점화시기 등을 연산하여 적절한 시기에 각각의 액추에이터에 출력 신호를 보낸다. 또한 센서의 아날로그신호를 처리하기 위하여 A/D 변환 처리를 한다.

1.3. 자기진단기능(self diagnostic function)

ECU는 엔진 전자제어 각 시스템의 고장여부를 자기진단 할 수 있으며 고장 발생시 계기판의 엔진 체크 경고등(warning lamp, MIL : malfunction indicate lamp)을 점등시켜 운전자에게 엔진을 정비하도록 경고 한다. 센서의 고장검출은 software 처리로서만 행할 수 있다. 마이크로컴퓨터는 센서가 엔진 운전상태를 판단해서 정상상태에서 아주 벗어난 신호를 보내오고 있을 때에 고장으로 판정한다.

ECU는 정상적으로 작동하는 엔진에서 나타나는 각 데이터를 인식하도록 되어 있다, 즉, 각 센서의 출력을 모니터하여 그 값이 정상적인 값에서 벗어날 경우 이 값을 코드화 된 메시지(DTC : diagnostic trouble code, 고장코드)로 기억시키고(KAM : keep alive memory에 저장) 경고등을 점등시키며 향후 엔진 정비시 정비사가 scan tool(ECU 통신/진단장비)을 이용하여 고장내용을 쉽게 파악할 수 있도록 하고 있다.

ECU가 우발적인 고장을 일으키면 제어 프로그램의 루틴(routine)이 정상적으로 동작하지 못하게 되어 작동 이상 상태에 빠지게 된다. 엔진 제어시스템의 핵심인 ECU가 이상 동작 또는 정지하면 차량은 주행불능 상태가 되는 경우가 있으므로 ECU의 이상을 감시해서 이상시 백업회로에 의한 간이 제어로 변하는 페일 오퍼러블(fail operable) 기능이 적용되고 있다. 감시회로는 워치 독 타이머(watch dog timer)를 내장하여 이상 시 루틴이 정상적으로 돌지 않게 되면 ECU를 리셋시키도록 하고 있다.

1.4. 페일 백업기능(fail back up)

엔진제어시스템에 어떤 결함이 발생되면 엔진 체크 경고등을 점등하고 고장코드를 메모리에 기억시키게 되며 ECU는 페일 백업모드(fail back mode, fail safe mode)를 수행하게 된다. 예를 들어, 수온센서는 정상적인 사용범위 인 -30℃~150℃에서 출력전압 0.3~4V를 나타내도록 설계되어 있으므로 그 범위를 넘는 출력을 ECU가 검출한 경우 센서 신호계의 단선 또는 쇼트라 판정한다.

그리고 엔진 경고등을 점등시킴과 동시에 엔진제어에 이용하도록 냉각수온 값으로서 미리 ECU 메모리 내에 기억시킨 대체값(예 : 엔진냉각수온 고정값 80℃)을 주어서 엔진 작동 불능이 되는 것을 방지한다. 최근의 엔진제어시스템에서는 대체값보다는 소프트웨어 처리에 의해 대체값을 거의 정확히 연산하도록 하기도 한다.

이와 같이 ECU는 어떤 센서에 고장 발생 시 그 센서 신호를 무시하게 되며 대신 미리 입력된 프로그램 또는 수치로써 제어할 수 있도록 하는 백업 기능을 가지고 있다.

1.5. 적응 학습제어(adaptive learning)

적응 학습제어는 엔진의 가동 상태를 모니터(monitor)하고 있는 센서 등의 신호에 의해 엔진의 상태, 부품의 성상, 흐트러짐, 열화상태, 사용 연료, 기상 조건 등과 같은 엔진의 제어 성능에 관계되는 변수를 기억하고, 그 기억 값에 따른 최적의 제어 상수를 설정하는 것이다.

적응 학습제어는 공연비 보정, 노크제어, 공전속도 제어 등에서 사용되고 있으며, 컴퓨터는 룩업 테이블(look - up table)에 있는 정보를 조금씩 조정하여 적응 학습제어를 실행한다. 예를 들어 연료분사장치의 인젝터가 부분적으로 막힌 경우 컴퓨터는 인젝터로 보내는 신호의 펄스폭을 조정한다. 즉, 인젝터 열림시간을 길게 하여 감소된 연료 분사량을 보상한다.

그림 7은 공연비 룩업 테이블에 의한 적응 학습 수정계수를 나타낸 것이다. 테이블은 흡기다기관 압력과 엔진 회전속도를 기초로 하여 만들어지며, 수정은 테이블에 있는 수에 대한 승수이다. 만약, 엔진이 설계된 대로 정확하게 가동을 하고 있다면 룩업 테이블은 변화가 없을 것이다.

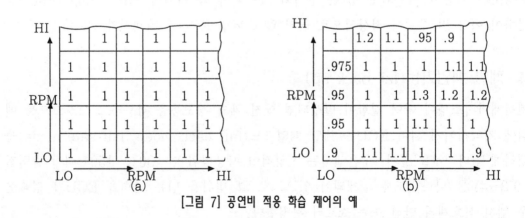

[그림 7] 공연비 적응 학습 제어의 예

그러나 변화가 필요하다고 판단되면 그림에서처럼 필요한 영역에서 계수가 조정된다. 따라서 어떤 영역에서는 공연비가 증가할 것이며, 어떤 영역에서는 감속될 것이다. 적응 학습 값은 KAM(keep alive memory)에 저장된다. 이것은 축전지 단자의 케이블을 분리하면 학습한 정보가 손실된다. 따라서, 적당한 기능을 회복하기 위해서는 축전지 단자의 케이블을 연결한 후 얼마 동안의 주행으로 다시 학습시켜야 한다.

1.6. 점화스위치 Off시 ECU의 가동

자동차에서 ECU는 점화스위치를 OFF로 하였을 때 KAM을 위하여 축전지로부터 전류를 공급받으며, KAM을 제외한 컴퓨터 회로는 점화스위치를 OFF로 하였을 때에는 가동하지 않는다. 이 전류는 축전지의 방전을 방지할 수 있을 정도로 매우 적지만, 자동차를 장시간 가동하지 않을 경우에는 축전지를 방전시킬 수도 있다. 일부의 자동차에서는 점화스위치가 OFF되었을 경우에도 ECU가 가동되어야만 하는 경우도 있다.

예를 들어 문이 열릴 때에는 커티시 라이트가 점등되며, 이것은 ECU에 의해 가동된다. 따라서 점화스위치가 OFF된 경우에도 ECU 회로가 계속 가동하면 축전지가 지나치게 소모될 가능성이 있다. 이런 장치는 축전지 방전을 방지하기 위해 웨이크 업기능을 가지고 있다. 즉, ECU회로가 꺼져 있으면 전류는 흐르지 않으나, ECU가 웨이크 업 신호를 받으면 마이크로프로세서는 기억된 프로그램을 가동하기 시작한다.

1.7. 각 센서별 자기진단 판정 기준

엔진 시동 후 ECU는 각 센서에 대한 자기진단을 실시하고 이상 시 고장으로 판정되면 고장코드를 ECU 메모리 내에 기억시키며 페일 백업 모드(fail back-up mode)로 전환하여 가능한 엔진이 가동 될 수 있도록 조치한다. 아래 표는 자기진단 판정 기준의 예를 나타내고 있다.

센서, 장치류 항목	고장진단 및 판정	판정조치 및 대체	기능 및 특성
AFS	●공기량이 상한(출력단자가 short circuit to BAT.) 혹은 하한(케이블 단선 혹은 short circuit to ground) 범위를 벗어나는 경우 ●스로틀 개도가 어떤값 이상(엔진회전수에 따라)에서 공기량이 설정값 이하일 경우	●에러 저장 ●스로틀 개도와 엔진회전수에 의해 간접 계산된 공기량으로 전환 ●학습제어 중단(공회전 속도제어, 녹제어) ●퍼지밸브 상시 개방	공기흐름량 직접 계측
산소센서	●센서 출력값이 설정시간 이상 약 1V 이상 유지(short circuit to battery) ●센서 출력값이 설정시간 이상 약 100mV 이하 유지(short circuit to ground) ●센서 출력값이 설정시간 이상 300~600mV 유지(시그널 없음)	●에러 저장 ●산소센서 closed loop 제어 정지 ●고장수리 후 학습치 reset	●엔진 웜업(약 70℃ 이상) ●센서의 정상적인 작동을 위한 히팅 시작 ●부분부하 ●Load센서 정상(MAP센서 혹은 Hot Film 센서) ●퍼지 시스템 정상
MAP센서	●전기적 진단(배터리회로쇼트: 4.8V 이상, 접지: 200 mV 이하)가 검출된 경우 ●낮은 엔진회전수에서 흡기관 압력이 설정값 이하인 경우 ●엔진 회전수가 높고 스로틀 개도가 작은 상태에서 흡기관 압력이 설정 이상인 경우	●에러 저장 ●스로틀 개도와 엔진회전수에 의해 간접 계산된 공기량을 전환	공기흐름량을 간접 계측
TPS	스로틀 개도가 상,하한치를 벗어나는 경우(쇼트 또는 접지)	●흡입공기량으로 공회전 상태 판정 ●대시포트 기능과 ISA 학습 중지 ●Idle speed 컨트롤러의 적분상수를 0으로 set	스로틀밸브의 위치를 감지
ATS	ATS 출력값이 상, 하한 범위를 벗어나는 경우(약 140℃ 이상 또는 -45℃ 이하)	●에러 저장 ●흡기온도를 대체값으로 전환(약 20℃)	흡기온도 측정
WTS(CTS)	WTS의 출력값이 상, 하한 범위를 벗어나는 경우 약 140 ℃ 이상 또는 -45℃ 이하)	●에러 저장 ●냉각수온 맵값 또는 계산치로 전환	냉각수온 측정

센서/장치류 항목	고장진단 및 판정	판정조치 및 대체	기능 및 특성
CKP센서 (CAS)	•점화스위치 ON 이후 연속적으로 2회의 기준점이 검출될 때까지(잠정) •엔진회전수가 설정값 이상에서 기준점이 측정 범위를 벗어나는 경우	•에러 저장 •연료 학습제어 중단 •공회전 속도제어 및 ISA 학습 중단	엔진회전수 감지
CMP센서 (CAM)	•캠축이 100회전 하는 동안 센서 출력신호가 없는 경우 •1사이클 동안 1회 이상 시그널이 입력되는 경우	•에러 저장 •노크제어는 대체값(기본값)을 적용한 노크 판정으로 수행 •노크 학습제어 중단	기통 및 상사점 판별
Knock센서	•ECU 내부 노크 관련 회로의 전기적 진단 •측정 시작점에서의 적분치가 설정 범위를 벗어나는 경우 또는 회로 내부의 noise level 이 설정값 보다 큰 경우 •노크센서로부터의 출력이 설정값 보다 적은 경우	•노크 컨트롤 중단 •점화시기를 강제적으로 진각(약 10도 정도)	이상폭발 감지
VSS	엔진회전수가 높고 부하가 큰 경우에도 차속이 검출되지 않는 경우	에러 저장	차량 속도 감지
ECU ROM	프로그램 상 입력된 check sum data와 실제 ROM의 check sum data가 다른 경우	•에러 저장 •프로그램 수행은 계속 진행 •다른 ROM data의 영향으로 정상적 엔진 구동에 장애 발생할 가능성 있음	기준값(표준)
ECU RAM	ECU 내부 RAM 메모리에 대한 read/write test에 이상이 발생한 경우	•에러 저장 •프로그램 수행을 계속 진행 •이상 발생 RAM area의 영향으로 정상적 엔진 구동에 장애 발생할 가능성 있음	측정값(센서)
ISA	전기적 진단(쇼트, 단선)	•에러 저장 •액추에이터 작동 정지 •Limp home 위치 유지(fail safe)	공회전 조절장치

센서/장치류 항목	고장진단 및 판정	판정조치 및 대체	기능 및 특성
인젝터	전기적 진단(쇼트, 단선)	●에러 저장 ●연료제어의 전환(산소센서 closed loop & open loop control)	연료분사 장치
연료펌프 릴레이	Power stage에 대한 전기적 진단(쇼트, 단선)	에러 저장	
에어컨 릴레이	에어컨 스위치가 OFF이고 에어컨 컴프레서가 ON 인 경우	에어컨 스위치 ON으로 인식	●에어컨 스위치 라인 단선 ●에어컨 Comp. 스위치가 배터리에 쇼트
PCSV	전기적 진단(쇼트, 단선)	●power stage 스위치 Off ●purge 제어 중단	연료증발가스 제어장치

2. OBD(on board diagnosis)

2.1. OBD의 개요

2.1.1. OBD-I의 개요

자동차대수의 증가에 따른 배출가스의 대기오염문제가 심각해짐에 따라 EPA(environmental protection agency: 미국환경보호청), CARB(california air research Board : 캘리포니아주 대기 자원국) 등에서 엄격한 자동차 배출가스 규제를 마련하게 되었다. 이에 따라, 배기가스를 포함한 자동차의 Emission Gas 발생 억제장치를 장착함과 동시에 엔진에 전자제어 시스템을 적용하고 운전자에게 이들 시스템 이상 시 경고등(warning lamp, MIL : malfunction indicator lamp)으로 알려주고 가능한 한 빨리 정비를 할 수 있도록 하고 있다.

OBD란 ECU가 고장부품과 고장내용에 따라 고장코드 DTC(diagnostic trouble code)정하여 ECU 메모리 내에 기록시킴과 동시에 센서나 장치류(actuator) 고장시 페일 백업기능을 부여하여 공장까지 주행시킬 수 있도록 하여 정비를 받도록 하는 기능을 말한다(limp home function/fail safe function). OBD체제는 점차적으로 엄격해 지고 있는 배기규제에 대응하도록 ECU의 자기진단은 물론이고 각 장치 관련 데이터의 모니터링 등 그 기능을 점차 확대 강화시키고 있다(OBD-I, OBD-II..., EOBD).

OBD-I 체제의 특징으로는, 고장발생 시 ECU 내에 자기진단기능을 부여하여 각 센서로부터의 입력신호를 감시하고 단선, 단락 등의 불량이 발생한 경우에 불량개소를 기억시켜 고장부위별로 고장코드(diagnostic trouble code)를 부여하고 있다.

고장코드의 판독은 Code Reader나 스캔툴(scan tool)로 ECU의 자기진단 커넥터(test connector)에 연결시켜 DTC(data trouble code)를 읽어 낼 수 있다. 그리고 진단테스터(scsn tool)로 모든 고장을 완전히 해결할 수 없으므로 각각의 부품에 대해 종래와 같은 테스터를 이용하여 점검개소불량을 계통적으로 체크해야 한다.

체크 엔진
[그림 8] 계기판의 엔진 경고등

2.1.2. 자기진단 커넥터

자동차에서 전자제어시스템이 적용된 경우 ECU RAM에 메모리 된 자기진단 내용을 경고등 점멸이나 스캔툴로 통신하여 알 수 있도록 별도의 자기진단 커넥터를 설치하고 있으며 그 형상이나 설치 위치는 제작회사에 따라 다소 달리하고 있다.

스캔 툴(scan tool)의 자기진단 커넥터를 차량의 진단 커넥터에 연결한 후 자기진단 항목을 수행시키면 기록된 고장내용을 파악할 수 있으며 동시에 실시간 데이터 들을 확인 할 수 있다.

자기진단 커넥터는 제작회사별로 형상 및 차상 장착위치가 다르나 그 개념은 동일하다. 자기진단 커넥터의 장착위치는 릴레이박스, 퓨즈박스, 콘솔부 등 다양한 위치에 설치되어 있다.

[자기진단 커넥터 예]

항목	현대자동차	대우자동차	기아/쌍용 자동차
자기진단 커넥터	ABS A/BAG ECU K라인 접지 〔5 4 / 3 2 1〕 〔12 11 10 9 8 7 6〕 차속 TCU ECU L라인	F E D C B A G H J K L M A: 접지, B: 고장진단, F: TCC자동변속기, G: 연료펌프, M: 연속데이터	D / O R B / P S / Q T B: 배터리(+), D : 냉각팬, O : 엔진 rpm, P: 고장코드 출력, Q : 엔진 테스트, R, S: 접지단자, T : 엔진 모니터
수동진단	• 1-12 또는 1-10단자를 연결한다. • 고장 내용은 ECU 커넥터의 전용단자를 단락시키면 엔진체크 경고등이 점멸됨 • 정상적인 경우: 약 3초간 경고등이 점등된 후 꺼짐	• A-B 단자를 직선 연결한다. • 처음에 12(이상 없음)를 3번 반복하고 그 후 결함코드를 3회씩 지시함 • 결함개소가 여러 개일 경우 코드번호가 낮은 것부터 차례로 지시 함 • 고장이 없으면 12를 계속 지시함	• Q-S: 고장코드 검출시 (전압계 +단자 ↔ 진단커넥터 B단자) (전압계 -단자 ↔ 진단커넥터 P단자)
자동진단	스캔툴	스캔툴	스캔툴

[1] 점검내용

① ECU 작동전압의 입력상태를 점검한다.

② 센서 공급전압 출력상태를 점검한다.

③ 각 센서로부터 ECU로의 신호 입력상태를 점검한다.

④ ECU로부터 각 액추에이터로의 신호 출력상태를 점검한다.

[2] 점검방법

① ECU 하네스측 커넥터 전원공급단자(예 : C03-02 또는 C03-07번 단자)에 멀티미터 전압계를 설치하여 전원공급(BAT. 전압)을 확인한다.

② MUT를 이용하여 센서 입력값을 점검 분석한다.

③ 각 액추에이터 구동단자(예 : C02-01, 02, 04, 05, 08, 09, 10, 11, 12…)에 멀티미터 또는 오실로스코프 프로브를 설치하여 출력전압 또는 파형을 측정 분석한다.

(1) ECU 작동전원(전원 : BAT.전압) 및 센서 공급전원(5V ref.)

① 멀티미터 적색 프로브를 ECU 하네스측 전원공급 단자(예 : C03-02, 07단자)에 흑색 프로브를 배터리(-) 또는 차체에 연결한다(전원 공급 점검).

② 멀티미터 적색 프로브를 ECU 하네스측 센서 전원공급 단자(예 : C01-21단자)에 흑색 프로브를 배터리(-) 또는 차체에 연결한다(센서 전원공급 점검).

③ IG/ON 시킨 후 측정을 시작한다.

(2) 센서 입력신호 및 액추에이터 출력신호 점검

① 차량의 자기진단 커넥터에 MUT를 장착한다.

② 엔진을 가동시킨다.

③ MUT의 자기진단, 센서출력 항목을 진행시키며 입력값 및 출력값을 비교 분석한다.

[그림 9] 차량별 자기진단커넥터 장착위치 예

[3] 결과분석

항 목	내 용
ECU 전원 공급 점검	① 배터리 전압이 측정되어야 한다. ② 센서 전원공급의 경우 5V(ref.)가 나와야 한다.
센서 입력 신호 점검	① MUT의 센서출력항목을 수행시키고 기준값과 비교분석한다. ② 신호가 입력되지 않거나 기준값을 벗어날 경우 센서 및 관련배선을 점검한다.
액추에이터 출력신호 점검	① 각 액추에이터 구동단자에 MUT 또는 스캔장비를 장착하여 출력신호를 점검한다. ② 출력신호가 나오지 않거나 기준값을 벗어날 경우 ECU를 교환한다.

2.1.3. OBD시스템의 문제점

기존 OBD-I 적용 차량의 경우, 각 전자부품과 배선(wiring)의 단선 단락에 의한 고장이 아닌 촉매나 O_2센서의 열화, 관련배선의 문제, 센서나 액추에이터의 비정상적인 거동 의해 에미션가스 배출이 증가하는 것은 알 수 없다. 그리고 차량의 자기진단 커넥터(DLC : data link connector)가 표준화 되어 있지 않아 차량마다 다른 자기진단용 어댑터가 필요한 단점을 가지고 있다. 또한, 제작업체에 따라 고장코드가 다르므로 이를 해석하기 위한 정보가 제공되어야 하며 경고등을 점등시키는 기준이 제작사마다 다르며 진단 시 저장된 정보의 형태가 제작사별로 상이한 문제를 안고 있다.

2.2. OBD-Ⅱ

국내와 같이(향후는 OBD-Ⅱ. Ⅲ 체제로 감) 배기규제가 그렇게 강하지 않은 지역에서는 전자제어 관련 부품이 고장발생 시에만 경고등을 점등하여 운전자에게 알려준다. 따라서, 경고등 점등 시 운전자는 정비공장에서 고장요소를 점검 수리하고 조치하여 문제가 없도록 하고 있다.

그러나 점차적으로 배기규제가 엄격해 짐에 따라 각국에서는 OBD-I보다 엄격한 OBD-Ⅱ 규제를 적용하게 되었으며 자동차 배출가스가 매우 완벽한 수준으로 배출되도록 규제하고 있다. OBD-Ⅱ 체제에서는 전자제어 관련 장치 특히 배기 관련시스템이나 부품의 경우 고장나기 전 상황을 사전에 계속 감시(monitoring)하여 고장발생 전에 고장이 예측되면(특히, 배기 관련장치류) 점멸신호로 반복해서 경고신호를 보내 운전자가 관련 부품이 고장나기 전에 교환 수리하도록 하고 있다(고장 발생시에는 점등신호).

실제로 사용되고 있는 자동차의 배출가스를 조사하는 데에는 CVS장치(constant volume sampler: 배출가스 측정장치)를 이용하여 계측하며 1대 측정에 상당한 시간이 걸리므로 연방정부나 캘리포니아주에서 협력하여 실제 사용상태에 있는 자동차의 배출가스제어에 관계하는 장치의 데이터를 모니터하는 방법을 고려하였다. 즉, OBD-Ⅱ(OBD의 Phase Ⅱ)에서는 자동차측의 구조를 배출가스 관련장치의 데이터가 계측될 수 있는 구조로 하는 것을 의무화하였다. OBD-Ⅱ차량은 96년형부터 의무화하였으나 실제 일부 Maker에서는 94년형부터 일부차종에 적용하였다. OBD-Ⅱ 규제 목적은 자동차의 유해배출가스 배출수준을 낮추는 제어장치가 정상 작동하는가를 모니터링하는 방법을 자동차측에 의무적으로 적용하고 이들 장치의 성능저하를 감지하도록 하는데 있다.

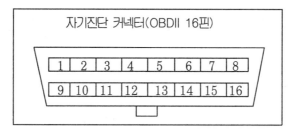

자기진단 커넥터(OBDII 16핀)

| 1 | 2 | 3 | 4 | 5 | 6 | 7 | 8 |
| 9 | 10 | 11 | 12 | 13 | 14 | 15 | 16 |

1. 2. communication bus positive (＋)
3. 4. chassis ground (-)
5. signal ground
6. 7. ″K″ line ISO 9141-2
8. 9. 10. communications bus negative (-)
11. 12. 13. 14. 15. ″L″ line ISO 9141-216.
battery positive (＋)

[그림 10] OBD-Ⅱ 자기진단 커넥터

규정 테스트에 합격된 자동차가 판매 후 사용 중에도 그 품질유지가 가능한가를 조사하여 악화되면 인정방법을 개선하거나 리콜을 실시하도록 하고 있다.

OBD-Ⅱ체제에서 차량측에 부여된 기능은 다음과 같다.

① 진단커넥터의 표준화(16핀 : ref. 전원공급 단자 포함)

② 고장 경고 기능의 확장(배기관련 장치의 고장 예측 시 경고등 점등)

③ 고장코드와 용어의 통일

④ 배출가스 제어장치의 현재 파라미터(data list)표시가 가능 할 것

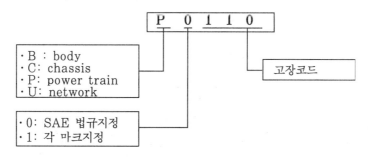

[그림 11] OBD-Ⅱ 고장코드 예

⑤ 통신방식 프로토콜(protocol)의 통일

⑥ 프리즈 프레임(freeze frame)기능 부여(고장발생시 데이터 리스트의 ECU기록)

⑦ 레디니스(readiness)기능 부여(배출가스 제어장치의 연속, 비연속 모니터링)

⑧ 연속 모니터링 증대(실화, 연료공급, 촉매, EGR, EVAP, 산소센서 등 광범위한 제어시스템 모니터링)

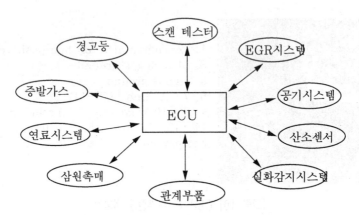

[그림 12] OBD-II 시스템 모니터링 개요도

2. 3. EOBD

EOBD(european on board diagnosis)란 CARB OBD-II와 거의 같은 개념으로 유럽지역에서 자동차의 배출가스 규제를 위한 전자제어시스템의 진단규정을 말한다.

EOBD는 2000년 1월 1일 이후 판매 차량에 적용하고 있으며 캘리포니아 CARB OBD-II 규제와 거의 동일한 개념을 적용하고 있다. 특이 사항으로는 진단항목별 상세 규정 없이 정해진 배출가스 기준치를 넘을 때 경고등(MIL : malfunction indicate lamp)을 점등시킨다. 배출가스와 관련된 모든 항목을 규정하고 있으나 CARB OBD-II의 증발가스 누설 감지기능(evaporative systems leakage monitoring)은 제외되어 있다.

[각국의 OBD-II적용 시기]

CARB OBD-II	EOBD	일본	한국		
1996년 이후	2000. 1. 1	2002. 10. 1	2005	2006	2007
			10%	50%	100%

교육학습(자기평가서)

학습안내서

과 정 명	ECU(electronic control unit)		
코 드 명		담당 교수	
능력단위명		소요 시간	

개 요	각 메이커별 ECU의 제어특성, 관련회로 및 커넥터 핀 등에 대한 지식습득과 ECU의 자기진단 및 페일세이프 기능 등을 이해시킨다. 그리고 ECU 자체의 고장진단 및 관련배선의 점검을 위해 ECU를 통하는 입출력 센서 및 액츄에이터의 신호 출력상태를 점검 분석함으로써 ECU 관련 고장진단 분석 능력을 배양하도록 한다.
수 행 목 표	ECU 고장진단을 위해 입력 및 출력신호 상태를 점검하여 관련부분 고장 진단하고 정비하는 능력을 익힌다. MUT를 이용한 자기진단 및 센서출력 기능을 이용하여 각 항목에 대한 신호출력을 분석하여 ECU 관련 고장진단 및 제어 관련 내용을 습득하도록 한다.

실습과제

1. ECU의 구조, 커넥터 및 핀 수 등의 파악
2. 자기진단 커넥터의 형상 및 위치 파악
3. ECU 전원공급, 센서 및 액츄에이터의 신호 입출력 상태의 점검 분석

활용 기자재 및 소프트웨어

실차량, T-커넥터, MUT(Hi-DS 스캐너), Muti-Tester, 엔진튠업기(Hi-DS Engine Analyzer), 점프클립, 테스터램프, 노트북 등

평가방법	평가표			

	실습내용	성취수준		
		예	도움 필요	아니오
평가표에 있는 항목에 대해 토의해보자 이 평가표를 자세히 검토하면 실습 내용과 수행목표에 대해 쉽게 이해할 것이다. 같이 실습을 하고 있는 사람을 눈여겨보자 이 평가표를 활용하면 실습순서에 따라 실습할 수 있을 것이다. 동료가 보는 데에서 실습을 해보고, 이 평가표에 따라 잘된 것과 좀더 향상시켜야할 것을 지적하게 하자 예 라고 응답할 때까지 연습을 한다.	ECU 및 관련회로를 이해할 수 있다.			
	ECU 작동 전원 및 센서 전원 점검 및 분석			
	자기진단 및 센서 입력신호 점검 및 분석			
	액츄에이터 구동신호 점검 및 분석			
	………………………			

성취 수준

실습을 마치고 나면 위 평가표에 따라 각 능력을 어느 정도까지 달성 했는지를 마음 편하게 평가해 본다. 여기에 있는 모든 항목에 예 라고 답할 수 있을 때까지 연습을 해야 한다. 만약 도움필요 또는 아니오 라고 응답했다면 동료와 함께 그 원인을 검토해본다. 그 후에 동료에게 실습을 더 잘할 수 있도록 도와달라고 요청하여 완성한 후 다시 평가표에 따라 평가를 한다. 필요하다면 관계지식에 대해서도 검토하고 이해되지 않는 부분은 교수에게 도움을 요청한다.

05 전자제어 시스템

1. 전자제어시스템

1.1. 전자제어제어시스템 개요

　엔진을 전자제어하기 위해서는 입력부분(sensor), 제어부분(ECU) 및 출력부분(actuator)이 구성되어 있어야 하며 입력은 엔진의 각종 상태 즉, 흡입공기량, 냉각수온도, 흡기온도, 엔진회전수 및 차속 등의 상태를 센서에 의해 측정한 후 ECU에 입력된다. ECU는 일종의 컴퓨터로써 각종 센서로부터 입력된 신호를 바탕으로 연료분사량(기본 분사량, 보조 분사량), 분사시기, 점화시기 및 공회전속도제어 등의 각종 제어를 하는 것으로 전자제어 가솔린분사식 엔진의 핵심부에 해당된다.

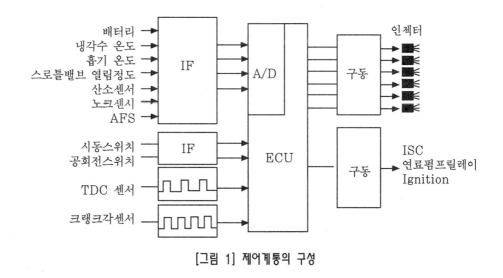

[그림 1] 제어계통의 구성

종래의 ECU는 연료 분사량만 제어하였으나 컴퓨터나 마이크로칩의 발달로 여러 가지의 고정밀한 통합제어가 가능하게 되었다. 엔진의 상태를 검지한 ECU는 그 상황에 가장 적절한 제어값을 기억하고 있는 ROM 데이터와 비교, 연산, 판단한 후 작동부인 액추에이터(actuator)를 구동시킨다. 액추에이터는 보통 ECU로부터 보내오는 전기적 신호를 기계적인 일로 변환시키고 제어 대상을 자동적으로 작동시키는 일을 한다.

전자제어 가솔린분사식 엔진의 액추에이터로는 인젝터, 파워트랜지스터, ISC(ISA)장치, 컨트롤릴레이 등이 있다. 전자제어 가솔린분사 시스템은 그 제어방식에 따라 MELCO시스템, SIEMENS시스템, BOSCH시스템 등으로 구분되며 엔진제어의 최종목적은 동일하나 제어방법이나 센서 및 액추에이터류 등은 다소 달라질 수 있다.

그림 2는 엔진 제어계통의 제어 흐름도를 나타낸 것이다. ECU는 흡입 공기량과 엔진 회전속도로부터 기본 연료 분사량을 산출하고, 기타의 각종 센서로부터 입력된 신호에 의해 보정 연료 분사량을 산출한다. 그리고 1번 실린더 상사점 센서와 크랭크 각 센서로부터 연료를 분사할 실린더와 분사시기를 결정하고, 산소 센서로부터의 신호에 의해 피드백 제어를 한다.

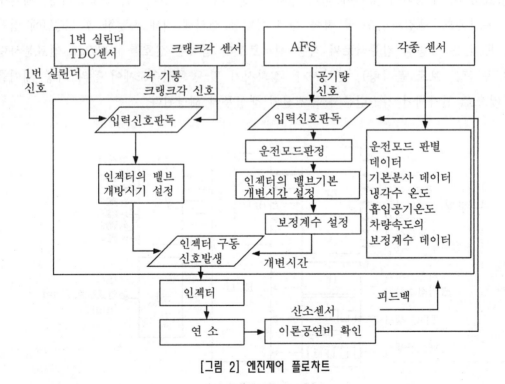

[그림 2] 엔진제어 플로차트

[전자제어 가솔린분사식 엔진의 제어 예]

제어항목	제어내용 예
연료분사 제어	• 엔진회전수와 공기량에 맞는 기본 분사량 제어 • 워밍업 전후 연료량 제어 • 가감속 시 연료보정 제어 • 산소센서에 의한 공연비 피드백 제어 • 인젝터 구동시간 및 연료 차단 제어
공회전속도 제어	• 시동시 제어 • 패스트 아이들 제어 • 공회전속도 보상 제어(Idle speed up control) • 대쉬포트 제어(dashpot control)
점화시기 제어	• 기본 점화시기 제어 • 점화시기 보정 제어 • 노킹시 점화 제어
캐니스터 PCSV 제어	• 냉각수온 및 엔진회전수에 따라 솔레노이드밸브 제어
메인릴레이 제어	• 이그니션 키 On/Off시 제어(약 8 초간)
연료펌프릴레이 제어	• 이그니션 키 On/Off시 제어(약 4 초간)
에어컨릴레이 제어	• 엔진시동 및 가속시 에어컨 컴프레서 Off 제어
자지진단 및 fail safe 제어	• 각 센서의 고장을 사전에 진단하여 경고등으로 표시 하거나 고장 발생 시 설정값으로 대치하여 제어

[EMS별 기본제어방식의 비교]

항목	MELCO 시스템	SIEMENS시스템	BOSCH시스템
흡입공기량계측	칼만와류(압전식)	MAP센서	HOT Film
공회전 조절장치	ISC 모터 STEP모터	ISA (idle speed actuator)	ISA
엔진회전수 계측	광전식(다이오드)	전자식 (톤휠/마그네틱)	전자식 (톤휠/마그네틱)
NO.1 TDC센서	광전식(다이오드)	전자식(Hall 소자)	전자식(Hall 소자)
EGR 밸브	유	무	무

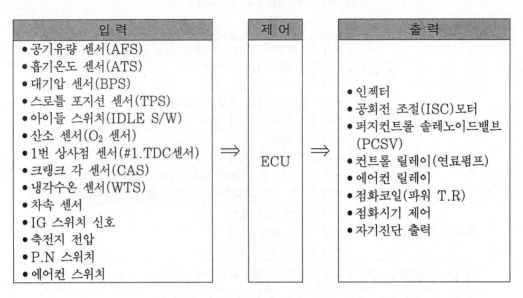

[그림 3] Melco시스템 구성요소 및 입·출력

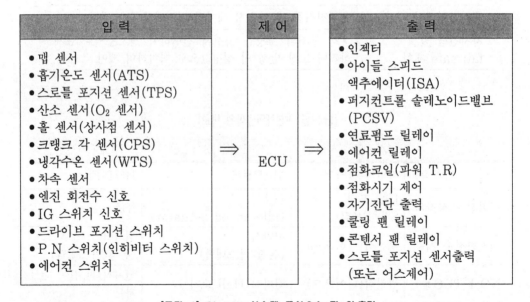

[그림 4] Siemens시스템 구성요소 및 입·출력

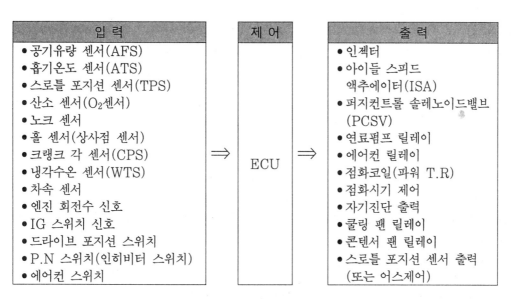

입 력	제 어	출 력

● 공기유량 센서(AFS)
● 흡기온도 센서(ATS)
● 스로틀 포지션 센서(TPS)
● 산소 센서(O_2센서)
● 노크 센서
● 홀 센서(상사점 센서)
● 크랭크 각 센서(CPS)
● 냉각수온 센서(WTS)
● 차속 센서
● 엔진 회전수 신호
● IG 스위치 신호
● 드라이브 포지션 스위치
● P.N 스위치(인히비터 스위치)
● 에어컨 스위치
	⇒ ECU ⇒	● 인젝터
		● 아이들 스피드
		  액추에이터(ISA)
		● 퍼지컨트롤 솔레노이드밸브
		  (PCSV)
		● 연료펌프 릴레이
		● 에어컨 릴레이
		● 점화코일(파워 T.R)
		● 점화시기 제어
		● 자기진단 출력
		● 쿨링 팬 릴레이
		● 콘텐서 팬 릴레이
		● 스로틀 포지션 센서 출력
		  (또는 어스제어)

[그림 5] Bosch시스템 구성요소 및 입·출력

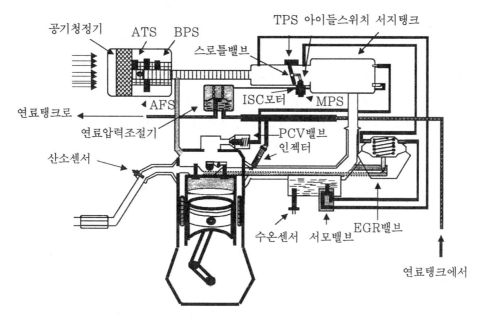

[그림 6] 가솔린분사시스템 개요도

1.2. 기본 분사량과 보정 분사량

ECU의 분사량 제어는 인젝터 개변시간으로 제어되며 ECU는 인젝터 구동용 파워 트랜지스터를 ON시키면 인젝터의 솔레노이드코일이 자화되어 니들밸브를 개방시켜 통전시간분 만큼 연료를 분사하게 된다.

분사량에는 기본 분사량과 각종 보조 증량(보정 분사량)으로 나눌 수 있다. 기본 분사량은 흡입공기량과 기관회전속도에 의해 결정되며 보조 증량은 각종 센서에 의하여 기관의 상태나 배터리상태 및 주행조건 등을 감지하여 결정된다. 따라서, 기관의 설정 조건에 대해 인젝터로 1회 분사되는 실제의 총 분사량은 다음과 같이 나타낼 수 있다.

- 총 분사량 = 기본 분사량 + 보정 분사량
- 총 분사시간 = 기본 분사시간 + 보정 분사시간 + 무효 분사시간

기본 분사량이란 기관의 설정 조건에 대한 흡입공기량에 의해 결정되는 분사량이며 일정한 기초가 되는 공연비로 되기 위한 필요 분사량이다. 그러나 기관의 조건은 시시 각각 변화하며 기관의 요구 공연비는 항상 일정한 것이 아니다. 따라서 운전조건에 따라 공연비를 농후하거나 희박하게 제어할 필요가 있다. 이와 같이 기관의 운전조건에 맞추어 분사량은 가감되어야 하며 적정 조건에 맞는 공연비로 미세조정(보정)하기 위한 분사량을 보조 분사량 또는 보조증량이라 한다.

결과적으로 ECU는 각종 센서로부터 기관의 상태 및 운전상태를 검출하여 그 신호에 따라 분사량을 제어해야 한다. 여기서 증량비란 기본 분사량에 대한 실제 분사량과의 비를 말한다. 기관이 작동하고 있는 한 기본 분사량은 0이 아니므로 증량비 1.0이란 기본 분사량만 있는 경우이고, 증량비 1.8이란 보조증량이 기본 분사량의 80%이며 실제 총 분사량은 기본 분사량의 180%를 말한다.

증량비 = 실제 분사량 / 기본 분사량
    = (기본 분사량 + 각종 보조 증량) / 기본 분사량
    = 1 + (각종 보조 증량 / 기본 분사량)

2. 연료제어를 위한 엔진의 가동상태

엔진의 가동상태는 운전자의 의지나 교통상황에 따라서 다양하게 변화하므로 각 가동상태에 따라서 최적의 연료량을 산출하는 것이 연료분사 제어계통에서 필요하다.

일반적으로 연료분사 제어에 영향을 주는 엔진의 가동상태는 엔진의 회전속도와 부하에 따라 구분되며, 엔진가동 정지(stall), 엔진 시동(cranking), 엔진의 난기운전(warm - up), 공회전운전(idle), 부분부하(part load)운전, 전부하 운전(WOT) 급가속 및 감속, 연료 공급 차단(fuel cut) 등이 있다.

그림 7은 엔진 회전속도와 부하에 따른 운전상태를 나타낸 것이다.

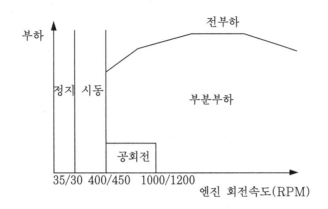

[그림 7] 엔진 회전속도와 부하에 따른 운전상태

[1] 엔진을 시동할 때

엔진을 시동할 경우에는 엔진 회전속도가 낮고, 부하가 없는 상태(즉, 스로틀밸브가 닫힌상태)이며, 일반적으로 고온상태에서 재시동을 하는 경우를 제외하면 냉각수 온도도 낮은 상태이다. 공연비는 약간 농후한 상태로 고정되며, 산소센서에서의 입력신호는 없는 상태이다.

[2] 엔진의 난기운전

엔진이 시동되고 냉각수 온도가 정상상태에 도달할 때까지의 운전기간이다. 이 기간은 엔진을 시동할 때 냉각수 온도에 따라서 결정되며, 냉각수 온도가 낮으면 난기운전 시간이 길어진다. 공연비는 12 : 1에서 15 : 1 정도에서 고정되며, 산소센서로부터의 입력 신호는 엔진의 난기운전이 완료될 때까지는 없다.

[3] 공회전운전

스로틀밸브가 닫힌 무부하상태를 말하며, 일반적으로 엔진 회전속도는 600~900rpm 사이이다. 공회전할 때 엔진 회전속도는 스로틀밸브를 바이패스(by - pass)하거나 스로틀밸브의 틈새로 들어가는 공기가 연료와 함께 연소하여 발생하는 출력과 엔진의 마찰 등에 의한 손실이 평형을 이루며 안정되게 가동할 수 있는 최소 회전속도이다.

[4] 부분부하 운전

부분부하는 부하가 낮은 상태를 말하며, 일반적인 주행 상태의 대부분이 이에 해당된다.

[5] 전부하 운전

전부하는 스로틀밸브가 완전히 열린상태를 말하며, 엔진부하가 크고, 회전속도도 매우 높은 상태이다.

[6] 급가속 및 감속

스로틀밸브가 급격히 열리며, 엔진으로부터 큰 힘과 속력을 필요로 하는 경우가 급가속이며, 반대로 스로틀밸브가 닫히는 상태는 감속이다.

[7] 연료 공급차단

연료 공급차단은 인젝터에서 연료분사를 중지시키는 것으로 연료 소비율 감소 및 배기가스 정화를 목적으로 하는 감속 시 연료 공급 차단과 높은 회전 속도에 의한 엔진의 손상을 방지하기 위한 고속에서의 연료 공급 차단기능 등이 있다.

3. 연료분사시간(량) 산출

3.1. 연료분사시간

일정한 공연비(air/fuel ratio)의 혼합기를 형성하기 위해 필요한 연료 분사량은 흡입 공기의 질량을 계측하여 구할 수 있다. 또한 인젝터에서의 연료 분사량은 인젝터 솔레노이드코일(solenoid coil)의 통전 시간에 비례한다. 1회 흡입행정으로 실린더 내에 충전되는 공기의 질량은 흡기다기관 중에 부착된 공기유량센서, 흡기온도센서, 대기압력센서 등의 출력신호와 엔진 회전속도로부터 직접 계측하거나 흡기다기관의 부압과 엔진 회전속도로부터 간접적으로 구할 수 있다.

따라서 엔진의 동력성능, 응답성능, 배기가스 정화, 연료의 경제성 등을 고려하여 목표 공연비가 결정되면 목표 공연비로부터 1회 연소에 필요한 연료 질량이 결정된다.

기본 분사시간은 흡입 공기량과 엔진 회전속도로부터 산출되는 목표 공연비를 실현하는 분사시간이며, 보정계수는 엔진의 각 센서로부터 입력된 신호에 의해 산출되는 것으로 냉간시동, 급가속 등의 엔진 가동상태에 따라 최적의 혼합기를 공급하기 위한 것이다.

또한, 연료 분사시간은 시동할 때 분사시간과 시동 후 분사시간으로 구분된다. 시동할 때의 분사시간은 흡입 공기량과 관계되지 않으며, 시동 후 분사시간은 흡입 공기 질량에 대한 정보를 기준으로 한다. 시동 후 분사시간은 크랭크각센서 신호에 동기(同期)하여 분사하는 동기 분사시간과 급가속의 경우 등에 크랭크각센서의 신호에 동기하지 아니하고 임의로 분사하는 비동기 분사시간이 있다.

3.1.1. 엔진을 시동 시 분사시간

엔진을 시동할 때의 판정은 점화스위치 신호와 엔진 회전속도에 의해 이루어진다. 시동을 할 때에는 흡입 공기량이 적고, 흡기다기관 압력도 불안정하기 때문에 흡입 공기량을 정확히 계측하거나 추정하는 것이 어렵다. 따라서 연료분사 시간에서 기본 분사시간을 결정할 수 없다. 일반적으로 시동할 때의 분사시간은 다음과 같이 구한다.

$$Ti = T_{THW} \times f_{at} + Tv$$

T_{THW} : 냉각수 온도에 따라 결정되는 시동할 때의 분사 시간
f_{at} : 흡입공기 온도 차이에 의해 발생되는 공연비의 차이를 보정하기 위한 흡기온도 보정계수
Tv : 인젝터 무효 분사시간

3.1.2. 엔진 시동 후 분사시간

엔진 시동 후 동기 분사시간은 다음과 같이 구한다.

$$Ti = Tp \times Fc + Tv$$

Tp : 기본 분사시간이며, 흡입공기량을 계측하는 방법과 공기유량센서의 종류에 따라 다르다.
Fc : 분사 보정계수이며, 가·감속, 공연비 피드백제어, 엔진 가동상태 등에 따라서 연료량을 보정하기 위한 것이다.

3.2. 기본 분사시간

3.2.1. 스피드-덴서티방식(speed-density type)

엔진의 1사이클 당 흡입행정에 의하여 실린더에 흡입되는 공기 질량 ma는 다음과 같이 표시된다.

$$m_a = \rho \times V_c \times \eta_v$$

ρ : 공기의 밀도(공기의 온도가 낮으면 밀도가 크고, 온도가 높으면 밀도가 작아진다)
V_c : 실린더체적, η_v : 체적 효율

흡입 공기의 질량이 결정되면 필요한 연료 분사량은 공연비의 관계로부터 구할 수 있다. 실제의 분사시간은 흡기다기관 부압과 엔진 회전속도를 검출하여 결정되며, 그림 8은 흡기다기관 부압과 엔진 회전속도의 관계를 3차원으로 맵(map)화한 것이며, 그 값은 ECU의 기억장치(ROM)에 기억되어 있다.

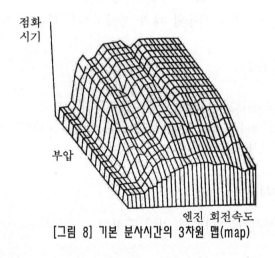

[그림 8] 기본 분사시간의 3차원 맵(map)

3.2.2. 매스 플로방식(mass flow type)

매스 플로방식은 1회 연소에 필요한 흡입 공기량과 엔진 회전속도로부터 기본 분사시간을 구하는 것은 스피드 - 덴서티방식과 같으나, 사용하는 공기 유량센서에 따라 기본 분사시간을 구하는 것이 약간 다르다. 즉, 체적유량을 검출하는 메저링 플레이트방식과 칼만 와류방식은 질량유량을 구하기 위하여 흡입공기의 온도나 대기 압력의 변화에 따른 보정을 필요로 하며, 표준상태의 값을 기준으로 사용한다.

그러나 열선 및 열막방식 공기 유량센서는 직접 질량유량을 측정하므로 온도와 압력에 따른 보정이 필요 없다. 일반적으로 공기 유량센서로부터 산출하는 기본 분사시간은 다음과 같이 표시된다.

$$Tp' = \frac{Q/N}{K_1(A/F)_T}$$

Tp' : 공기 유량센서 신호로부터 산출되는 기본 분사시간(mS)
Q : 단위 시간당의 공기량(m^3/s)
N : 엔진 회전속도(rpm)
Q/N : 1회 흡입행정으로 실린더 내에 흡입되는 공기량(m^3)
$(A/F)_T$: 목표 공연비
K_1 : 인젝터 치수, 분사방식, 실린더 수에 의하여 결정되는 치수

3.3. 보정 연료 분사시간

보정 연료 분사시간은 엔진 주위 환경 및 가·감속 등의 운전상태가 변화할 때 최적의 공연비를 맞추기 위해 필요하다. 보정요소는 다음과 같은 여러 가지 변수들의 함수로 나타낸다.

$$Tc = g(F_{ET}, F_{AD}, Fo, F_L, F_H)$$

F_{ET} : 엔진 온도에 관계되는 보정계수
F_{AD} : 가·가속할 때의 보정계수
F_o : 산소 센서에 의한 이론 공연비로의 피드백 보정계수
F_L : 학습 제어에 의한 보정계수
F_H : 고부하, 고속 회전에서의 보정계수

3.3.1. 엔진 온도에 관계되는 보정계수

엔진의 성능에 미치는 온도의 영향은 크다. 특히 연료분사에 있어서 온도의 영향은 매우 크다. 겨울철 낮은 온도에서 시동을 하는 경우에는 연료의 안개화(霧化)특성이 좋지 못하고, 흡입밸브, 흡입구멍 내의 벽, 실린더 벽 등에 부착이 심하게 된다. 이러한 연료들은 연소에 참여하지 못하고 미연소 연료로 배출 가스로 배출되므로 배출가스 정화에 나쁜 영향을 준다.

또한 연소에 참여하는 연료가 적어지므로 목표 공연비보다 희박해진다. 고온에서 재시동을 하는 경우 즉, 여름철 고속주행 후 재시동을 하는 경우에는 연료 내의 증기 발생 가능성이 있으므로 역시 목표 공연비보다 희박해진다. 따라서 저온이나 고온에서 일정량의 연료를 엔진 온도에 따라 증량 보정해주는 것이 필요하며, 증량 보정을 하지 않으면 공회전의 불안정, 엔진의 가동정지, 서징(surging)현상 등이 발생할 수 있다.

[1] 시동 후 증량 보정계수

엔진이 냉각된 상태에서 시동하는 경우, 엔진이 자력(自力)에 의하여 회전속도를 유지할 수 있는 상태로부터 수 십초 동안 연료를 증량 보정한다. 엔진의 온도가 낮으면 그 만큼 연료 증량은 커지며 증량 보정시간도 길어진다.

그림 9는 시동 후 연료 증량 보정관계를 나타낸 것이다. 시동 후 증량 보정의 처리는 시동할 때 냉각수 온도에 의하여 시동 후 증량 보정계수의 초기값을 결정하고, 엔진이 자력으로 회전속도를 유지할 수 있는 상태에서 분사시간의 보정이 시작되고 일정의 엔진 회전속도마다 또는 일정 시간마다 시동 후 증량 보정계수를 감소시킨다.

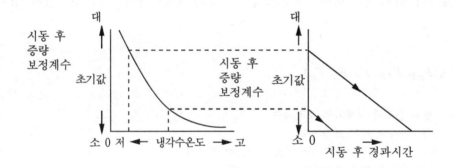

[그림 9] 시동 후 연료 증량 보정

[2] 난기운전 증량 보정계수

난기운전 증량 보정은 엔진이 냉각되었을 때 연료량을 증량시키는 보정 계수이고, 시동 후 증량 보정과 동시에 증량 보정을 한다. 시동 후 증량 보정은 시동 후 수십 초에서 종료되지만 난기 증량은 냉각수 온도가 일정값 이상으로 될 때까지 계속된다. 그림 10은 난기 증량 보정의 예를 나타낸 것이며, 냉각수 온도가 상승함에 따라 증량 보정계수는 작아진다.

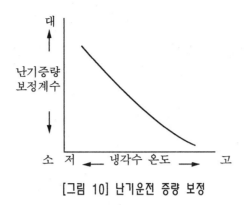

[그림 10] 난기운전 증량 보정

[3] 고온에서의 보정계수

고온에서 증량 보정이 필요한 경우는 여름철 등의 온도가 높은 환경에서 고속 주행 후 엔진을 정지시켜 3~5분 정도 경과된 후이다. 이때는 엔진 룸 내부의 온도가 상승하여 연료 온도도 80~100℃까지 올라가게 된다. 이렇게 되면 인젝터 내의 연료가 비등하여 증기를 발생시킨다. 증기가 발생하면 인젝터에서 분사되는 연료 중에 증기가 포함되므로 실제의 연료 분사량이 감소하여 공연비가 희박하게 된다. 따라서 설정된 냉각수 온도 이상에서 고온일 때의 보정에 의한 증량을 한다. 일부에서는 직접연료의 온도를 계측하여 분사량을 보정하기도 한다.

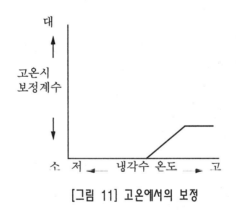

[그림 11] 고온에서의 보정

3.3.2. 가•감속 시의 보정계수

가속이나 감속 등의 과도상태의 운전에서는 공연비가 목표값으로 부터 이탈하게 되며, 그 이탈되는 경향은 일반적으로 가속할 때에는 희박하게 되고 감속할 때에는 농후하게 된다.

따라서, 각각의 경우에 연료의 증량과 감량 보정이 필요하게 된다. 가·감속할 경우에 보정을 하지 않으면 엔진의 회전상태가 고르지 못한 숨쉬기, 서징, 역화 등의 현상이 발생할 가능성이 크며, 유해 배출 가스의 발생량도 증가한다.

[1] 가속보정

흡기다기관에 분사되는 연료는 흡입밸브와 그 부분에 부착되며, 흡기다기관 압력이 높고, 부착부분의 온도가 낮으면 부착된 연료의 기화(氣化) 속도가 늦어진다. 따라서 흡기다기관 압력이 높아지는 가속의 경우에는 부착 연료의 기화속도가 떨어지고 부착 연료량이 증가하므로 공연비가 희박하게 되어 연료 증량 보정이 필요하다.

[2] 감속보정

감속할 때에는 스로틀밸브가 닫히기 때문에 흡기다기관 압력이 낮아진다. 따라서, 흡입밸브와 그 부근에 부착된 연료의 기화가 촉진되어 가속할 경우와는 반대로 공연비가 농후하게 되므로 감량 보정을 필요로 한다.

3.3.3. 공연비 피드백 보정

공연비 피드백제어(feed back control)는 3원 촉매의 정화 효율을 높이기 위하여 이론 공연비에서 연소가 되도록 산소센서를 이용한다. 일반적으로 이론 공연비보다 희박할 때에는 질소 산화물(NOx) 배출량이 증가하고, 농후한 경우에는 일산화탄소(CO)와 탄화수소(HC) 배출량이 증가한다. 따라서, 3원 촉매를 이용하여 이들을 모두 정화시키기 위해서는 공연비를 이론 공연비에 알맞도록 제어하여야 한다.

그러나 이들을 모두 정화시킬 수 있는 공연비의 범위는 매우 좁으므로 개회로 제어(open loop control)로는 그 요구를 만족시킬 수 없기 때문에 산소센서를 이용한 피드백 제어를 한다. 산소센서는 이론 공연비 부근에서 급격한 출력신호의 변화가 발생하므로 그 특성을 이용한 것이다.

그림 12는 공연비 피드백제어를 할 경우의 보정을 나타낸 것이다. ECU는 산소 센서의 출력전압과 기준전압을 비교하여 농후와 희박상태를 판정하고 농후한 경우에는 감량 보정을 하며, 희박한 경우에는 증량 보정을 한다.

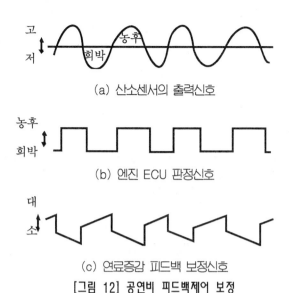

(a) 산소센서의 출력신호

(b) 엔진 ECU 판정신호

(c) 연료증감 피드백 보정신호

[그림 12] 공연비 피드백제어 보정

또한 공연비 피드백제어에서는 산소센서의 온도 특성, 차량 주행성능의 확보, 3원 촉매의 열화 등을 고려하여 피드백제어를 하지 않는 경우가 있다. 다음은 공연비 피드백제어를 하지 않는 경우의 예이다.

① 냉각수 온도가 낮을 때(예; 35℃ 이하)

② 시동할 때 및 시동 후 연료를 증량할 때

③ 고 부하상태로 주행할 때(예: 스로틀밸브 열림량이 80% 이상일 때)

④ 연료공급을 차단(fuel cut)할 때

⑤ 산소센서로부터 희박한 신호가 일정 시간 이상 계속될 때

⑥ MAP센서, 인젝터 및 연료분사에 영향을 주는 부품이 고장일 때

3.3.4. 공연비 학습제어

엔진의 사용과정에 있어서 흡입계통이나 배기계통의 부품들의 상태가 시간의 경과에 따라 변화하여 초기에 설정된 기본 분사시간으로는 정확한 이론 공연비를 얻지 못할 경우가 있다. 즉, 높은 배기온도에 의한 산소센서의 열화로 산소센서의 출력 전압이 변화하는 경우, 메이저링 플레이트방식 공기유량센서 등에서 바이패스 공기량의 경시 변화, 인젝터 구멍의 막힘 등의 특성변화 등의 경우를 고려하여 공연비 피드백 보정을 하지만 보정 범위에는 한계가 있다. 즉, 공연비 이탈량이 너무 크거나, 피드백제어의 중앙값이 희박 또는 농후한 쪽으로 치우치는 경우에는 피드백 제어로는 한계가 따른다.

따라서 ECU는 엔진의 정상운전 중에 피드백 보정값을 학습하여 피드백의 중앙값이 이론 공연비가 되도록 기본 분사시간을 보정한다. 그림 13은 공연비 학습 보정의 예를 나타낸 것이다.

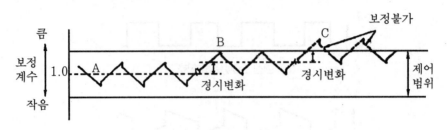

[그림 13] 공연비 학습 보정의 예

학습제어에 의한 공연비 보정은 이론 공연비로의 제어 정확도를 향상시킬 수 있고, 학습 보정량은 KAM(keep alive memory:비휘발성 기억장치)에 저장된다. 공연비 학습제어의 처리과정은 그림 14와 같다.

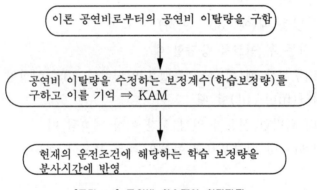

[그림 14] 공연비 학습제어 처리과정

그림 15는 공연비 학습 보정을 한 경우와 하지 않은 경우의 제어 정확도를 나타낸 것이다.

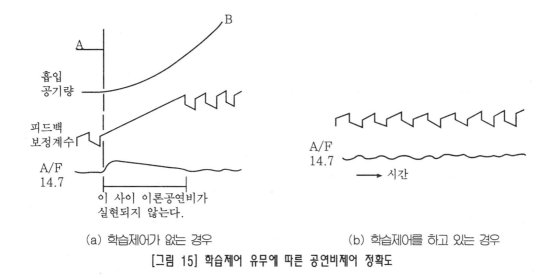

흡입
공기량

피드백
보정계수

A/F
14.7

이 사이 이론공연비가
실현되지 않는다.

A/F
14.7

→ 시간

(a) 학습제어가 없는 경우   (b) 학습제어를 하고 있는 경우

[그림 15] 학습제어 유무에 따른 공연비제어 정확도

3.3.5. 고부하 ● 고속회전에서의 증량 보정

고 부하 · 고속회전에서는 보다 큰 출력토크를 요구한다. 따라서 공연비에 대한 출력
토크 특성이 최대(peak)를 나타내는 영역은 이론 공연비보다 약간 농후한 상태이므로
목표 공연비의 설정은 이론 공연비보다 약간 농후한 상태가 되도록 한다. 이때 산소센
서에 의한 피드백 제어가 중지되고 개회로 제어를 하게 된다.

3.3.6. 급가속할 때 비동기 분사보정

크랭크각센서에 동기하지 않는 급가속에서의 일시적인 분사를 말하며, 동기 분사로는
급가속할 때의 연료 공급시기를 맞추기 어려운 상황에서 공연비 희박화를 보정하는 것
이다.

급가속의 판단은 일반저으로 스로틀밸브의 열림정도에 의해 이루어지며, 일정 시간
간격(예 10~20mS)의 스로틀밸브 열림정도 변화에 의해 결정된다. 스로틀밸브의 열림
정도가 클수록 흡입공기 질량의 변화속도가 급격하게 되고, 보정 연료량이 증가한다.

3.3.7. 무효 분사시간 보정(전원 전압에 대한 보정)

연료 분사시간을 결정할 때 인젝터의 니들밸브가 열리고 닫힐 때 가동 지연시간을 고려하여 무효 분사시간을 포함하여, 이때 무효 분사시간은 축전지 전압에 의하여 영향을 받으므로 연료를 분사할 때 보정을 필요로 한다. 배터리 전압이 높을 때에는 무효 분사시간이 짧으므로 분사량이 증가한다. 즉, 인젝터 솔레노이드코일에 흐르는 전류가 증가하여 흡입력 증가로 가동 지연시간이 단축된다. 축전지 전압이 낮을 때에는 무효 분사시간이 길어져 분사량이 감소한다.

3.3.8. 연료공급 차단

연료공급 차단은 인젝터에서 연료분사를 정지시키는 것으로 감속할 때와 고속회전에서의 연료 차단이 있다.

[1] 감속할 때의 연료차단

스로틀밸브가 완전히 닫히고 엔진의 회전속도가 설정 회전속도 이상이어서 연료의 공급을 필요로 하지 않는 감속상태로 판정되면 연료 소비율 개선, 배출가스의 정화를 목적으로 연료공급을 차단한다. 연료 공급을 차단할 때의 회전속도는 부하의 유무, 엔진 냉각수 온도변화에 따라 미세 조정이 가능하도록 한다.

복귀 회전속도는 관성 주행을 계속하고 있는 사이에 연료 분사를 시작하는 회전 속도로 연료 차단 회전속도보다 낮은 속도로 설정된다. 엔진 냉각수 온도가 낮을수록 연료공급 차단속도는 높아지며, 연료공급 차단 중에 스로틀밸브가 열리는 경우 즉시 분사를 개시한다.

[2] 고속회전에서의 연료차단

엔진의 회전속도가 과도하게 상승할 경우 엔진의 파손방지를 목적으로 설정한다. 즉, 엔진 회전속도가 규정값(예; 7,000rpm) 이상의 고속회전에서는 연료를 차단시켜 회전속도의 상승을 억제한다.

교육학습(자기평가서)

학 습 안 내 서

과 정 명	공연비 피드백제어 점검		
코 드 명		담당 교수	
능력단위명		소요 시간	
개 요	산소센서는 이론공연비 부근에서 출력전압이 급변하므로 ECU는 산소센서 출력전압을 기준으로 이전 사이클의 공연비 상태가 농후인지 희박인지를 판단한 후 연료량을 증량 또는 감량 보정하게 된다. 또한, 엔진조건에서 따라 오픈루프(open loop) 또는 클로 즈드루프(closed loop) 제어를 행한다.		
수 행 목 표	산소센서에 의한 ECU의 공연비 피드백제어를 이해하기 위해 기본적으로 산소센서의 원리 및 출력 특성을 충분히 이해하고 MUT 또는 스캔툴 이용하여 자기진단 및 센서 출력, 각 연료 보정값 들을 비교 분석함으로써 공연비제어 관련 문제점 및 고장진단 능력을 습득하도록 한다.		

실습과제

1. 산소센서의 출력 특성, 관련배선의 고장 점검 분석
2. MUT를 이용한 공연비 수정값 점검 및 분석

활용 기자재 및 소프트웨어

실차량, T-커넥터, MUT(Hi-DS 스캐너), Muti-Tester, 엔진튜업기(Hi-DS Engine Analyzer) , 노트북 등

평가방법 / 평가표

평가표에 있는 항목에 대해 토의해보자 이 평가표를 자세히 검토하면 실습 내용과 수행목표에 대해 쉽게 이해할 것이다.
같이 실습을 하고 있는 사람을 눈여겨보자 이 평가표를 활용하면 실습순서에 따라 실습할 수 있을 것이다.
동료가 보는 데에서 실습을 해보고, 이 평가표에 따라 잘된 것과 좀더 향상시켜야할 것을 지적하게 하자
예 라고 응답할 때까지 연습을 한다.

실습내용	성취수준		
	예	도움 필요	아니오
공연비 피드백 제어의 원리를 설명할 수 있다.			
산소센서 관련 고장을 점검 분석할 수 있다.			
공연비 피드백 검사를 할 수 있다.			
연료 보정에 대하여 설명할 수 있다.			
....			

성취 수준

실습을 마치고 나면 위 평가표에 따라 각 능력을 어느 정노까지 날성 했는지를 마음 편하게 평가해 본다. 여기에 있는 모든 항목에 예 라고 답할 수 있을 때까지 연습을 해야 한다. 만약 도움필요 또는 아니오 라고 응답했다면 동료와 함께 그 원인을 검토해본다. 그 후에 동료에게 실습을 더 잘할 수 있도록 도와달라고 요청하여 완성한 후 다시 평가표에 따라 평가를 한다. 필요하다면 관계지식에 대해서도 검토하고 이해되지 않는 부분은 교수에게 도움을 요청한다.

4. 연료의 분사제어

4.1. 연료펌프의 제어

연료펌프는 엔진을 시동할 때 축전지 전원으로 구동되며, 시동 후에는 ECU에 의해 제어된다. 연료펌프는 연료탱크 내에 설치되는 인 탱크 방식(in - tank type)과 연료탱크 외부에 설치되는 인라인방식(in - line type)이 있으나 일반적으로 소음 및 베이퍼 록(vapor lock)을 방지하기 위하여 인 탱크 방식을 사용한다. 연료펌프는 직류 전동기, 체크밸브(check valve) 및 릴리프밸브(relief valve) 등으로 구성되며 비교적 큰 전류가 흐르므로 컨트롤 릴레이(control relay) 등에서 전원을 제어한다.

그림 16은 베인식 AFM이 장착된 초기의 전자제어 엔진의 연료펌프 작동회로써 회로오프닝 릴레이와 AFM 내 AFS의 연료펌프 스위치를 이용하여 연료펌프를 제어한다. 시동 시나 엔진 작동중에는 연료펌프 스위치가 ON되어 펌프가 작동되며 시동이 정지되면 연료펌프 스위치가 OFF되어 펌프가 정지된다.

펌프 작동제어과정은 다음과 같다.

① 시동시 : 배터리(+) → 점화스위치 ST단자 → 코일 L_2(STA) → E_1 → 접지(릴레이 ON, 펌프 작동)

② 엔진작동시 : 배터리(+) → 점화스위치 IG단자 → 코일 L_1 → Fc(펌프스위치 ON) → E_1접지(릴레이 ON, 펌프작동)

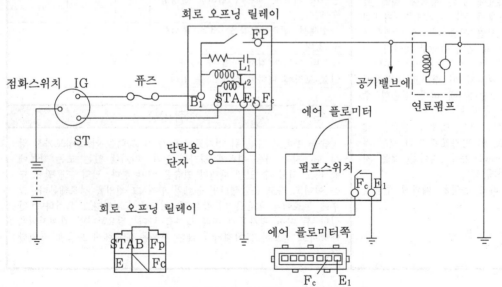

[그림 16] 연료펌프 제어회로 예(베인식 AFM)

③ 엔진 정지시(IG ON) : 배터리(+) → 점화스위치 IG단자 → 코일 L_1 → Fc(펌프 스위치 OFF) → E_1접지불가(릴레이 OFF, 펌프 정지)

④ 콘덴서 역할 : 급감속 시 플랩의 채터링(chattering)에 의해 펌프스위치가 OFF 되더라도 콘덴서 방전을 이용하여 계속 릴레이 ON 시켜 펌프 작동 된다.

그림 17은 전형적인 컨트롤릴레이(control relay)를 이용한 전형적인 연료펌프 제어 회로를 나타낸다. 엔진 시동 시에는 릴레이를 통해 펌프가 작동되며 엔진 시동 후에는 ECU에 의해 자동으로 펌프를 ON/OFF 제어한다.

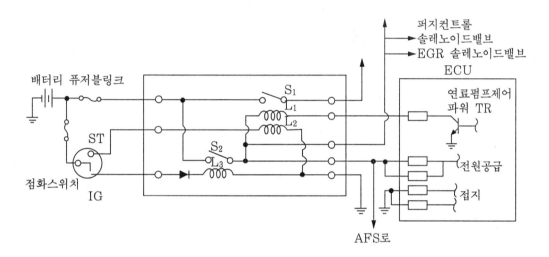

[그림 17] 연료펌프 제어회로 예(control relay 방식)

펌프의 ON/OFF제어과정은 다음과 같다.

① 시동시 : 배터리(+) → 점화스위치 ST단자 → 코일 L_2 → 접지(S_1 스위치 ON, 펌프 작동)

② 엔진 작동시 : 배터리(+) → 점화스위치 IG단자 → 코일 L_3(S_2 스위치 ON)

배터리(+) → 퓨저블링크 → S_2스위치 ON → 코일 L_1 → 펌프제어 파워 TR ON(엔진회전수 검출)

배터리(+) → 퓨저블링크 → S_1 스위치 ON(펌프 작동)

③ 엔진 정지시 : 배터리(+) → 점화스위치 IG단자 → 코일 L_3(S_2 스위치 ON) (IG ON) 배터리(+) → 퓨저블링크 → S_2 스위치 ON → 코일 L_1 → 연료 펌프제어 파워 TR OFF(엔진회전수 검출 불가)

배터리 (+) → 퓨저블링크 → S_1 스위치 OFF(펌프 정지)

4.1.1. 연료펌프의 점검

[1] 연료펌프의 개요

연료펌프는 엔진을 시동할 때 축전지 전원으로 구동되며, 시동 후에는 ECU에 의해 제어된다. 연료펌프는 연료탱크 내에 설치되는 인 탱크 방식(in - tank type)과 연료탱크 외부에 설치되는 인라인방식(in - line type)이 있으며, 일반적으로 소음 및 베이퍼 록을 방지하기 위하여 인 탱크 방식을 사용한다. 연료펌프는 직류 전동기, 체크밸브(check valve) 및 릴리프밸브(relief valve) 등으로 구성되며 비교적 큰 전류가 흐르므로 컨트롤 릴레이(control relay) 등에서 전원을 제어한다.

[2] 연료펌프의 가동 점검

① 점화스위치를 OFF로 한다.

② 축전지 전압을 직접 연료펌프 구동 커넥터(그림 18의 2번 단자)에 연결하였을 때 펌프의 가동소음이 들리는 지를 확인한다. 연료펌프가 탱크 내에 들어 있기 때문에 가동소음을 듣기 어려울 때에는 연료탱크 캡을 열고 필러 포트(filler pot)를 통하여 가동 소음을 듣도록 한다.

③ 손으로 연료호스를 잡고 연료압력이 느껴지는 지를 점검한다.

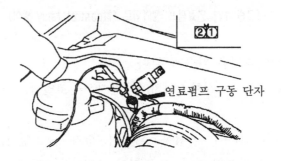

연료펌프 구동 단자

[그림 18] 연료펌프 구동단자를 이용한 점검

[3] 점검방법

① 하네스측 커넥터 1번 단자에 멀티미터 전압계를 설치하여 전원공급(BAT.전압)을 확인한다.

② 하네스측 커넥터 2번 단자와 차체 저항계를 설치하여 접지성을 점검한다.

③ 오실로스코프 CH1(+ : 적색 프로브)를 배터리(+)에 연결, CH1(- : 흑색 프로브)를 연료펌프 전원선(1번 단자)에 연결한다. CH2(+: 적색 프로브)를 연료펌프 접지선(2번 단자)에 CH2(- : 흑색 프로브)를 배터리(-)에 연결한다(전원선, 접지선 선간전압 점검).

④ 오실로스코프 CH1(+ : 적색 프로브)를 연료펌프 체크단자(연료펌프 체크단자가 없는 경우 배터리(+)에 연결)에 CH(- : 흑색 프로브)를 배터리(-)단자에 연결한 후 크랭킹 하면서 검사를 시작한다(연료펌프 릴레이, 메인릴레이 작동검사).

⑤ MUT를 설치하여 서비스데이터 항목에서 엔진 조건에 따른 출력값을 점검한다.

⑥ MUT, engine analyzer, 오실로스코프 등을 이용하여 출력파형을 점검한다.

[4] 전원공급 및 연료펌프 릴레이 작동점검

① 멀티미터 적색 프로브를 하네스측 1번 단자에 흑색 프로브를 배터리(-) 또는 차체에 연결한다(전원 공급 점검).

② 오실로스코프 CH1(+ : 적색 프로브)를 연료펌프 체크단자에 CH1(- : 흑색 프로브)를 배터리(-)에 연결한다(연료펌프 체크단자가 없는 경우 배터리 (+)에 연결).

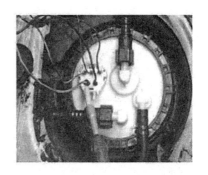

(a) 연료펌프 본선   (b) 연료펌프 체크단자

[그림 19] 연료펌프 전원공급 및 릴레이작동 점검

③ 엔진을 크랭킹하면서 검사를 시작한다.

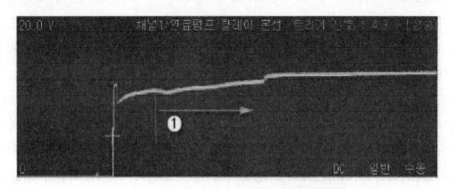

[그림 20] 연료펌프 본선 전압 파형

[5] 본선, 접지선 선간전압 측정(본선, 접지선 접촉상태 점검)

① 오실로스코프 CH1(+적색 프로브) : 배터리(+)에 연결, CH1(-흑색 프로브):연료펌프 본선(1번단자)에 연결한다.

② 오실로스코프 CH2(+적색 프로브)를 연료펌프 접지단자(2번)에 연결, CH2(-흑색 프로브)를 배터리(-)에 연결한다.

③ 시동 ON시키고 검사를 시작한다.

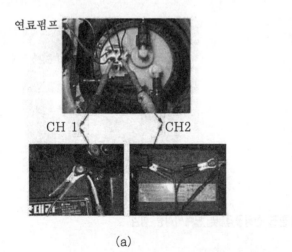

(a)   (b)

[그림 21] 연료펌프 본선/접지선 선간전압 측정

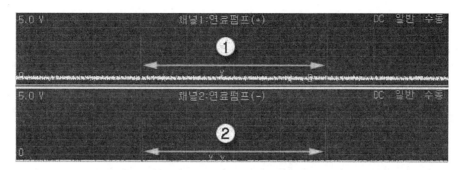

[그림 22] 연료펌프 본선, 접지선 선간전압 출력파형

[6] 연료펌프 본선전류 측정(펌프불량 및 배선접촉상태 점검)

① 소전류 프로브 영점 조정을 한다.

② 소전류 프로브를 연료펌프 전원선 한 가닥에 물린다. 단, 프로브 화살표는 연료펌프 쪽을 향하게 한다.

③ 시동 ON시키고 공회전 상태에서 점검을 시작한다.

[그림 23] 연료펌프 본선전류 측정

[그림 24] 연료펌프 본선전류 파형

[7] 결과분석

항 목		내 용
본선 전원 공급점검		- 연료펌프 본선에 배터리 전압이 걸리지 않으면 메인릴레이, 연료펌프 릴레이 및 관련 배선을 점검한다. - 크랭킹 동안 배터리 전압이 측정되어야 한다. 배터리전압이 측정되지 않으면 연료펌프 본선 및 접지상태 확인. - ① 구간은 평균 10V 이상이(차량에 따라 다소 차이) 나와야 한다(그림 20).
본선/접지선 점검	기준파형 (그림 22)	- ① 구간 선간전압 : 1.5V 이하〔연료펌프 (+)선간전압〕 - ② 구간 선간전압 : 0.5V 이하〔연료펌프 (-)선간전압〕
	파형분석 (그림 22)	1. ① 구간이 1.5V 이상이면 - 엔진 컨트롤릴레이 등 배선상태 확인 - 배터리(+) 전원 공급선의 커넥터 등 연결부위 확인 2. ① 구간 선간전압이 0V인 경우 - 채널 연결상태 확인 - 모터 단선 또는 본선이나 접지선 단선 확인 - 엔진 컨트롤 릴레이 작동여부 확인 3. ② 구간이 0.5V 이상이면 - 접지 배선상태 확인 - 연료펌프 모터(-)선의 접지상태 확인 - 차체 접지 확인 4. ② 구간 선간전압이 0V인 경우 - 채널 연결상태 확인 - 모터 단선 또는 본선이나 접지선 단선 확인 - 엔진 컨트롤 릴레이 작동여부 확인
본선 전류 측정	파형분석 (그림 24)	①구간 평균전류: 3.9A 정도(연료펌프 평균 전류값)
	파형분석 (그림 24)	1. ① 구간 전류가 기준값 보다 1A 이상 낮을 때 - 연료부족 확인 - 연료펌프 전원선, 접지선 불량 확인 - 연료펌프 단품상태 확인 2. ① 구간 전류가 기준값 보다 현저히 높을 시 - 연료필터 막힘 확인 - 연료펌프 불량 확인 - 리턴호스 불량 확인 - 연료탱크 내 부압점검(탱크 캡의 불량 확인)

[8] 연료펌프가 고장일 때의 현상

① 엔진 공회전상태에서 가동이 정지한다.

② 주행할 때 가속력이 떨어지며, 울컥거림이 있거나 가동이 정지된다.

③ 연료펌프 모터의 소음이 심하게 들린다.

④ 엔진 시동이 불량하거나 시동이 걸리지 않는다.

4.1.2. 연료 압력시험 방법

① 다음의 순서로 연료파이프 내의 연료 압력을 해제시켜 연료가 흘러나오지 않도록 한다.

㉮ 연료탱크 쪽에서 연료펌프 하네스 커넥터를 분리한다.

㉯ 엔진의 시동을 걸어 스스로 정지할 때까지 기다린 후 점화스위치를 OFF시킨 다.

㉰ 배터리 (-)단자의 케이블을 분리한다.

㉱ 연료펌프 하네스 커넥터를 연결한다.

② 연료필터 너트를 고정시킨 후 상부볼트를 푼다. 이때 연료계통 내에 있는 잔류 압력에 의한 연료 분출을 방지하기 위하여 헝겊으로 호스 접속부분을 덮는다.

③ 연료 압력게이지를 어댑터를 이용하여 연료필터에 설치한다.

④ 배터리 (-)단자에 케이블을 연결한다.

⑤ 배터리 전압을 연료펌프 구동단자에 인가하여 연료펌프를 가동시키고, 압력 게이지 또는 어댑터 연결부분에서 연료가 누출되는 지를 점검한다.

⑥ 연료 압력조절기에서 진공호스를 분리하고 진공호스 끝을 막은 후 연료 압력을 측정한다. 엔진이 공회전할 때 규정값은 $3.35 \sim 3.55 kg_f/cm^2$이다.

⑦ 진공호스를 연료 압력조절기에 연결한 상태에서 압력을 측정한다. 이때 규정값은 $2.4 \sim 2.9 kg_f/cm^2$이다.

⑧ ⑥과 ⑦의 과정에서 측정값이 규정값과 일치하지 않으면 다음과 같은 가능한 원인을 찾아내어 필요한 정비작업을 하도록 한다.

㉮ 연료압력이 너무 낮다.

㉠ 연료필터가 막혔다.

㉡ 연료압력 조절기에 있는 밸브의 밀착이 불량하여 복귀 구멍 쪽으로 연료가 누출된다.

㉢ 연료펌프의 공급압력이 누출된다.

㉯ 연료압력이 너무 높다.

㉠ 연료압력 조절기 내의 밸브가 고착되었다.

ⓛ 연료리턴 호스 또는 파이프가 막혔거나 휘었다.

ⓗ 진공호스를 연결하거나 분리하여도 압력이 같다.

㉠ 진공호스 또는 니플이 막혔거나 파손되었다.

ⓛ 연료압력 조절기 내의 밸브가 고착되었거나 밸브 밀착이 불량하다.

⑨ 엔진의 가동을 정지시키고 연료 압력 게이지의 지침 변화를 점검한다. 이때 지침이 떨어지지 않아야 한다. 만약, 게이지의 지침이 떨어지면 지침의 변화 속도를 점검한 다음 아래 표에 따라 원인을 파악하여 정비하도록 한다.

점검 결과	가능한 원인	조치 사항
엔진의 가동이 정지된 후 연료압력이 천천히 떨어진다.	인젝터에서 연료 누출	인젝터 교환
엔진의 가동이 정지된 후 연료압력이 급격히 떨어진다.	연료펌프 내의 체크밸브가 닫히지 않는지를 점검한다.	연료펌프 교환

⑩ 연료계통 내의 연료압력을 해제시킨다.

⑪ 연료필터에서 연료압력 게이지를 분리한다. 이때 호스 연결부분을 헝겊으로 덮어 연료계통의 잔류 압력에 의한 연료 분출을 방지한다.

⑫ 연료필터에서 분해한 부분을 재조립한다.

⑬ 다음과 같이 연료 누출유무를 점검한다.

㉮ 축전지 전압을 연료펌프 구동단자에 연결하여 연료펌프를 가동시킨다.

㉯ 연료압력이 작용되는 상태에서 연료계통의 누출을 점검한다.

4.2. 인젝터 제어

4.2.1. 인젝터의 구동

ECU는 크랭크각센서와 1번 실린더 상사점 센서로부터의 신호를 검출하여 연료 분사시기를 검출하고, 위에서 설명한 연료분사 시간만큼 인젝터에 분사신호를 보내게 된다. 인젝터는 솔레노이드 코일의 가동에 의해 니들밸브를 열어 연료를 분사한다.

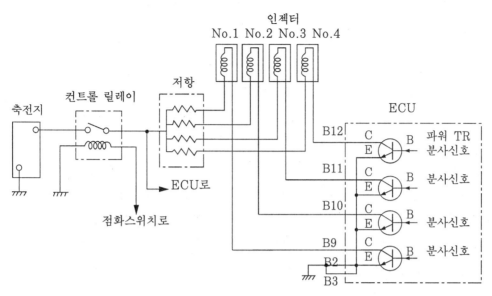

[그림 25] 인젝터 구동회로

그림 26은 인젝터의 (-)단자에서 측정한 인젝터 분사파형이다. 인젝터 분사파형은 파워 트랜지스터가 OFF되는 순간 솔레노이드코일에 급격하게 전류가 차단되기 때문에 큰 역기전력이 발생된다. 이것을 일반적으로 인젝터 서지전압이라 한다.

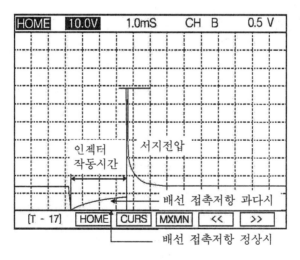

[그림 26] 인젝터 분사파형

4.2.2. 인젝터 점검

[1] 인젝터 점검

그림 27은 인젝터의 구동회로 및 단자를 나타낸 것이다. 1번은 ECU에서 분사신호를 받는 단자이며, ECU 내의 파워 트랜지스터 가동에 의하여 제어된다. 2번은 컨트롤 릴레이로부터 전원을 공급받는 단자이다. 인젝터의 점검은 작동음, 인젝터의 저항, 연료 분사량, 연료 분무형태(분무각, 후적 등) 등을 점검한다.

그러나 실제 차량에서 연료 분사량이나 연료 분무형태 등을 직접 점검하기는 쉽지 않다. 커넥터의 연결상태 또는 배선의 단선 및 단락여부를 점검한다. 또한, 다른 종류의 인젝터를 사용하지는 않는지 등도 점검한다. 인젝터의 가동음은 사운드 스코프(sound scope) 등을 이용하여 점검한다. 엔진이 온간상태일 때 시동을 걸기 어려운 경우는 연료 압력과 인젝터에서의 누출을 점검한다.

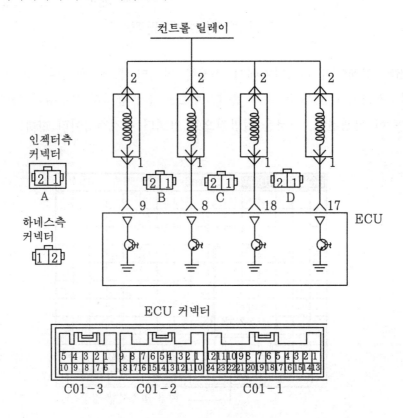

[그림 27] 인젝터 구동회로 및 단자

엔진을 크랭킹할 때 인젝터가 가동되지 않으면 ECU의 전원 공급회로 또는 접지 회로의 불량, 컨트롤 릴레이의 불량, 크랭크 각 센서 또는 1번 실린더 상사점 센서의 불량 여부를 점검한다. 공회전하는 상태에서 연료분사를 차례로 차단할 때 공회전상태가 변화하지 않는 실린더가 있으면 그 실린더에 대하여 인젝터의 하네스 점검, 점화플러그와 고압케이블, 압축압력 등을 점검한다.

또한 인젝터 하네스와 각 부분 점검에서 정상이지만 인젝터 구동시간 즉, 연료분사 시간이 규정 값을 벗어나면 실린더 내의 불완전 연소(점화플러그, 점화코일, 압축압력 이상 등)여부와 EGR밸브의 정상 가동 여부를 점검한다.

[2] 인젝터 분사 파형분석

(1) 인젝터 구동회로

인젝터의 구동은 크게 전류 구동형식과 전압 구동형식으로 구분된다. 또한, 인젝터의 저항값에 따라 낮은 저항 인젝터와 높은 저항 인젝터로 구분된다. 전압 구동형식의 경우는 낮은 저항 인젝터는 코일의 저항 값이 약 $0.6 \sim 3\Omega$ 정도의 것으로 외부저항을 함께 사용한다.

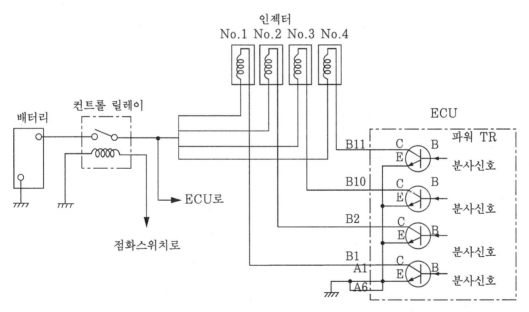

[그림 28] 전압 구동형식 인젝터 회로

이것은 인젝터의 응답성능 및 내구성능을 향상시키기 위한 것으로 솔레노이드코일의 감긴 횟수를 적게 하여 인덕턴스를 감소시킨 것이다. 즉, 인젝터 솔레노이드코일의 권수를 적게 하므로 서 전류가 증가하여 인젝터의 가동 특성을 양호하게 한 것이나 솔레노이드코일에 과도한 전류가 흘러 코일의 단선 및 내구 성능 저하를 방지하기 위해 외부 저항을 함께 사용한다. 높은 저항 인젝터는 코일의 저항 값이 12~17Ω 정도의 것으로 솔레노이드코일의 저항을 크게 하여 전류를 제한하는 것이다.

이와 같은 전압 구동형식은 회로 구성이 간단하지만 회로의 임피던스가 크게 되어 인젝터에 흐르는 전류가 감소하여 인젝터에 발생하는 흡입력이 떨어지는 만큼 동적 특성은 약간 불리하다. 전류 구동형식은 ECU 내에 인젝터 전류 구동회로가 있어 분사신호가 ON일 때 인젝터로 공급되는 전류가 변화한다. 즉, 인젝터의 가동 초기에는 큰 전류가 흘러 솔레노이드코일의 자력 강화 및 관성을 감소시켜 초기 가동을 원활하게 하고 니들밸브가 열린 후에는 작은 전류로 제어하는 방식이다.

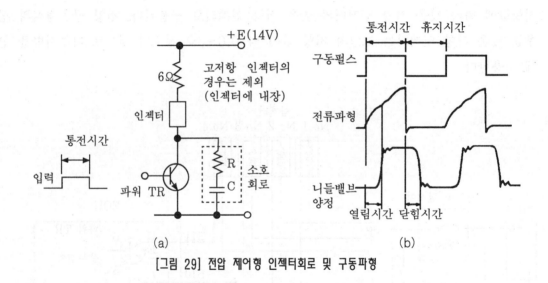

[그림 29] 전압 제어형 인젝터회로 및 구동파형

전류 구동형식은 회로구성이 복잡하지만 회로 임피던스가 작으므로 인젝터의 동적 특성은 유리하다. 또한 인젝터 구동회로에서 소호회로는 분사신호를 OFF할 때 솔레노이드코일에서 발생하는 역기전력에 의한 파워 트랜지스터를 보호하고, 인젝터의 니들밸브 닫힘시간을 단축하기 위해 아크를 소멸시키는 작용을 한다.

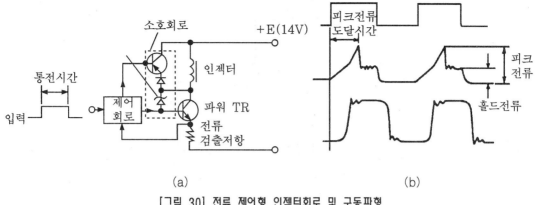

(a)   (b)

[그림 30] 전류 제어형 인젝터회로 및 구동파형

(2) 인젝터 분사 파형측정

파형시험기를 이용하여 파형을 관측하여 엔진 ECU에서 실제로 출력되고 있는 인젝터 구동신호의 상태를 시각적으로 점검할 수 있다. 그림 31은 전압 구동형식의 낮은 저항 인젝터 경우의 분사 파형을 측정한 것이다. 오실로스코프 A의 경우는 인젝터의 전원 공급쪽(+ 단자)의 파형을 측정하는 경우이다.

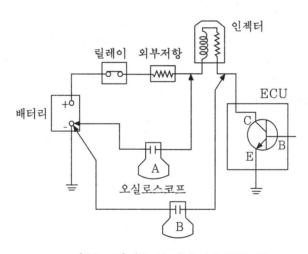

[그림 31] 연료 분사파형 측정방법의 예

이 경우 ECU 내의 트랜지스터가 OFF상태인 경우에는 축전지의 전원 전압을 나타내지만 트랜지스터가 ON일 때에는 외부 저항의 영향으로 그림 32와 같은 파형을 나타낸다.

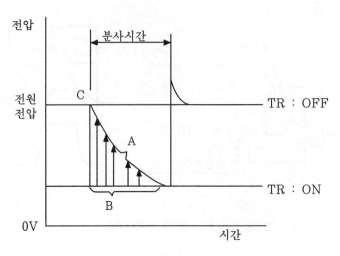

[그림 32] 인젝터 (+)단자에서의 출력 파형측정 예

여기서, 트랜지스터가 ON상태로 변화하는 경우(C점)에 인젝터가 저항성분 만이라면 일점쇄선으로 나타낸 것처럼 수직선으로 전압이 강하하지만 인젝터 코일의 역기전력에 의해 B와 같이 곡선형태로 전압이 강하하게 된다. 또한 트랜지스터가 OFF되면 전압은 전원전압으로 복귀하여 인젝터가 닫히게 되며 이때에도 코일에 전류가 급격하게 차단되므로 전원 전압을 초과한 후에 전원 전압으로 안정된다. A부분의 돌기는 솔레노이드코일에 의해서 발생한 자계 내를 이동하는 플런저(plunger)의 이동속도에 변화가 생김으로서 발생한 전압변화이다. 즉, 플런저가 스토퍼(stopper)에 닿거나 정지한 것을 나타내고 있다.

따라서, 이 돌기가 나타나지 않을 때에는 인젝터에 전압이 작용하고 있지만 실제로 플런저가 움직이지 않는 상태 즉, 열려 있거나 닫힌상태에서 고착된 것을 의미한다. 일반적으로 인젝터의 분사파형은 (-)단자에서 측정하게 되며, 이 경우에 나타나는 파형은 인젝터의 구동회로에 따라서 다르다.

그림 33은 전압 구동형식 인젝터의 (-)단자에서의 출력파형을 나타낸 것이다. 그림에서 A부분은 인젝터에 공급되는 전원 전압을 나타내고 있다. B부분은 ECU 내의 인젝터 구동 트랜지스터가 ON상태로 변화하는 것으로 인젝터의 플런저가 스토퍼로 당겨지고 연료분사가 시작되는 것을 나타낸다. C부분은 인젝터의 연료분사 시간을 나타낸다. D부분은 인젝터에 공급되는 전류가 급격히 차단되어 역기전력이 발생하는 것을 나타낸다. E부분은 ECU 내의 인젝터 구동 트랜지스터가 OFF되고 연료 분사가 중지되는 것을 나타낸다.

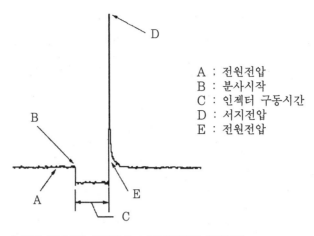

A : 전원전압
B : 분사시작
C : 인젝터 구동시간
D : 서지전압
E : 전원전압

[그림 33] 전압 구동형식 인젝터의 (−)단자에서의 출력파형

그림 34는 PWM(pulse width modulation) 제어방식 인젝터(전류 구동방식)의 출력파형을 나타내고 있다. PWM 인젝터 제어는 열림 초기에 큰 전류가 흐르도록 하고, 인젝터의 니들밸브가 열린 다음에는 인젝터에 작용하는 전류를 제한하기 위하여 연료 분사시간 동안에 접지로 ON, OFF 펄스 제어하는 것이다.

그림에서 A부분은 인젝터에 공급되는 전원 전압을 나타내고, B부분은 ECU 내의 인젝터 구동 트랜지스터가 ON상태로 되어 인젝터의 플런저를 스토퍼로 당기면서 연료분사를 시작하는 것을 나타낸다. C부분은 인젝터의 연료분사 시간이다.

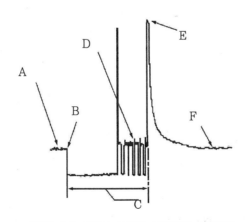

[그림 34] PWM 구동형 인젝터의 출력파형

D부분은 인젝터 솔레노이드코일에 흐르는 전류를 제한하는 구간이다. 즉, 열림 초기에는 큰 전류가 흘러 인젝터의 동적 특성을 향상시키고, 인젝터의 니들밸브가 열린 다음에는 열림상태를 유지하기 위한 최소한의 전류를 제한하는 것이다. E부분은 인젝터에 흐르는 전류가 급격히 차단되어 솔레노이드코일에서 발생하는 역기전력의 크기를 나타내고 있다. F부분은 전원 전압으로의 복귀를 나타낸다.

　　그림 35는 전류 구동형(peak and hold) 인젝터의 출력파형을 나타낸 것이다. 이 인젝터의 대표적인 경우는 TBI(throttle body injection) 연료분사장치에 있다. 그림에서 A부분은 인젝터로 공급되는 전원 전압을 나타내고, B부분은 ECU 내의 구동 트랜지스터가 ON되어 인젝터 플런저를 스토퍼까지 당기기 시작하면서 연료분사를 시작하는 것을 나타낸 것이다. C부분은 인젝터 열림 초기에 큰 전류가 흐르다가 열린 후 전류가 감소하면서 인젝터 솔레노이드코일의 역기전력이 발생하는 것을 나타낸다. D부분은 인젝터의 니들밸브가 열린 후 열린상태를 유지하기 위한 최소한의 전류가 흐르는 것을 나타낸다. F부분은 ECU 내의 인젝터 구동 트랜지스터가 OFF되고 연료 분사가 중지되는 것을 나타내며 전원 전압으로 복귀한다.

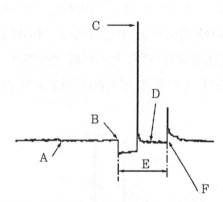

[그림 35] 전류 구동형 인젝터의 출력파형

(3) 인젝터 분사파형 분석

　　인젝터에서 분사파형을 점검하는 경우는 엔진이 부조를 하거나 출력이 부족할 때, 시동이 불가능할 때 또는 시동이 불량할 때, 간헐적인 진동이 발생할 때 등이다. 인젝터의 분사파형은 위에서 설명한 바와 같이 통상일 경우에는 전원 전압이 걸린상태로 나타나다가 ECU 내부의 인젝터 구동 파워 트랜지스터가 ON되어 분사신호가 나오면 연료분사시간 동안 거의 0V(접지상태)를 유지한다.

또한 ECU에 의하여 트랜지스터가 OFF되면 솔레노이드코일의 역기전력에 의하여 전압 피크(voltage peak)가 발생하고 전원 전압으로 돌아간다. 따라서 인젝터의 연료 분사 파형점검은 그림 36의 A부분과 B부분의 관찰이 중요하다. A부분은 역기전력의 크기를 나타내는 것으로 각 실린더에 설치된 인젝터의 역기전력 최대값이 일정한 지를 점검한다. 일반적으로 역기전력의 최대값은 약 60~80V 이상을 나타낸다. 이 때 역기 전력의 최대값이 기준값에 비하여 5V 이상 차이가 날 경우에는 인젝터의 사양이 해당 엔진의 것과 동일한 지를 점검하고 인젝터 전원 공급쪽과 접지상태를 확인한다. B부분 은 인젝터 구동시간 즉, 연료 분사시간 동안에 인젝터의 (-)단자와 ECU 접지사이에 서의 배선 자체에 의한 접지전압을 나타낸다.

정상적인 인젝터 회로에서 dV의 값이 약 1V 이하이어야 하며, 이 값이 큰 경우는 인 젝터 (-)단자와 ECU 접지사이에 어떤 저항 성분이 존재하여 전압강하가 발생하고 있 음을 나타내므로 이를 점검하는 것이 필요하다. 또한, 하단 기울기가 거칠거나 계단모 양일 경우에도 인젝터 접지쪽을 점검한다.

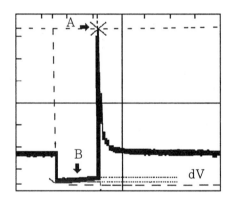

[그림 36] 인젝터 연료분사 파형의 분석

[3] 인젝터 점검 및 고장진단

(1) 점검내용

① 각 인젝터의 저항을 측정 점검한다.

② 각 배선의 단선, 단락, 접지성을 점검한다.

③ 인젝터 분사파형을 점검한다.

(2) 고장진단

인젝터 고장은 정상보다 전류값이 높을 수 있는 고장과, 낮을 수 있는 고장이 있다.

① 전류가 높게 나올 수 있는 요인으로는 인젝터의 이종품일 것이다. 문제는 전류가 낮게 나왔을 때에는 인젝터회로 본선에 문제인지 접지의 문제인지 또는 코일자체의 문제인지를 분석을 해야 하는데 인젝터 전압파형으로 분석한다.

② 그림 37은 인젝터 작동시의 소모전류를 나타내는 전류 파형과 전압의 흐름을 나타내고 있다. 전류 파형의 (1)번 구간은 인젝터가 작동을 시작하여 내부코일이 자화되어, 니들밸브가 작동하기 전까지의 소모전류로써 실질적인 연료분사가 이루어지지 않는 무효 분사시간이라 한다.

니들밸브가 작동을 시작하게 되면 (1)과 (2)사이처럼 패인부분이 생기게 되고, 이 부분부터 (2)번 구간에 걸쳐 연료 분사가 이루어지게 되는데 이를 유효 분사시간이라 한다. 패인부분이 정상보다 뒤쪽에 있으면 인젝터 단품의 동작이 원활하지 않은 것이다.

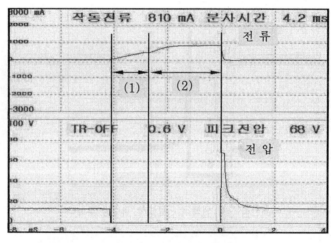

[그림 37] 인젝터 전류 전압파형

③ 그림 38 위 그림은 인젝터 본선에 저항을 걸어 시험한 전압파형을 나타낸다. (1)은 정상이며, (2)는 5Ω, (3)은 10Ω차이를 나타내고 있다. 그림 38의 아래 그림은 본선에 저항을 (1) 정상, (2) 1Ω, (3) 2Ω,(4) 5Ω,(5) 10Ω을 준 전류파형의 변화를 나타내고 있다. 즉, 인젝터에 전원을 공급하는 배선에 문제가 생기게 되면 위의 그림처럼 전류와 전압에 변화를 가져오게 된다.

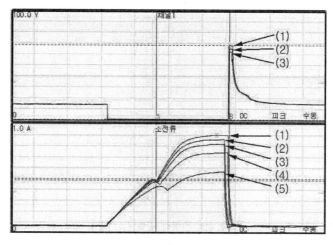

[그림 38] 본선쪽 저항변화에 따른 파형의 변화

④ 그림 39는 인젝터 회로 접지쪽에 저항변화가 있는 경우의 파형을 나타낸다. (1)은
   정상, (2) 5Ω, (3) 10Ω의 저항이 걸릴 때의 파형이다. 저항이 걸리게 되면 저항
   의 증가량만큼 전류값과 전압값이 감소한다.

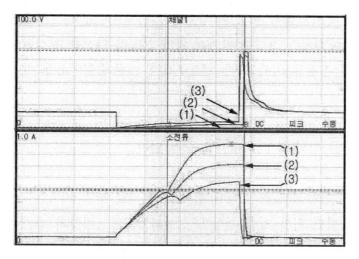

[그림 39] 접지쪽 저항 변화에 따른 파형의 변화

⑤ 그림 40은 출력전압 파형으로 서지전압의 크기, 전압파형의 형상, 전류값의 크기
   와 형상, 그리고 선간 전압측정으로 불량유무를 판단할 수 있다. 코일로 만들어진
   부품은 전류의 단속시 반드시 서지전압이 발생하며 대부분 파형이 유사하다.

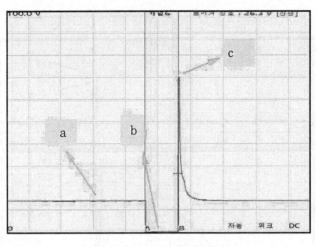

[그림 40] 인젝터 출력전압파형

점화 1차코일과 스텝모터도 코일로 구성된 부품이므로 기본적으로 인젝터 전압 파형의 형상을 가지고 있으며 구성 특성상 조금 다른 형상을 가지고 있을 뿐이다. 본선의 불량, 접지선의 불량, 단품의 불량 등 해당 구성회로의 어느 부분이든 불량 이 발생하면 서지전압은 떨어지게 되어 있다. 서지전압이 규정값에 비해 많이 낮 다면, 본선과 접지선의 선간전압을 측정하여 배선의 양, 부를 판단하고, 배선에 문 제가 없을 때에는 단품과 ECU의 불량을 알아낼 수 있다.

㉮ a부분은 ECU에서 접지를 시키지 않아 12V가 나오는 지점이다.

㉯ ECU에서 접지를 시키면 즉 연료분사가 이루어지면 b점 처럼 0V 로 급격히 떨어진다.

㉰ ECU에서 접지를 차단하면 c 만큼의 서지 전압이 발생하게 된다. 코일로 이루 어진 부품은 이런 형상을 벗어날 수가 없다.

위에서 언급한 분석내용과 비교해서 이상이 있을 경우에는 선간 전압을 측정하 여 더욱 세부적인 점검을 하여야 한다. 인젝터를 접지 시키는 배선이나 TR에 문 제가 생기게 되면 위와 같이 전압과 전류파형처럼 저항의 증가량 만큼의 접지전 압은 상승하게 되고, 전류는 일정한 폭을 두고 작아지는 것을 확인할 수 있다.

이것으로 배선상의 문제가 발생하게 되면, 전류는 동일하게 작아지지만, 전압파 형에서는 저항성분이 어느쪽에 걸리느냐에 따라서 파형의 형태가 달라지게되어 있 다. 인젝터의 고착이나 코일의 열화로 인한 불량의 발생시에는 전류의 증가를 가 져올 수 있으며 이로 인하여 전압파형도 함께 상승하게 되는 경우가 있다.

항목 및 점검요령	규정값	측정값		비고
인젝터 고정저항 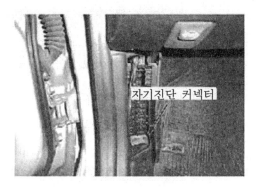	15.9± 0.35Ω (20℃)	NO.1		
		NO.2		
		NO.3		
		NO.4		
전원공급 ①② 하네스측 커넥터	배터리 전압	NO.1		
		NO.2		
		NO.3		
		NO.4		

[4] 자기진단 및 점검결과

① MUT(Hi-DS 스캐너, Hi-Scan 등)를 차량의 자기진단 커넥터에 연결한다.

② 서비스데이터 항목에서 엔진 조건에 따른 엔진회전수, 분사시간 등을 점검한다.

자기진단 커넥터

[그림 41] 자기진단 커넥터

점검항목	서비스 데이터표시	점검조건	엔진상태	규정값	측정값	비고
인젝터	인젝터 구동시간	·엔진냉각수온 : 80 ~95℃ ·각종램프 및 전장품 모두 OFF ·트랜스액슬 중립 ·스티어링 중립	공회전	1.5~4.5ms		
			2000rpm			
			3000rpm			
			급가속	증가		

(1) 인젝터 본선/접지선 선간전압 측정(본선, 접지선 접촉상태 점검)

① 오실로스코프 CH1(+적색 프로브) : 배터리(+)에 연결, CH1(-흑색 프로브) : 1번 인젝터 전원선에 연결한다.

② 오실로스코프 CH2(+적색 프로브) : 배터리(+)에 연결, CH2(-흑색 프로브) : 2번 인젝터 전원선에 연결한다.

③ 오실로스코프 CH3(+적색 프로브) : 배터리(+)에 연결, CH3(-흑색 프로브) : 3번 인젝터 전원선에 연결한다.

④ 오실로스코프 CH4(+적색 프로브) : 배터리(+)에 연결, CH4(-흑색 프로브) : 4번 인젝터 전원선에 연결한다.

⑤ 시동을 ON시키고 검사를 시작한다.

[그림 42] 인젝터 배선

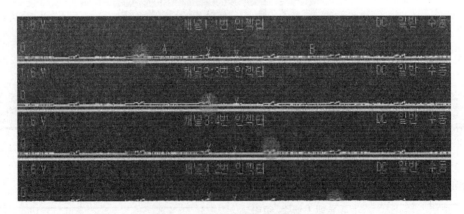

[그림 43] 인젝터 전원선 선간전압 파형

(2) 인젝터 전류, 전압파형 측정(인젝터 및 관련배선 점검)

① 오실로스코프 CH1(+적색 프로브) : 인젝터 제어선에 연결, CH1(-흑색 프로브)
: 배터리(-)에 연결한다.

② 소 전류프로를 영점 조정한다.

③ 소 전류프로브를 인젝터 본선에 연결한다(화살표가 인젝터를 향하도록).

④ 시동을 ON시키고 검사를 시작한다.

[그림 44] 인젝터 전원선 전압 및 전류파형 측정

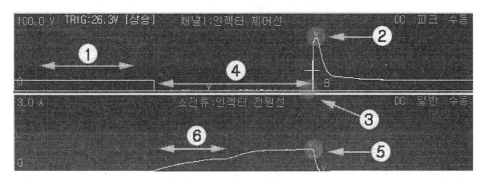

[그림 45] 인젝터 전원선 전압 및 전류파형

(3) 인젝터 신호 규칙성 검사

① 비정상적인 엔진의 진동, 공회전 또는 특정 영역에서 엔진의 부조, 출력강하 등이
발생할 경우 검사.

② 오실로스코프 CH1(+적색 프로브) : 1번 인젝터 제어선에 연결, CH1(-흑색 프
로브) : 배터리(-)에 연결한다.

③ 오실로스코프 CH2(+적색 프로브) : 3번 인젝터 제어선에 연결, CH2(-흑색 프로브) : 배터리(-)에 연결한다.

④ 오실로스코프 CH3(+적색 프로브) : 4번 인젝터 제어선에 연결, CH3(-흑색 프로브) : 배터리(-)에 연결한다.

⑤ 오실로스코프 CH4(+적색 프로브) : 2번 인젝터 제어선에 연결, CH4(-흑색 프로브) : 배터리(-)에 연결한다.

⑥ 시동을 ON시키고 검사를 시작한다.

[그림 46] 인젝터 신호 규칙성 검사

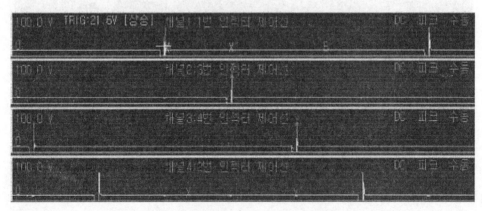

[그림 47] 인젝터 신호 규칙성 검사 출력화면

[5] 결과분석

항 목		내 용
인젝터 전압 전류	기준파형 (그림 43)	각 구간 선간전압 : 1.0V 이하〔전원선 선간전압〕
	파형분석 (그림 43)	1. 선간전압이 1.0V 이상이면 - 엔진 컨트롤릴레이 등 관련 배선상태 확인 2. 인젝터 어느 한 개가 0V인 경우 - 해당채널 연결상태 확인 - 인젝터 코일 전원선 또는 ECU 제어선 단선 확인
	기준파형 (그림 45)	① 구간: 배터리 전압(인젝터 전원선 전압) ② 지점: 약 67V(인젝터 서지전압) ③ 지점: 약 이하(TR OFF 전압) ④ 구간: 약 3.3ms 정도(분사시간 : 공회전, 차종 따라 다소 차이) ⑤ 지점: 0.91A(인젝터 작동전류) ⑥ 구간: 1.5ms(인젝터 무효분사시간)
	파형분석 (그림 45)	1. 인젝터 작동 파형이 나오지 않고, ① 구간이 1V 이하일 때 - 인젝터 전원선 전압 확인 1) ① 구간이 1V 이하로 지속되면 - 테스트램프로 인젝터 전원선 전원유입 확인 〈램프점등시〉 - 인젝터 제어선으로 이동하여 전원유입 확인 〈점등이 안되면〉 - 인젝터 코일 단선확인 - 인젝터 커넥터 접촉불량 확인 2) ① 구간 전원 선전압이 배터리전압 이하이면 - 기능별 진단의 선간전압 확인 2. ② 지점 기준 값에서 3V 이상 차이 발생 할 때 - ③ 지점 TR OFF 전압확인 1) 1V 이상이면 - 인젝터 제어선 접지불량 확인 - ECU 접지배선 확인 - 배터리 (−)와 차체 접지 확인 2) 1V 이하이면 - 점프 선으로 배터리(+)와 인젝터(+) 연결(배터리 제어선에 대지 않도록 주의한다)

교육학습(자기평가서)

학 습 안 내 서

과 정 명	인젝터(injector)		
코 드 명		담당 교수	
능력단위명		소요 시간	
개 요	인젝터에 문제가 발생하는 경우 공연비제어 및 엔진에 미치는 영향을 이해하기 위해 엔진 각 조건에 따른 작동 및 이상여부를 측정장비 및 MUT 등을 이용하여 고장현상을 파악함으로서 인젝터와 관련한 고장진단 및 분석능력을 가질 수 있도록 한다.		
수 행 목 표	인젝터 단품 저항점검, 접지점검, 전압파형, 전류파형 및 액추에이터 구동시험, 시뮬레이션 등을 통하여 인젝터 관련 고장진단 및 분석능력을 배양하도록 한다. 또한, 엔진 각 조건에 따른 인젝터 분사시간의 변화와 무효분사시간에 대한 개념을 이해할 수 있도록 실차시험을 통하여 관련 내용을 점검하도록 한다.		

실습과제

1. 인젝터의 구조, 장착위치 및 작동원리 등의 파악
2. 인젝터 자체 저항 점검 및 관련 배선의 단선 단락 점검
3. 인젝터 전류 및 분사파형 측정 및 분석

활용 기자재 및 소프트웨어

실차량, T-커넥터, MUT(Hi-DS 스캐너), Muti-Tester, 엔진튠업기(Hi-DS Engine Analyzer), 노트북 등

평가방법	평가표			
평가표에 있는 항목에 대해 토의해보자 이 평가표를 자세히 검토하면 실습 내용과 수행목표에 대해 쉽게 이해할 것이다. 같이 실습을 하고 있는 사람을 눈여겨보자 이 평가표를 활용하면 실습순서에 따라 실습할 수 있을 것이다. 동료가 보는 데에서 실습을 해보고, 이 평가표에 따라 잘된 것과 좀더 향상시켜야할 것을 지적하게 하자 예 라고 응답 할 때까지 연습을 한다.	실습내용	성취수준		
		예	도움필요	아니오
	메인릴레이, 연료펌프 릴레이 및 관련 배선 회로를 이해할 수 있다.			
	연료 압력시험 방법을 측정할 수 있다.			
	인젝터 본선 선간전압을 측정 분석할 수 있다.			
	인젝터 전압, 전류파형을 측정 분석할 수 있다.			
	인젝터 신호 규칙성검사를 할 수 있다.			
	성취 수준			
	실습을 마치고 나면 위 평가표에 따라 각 능력을 어느 정도까지 달성 했는지를 마음 편하게 평가해 본다. 여기에 있는 모든 항목에 예 라고 답할 수 있을 때까지 연습을 해야 한다. 만약 도움필요 또는 아니오 라고 응답했다면 동료와 함께 그 원인을 검토해본다. 그 후에 동료에게 실습을 더 잘할 수 있도록 도와달라고 요청하여 완성한 후 다시 평가표에 따라 평가를 한다. 필요하다면 관계지식에 대해서도 검토하고 이해되지 않는 부분은 교수에게 도움을 요청한다.			

5. 공회전 속도제어(idle speed control)

5.1. 공회전 속도제어의 개요

기관 공회전시에는 스로틀밸브가 거의 전폐되므로 공기는 밸브 틈새나 공회전조정 통로를 통하여 공급되고 기관은 이 공기량에 해당되는 연료와 혼합되어 연소하여 발생되는 출력과 기관 자체의 마찰력이 평형이 되는 회전속도로 회전하게 되는데 이를 기관의 공회전속도라 한다. 가솔린 기관의 경우 공회전속도는 700~900rpm 정도이다.

그러나 기관을 오랫동안 사용하여 마찰부가 노화되거나 스로틀밸브 틈새에 먼지와 같은 미세한 이물질이 부착되면 흡입공기량이 변화되며 결과적으로 공회전 속도의 변화를 초래하게 된다. 공회전속도가 저하하면 기관 회전이 불안정해져 진동이 발생하고 발진시에 기관이 정지(engine stall)되기도 한다. 역으로 공회전속도가 높아지면 공회전시 연비가 나빠진다. 또한, 에어컨의 사용, 자동변속기 D/R위치, 동력조향 작동 등에 의한 엔진부하 증가 등이 공회전 속도 변화의 원인이 되기도 한다.

따라서 ECU는 각종센서(WTS, VSS, 공회전스위치, 기관회전수 센서, 인히비터 스위치, 에어컨 스위치 등)의 신호를 바탕으로 기관의 부하상태에 따라 결정되는 목표 회전속도를 비교하여 그 차이에 해당하는 제어량을 계산하고 거기에 알맞은 공기량을 제어하는 액추에이터를 구동시켜 적절한 공회전속도를 up/down 제어한다.

또한, 스로틀밸브가 급격히 닫힐 때 일시적으로 공기를 증가시켜 기관 회전속도의 급격한 저하를 방지시키는 대쉬포트(dash pot)기능도 부여하고 있다. 대시포트는 급감속을 할 때 스로틀밸브가 급격히 닫히는 것을 방지하는 것으로 스로틀밸브가 급격히 닫힘으로 인한 엔진의 충격을 완화하며, 특히 이때 발생할 수 있는 유해 배기가스의 감소 기능도 한다. 즉, 스로틀밸브가 급격히 닫히면 흡입 공기량이 갑자기 감소하므로 실린더 내에서는 농후한 연소상태가 되어 일산화탄소 발생량이 증가할 수 있다.

[공회전속도 제어의 예]

제어 항목	제어 내용
시동시 제어	냉각수온에 따라 스로틀밸브 개도를 제어하거나 바이패스 에어량 을 제어한다.
패스트 아이들 제어 (fast idle)	냉각수온에 따라 정해진 공회전속도로 제어되어 난기운전 시간을 단축시킨다.

제어 항목	제어 내용
공회전 보상제어 (idle up)	동력조향(power steering) 펌프스위치 ON, 에어컨스위치 ON, 자동변속기가 N(중립)위치에서 D(주행)위치로 변환 등으로 인한 기관부하 변동시에 공회전속도를 목표치까지 상승시켜 기관의 원만한 공회전 상태를 유지시킨다.
대쉬포트 제어 (dash pot)	급감속시 연료차단과 함께 스로틀밸브를 완만하게 닫히게 하거나 바이패스 에어량을 증가시켜 회전속도 저하를 완만히 하거나 급 감속시 충격을 완화시킨다.
에어컨 릴레이 제어	● 엔진이 공회전할 때 에어컨 스위치를 On시키면 ISC 장치가 작동하여 회전수를 일정한 수준까지 상승시킨다. 그러나 엔진 회전속도가 실제로 증가되기까지는 약간의 지연시간(약 0.5초)이 있으므로 이 시간 동안 에어컨 컴프레서 작동을 중단시킨다. ● 자동변속기를 장착한 차량의 경우 급가속에 의한 스로틀밸브 개방이 크게 될 경우(약 65° 이상) 가속성능을 향상시키기 위해 설정시간(약 5초간) 에어컨 파워릴레이 회로를 차단시킨다.

5.2. 공회전속도 제어장치의 구성

공회전시의 공기량을 제어하는 방식에는 스로틀밸브를 직접 구동하는 방식(ISC-servo type)과 바이패스 통로의 공기유량을 제어하는 바이패스 에어방식(bypass air type)이 있다. 스로틀밸브 직구동 방식은 리턴스프링의 장력에 충분히 이길 수 있는 비교적 큰 구동력의 액추에이터(actuator)를 사용해야 하므로 일부 기관에서 사용하며 일반적으로 스텝모터(step motor)나 솔레노이드밸브(solenoid valve)를 이용한 바이패스 에어방식을 많이 사용하고 있다.

5.2.1. 바이패스 에어 제어방식

이 방식은 스로틀밸브를 바이패스하는 공기통로 면적을 스텝모터(step motor), 리니어 솔레노이드(linear solenoid) 또는 로터리 솔레노이드(rotary solenoid) 등을 이용하여 ECU의 제어신호로 조절함으로써 공회전속도를 제어한다. 그림 48은 바이패스(by - pass) 에어 제어방식의 공회전속도 제어장치를 나타낸 것이며 사용하는 액추에이터(actuator)에 따라 구별된다. 일반적으로 사용되는 액추에이터에는 스텝 모터(step motor), 선형 솔레노이드(linear solenoid), 로터리 솔레노이드(rotary solenoid) 등이 있다.

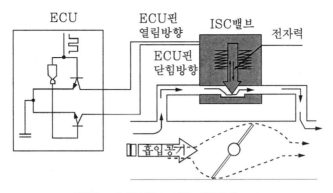

[그림 48] 바이패스 에어 제어방식 ISC

[1] 스텝모터방식

스텝모터를 사용하는 방식은 제어 공기량이 많기 때문에 공기밸브(air valve)를 없애고 난기운전을 할 때에도 공회전속도를 제어한다. 그림 49는 스텝 모터방식의 액추에이터를 나타낸 것이다. 영구자석으로 된 로터와 스테이터코일로 구성된 스텝모터, 회전운동을 직선운동으로 바꾸는 피드 스크루 기구, 밸브 부분으로 구성되어 있다.

스텝모터는 스테이터코일에 흐르는 전류를 단계적으로 변환, 제어하는 것에 의해 로터를 정방향 또는 역방향의 어느 한쪽으로 회전시키고, 피드 스크루(feed screw)에 의해 밸브는 상하운동을 하여 공기가 통과하는 면적을 조절한다.

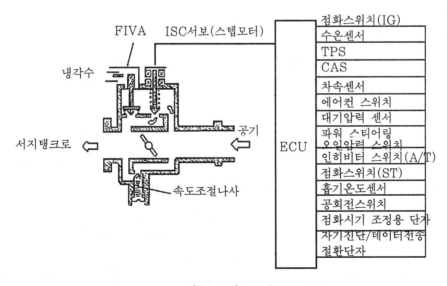

[그림 49] 스텝모터방식 ISC

ECU는 엔진을 시동할 때 밸브의 완전열림 또는 완전닫힘의 상태로부터 제어를 시작하고 제어한 스텝 수와 정방향 또는 역방향의 어느 방향으로 움직였는가를 파악하여 최근의 밸브 위치를 항상 기억장치에 기억시킬 수 있으므로 제어의 정확도가 우수하다. 그러나 스텝마다 순차 제어에 의하여 위치를 변화시키기 때문에 응답속도에는 한계가 있다.

[2] 솔레노이드방식

솔레노이드방식은 리니어 솔레노이드 방식과 로터리 솔레노이드방식이 있다. 로터리 솔레노이드방식도 비교적 공기 제어량이 많으므로 공기밸브를 없앤 방식이 많다.

그림 50(b)는 로터리 솔레노이드를 사용한 액추에이터이며, 코일과 영구자석으로 된 구동부분과 회전형 로터리밸브를 설치한 유량 제어부분으로 구성된다. 로터리 솔레노이드는 코일에 흐르는 전류 값의 크기에 따라 밸브 회전방향을 변화시켜 공기흐름 통로의 면적을 조절하는 비례 전자밸브이다. 코일에 듀티신호를 보내어 제어하며, 액추에이터는 듀티비(duty ratio)에 따라 공기량이 제어된다. 회전형 밸브를 사용하는 목적은 밸브 상하류의 압력 차이에 의한 영향을 받지 않고 안정된 제어가 가능하기 때문이다.

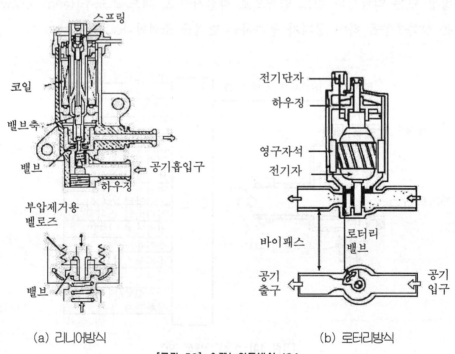

(a) 리니어방식 (b) 로터리방식

[그림 50] 솔레노이드방식 ISA

5.3. 공회전속도 제어장치(ISA)의 점검 및 조정

5.3.1. 점검조건

① 냉각수 온도 : 85~95℃

② 등화장치, 냉각팬, 기타 전장부품 : OFF

③ 조향핸들 : 직진위치

④ 변속기 레버 : 중립상태(자동변속기 차량은 N 또는 P위치)

5.3.2. 점검순서

① 점검을 하기 전에 먼저 전자제어장치의 고장 유무를 확인한다.

② 점화시기를 점검하여 규정값을 벗어난 경우에는 점화시기에 영향을 주는 센서들을 점검한다.

③ 회전 속도계(타코미터)를 엔진 회전속도 감지단자에 연결하거나 자기진단 시험기를 설치한다.

④ 엔진을 5초 이상 2000~3000rpm으로 운전한다.

⑤ 엔진을 2분 동안 공회전시킨다.

⑥ 이때 공회전속도를 측정하여 규정값 내에 있는지를 해당 차량의 정비 지침서를 참고하여 점검한다(규정값 예 800± 100rpm).

5.3.3. 공회전속도 조정

이 방식은 ECU가 공회전상태를 자동적으로 제어하기 때문에 외부에서의 조정이 불필요하다. 따라서, 공회전상태가 불안정한 경우에는 점화플러그, 점화코일, 점화시기, ISA(idle speed actuator), 흡입 공기의 누출, 연료압력 등을 점검하여 그 원인을 파악하여야 한다.

5.3.4. ISA(idle speed actuator)의 점검

그림 51은 ISA의 회로 및 단자를 나타낸 것이다. 1번 단자는 ISA의 열림신호이고, 3번 단자는 ISA의 닫힘 신호이며, 2번 단자는 전원 공급 단자이다. 회로시험기를 이용한 점검은 2번 단자와 1번 단자, 2번 단자와 3번 단자 사이의 통전시험을 한다.

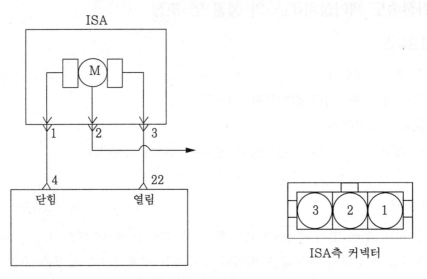

[그림 51] ISA의 회로 및 단자구성

이때 점화스위치를 OFF로 하였을 경우에는 2번 단자와 3번 단자 사이는 통전되지 않으며, 점화스위치를 ON으로 하였을 때에는 1번 단자와 2번 단자 사이는 통전된다. 또한, 2번 단자에서 전압을 측정하여 정상적인 축전지 전압이 작용하는 지를 점검한다. 파형시험기를 이용하는 경우에는 1번 단자 또는 3번 단자에서 출력파형을 측정하여 열림신호의 듀티율과 닫힘 신호의 듀티율을 측정하여 규정값과 비교하여 점검한다.

그림 52는 열림신호의 출력파형을 측정한 것이며, 공회전상태에서 듀티율이 약 32% 정도임을 나타내고 있다. 또한, 다음의 표는 엔진상태에 따른 ISA 듀티량의 예를 나타낸 것이다.

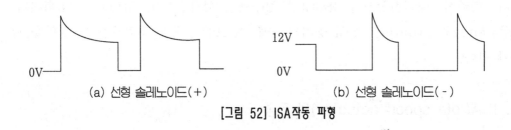

(a) 선형 솔레노이드(+)   (b) 선형 솔레노이드(-)

[그림 52] ISA작동 파형

엔진 상태	듀티율(%)	비 고
공회전 상태	30~32	무부하 상태
미등을 ON으로 하였을 때	32~33	
에어컨을 ON으로 하였을 때	33~35	
대시포트 일 때	Max. 55	
패스트 아이들 일 때(냉각수 온도 20℃)	45~47	

5.4. ISC 스텝모터의 점검 및 조정

5.4.1. 공회전 속도의 점검

[1] 점검조건

① 냉각수 온도 : 85~95℃

② 등화장치, 냉각 팬, 기타 전장부품 : OFF

③ 조향핸들 : 직진위치

④ 변속기 레버 : 중립상태(자동변속기 차량은 N 또는 P위치)

[2] 점검순서

① 타이밍라이트와 자기진단 단자에 자기진단 시험기를 연결한다.

② 점화시기 조정단자(EST 단자)를 접지시킨다.

③ 엔진을 가동하여 공회전시킨다.

④ 초기 점화시기를 확인하고 필요하면 조정한다.

⑤ 점화시기 조정단자(EST단자)의 접지를 해제한다.

⑥ 엔진을 5초 이상 2000~3000rpm으로 운전한다.

⑦ 2분 동안 엔진을 공회전시킨다.

⑧ 공회전속도를 점검한다(규정값 예 ; 750±50rpm).

5.4.2. 공회전속도 조정

공회전속도를 조정하기 전에 점화플러그, 인젝터, ISC서보, 압축압력 등이 정상인지를 점검하여야 한다.

또한, 반드시 초기 점화시기를 먼저 점검하여 규정값을 벗어난 경우에는 이를 조정한다. 조정조건은 공회전속도 점검조건과 같다.

[1] 공회전속도 조정

① 가속 케이블을 느슨하게 한다.

② 자기진단 시험기를 자기진단 단자에 연결한다. 이를 사용하지 않을 경우에는 타코미터를 엔진 회전속도 감지 단자에 연결한 후 자기진단 단자를 접지한다.

③ 점화시기 조정단자를 접지한다. 이때 스텝 수는 9스텝에 고정된다.

④ 엔진을 5초 이상 2000~3000rpm으로 가동시킨다.

⑤ 엔진을 2분 동안 공회전시킨다.

⑥ 엔진 회전속도가 규정값에 있는지를 점검한다. 이때 신 차량의 경우(약 500km 이하 주행 차량)는 엔진의 회전속도가 규정값보다 20~100rpm 정도 낮게 측정될 수 있으나 조정할 필요는 없다. 그러나 엔진의 가동이 갑자기 정지하거나 500km 이상 주행 후에도 엔진 회전속도가 낮으면 스로틀밸브에 이물질이 누적되어 있을 수 있으므로 스로틀밸브 주위를 청소한다.

⑦ 공회전속도가 규정값을 벗어나면 속도 조정나사(SAS; speed adjust screw)로 조정한다.

⑧ 점화스위치를 OFF로 한다.

⑨ 자기진단 시험기를 사용하지 아니한 경우에는 자기진단 단자를 분리한다.

⑩ 점화시기 조정단자의 접지를 해제시킨다.

⑪ 엔진을 10분 정도 공회전하고 엔진이 정상상태의 공회전상태인지를 점검한다.

5.4.3. 스텝모터 점검

ISC(idle speed control) 서보 스텝모터는 스로틀 보디에 부착되어 있으며 스로틀밸브를 바이 패스하는 통로의 단면적을 제어한다. 그림 53은 스텝모터의 회로 및 단자를 나타낸 것이다. 2번과 5번 단자는 전원 공급단자이며, 3번, 1번, 4번, 6번 단자는 ECU의 신호에 따라 스텝모터 코일에 펄스 신호를 준다. 스텝모터는 이 펄스신호에 따라 회전하여 핀틀의 가동을 제어한다. 스텝모터가 100이나 120스텝으로 증가하거나 0스텝으로 감소한다면 스텝 모터의 결함이나 하네스의 단선 여부를 점검한다.

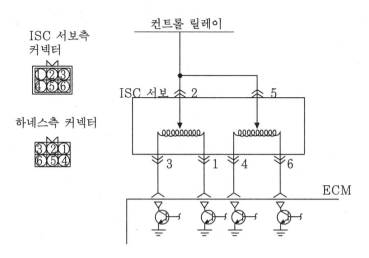

[그림 53] 스텝모터 회로 및 단자의 구성

또는 스텝모터 하네스와 각 부분의 점검결과가 정상이지만 스텝모터의 스텝이 규정값을 벗어나면 공회전속도 불량, 스로틀밸브의 카본 퇴적, 개스킷 틈새를 통한 흡기다기관의 공기누출, EGR밸브 시트의 헐거움, 혼합기의 불완전연소(점화플러그, 점화코일, 인젝터, 낮은 압축압력) 등을 점검한다. 스텝모터의 점검은 점화스위치를 ON(시동은 되지 않은 상태)으로 할 때 스텝모터의 가동음이 들리는 지를 점검한다. 가동음이 들리지 않으면 스텝모터의 가동회로를 점검하며, 회로가 정상인 경우에는 스텝모터 또는 ECU의 고장여부를 점검한다.

그림 54는 스텝모터의 파형측정위치 및 가동여부 점검방법을 나타낸 것이다. 약 6V 전원의 (+)단자를 2번과 5번 단자에 연결하고, 전원의 (-)단자를 1번과 4번 단자, 3번과 6번 단자, 1번과 6번 단자에 연결하여 진동이 있으면 스텝모터는 정상이다. 또한, 스텝모터의 출력단자에서 파형시험기를 이용하여 파형을 점검한다.

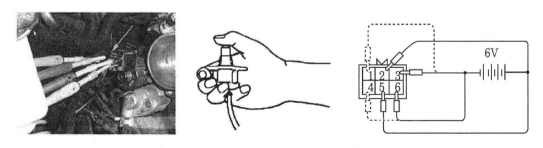

[그림 54] 스텝모터의 파형측정위치 및 가동 점검

그림 55는 스텝모터 출력파형의 예를 나타낸 것이다. 스텝모터의 출력파형에서 코일의 역기전력은 약 30V 이상이어야 정상이다. 아래 표는 엔진 부하조건에 따른 스텝 수의 변화 예를 나타낸 것이다.

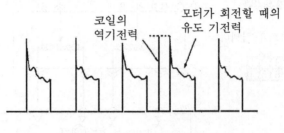

코일의
역기전력

모터가 회전할 때의
유도 기전력

[그림 55] 스텝모터의 출력파형

[엔진 부하 조건에 따른 스텝 수]

요구 조건	부하 조건	규정값(스텝 수)
엔진 난기운전 후 모든 전기장치 OFF	에어컨스위치 OFF	2~20스텝(일반적으로 9스텝)
엔진 공회전상태	에어컨스위치 ON	8~50 스텝 증가
공회전상태, 에어컨스위치 OFF	자동변속기인 경우 N→D로 변환할 때	5~30스텝 증가
에어컨스위치 ON	자동변속기인 경우 N→D로 변환할 때	5~40스텝 증가

교육학습(자기평가서)

학 습 안 내 서

과 정 명	공회전제어시스템(ISC system)		
코 드 명		담당 교수	
능력단위명		소요 시간	
개 요	공회전 제어시스템의 고장진단 및 정비에 필요한 관련 지식과 그 목적을 달성하기 위한 기본적인 개념인 ISC 제어의 원리 및 관련 전기회로를 이해할 수 있도록 한다. 여러 가지 고장사례에 대한 실습을 통해 공회전 제어시스템이 엔진제어에 관여하는 내용 및 고장시 엔진에 미치는 영향을 이해할 수 있다.		
수 행 목 표	각 시스템별 공회전제어 시스템에 대한 구조 및 작동원리, 관련회로도를 숙지하며 센서자체의 고장, 각 회로의 단선, 단락 및 전원공급 이상 여부를 진단 측정하고 작동중 출력파형을 점검한 후 규정값과 비교하여 이상유무를 파악하도록 한다.		

실습과제

1. 차량별 ISC시스템의 구조, 장착위치, 커넥터 및 핀수 등의 파악
2. 스로틀 위치센서 자체의 고장진단
3. 각 회로의 단선, 단락을 점검한 후 규정값(정상차량)과 비교하여 이상유무를 파악한다.
4. MUT를 이용한 ISC 자기진단 및 출력파형 분석

활용 기자재 및 소프트웨어

실차량, T-커넥터, MUT(Hi-DS 스캐너), Muti-Tester, 엔진튠업기(Hi-DS Engine Analyzer), 테스터램프, 노트북 등

평가방법	평가표			
	실습내용	성취수준		
		예	도움 필요	아니오
평가표에 있는 항목에 대해 토의해보자 이 평가표를 자세히 검토하면 실습 내용과 수행목표에 대해 쉽게 이해할 것이다. 같이 실습을 하고 있는 사람을 눈여겨보자 이 평가표를 활용하면 실습순서에 따라 실습할 수 있을 것이다. 동료가 보는 데에서 실습을 해 보고, 이 평가표에 따라 잘된 것과 좀더 향상시켜야할 것을 지적하게 하자 예 라고 응답할 때까지 연습을 한다.	ISC 시스템의 특성을 이해할 수 있다.			
	ISC 시스템의 전원공급 상태를 점검할 수 있다.			
	스텝모터의 배선의 상태를 점검할 수 있다.			
	MUT를 이용한 센서출력 값을 분석할 수 있다.			
	센서출력 파형을 측정, 분석할 수 있다.			

성취 수준

실습을 마치고 나면 위 평가표에 따라 각 능력을 어느 정도까지 달성 했는지를 마음 편하게 평가해 본다. 여기에 있는 모든 항목에 예 라고 답할 수 있을 때까지 연습을 해야 한다. 만약 도움필요 또는 아니오 라고 응답했다면 동료와 함께 그 원인을 검토해 본다. 그 후에 동료에게 실습을 더 잘할 수 있도록 도와달라고 요청하여 완성한 후 다시 평가표에 따라 평가를 한다. 필요하다면 관계지식에 대해서도 검토하고 이해되지 않는 부분은 교수에게 도움을 요청한다.

6. 점화제어(ignition control)

6.1. 점화시스템의 개요

전자제어 점화장치는 엔진의 상태(회전수, 부하, 온도 등)를 각 센서로부터 신호를 검출하여 ECU에 보내면 ECU는 점화시기를 연산하여 1차 전류 차단신호를 파워 트랜지스터로 보내주면 점화코일에서 고압의 2차 전압이 발생하게 된다. 이것을 종래의 점화장치에 비하여 매우 진보된 형식으로 일반 배전기에 적용되었던 원심진각 및 진공진각 장치가 없으며 진각기능은 ECU의 연산에 의해 이루어진다.

또한, 점화코일도 폐자로 형식의 고성능 코일을 사용하여 고전압을 유도할 수 있는 HEI(high energy ignition) 점화시스템을 사용하고 있다. 그리고 최근의 점화장치는 배전기가 없는 DLI(distributor less ignition system) 또는 DIS(direct ignition system)방식을 적용하고 있다.

가솔린엔진은 피스톤에 의하여 압축된 혼합기를 점화플러그에서 발생하는 불꽃으로 착화 연소시켜 폭발력을 얻게 된다. 이때, 연소에 의해 발생한 압력이 피스톤에 보다 효율적으로 작용하여 토크발생을 최대화하기 위한 최적 점화시기를 결정하는 것이 중요하다. 점화시스템은 상호유도작용을 이용하여 고전압(약 10~35KV)을 발생시키는 점화코일, 발생된 고전압을 각 실린더의 점화플러그로 분배하는 배전기(distributor), 고압케이블 및 점화플러그로 구성된다.

전자제어 점화장치에서 주요한 제어로는 엔진 운전조건에 따라 1차 코일의 전류 통전시간의 제어와 1차코일의 전류를 차단하여 2차코일에 고전압을 발생시키는 점화시기제어를 들 수 있다. 엔진 각 운전조건에 따른 점화기준을 ECU 메모리 내에 미리 기억시켜 놓고 각 센서 신호를 이용하여 엔진상태(회전수, 부하상태 등)를 검출한 후 그 조건에서의 최적 점화시기(MBT: minimum spark advance for best torque)를 ECU에서 연산하여 1차 전류를 차단하는 신호를 파워 TR에 보내어 점화시기를 제어한다.

6.1.1. 배전기식 전자제어 점화시스템

배전기식 전자제어 점화시스템은 크랭크각센서, 점화코일, 파워트랜지스터 등으로 구성되어 있으며 각 센서로부터 입력된 엔진의 부하상태에 따라 그 조건에서의 최적 점화시기를 ECU에서 연산하여 점화코일 1차 전류를 차단시키는 파워 TR에 신호를 보내어 점화시기를 제어한다.

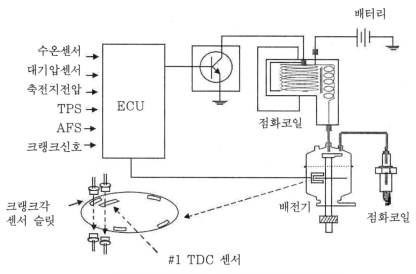

[그림 56] 전자제어 점화시스템의 구성(배전기식)

배전기 타입 점화계통 회로에서 ①, ②, ④번 어느 곳에서나 점화 1차 전류를 측정할 수 있으며 ③번은 베이스 파형측정 ②번에서는 1차 파형을 측정한다. ⑤번에서는 점화 2차 파형을 측정한다.

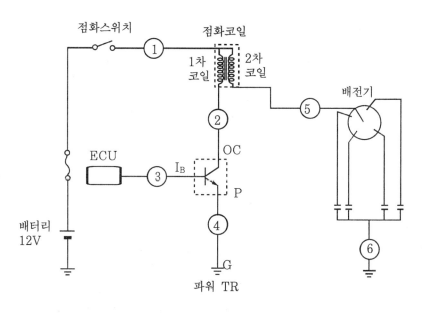

[그림 57] 배전기식 점화 회로도

- 채널 1 : 점화코일 신호선   • 채널 2 : ECU 제어 신호선
- 소전류 : 점화코일 본선   • 점화 2차 : 배전기 중심단자 고압선

[1] 크랭크각 센서(CAS : crank angle sensor)

크랭크각 센서(크랭크 포지션 센서 : CPS)는 No.1 TDC센서와 함께 1번 실린더와 피스톤이 어떤 위치에 있는지를 감지하고 엔진회전수와 연료분사시기 및 점화시기를 결정하는 신호로 사용되며 TPS신호와 함께 엔진 작동조건(공회전, 부분부하, 전부하 등)을 결정한다. 크랭크각 센서는 검출 방식에 따라 광전식, 마그네틱방식, 홀소자식 등이 있으나 여기서는 광전식에 대하여 설명하기로 한다.

광전식 크랭크각 센서는 4개의 슬릿에서 펄스신호를 얻어 ECU에 입력되어 점화시기와 기관회전수를 연산하는 기준신호로 삼는다. 내측 1개의 슬릿에 의해 얻어진 신호는 No.1 실린더 압축 상사점 위치를 검출하여 ECU로 보내 연료분사 순서와 점화시기를 연산하는 기준신호로 삼는다.

[2] 파워 TR(power transistor)

파워 TR은 3단자로 구성되어 있으며 ECU에 의해 베이스 전류를 제어하여 점화코일의 1차 전류를 단속하여 2차 고전압을 얻는다.

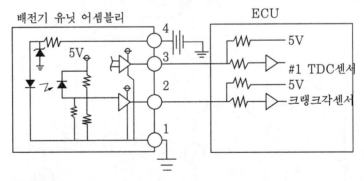

- 전기회로
  - 크랭크각 센서 : 포토다이오드가 ON 되면 ②단자 [H] 출력
  - #1 상사점 센서 : 포토다이오드가 ON 되면 ④단자 [H] 5V
- 전압파형과 크랭크각의 관계
  - 크랭크각 센서 : BTDC 75도에서 ON. BTDC 5도에서 OFF
  - #1 상사점 센서 : BTDC 85도에서 ON. ATDC 45도에서 OFF

[그림 58] 광전식 크랭크각센서 회로

6.1.2. DLI방식 전자점화제어 시스템

DLI(distributor less ignition) 방식은 배전기를 사용하지 않고 트랜지스터 등을 사용하여 전자적으로 배전하는 방식이다. 일반적인 배전부분은 점화시기를 검출하여 그 신호를 발생하는 부분과 고 전압을 분배하는 부분으로 구성된다. DLI방식은 이 중에서 고 전압의 분배부분을 없앤 것이며, 점화신호를 만들기 위하여 캠축 포지션 센서가 필요하게 된다. 또한 DLI방식은 동시 점화방식과 독립 점화방식으로 구분된다.

동시 점화방식은 2개의 실린더에 1개의 점화코일에 의하여 배기행정 중인 실린더와 압축행정인 실린더를 동시에 점화시키는 것이다. 이 경우 압축행정에 있는 실린더는 내부압력이 높으므로 전압을 가하여도 방전이 어려우나 배기행정에 있는 실린더는 대기압력에 가까운 압력이므로 전압이 가해지면 쉽게 방전을 한다. 압력이 높으면 방전이 어려운 이유는 다음과 같다. 공기의 분자밀도가 높으면 점화플러그 전극 틈새에 있는 기체 분자 수가 많아지고, 공기 분자와의 충돌로 전자가 가속하는 거리가 작아진다. 이에 따라 전자가 충분히 가속되지 못하므로 공기분자를 차례로 이온화해 나갈 수 있는 능력이 작아진다.

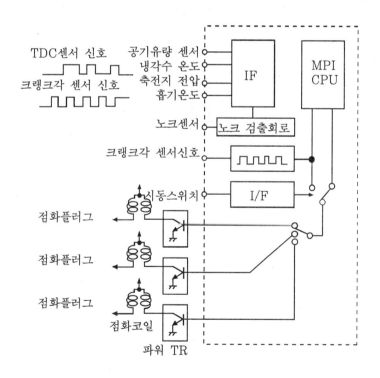

[그림 59] DLI방식의 구성도

그러므로 압력이 높은 기체에서는 높은 전압을 가하지 않으면 방전이 이루어지기 어렵다. 동시점화에서 배기행정에 있는 실린더 내의 압력은 대기압력 정도로 낮아진다.

일반적으로 대기압력 하에서는 점화플러그의 틈새가 1mm일 때 약 2,000V 정도의 전압으로도 불꽃방전이 가능하므로 배기행정의 불꽃방전은 압축행정의 불꽃방전에 비해 저항이 거의 없는 경우와 같다. 즉, 그림 60에서와 같이 압축행정에 있는 점화플러그와 배기행정에 있는 점화플러그에 직렬로 고 전압을 가하면 배기행정에 있는 점화플러그는 거의 저항이 없는 것이 되고 전압의 대부분은 압축행정에 있는 점화플러그에 가해지게 된다.

이와 같은 동시 점화방식은 독립 점화방식과 비교하여 장치의 구성이 비교적 간단하고 가격이 저렴하지만 배기행정에서 불필요한 불꽃을 방전하기 때문에 불꽃방전 횟수가 배가되고, 또한 중심전극에 비해서 고온에 되는 접지전극 쪽이 부 극성(負 極性)으로 되기 때문에 점화플러그 전극 소모가 큰 단점이 있다.

독립 점화방식은 엔진의 실린더 수와 같은 수의 점화코일과 파워 트랜지스터를 지니고 있어 장치의 가격이 높지만, 점화코일을 점화플러그 바로 위쪽에 비치하기 때문에 고압케이블(high tension code)이 필요 없고 점화 에너지 손실을 감소시킬 수 있는 장점이 있다.

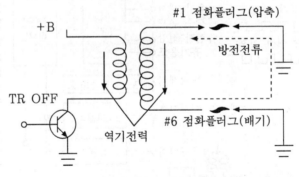

[그림 60] 동시 점화방식

6.1.3. DIS방식 전자점화제어 시스템

DIS형식은 점화코일이 해당 실린더별로 설치되어 있으며, 스파크 플러그와 점화코일 사이에 연결 케이블(고압 케이블)이 없고, 점화코일이 직접 스파크 플러그에 연결되는 타입이다. DIS형식은 기존의 DLI타입보다 고압부분의 누설이 적고, ECU에서 해당 실린더별로 제어하므로 간접제어가 아닌 직접제어방식 점화시스템이다.

(a) 점화코일(1, 3, 5번 실린더)　　　　(b) 점화코일(2, 4, 6번 실린더)

[그림 61] DIS식 엔진의 점화코일 예

그리고 코일회로의 입·출력에 대한 정보를 ECU가 정확히 행할 수 있으며, 코일의 피로를 줄여 사용기간 연장 및 사용시간에 따라 성능저하를 줄일 수 있는 장점이 있다.

DIS도 DLI 타입과 마찬가지로 1차 코일을 점검할 수 있는 것과 없는 것이 있으며, 점화 2차 기능으로 점검, 진단이 불가능하므로 오실로스코프를 이용하여 점화 1차 또는 ECU 신호와 전류를 이용하여 진단하여야 한다. 그리고 회로의 와이어로프부분은 측정 시 트리거 센서를 이용하여 어느 실린더인지를 판별할 수 있도록 만들어둔 곳이다.

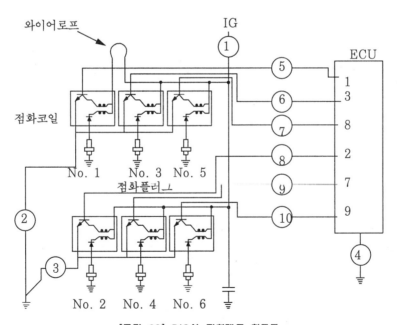

[그림 62] DIS식 점화계통 회로도

6.2. 점화시기 제어

ECU에 기억되는 점화시기 데이터는 일반적으로 운전조건에 따라 시동할 때, 공회전할 때, 주행할 때 등으로 구분되며, 실제의 점화시기는 초기 점화시기에 각종 보정 요소가 추가되어 결정된다. 즉, 점화 시기는 다음과 같이 구성된다.

점화시기 = 초기 점화시기 + 기본 점화 진각도 + 보정 진각도

그림 63은 점화시기 제어의 개념을 나타낸 것이다.

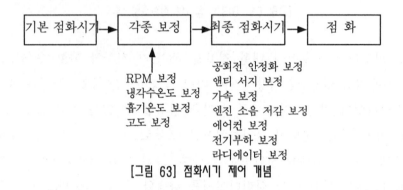

[그림 63] 점화시기 제어 개념

점화시기 제어방법은 크랭크각 센서의 신호를 근거로 제어한다, 크랭크각 센서 신호는 피스톤의 위치 상사점 전(BTDC) 75°에서 출력신호가 High에서 Low로 하강하고, 피스톤의 위치 상사점 전 5°에서 출력신호가 Low에서 High로 상승한다. 이러한 크랭크 각 출력신호를 기준으로 점화코일에 흐르는 전류량을 제어하며, 저속 회전에서 통상적으로 크랭크 각도 상사점 전 75°를 기준으로 제어하고 고속회전에서는 일반적으로 크랭크 각도를 상사점 전 125°를 기준으로 제어한다.

초기 점화시기는 엔진에 따라서 조금씩 다르며, 일반적으로 상사점 전 5~10°사이의 값이 되며, 다음과 같은 조건일 때 가동한다.

① 크랭킹을 할 때
② 점화시기 조정단자(EST단자)가 단락 되었을 때
③ 공회전 접점이 ON상태일 때
④ 백업(back up)기능이 가동될 때

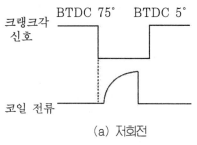 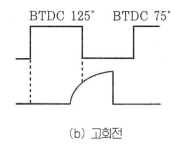

(a) 저회전   (b) 고회전

[그림 64] 점화시기 제어

특히 점화시기 조정단자를 접지 시키면 ECU는 점화시기를 제어하지 않으며, 공회전 속도 조정 등에서 점화시기를 확인하거나 조정할 때 사용한다. 기본 점화 진각도는 실제 점화시기를 산출하기 위한 기본이 되는 특정값이며, ECU의 기억장치에 입력되어 있다. 엔진의 흡입 공기량과 회전속도에 따라 최적의 기본 점화 진각값이 결정된다.

보정 진각도는 엔진의 운전상태에 따라 최적의 점화시기를 실현하기 위하여 고려되는 것으로 다양한 변수가 있다. 일반적으로 고려되는 변수는 엔진 냉각수 온도, 높은 지대에서의 보정(대기압력 보정), 가·감속의 보정, 공회전속도 안정화 보정, 각종 부하(에어컨, 전기부하 등)보정이 있다. 냉각수 보정은 그림 65에서 보듯이 냉각수 온도가 낮을 때 점화시기를 일정량 진각시켜 운전성능을 향상시키는 것이다.

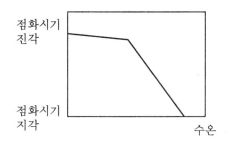

[그림 65] 냉각수 온도에 따른 점화시기 보정 제어

공회전속도 안정화 보정은 그림 66에서 보듯이 공회전속도가 감소될 때 점화시기를 빠르게 하여(진각시켜) 엔진 토크를 증가시켜 안정화시키고, 공회전속도가 상승될 때 점화시기를 늦추어(지각시켜) 공회전속도를 안정화시킨다. 또한 각종 전기부하의 변화에 대해서도 점화시기를 보정한다.

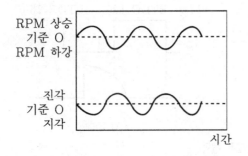

[그림 66] 공회전 속도변화에 따른 점화시기 보정제어

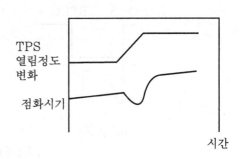

[그림 67] 가속할 때 점화시기 보정제어

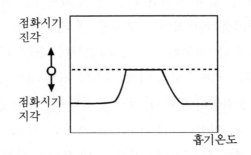

[그림 68] 흡기온도 변화에 따른 점화시기 보정제어

가변 지연 보정제어는 급가속을 할 때 엔진 부하의 급상승으로 노크(knock)가 발생할 수 있으므로 순간적으로 점화시기를 지각시켜 노크발생을 저지한다. 흡기온도 보정은 흡기온도에 따라 진각 또는 지각하여 노크발생 저하 및 연소상태를 최적화 시킨다.

6.3. 점화시스템 점검

6.3.1. 점화코일 점검

[1] 전원전압 및 점화 1차, 2차코일 저항 점검(SOHC)

IG/ON상태에서 하네스측 커넥터 (+)단자에 전압계를 설치하여 전압을 측정하여 배터리 전압이 나오는지 확인한다. 멀티미터를 이용하여 점화 1차코일 (+)단자와 (-)단자 사이의 저항을 측정한다(0.8±0.08Ω). 그리고 점화 2차코일 (+)단자와 고전압 터미널 사이의 저항을 측정한다(12±1.21KΩ).

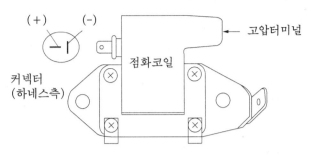

[그림 69] SOHC용 점화코일의 구조

[2] 점화 1차, 2차 코일 저항 점검(DOHC)

멀티미터를 이용하여 점화 1차코일 1번 단자와 4번 단자 및 2번 단자와 3번 단자사이의 저항을 측정한다(1차 코일의 저항 : 12±1.21Ω). 멀티미터를 이용하여 1번, 4번 및 2번, 3번 실린더용 고압 터미널사이의 저항을 측정한다(2차 코일의 저항 : 12± 1.8KΩ). 점화 2차 코일 저항을 측정할 때에는 점화코일의 커넥터를 탈거한 후 작업해야 한다.

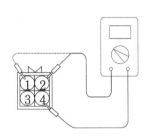

[그림 70] 점화 1차 코일의 저항측정(DOHC)

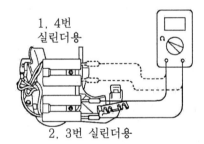

[그림 71] 점화 2차 코일의 저항측정(DOHC)

6.3.2. 파워 TR 점검

[1] 파워 TR 점검(SOHC)

파워 트랜지스터는 ECU에서의 점화신호에 의해 점화 1차 코일에 흐르는 전류를 차단하는 기능을 한다. 일반적으로 흡기다기관 부근에 설치되어 있으나, 일부 엔진에서는 ECU 내부에 설치하는 경우도 있다. 파워 트랜지스터는 3개의 단자로 구성된 경우와 2개의 트랜지스터를 사용하여 6개의 단자로 구성된 경우가 있다.

그림 72는 3개의 단자로 구성된 파워 트랜지스터의 회로 및 단자의 구성을 나타낸 것이다. 1번은 컬렉터단자이며 점화 1차 코일과 연결되고, 2번은 이미터 단자로 접지 단자이다. 3번은 베이스 단자로 ECU로부터 점화신호가 입력된다. 3V 전원의 (-)터미널을 파워 트랜지스터 커넥터 2번 단자에 연결하고 (+)터미널을 3번 단자에 연결한 후 1번-2번 단자사이의 통전성을 점검한다. 작동 불량 시 파워 TR을 교환한다.

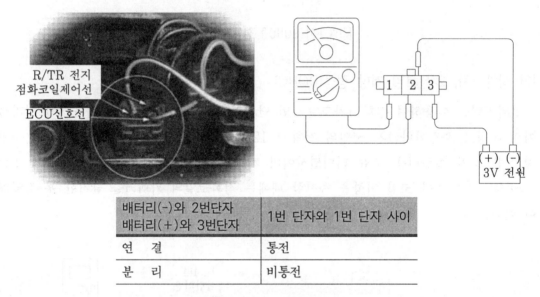

배터리(-)와 2번단자 배터리(+)와 3번단자	1번 단자와 1번 단자 사이
연 결	통전
분 리	비통전

[그림 72] 파워TR 점검(SOHC)

[2] 파워 TR 점검(DOHC)

1.5V 전원의 (-)터미널을 파워 트랜지스터 커넥터 3번 단자에 연결하고 (+)터미널을 4번 단자에 연결한 후 3번-5번 단자사이의 통전성을 점검한다(1번-4번용 파워 TR). 반드시 멀티테스터 (-)프로브를 5번 단자에 연결한다.

배터리(-)와 3번 단자 배터리(+)와 4번 단자	5번 단자와 3번 단자 사이
연 결	통전
분 리	비통전

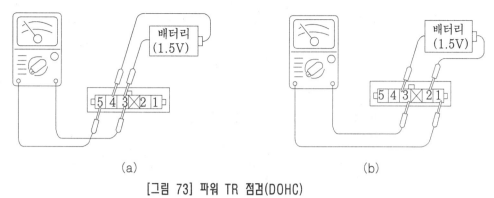

(a)   (b)

[그림 73] 파워 TR 점검(DOHC)

    1.5V 전원의 (-)터미널을 파워 트랜지스터 커넥터 3번 단자에 연결하고 (+)터미널을 2번 단자에 연결한 후 1번-3번 단자사이의 통전성을 점검한다(2번-3번용 파워 TR). 반드시 멀티테스터 (-)프로브를 1번 단자에 연결한다.

배터리(-)와 3번 단자 배터리(+)와 2번 단자	1번 단자와 3번 단자 사이
연 결	통전
분 리	비통전

[3] 파워 TR 접지회로 통전선 점검

    그림 74는 2개의 트랜지스터를 사용하는 6단자 파워 트랜지스터의 회로 및 단자를 나타낸 것이다. 기본적인 점검은 베이스단자에 전원을 공급할 때 순방향으로는 통전되고, 역방향에서는 통전되지 않아야 한다.

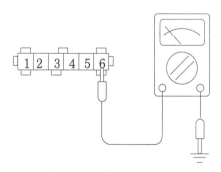

[그림 74] 파워TR 접지회로 통전성 점검(DOHC)

또한, 베이스 단자에 전원 공급을 차단하면 통전되지 않는다. 파워 TR 커넥터를 분리한 후 하네스측 6번 단자와 차체 또는 배터리(-) 사이의 통전성을 점검한다.

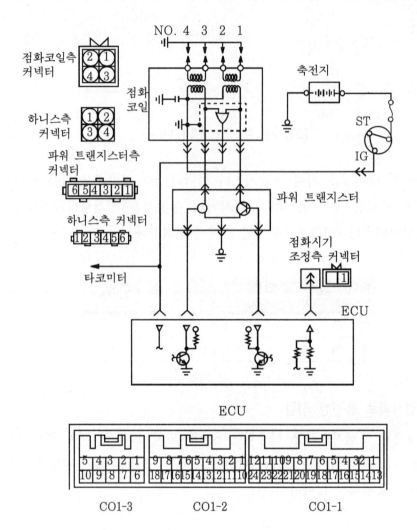

[그림 75] DIS 점화회로도(DOHC)

6.3.3. 점화회로 선간전압 점검(전원점검)

엔진은 크랭킹 또는 시동 ON한 후 오실로스코프 CH1(+적색 프로브) : 배터리(+)에 연결, CH1(-흑색 프로브) : 점화코일 전원선에 연결한다. 크랭킹시 점화 2차 또는 1차 에너지가 부족할 경우, 시동이 지연될 경우, 점화코일 1차측 전원검사를 주목적으로 한다. 전원선 선간전압은 1.5V 이하가 나와야 한다.

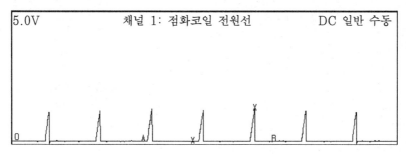

[그림 76] 점화코일 전원선 선간전압 출력파형

6.3.4. 점화 1차 파형 점검

[1] 점화 1차 파형 측정

점화 1차 파형은 점화장치의 1차 쪽에서 발생하는 전압변화를 나타낸다. 즉, 점화 1차 코일에 흐르는 전류가 차단되는 순간에 1차 코일에서는 자기 유도작용에 의하여 역기전력이 발생하고 이것이 점화 2차 코일 쪽에서 높은 전압을 유도하게 된다. 따라서 점화 1차 코일에서 발생하는 전압은 점화 2차 쪽의 높은 전압보다 훨씬 작은 값을 나타낸다.

일반적으로 점화 1차 쪽에서 발생하는 역기전력의 크기는 트랜지스터 방식의 경우는 약 300~400V 정도이므로 오실로스코프의 눈금을 최대 측정범위로 설정하여 측정하여야 한다. 점화 1차 파형은 점화에너지 부족 여부를 판단, 급가속 시험을 통한 점화계통 불량 확인 시, 연비불량 확인 시, 공회전 부조 시, 출력, 가속 불량 시 이 검사를 실시한다. 소전류 프로브를 영점 조정한다. 소전류 프로브를 측정하고자 하는 점화코일(-)에 물린다(화살표가 코일 반대쪽을 향하도록 한다).

⑴ 점화 서지전압(피크) 측정이 가능한 차량

오실로스코프 CH1(+적색 프로브) : 소전류 프로브가 연결된 코일(-)에 연결, CH1(-흑색 프로브) : 배터리(-)에 연결한다.

⑵ 점화 서지전압(피크) 측정이 불가능한 차량

① 오실로스코프 CH1(+적색 프로브) : 소전류 프로브가 연결된 파워 TR 베이스단 자에 연결, CH1(-흑색 프로브) : 배터리(-)에 연결한다.

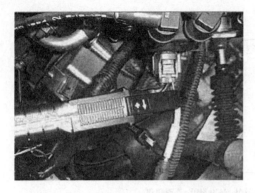(a) 서지측정 가능 차량   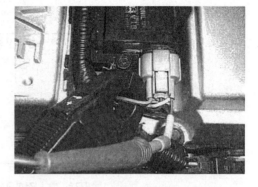(b) 서지측정 불가능 차량

[그림 77] 점화 1차 파형 점검

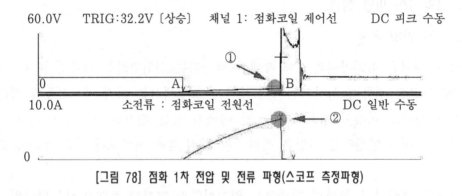

60.0V   TRIG:32.2V〔상승〕   채널 1: 점화코일 제어선   DC 피크 수동

①

0   A   B

10.0A   소전류 : 점화코일 전원선   DC 일반 수동

②

0

[그림 78] 점화 1차 전압 및 전류 파형(스코프 측정파형)

② 시동을 ON 한 후 전기부하(에어컨 ON)를 건다.

③ 검사를 시작한다(공회전 ~ 4000rpm까지 가속).

[2] 점화 1차 파형의 분석

그림 79는 전형적인 점화 1차 파형이다. 그림에서 a부분은 점화 1차 코일에서 전류의 흐름이 차단되는 위치이며, 이론 인해 점화 1차 코일에는 자기 유도작용에 의하여 약 300V 정도의 역기전력이 발생하고 점화 2차 코일쪽에 높은 전압을 유도한다. 즉, c~d부분은 점화 1차 코일에서 발생하는 자기 유도전압의 크기이며, 점화 1차 코일의 인덕턴스와 점화 1차 코일에서의 전류 변화율의 곱으로 나타낸다. e~f부분은 점화플러그에서 불꽃이 지속되는 구간(또는 점화플러그의 방전시간)이다. f~g부분은 점화 2차 파형에서와 같이 점화 1차 코일의 잔류 에너지가 진동 전류로 방출되어 소멸된다. b~c부분은 점화 1차 코일에 전류가 흐르는 구간이며, 일반적으로 드웰구간(dwell time)이라 한다.

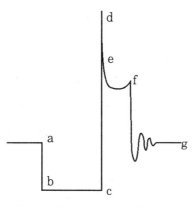

[그림 79] 점화 1차 파형의 형태

　일부의 엔진에서는 고속에서도 충분한 점화 에너지를 얻기 위하여 점화 1차 코일의 권수를 작게 하는 경우가 있다. 이런 경우 저속에서 점화 1차 코일에 너무 많은 전류가 흘러 점화코일이 과열하므로 점화코일 및 트랜지스터에 악 영향을 준다. 따라서 저속에서 일정한 양의 에너지를 얻은 후 1차 전류를 제한하여 점화코일의 발열을 억제하고 고속에서 전류의 상승을 빠르게 하여 충분한 점화에너지를 얻는 방식도 있다. 이러한 형식을 전류 제한형이라 한다.

　그림 80은 전류 제한형의 점화 1차 파형의 예를 나타내었다. 그림에서 A부분(드웰구간)은 엔진 회전속도에 따라서 변화하며, 저속에서는 작고, 고속일 경우에는 길어진다. B부분은 전류 제한구간이며, C부분은 불꽃 지속구간이다. 최근의 전자제어 방식 점화장치에서는 ECU에서 엔진의 회전속도에 따라 충분한 에너지를 확보할 수 있도록 드웰구간을 제어한다.

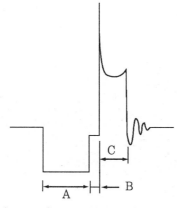

[그림 80] 전류 제한형 점화 1차파형

6.3.5. 점화 2차 파형 점검

[1] 점화 2차 파형 측정

점화파형을 측정하기 위해서는 오실로스코프 등을 사용한다. 오실로스코프에 의한 점화장치의 진단은 오실로스코프 화면에 측정된 파형을 정상적인 파형과 비교 분석하므로써 가능하다. 특히, 오실로스코프의 경우는 점화 2차의 고 전압을 측정하는 것이 가능한 지를 점검하는 것이 필요하다.

또한 사용하는 측정기와 엔진의 점화장치 구성에 따라 측정과정이 다를 수 있으므로 해당 엔진과 오실로스코프의 정비지침서 및 사용설명서를 이용하도록 한다. 점화 2차 파형은 각 실린더의 피크전압 높이를 비교하여 플러그 갭을 확인할 수 있다. 그리고 각 실린더 불꽃지속시간을 비교하여 플러그 오염이나 고압선 누전을 점검할 수 있다.

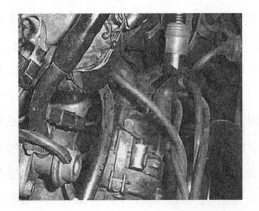 

(a) 배전기 장착 차량

(b) DLI 차량

[그림 81] 점화 2차 파형 측정

기계적 문제인 밸브, 압축압력, 벨트 등이 점화 2차에 영향을 줄 수 있으므로 먼저 기계적인 문제를 점검한다. 점화 2차 파형 측정 요령은 다음과 같다.

① 트리거 픽업을 1번 고압선에 물린다.

② 적색 2차 프로브 : 배전기 중심 고압 케이블에 연결한다.

③ 시동을 건 후 전기부하(에어컨 ON)를 건다.

④ 검사를 시작한다.

⑤ 진단장비를 켠 상태에서 적색프로브를 고압선에 장착하여 파형이 정상이면 정극성, 뒤집혀 거꾸로 보이면 역극성임.

[2] 점화 2차 파형의 의미

그림 82는 전형적인 2차 파형의 예를 나타내었다. 그림에서 A부분은 파워 트랜지스터가 OFF되는 순간을 나타내며, 이때 점화코일에 흐르는 1차 전류가 차단되고 2차 전압이 상승하기 시작한다. 즉, 점화코일의 자기 유도작용과 상호 유도작용에 의하여 점화 2차 코일에서 고 전압이 유도되는 것이다. B부분은 점화플러그에서 불꽃방전이 발생하는 점화전압이며, A－B부분을 점화라인(firing line)이라 한다. 점화라인의 높이는 점화플러그 전극부분의 간극과 배전기 캡과 로터사이의 간극 저항을 이겨내어 불꽃을 발생하기에 필요한 점화코일의 출력 전압을 나타낸다.

점화플러그 전극부분의 간극을 통과하여 한번 점화가 발생하면 불꽃을 유지하기 위해 필요한 전압은 낮아진다. 따라서, 전압은 C부분에서 낮아진다. C－D구간은 불꽃 지속 기간 또는 스파크 라인(spark line)이라 한다. 즉, 이 구간은 불꽃이 지속되는 구간이며, 일반적으로 1.0~2.0mS의 시간이 소요된다. D부분에서는 점화코일에 남아 있는 에너지가 충분하지 못하여 불꽃을 유지하지 못하는 구간이며 불꽃이 소멸된다.

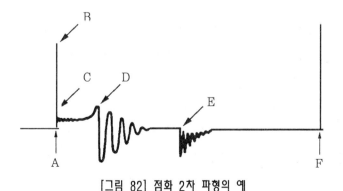

[그림 82] 점화 2차 파형의 예

그러나 점화코일에는 작은 양의 에너지가 남아 있어 D - E구간에서 감쇠 진동을 하면서 사라진다. E부분은 파워 트랜지스터가 ON상태로 된다. E - F구간은 점화 1차 코일에 전류가 흘러 1차 에너지가 충전되는 시간을 나타내며, 드웰구간(dwell time)이라 한다. F지점에서 다시 파워 트랜지스터가 OFF되어 앞에서 설명한 과정을 반복한다. 대부분의 전자제어 점화장치에서는 드웰구간이 변화한다. 즉, 엔진의 회전속도가 증가하면서 드웰구간이 증가하게 되어 점화에 필요한 에너지를 확보하게 된다.

[3] 점화 2차 파형의 분석

점화전압이 다른 나머지 것들보다 더 높은 경우는 점화플러그 전극부분의 간극이 더 넓은 경우이며, 낮은 경우는 더 좁은 경우이다. 혼합기의 분배가 불균일하거나 인젝터가 막힌 경우에도 역시 점화전압의 변화 원인이 될 수 있다. 즉, 점화플러그의 요구 전압이 높아지는 조건이 발생하면 2차 파형의 점화 전압(A - B부분)은 높아진다. 점화플러그의 요구전압에 영향을 주는 인자는 다음과 같다.

① 점화플러그 전극부분의 간극
② 실린더 내의 압축 압력
③ 점화플러그 전극부분의 온도
④ 공기와 연료의 공연비
⑤ 점화시기
⑥ 배기가스 재순환(EGR) 량

또한, 점화플러그 전극부분의 간극이 클수록 요구전압이 높아진다. 따라서 주행거리에 따라 점화플러그의 중심전극이 마모되면 신품을 사용할 때보다도 요구전압이 높아진다. 그리고 압축압력이 높아질수록 점화플러그 전극부분의 간극사이에 존재하는 혼합기의 밀도가 높아지므로 그 만큼 요구 전압은 높아진다. 또한 점화플러그 중심전극의 온도가 높아질수록 전극에서의 전자방출이 활발해져 방전하기 쉬운상태가 되므로 전극의 온도가 상승하면 요구전압이 감소한다. 공연비는 희박할수록 더 높은 점화전압이 요구된다.

점화시기가 빨라질수록 압축압력이 충분히 높아지지 않은 상태에서 점화가 되기 때문에 요구전압은 낮아진다. 배기가스 재순환 양이 많아질수록 연소 온도가 낮아지므로 전극의 온도가 낮아져 요구전압은 높아진다.

이외에도 중심전극의 굵기, 전극 형상, 습도, 극성 등도 요구전압에 영향을 준다. 점화파형에서 이상이 있는 경우는 하나의 특정한 실린더에서 이상이 있는지 또는 전체의 실린더에서 이상이 있는지를 파악함으로써 이상 원인을 쉽게 추정할 수 있다. 즉, 모든 실린더가 다 같이 이상 전압을 나타낼 때에는 그 공통부분(예; 배전기 로터의 간극, 혼합기의 상태 등)에 이상이 있는 것으로 판단하고, 특정 실린더 만 이상이 있을 때에는 그 실린더에 해당하는 사항(예; 고압 케이블, 해당 실린더의 압축비 및 혼합기상태, 점화플러그 전극부분의 간극 등)을 점검한다.

이와 같은 것을 점검하기 위해서는 그림 83과 같이 각각의 파형을 연속적으로 나타나도록 측정하면 쉽게 점검할 수 있다. 점화전압은 모든 실린더에서 균일하게 규정값 이내에 있어야 하며, 각 실린더 사이의 불균형은 3kV 이내이어야 한다.

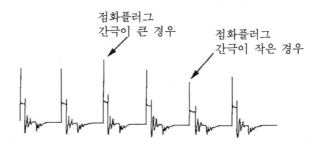

[그림 83] 연속적으로 나타난 점화 2차 파형의 예

그림 84는 불꽃이 존재하지 않는 경우를 나타낸 것이다. 이러한 현상은 하나 또는 더 이상의 실린더에서 발생할 수 있으며, 만약 전체 실린더에서 이러한 현상이 발생하면 점화코일에서 충분한 고 전압을 발생하지 못하는 경우이다.

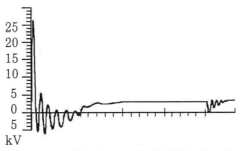

[그림 84] 고압 케이블 단선으로 불꽃이 발생하지 않는 경우의 점화 파형

점화플러그 전극부분의 간극이 정상이라면 점화코일에 결함이 있거나 점화코일의 보호장치가 매우 불량하게 된 경우이다. 배전기 로터가 파손되거나 마모된 경우 또는 배전기 캡의 균열 등도 같은 현상을 나타내며, 이러한 것들도 로터와 배전기 캡사이의 간극을 크게 하는 결과가 된다.

스파크라인은 그림 85의 A부분과 같이 직선이거나 거의 수평이어야 한다. B부분은 스파크라인의 시작점은 정상이지만 위로 경사진 형태를 나타내고 있다. 이것은 점화플러그 전극부분의 간극이 넓은 경우를 나타내며 이러한 현상은 매우 희박한 혼합기, 높은 압축비, 점화플러그 전극의 마모 등에 의한 것도 원인이 될 수 있다. 2차 저항은 스파크라인이 아래로 경사지는 원인이 된다.

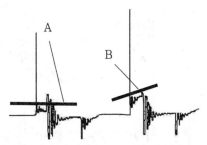

[그림 85] 점화파형의 스파크라인 분석(점화플러그 간극이 큰 경우)

그림 86은 과도한 저항에 의한 현상을 보여 준다. 그림의 A부분은 고압케이블의 높은 저항에 의하여 점화 전압도 높아짐을 나타내며, B부분은 스파크라인이 정상보다 높은 부분에서 시작하여 아래로 경사진 형태로 나타난다. 이것이 하나의 특정 실린더에서만 나타나면 고압케이블의 결함 또는 배전가 캡 내에 있는 고압케이블 보호장치의 부식 등이 원인이다.

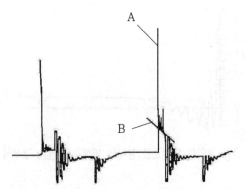

[그림 86] 고압 케이블의 높은 저항에 의한 스파크라인의 파형

이 현상이 모든 실린더에서 발생하면 점화코일과 배전기 캡사이의 배선, 코일 보호장치, 배전기 캡 내부의 중심 코드 보호장치 등에서 문제가 발생한 것이다. 이러한 파형은 실린더 외부의 과도한 저항과도 관계가 있다.

그림 87은 길고 낮은 스파크라인을 나타내고 있으며, 점화플러그 전극부분의 간극이 너무 작은 경우이다. 그림에서 A부분은 점화전압이 낮은 것을 나타내고, B부분은 불꽃 지속기간이 정상보다 긴 경우를 나타내고 있다. 이것은 점화플러그 전극부분이 젖어 있거나 단락 또는 고압케이블의 단락, 배전기 캡 내부의 카본 퇴적에 의한 것일 수도 있다.

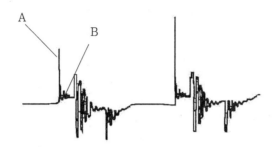

[그림 87] 점화플러그 전극부분의 간극이 작은 경우의 스파크라인 파형

그림 88은 스파크 라인의 구분이 모호하게 붕괴된 경우를 나타내고 있으며, 점화 시간 동안에 실린더 내의 조건이 변화된 것이 그 원인이다. 변화된 조건은 혼합기의 분포에 관계된다. 예를 들어 연소실 내의 공기가 누출되어 간헐적으로 불꽃이 꺼졌다가 다시 연소하는 경우 등이다.

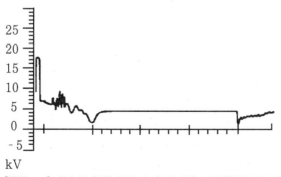

[그림 88] 연소실 내에 공기 누출에 의한 스파크라인의 파형

[점화특성인자]

항 목		피크전압(KV)	점화전압(KV)	점화시간(ms)
점화플러그 간극	넓을 때	높아진다	높아진다	짧아진다
	좁을 때	낮아진다	낮아진다	길어진다
고압선	단선	높아진다	높아진다	짧아진다
	누전	낮아진다	낮아진다	길어진다
혼합비	농후	낮아진다	낮아진다	길어진다
	희박	높아진다	높아진다	짧아진다
압축압력	높을 때	높아진다	높아진다	짧아진다
	낮을 때	낮아진다	낮아진다	길어진다
연소실온도	높을 때	낮아진다	낮아진다	길어진다
	낮을 때	높아진다	높아진다	짧아진다

6.3.6. 점화 신호의 규칙성 점검

점화신호의 규칙성 점검은 비정상적인 엔진의 진동, 공회전 또는 특정 영역에서 엔진의 부조, 출력저하 발생시 이 검사를 실시한다. 오실로스코프 CH1(+적색프로브) : 파워 TR 제어선(컬렉터 배선)에 연결, CH1(-흑색프로브) : 배터리(-)에 연결한 후 시동을 걸고 검사를 시작한다.

그림 89는 점화1차 직렬파형이다. 점화신호의 규칙성은 각 실린더의 1차 전압의 크기, 드웰타임 등을 비교 분석하여 일정한 값을 나타내어야 한다.

600.0V TRIG:105.9V 〔상승〕 채널 1: 파워 TR 컬렉터   DC 피크 수동

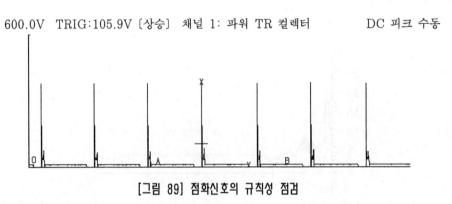

[그림 89] 점화신호의 규칙성 점검

7. 노크제어(knock control)

7.1. 가솔린엔진의 노크 발생원인

가솔린엔진에서의 노크는 혼합기가 연소할 때 연소실 내의 말단 가스(end gas)가 급격히 자연발화하여 일어나며, 이때 연소실 내의 큰 압력 불평형에 의하여 발생한 압력파가 연소실 벽에 충격을 가하여 노크음을 발생시키는 것이다.

점화플러그로부터 확산되는 화염면은 가연가스 부분의 팽창에 의하여 미연소가스 부분을 압축해가면서 진행하므로 미연소가스 부분은 온도·압력이 상승하고, 과산화물과 알데히드 등의 중간 생성물이 화염에 도달하기 전에 생성된다. 이때 온도·압력조건이 연료의 연소한계를 초과하면 자연착화에 이르게 된다. 따라서, 노크의 강도는 자연 착화하는 미연소가스의 양에 따라 결정된다.

노크음의 기본 주파수는 실린더 안지름과 가스 온도에 따라 주로 결정되며 실린더 안지름이 80mm 정도의 경우 약 7kHz 전후가 된다. 노크는 저속·고 부하영역에서 발생하는 경우와 고속·고 부하 영역에서 발생하는 2가지의 경우가 있다. 저속에서의 가벼운 노크는 가청(可聽) 수준의 소음을 동반하지만, 고속에서의 강한 노크는 압력 상승률, 연소실 최고 압력을 증대시키고 가스의 진동으로 연소실 벽과 피스톤으로의 열 전달율을 향상시키기 때문에 피스톤이나 피스톤 링의 고착 및 손상 개스킷의 파손, 심한 경우는 베어링의 이상 마모 등의 장애를 발생시킨다.

노크발생의 가장 큰 원인은 화염전파 속도이다. 즉, 정상적인 화염전파 속도가 빠르면 말단 가스가 자연착화하기 전에 정상의 화염이 도착하여 연소가 이루어지므로 노크발생을 억제시킬 수 있다.

일반적으로 노크발생을 억제하는 방법에는 옥탄가가 높은 연료를 사용하거나, 말단 가스의 온도와 압력을 저하시키고 연소기간을 단축시키는 것이다. 구체적인 방법은 다음과 같다.

① 압축비를 낮춘다.

② 연소실 형상, 점화장치의 최적화에 의하여 화염 전파거리를 단축시킨다.

③ 말단 가스의 위치가 배기밸브로부터 멀리 떨어지도록 한다.

④ 스쿼시(squish), 와류(swirl) 등을 이용한 난류 강도의 증대로 화염 전파 속도를 높이고 연소 기간을 단축시킨다.

그러나 위와 같은 방법은 엔진을 제작할 때 설계에서 고려할 문제점이고, 제원이 결정된 경우에는 다음과 같은 방법을 사용한다.

① 점화시기를 늦춘다.

② 회전속도를 높인다.

③ 냉각수 온도를 낮춘다.

④ 흡입공기 온도를 낮춘다.

이 중에서 점화시기는 엔진 노크발생과 밀접한 관계가 있으며, 이 점화시기를 조절하여 노크발생을 억제시키는 것이 현재 사용되고 있는 노크 제어방식이다. 또한, 엔진의 최대 토크를 발생시키는 점화시기도 노크를 발생시키는 점화시기 부분에 있으므로 점화시기를 설정할 때에는 노크 한계로부터 어느 정도 여유를 가지고 점화시기를 결정하여야 한다.

그림 90은 점화시기와 노크와의 관계를 나타낸 것이다. 노크제어를 하지 않는 경우에는 안전을 고려하여 최대 토크를 발생시키는 점화시기로부터 지각시킨 지점에서 점화시기가 설정되므로 그 만큼 토크가 저하한다. 그러나 노크 한계 가까이 점화시기를 진각시키게 되면 그 만큼 엔진의 출력을 보다 유효하게 얻을 수 있는 장점이 있다.

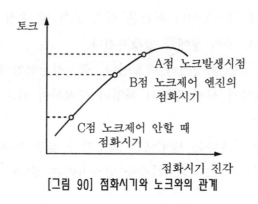

[그림 90] 점화시기와 노크와의 관계

7.2. 노크제어의 개요

엔진에서 노크의 제어는 노크가 발생하는 한계에서 점화시기를 제어하여 엔진의 효율을 향상시키고, 출력 및 연료 소비율 향상을 목적으로 한다. 또한, 엔진을 설계할 때 노크가 가능한 한 발생하지 않도록 최적의 조건으로 설계를 하지만 실제 엔진 운전에서는 연료의 옥탄가가 변화할 수 있다. 그리고 연소실 내에는 카본 등이 많은 양 부착되어 압축비가 높아지기도 한다.

따라서, 노크 제어장치는 노크가 발생하는 상태를 노크 센서로 검출하여 점화시기를 항상 노크가 발생하기 직전의 위치로 제어하여 엔진의 출력 향상과 연료 소비율 감소에 의한 엔진 효율의 향상이나 옥탄가가 다른 연료의 혼용에도 효과적으로 대응할 수 있도록 한다.

7.3. 노크 제어장치

노크 제어장치는 노크발생 유무를 검출하는 센서와 ECU로 구성된다. 노크센서는 실린더블록에 설치되며, 노크가 발생할 때 진동에 따른 출력전압을 발생한다. 노크가 발생할 경우 노크 센서는 그림 91에 나타낸 것과 같은 출력파형을 나타내었다. 즉, 노크가 발생하면 출력 진폭이 커지며, 이를 기준으로 ECU는 노크를 판정하여 제어한다.

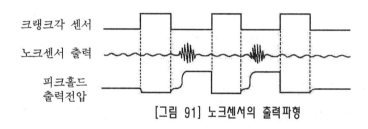

[그림 91] 노크센서의 출력파형

그림 92는 노크센서 신호처리 과정을 나타낸 것이다. 노크센서로부터의 신호는 매우 많은 주파수 성분을 포함하고 있으므로 필터회로에 의해 노크신호를 다른 주파수와 분리하고 그 신호의 최대값을 노크판정 기준값과 비교하여 노크가 발생하고 있는 가를 검출한다.

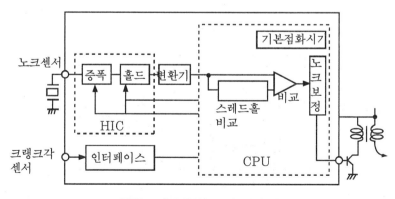

[그림 92] 노크센서의 출력신호 처리과정

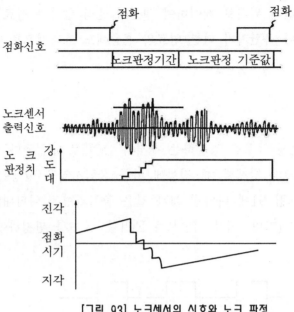

[그림 93] 노크센서의 신호와 노크 판정

이와 같은 노크 판정은 항상하는 것이 아니라, 그림 94에 나타낸 바와 같이 점화 직후 노크가 발생 가능한 영역으로 판정 기간을 설정하여 그 판정기간에 센서가 출력한 신호를 이용하여 처리한다. 이것은 엔진이 가동될 때 여러 종류의 진동이 있으므로 다른 진동과의 오판정을 방지하기 위함이다. ECU는 노크를 검출하였을 때에는 점화시기를 늦추고, 노크가 없으면 천천히 진각시키는 피드백 제어의 형태를 취한다.

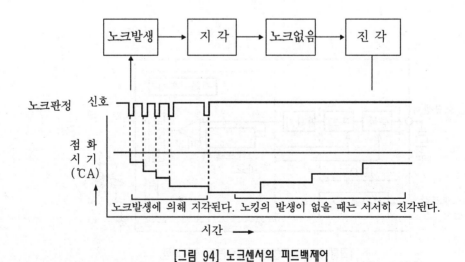

[그림 94] 노크센서의 피드백제어

8. 배출가스 제어

8.1. 배출가스의 개요

자동차의 내구연수(耐久年數)나 생산대수의 증가에 따라 자동차의 배출 가스나 오염물질로 인하여 대기 및 환경오염 등이 사회적으로 큰 문제가 되고 있으며 이를 규제하기 위한 법적 규제도 매우 강화되고 있다. 자동차에서 발생되는 배출가스는 주로 배기 파이프에서 배출되는 배기가스(exhaust gas), 기관 크랭크케이스에서의 블로바이 가스 및 연료탱크나 기화기에서 발생되는 연료증발가스(fuel evaporation gas)가 있다.

자동차에 의한 대기오염의 제 1주범은 주로 주행중에 대기로 방출하는 배기가스이며 이들 배기가스 중에 포함되어 있는 일산화탄소(CO)는 혈액중의 헤모글로빈(hemoglobin)과 결합되기 쉽고, 고농도로 되면 산소결핍증의 원인이 된다.

탄화수소(HC)와 질소산화물(NOx)은 대기중에서 태양에너지에 의하여 광화학반응을 일으켜 오존(O_3), 팬(pan), 알데히드(aldehyde)류와 같은 옥시던트(oxident)를 형성하여 광화학스모그(photochemical smog)현상을 일으킨다. 일반적으로 자동차의 배출가스 중 배기가스는 약 60%, 크랭크실 블로바이 가스는 약 25%, 그리고 연료 증발가스는 약 20%의 비율을 가진다.

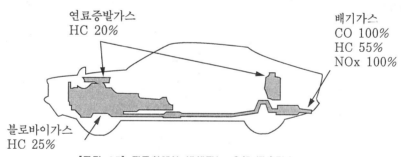

연료증발가스
HC 20%

배기가스
CO 100%
HC 55%
NOx 100%

블로바이가스
HC 25%

[그림 95] 자동차에서 발생되는 유해 배출가스

8.1.1. 배기가스(exhaust gas)

기관 연소실에서 연료를 완전연소시킬 수 있다면 연료의 주성분인 탄화수소는 산소와 결합하여 수증기와 이산화탄소(CO_2)만을 배출시켜야 하나 실제 기관에서 완전연소가 불가능하고 공기중에는 산소 이외의 물질이 함유되어 있기 때문에 연소 후 유해 배기가스를 배출하게 된다.

가솔린기관에서 연소 후 배출되는 유해 연소생성물에는 일산화탄소(CO), 미연탄화수소(HC) 및 질소산화물(NOx)이 있다. 연소중에 연료는 공기중의 산소(O_2)와 반응하며 그 일부가 불완전연소하여 CO와 HC를 발생시키고, 공기중의 질소(N_2)와 반응하여 NO, NO_2 등의 질소산화물(NOx)이 발생된다. 이들의 배출가스의 양은 공연비, 연소온도, 배기온도 등에 따라 변화하므로 기관의 성능을 악화시키지 않는 조건하의 배기정화장치를 장착하거나 기관의 개량, 혼합기형성 장치의 개량, 점화장치의 개량 등을 통하여 이들을 저감시키고 있다.

디젤기관에서는 과잉공기율로 인하여 CO, HC의 배출은 적으나 NOx의 배출량이 많고 불완전연소에 의한 카본입자(particular matter : PM)가 배출된다. 따라서 디젤기관의 배기가스 저감은 연소실의 개량, 분사장치의 개량 등으로 해결하고 있다.

[1] 일산화탄소(CO : carbon monoxide)

연소시 산소의 공급이 불충분하면 불완전연소를 하여 일산화탄소가 발생된다. 이 일산화탄소는 무색, 무취로써 인체에 흡수되면 산소 대신 적혈구에 흡수되어 산소부족현상이 발생하며 소량일 경우 두통, 현기증이 발생하나 대량이 흡수될 경우 사망을 초래한다. 일산화탄소의 배출량은 기관에 공급되는 혼합기의 공연비에 좌우하며 희박공연비일 경우 CO 농도는 낮으나 농후공연비일 경우 높아진다.

[2] 미연 탄화수소(HC : unburned hydro carbon)

가솔린 연료는 탄소와 수소로 결합된 탄화수소 화합물로써 불완전연소에 의하여 발생할 뿐만 아니라 블로바이가스(blow by gas) 또는 연료증발가스에도 포함되어 있다.

탄화수소는 공기부족에 의한 불완전 연소시에 주로 발생되는데 실린더 또는 연소실 벽쪽은 저온이므로 이 부분에서는 연소온도에 이르지 못하고 화염이 전달되지 못하므로 미연소 HC가 발생되게 된다. 그리고 인체에 흡입시 호흡기 계통에 자극을 주며 산화되면 알데히드류로 변화하여 눈의 점막에 강한 자극을 준다. 기관에서 탄화수소가 발생되는 조건은 다음과 같다.

① 불완전 연소시
② 감속시
③ 희박공연비 상태시
④ 밸브오버랩시 혼합기배출

[3] 질소 산화물(NOx)

공기중에는 질소가 70% 이상이므로 연소시 질소와 산소가 반응하여 질소 산화물을 배출시킨다. 질소 산화물은 산화는 잘 되지 않지만 고온, 고압하에서는 산화되어 발생량이 증대된다. 이 질소 산화물 발생은 최고연소온도에 좌우되며 연소온도의 상승과 함께 급격히 증가하나 역으로 최고연소온도를 다소 낮추면 급격히 하락된다.

따라서, 배기가스를 연소실로 재순환(EGR)시킴으로써 최고연소온도나 압력을 낮추어 질소산환물의 발생을 줄이고 있다. 재순환되는 배기가스 중 불활성가스인 CO_2는 연소온도가 1500~1700℃ 이상으로 되면 열해리 현상이 발생되며 이로 인해 연소온도가 저하된다.

일반적으로 질소 산화물 배출은 이론공연비 부근에서 최대가 되며 희박하거나 농후한 공연비 상태가 되면 급격히 저하한다. 그리고 점화시기가 늦어짐에 따라 연소온도가 저하하여 탄화수소 및 질소 산화물 배출은 저하된다.

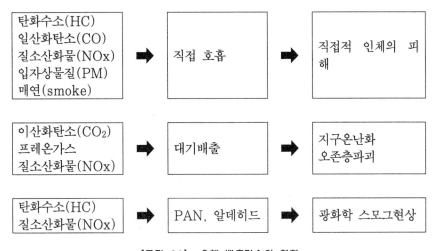

[그림 96] 유해 배출가스의 영향

8.1.2. 블로바이가스(blowby gas)

압축행정이나 폭발행정시 실린더와 피스톤사이의 간극으로 연소실 내의 연소가스가 크랭크케이스로 누설되는 가스를 블로바이가스라 한다. 블로바이가스의 대부분은 미연탄화수소이며 이를 처리하기 위하여 PCV(positive crankcase ventilation)밸브를 로커암 커버에 장착하고 있으며 블로바이가스를 흡기계통으로 보내어 재연소 시킨다.

8.1.3. 연료증발가스(fuel evaporation gas)

연료증발가스는 기화기나 연료탱크내의 가솔린이 증발하여 대기중으로 방출되는 연료 증발가스를 말하며 주로 탄화수소이다. 연료증발가스는 블로바이가스와 마찬가지로 대기중에 방출되지 않도록 활성탄을 이용한 캐니스터(canister)에 저장한 후 설정 운전 조건이 되었을 때 흡기계통으로 보내어 재 연소시키고 있다.

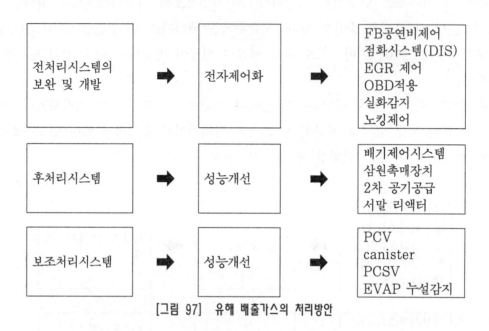

[그림 97] 유해 배출가스의 처리방안

[유해배출가스 처리장치]

처리항목	장 치
배기가스	삼원촉매장치(TCC : threeway catalytic converter)
연료증발가스	차콜 캐니스터, PCV/PCSV(purge control solenoid valve)
블로바이가스	PCV(positive crankcase ventilation)밸브
NOx 저감	EGR(exhaust gas recirculation)밸브

8.2. 배출가스 제어시스템

8.2.1. 블로바이가스 제어

[1] 블로바이가스 제어 개요

기관 크랭크실의 환기문제는 자동차개발 초기부터 문제가 되어 왔다. 피스톤링이 새 것이든 사용되었건 간에 실린더벽과 피스톤사이에 완전한 밀봉은 불가능하다. 따라서, 압축행정이나 폭발행정시 발생하는 압력으로 인하여 혼합기나 미연가스가 피스톤링 틈새를 거쳐 크랭크케이스로 유입되며 이를 블로바이 가스(blowby gas)라 한다.

이러한 블로바이가스는 엔진오일의 윤활성을 저하시키고, 슬러지(sludge)를 형성시킨다. 또한 블로바이가스에 포함된 적은 양의 수분은 PH2 정도의 산성 물질로 엔진 내부를 부식시키는 원인이 되기도 한다. 따라서 크랭크케이스 환기장치(PCV : positive crank case ventilation)를 장착하여 블로바이 가스를 흡기계통으로 순환시켜 재연소시키고 있다.

[2] 블로바이가스 제어장치의 구성

최근의 자동차에는 대부분 밀폐식 PCV장치가 사용되고 있으며 PCV밸브의 형상이나 제어방식도 대부분 유사하다.

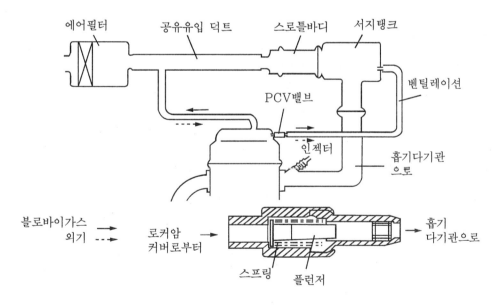

[그림 98] 밀폐식 PCV 시스템

일반적으로 블로바이 가스의 발생량은 기관에 작용하는 부하조건에 따라 달라진다. 즉, 경부하 또는 중부하 조건에서는 흡기다기관 부압의 정도에 따라 PCV밸브의 열림 정도에 따라 블로바이 가스량이 제어되어 흡기다기관으로 유입된다. 급가속 또는 고부하시에는 흡기다기관내 부압이 감소하여 PCV밸브의 열림 정도가 작아지므로 블로바이 가스는 PCV밸브보다는 브리더호스를 통하여 흡기다기관으로 유입되게 된다. 일부 차량에서는 블로바이 가스 중에 포함된 오일 미스트를 제거하는 장치를 두기도 한다.

오일 미스트가 흡입계통으로 들어오게 되면 엔진오일 소비 증대의 원인이 될 뿐만 아니라 흡입계통이 오일로 오염된다. 따라서, 블로바이 가스 중의 오일을 분리시켜 오일을 오일팬으로 되돌리는 것이 필요하다.

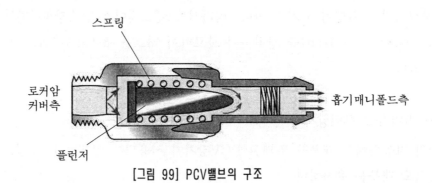

스프링

로커암
커버측

흡기매니폴드측

플런저

[그림 99] PCV밸브의 구조

[3] PCV밸브의 작동

블로바이 가스를 제어하는 PCV밸브의 가동은 흡기다기관의 부압에 의해 작동되며 엔진의 가동 조건에 따른다. 엔진의 가동이 정지된 경우에는 PCV밸브가 가동하지 않으며, 진공통로는 닫히게 된다.

공회전 및 감속할 때에는 진공도가 매우 높으므로 PCV밸브는 완전히 열리고 진공통로는 작아진다. 엔진이 정상 가동할 때에는 PCV밸브는 적당히 가동하며 진공 통로는 커진다. 가속 또는 고 부하 영역에서는 흡기다기관 진공도가 작아지므로 PCV밸브는 조금 가동하고 진공 통로는 완전히 열린다.

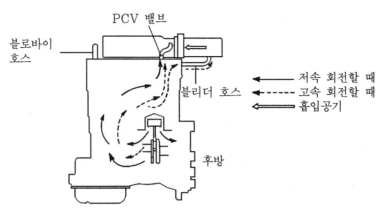

블로바이 호스

PCV 밸브

블리더 호스

저속 회전할 때
고속 회전할 때
흡입공기

후방

[그림 100] 블로바이 가스의 흐름

8.2.2. 배기가스 재순환 제어(EGR)

[1] 배기가스 재순환 제어 개요

배기가스 재순환(EGR ; exhaust gas recirculation)장치는 배기가스 중의 일부를 배기계통에서 흡입계통으로 재순환시켜 혼합기에 혼합시켜 연소실에 공급하는 장치이다. 배기가스를 재순환시키면 새로운 혼합기의 충전 효율은 낮아지며, 재순환된 배기가스는 불활성 가스(H_2O, N_2, CO_2) 등이 많이 포함되어 있기 때문에 연소 온도가 낮아져 질소 산화물의 생성을 억제시킬 수 있다. 즉, 배기가스를 재순환시켜 질소 산화물의 발생을 억제시키기 위해 사용하는 장치이다.

또한 적정량의 배기가스 재순환은 펌프 손실의 감소 및 연소가스 온도 저하에 따른 냉각수로의 냉각손실 저하, 가동 가스 조성의 변화에 의한 비열비 증대에 따라 사이클 효율 향상 등의 효과가 있으므로 점화시기를 적절히 제어하면 열효율 개선의 효과도 기대할 수 있다. 그러나 배기가스 재순환량이 증가하면 연소의 안정도가 떨어지고, 탄화수소의 발생이 증가하며 연료 소비율이 증가된다. 따라서, 질소 산화물의 배출량이 많은 엔진의 가동 조건에서 적정량의 배기가스 재순환량을 제어하는 것이 요구된다.

[2] 배기가스 재순환 제어장치의 구성

배기가스 재순환 가스를 흡입계통의 어느 위치로 공급하는 가에 따라 상류 배기가스 재순환과 하류 배기가스 재순환이 있다.

상류 배기가스 재순환은 스로틀밸브의 상류에 공급하는 것이며, 배기가스 재순환 가스 취출구의 배압과 스로틀밸브 상류부 입구의 압력 차이에 지배되므로 새로운 혼합기와 배기가스 재순환 가스를 거의 일정 비율로 용이하게 제어할 수 있으나, 저온에서는 수분이 스로틀밸브에서 결빙되는 현상이 일어나거나 오염 물질이 퇴적되는 현상이 발생할 수 있으므로 주의가 필요하다. 하류 배기가스 재순환은 저 부하 영역일수록 흡기다기관 부압이 높게 되어 압력차이가 커지기 때문에 배기가스 재 순환율이 커진다. 따라서 넓은 운전 조건에서 적절한 배기가스 재 순환율을 요구하는데 불리한 특성이 있으므로 배기가스 재순환량 제어장치가 필요하다.

위의 어느 경우나 배기가스 재순환 제어는 흡기다기관 부압과 배기 압력을 이용하는 기계적인 방법과 ECU에 의한 전자제어를 사용하는 방법이 있다. 일반적으로 배기가스 재 순환율 5~15% 정도의 소량(小量) 배기가스 재순환을 하는 경우에는 기계적인 방식을 채용하고, 배기가스 재 순환율 15~35% 정도의 대량(大量) 배기가스 재순환을 하는 경우에는 전자제어 방식을 사용한다.

그림 101은 전자제어식 배기가스 재순환장치의 구성부품을 나타낸 것으로 EGR밸브, EGR제어 솔레노이드밸브, ECU 및 각 센서 등으로 구성되어 있다. ECU는 기관 회전속도와 흡입공기량에 대응한 최적의 EGR량을 기준으로 하여 EGR제어 솔레노이드밸브에 통전되는 듀티비(duty ratio)를 제어하여 EGR량을 조절하고 있다.

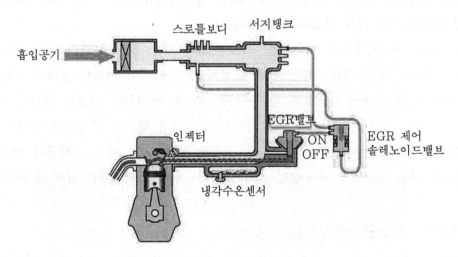

[그림 101] 배기가스 재 순환장치의 구성부품

일부에서는 EGR밸브에 밸브 위치센서를 부착하여 밸브의 개도를 직접 검출하여 운전조건에 따라 미리 설정된 목표개도로 되도록 하기 위하여 EGR밸브에 가해지는 부압을 솔레노이드밸브로 제어한다. 이 경우 운전조건에 대응하는 EGR밸브 제어 값은 ECU내의 ROM에 기억되어 있다. 그리고 가속시 또는 냉각수온에 따라 EGR량을 보정하며 공회전시나 감속시 EGR을 정지시키도록 하고 있다. EGR을 하게 되면 NOx는 저감되나 착화성이나 기관의 출력이 저하되므로 차속이나 기관의 부하상태에 따라 적절한 EGR량을 제어할 필요가 있다.

EGR제어량의 지표로써 EGR율(EGR rate)이 사용되며 다음과 같이 정의된다.

$$EGR율 = \frac{EGR량}{흡입공기량 + EGR량} \times 100(\%)$$

8.2.3. 연료증발가스 제어

[1] 연료증발가스 제어 개요

자동차에서 연료 증발가스는 연료탱크 등의 연료계통에서 발생하며, 주요 성분은 탄화수소(HC)이다. 연료탱크는 연료의 온도 상승에 따른 체적팽창으로 인한 연료탱크 내의 압력상승과 연료탱크 내에 부압(負壓 ; 부분 진공상태)이 형성되지 아니하도록 대기(大氣)와의 환기장치가 필요하다. 이때 연료탱크로부터 연료가 누출되는 것을 방지하기 위하여 롤 오버밸브(roll over valve)를 사용하며, 연료 증발가스가 대기 중으로 배출되는 것을 방지하기 위하여 연료 증발가스 제어장치가 필요하다.

연료증발가스 제어방식에는 활성탄 저장방식(charcoal canister), 크랭크케이스 저장방식, 에어클리너 저장방식 등이 있으나 대부분 캐니스터 방식을 사용하고 있다.

[2] 연료 증발가스 제어장치의 구성

그림 102는 활성탄을 이용한 캐니스터바요식 연료 증발가스 제어장치의 구성 예이다. 활성탄은 연료증기를 잘 흡착하고 공기를 흐르도록 하면 연료 증기를 이탈시키는 특성이 있다. 따라서 엔진의 가동을 정지시킨 경우에는 증발된 연료를 채운 용기(활성탄 캐니스터 ; charcoal canister)에서 포집하고, 가동될 때에는 캐니스터 외부에서 새로운 공기를 도입하여 활성탄에 흡착된 연료를 이탈시켜 흡입계통으로 흡입, 퍼지(purge)시킨다.

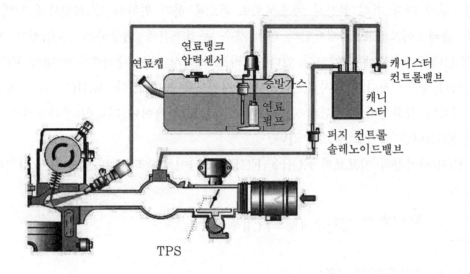

연료캡   연료탱크   증발가스   캐니스터 컨트롤밸브
압력센서
연료펌프   캐니스터
퍼지 컨트롤 솔레노이드밸브
TPS

[그림 102] 연료 증발가스 제어장치 구성 예

캐니스터에 포집된 연료증발가스 순환량을 제어하기 위하여 퍼지 컨트롤밸브(PCV ; purge control valve)를 사용하며, ECU에 의하여 듀티 제어하는 방식과 흡기다기관의 부압과 ECU에 의하여 ON, OFF 제어만 하는 방식이 있다. 이 밸브는 엔진의 냉각수 온도가 낮거나 공회전 중에는 닫히고, 엔진이 정상 온도로 가동할 때에는 밸브를 열어 캐니스터에 포집된 연료 증발가스를 흡기다기관으로 보낸다. 또한, ECU에 의해 듀티 제어를 하는 밸브를 퍼지 컨트롤 솔레노이드밸브(PCSV)라 하며, ECU에 의하여 흡기다기관의 부압, 수온센서 등의 신호에 따라 제어된다.

[3] 연료 증발가스 제어장치의 가동

연료 증발가스 제어장치는 엔진 ECU가 엔진부하, 엔진 회전속도 및 에어컨 스위치 신호를 입력받고 제어조건에 따라 퍼지 제어 솔레노이드밸브를 듀티 제어한다. 듀티 0%인 때는 밸브가 닫히고, 듀티 100%인 때는 완전히 열린다.

일반적으로 공회전할 때 듀티량은 1~3% 정도이며, 최대 제어량은 92%이다. 퍼지 제어 솔레노이드밸브(PCSV)가 가동되는 조건은 다음과 같다.

① 냉각수 온도가 80℃ 이상일 때

② 공회전 이외에서 가동 상태

③ 공연비 학습을 하지 않는 때

또한 퍼지제어는 지속적으로 수행하는 것이 아니라 일정시간(예 3분 : 정도) 가동하다가 캐니스터에서 연료 증발가스를 포집하기 위하여 일정시간 동안 가동하지 않는다. 퍼지 제어의 듀티량은 주로 엔진 회전속도와 부하 등에 의해 결정되며 그림 103과 같다.

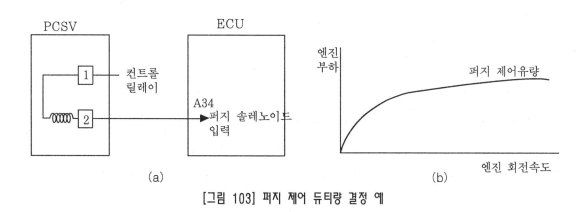

[그림 103] 퍼지 제어 듀티량 결정 예

8.2.4. 삼원촉매장치

[1] 촉매장치(catalytic converter)

(1) 촉매의 작용

촉매란 그 자체는 변화하지 않고 적당한 조건하에서 반응물질의 산화 또는 환원을 도와주는 성질이 있는 물질을 말하며 촉매장치는 배기가스 중의 유해성분인 CO, HC 및 NOx를 산화 또는 환원반응을 이용하여 무해물질로 변화시킨다.

촉매반응의 기본 요인은 반응물질의 농도, 온도, 가스의 공간 이동속도에 따라 좌우된다. 일반적으로 촉매반응은 300℃ 이상의 조건이 요구되고, 반응물질의 농도에 있어서는 산소농도와 피산화물질(CO, HC, H_2)의 농도 평형이 촉매반응에 중요한 역할을 하므로 반응효과를 높이기 위해서는 이들 인자에 대한 적절한 제어가 필요하다.

- 산화반응
  $$2CO + O_2 \rightarrow 2CO_2$$
  $$HC + O_2 \rightarrow 2CO_2 + H_2O$$

● 환원반응

$$2NO + 2CO \rightarrow 2CO_2 + H_2O + N_2$$

$$NO + HC \rightarrow CO_2 + H_2O + N_2$$

$$2NO + 2H_2 \rightarrow N_2 + 2H_2O$$

● 수성가스 반응

$$CO + H_2O \rightarrow CO_2 + H_2$$

$$HC + H_2O \rightarrow CO_2 + H_2$$

$$2H_2 + O2 \rightarrow 2H_2O$$

(2) 촉매반응 물질(catalytic reaction metal)

촉매반응 물질에는 백금(Pt : platinum), 팔라듐(Pd : palladium), 로듐(Rh : rhodium)이 이용되고 있으며 촉매반응 형식에 따라 이들 물질의 사용이 달라진다. 일반적으로 산화촉매에는 백금, 팔라듐 또는 백금+팔라듐이 사용되며 3원촉매에는 백금+로듐이 사용되고 있다.

(3) 촉매장치의 종류

촉매장치에는 그 형상에 따라 펠릿형(pellet type)과 모노리스형(monolith or honey comb type)이 있고, 촉매의 기능에 따라 산화촉매, 환원촉매, 3원촉매가 있다. 펠릿형 촉매장치는 산화알루미늄(Al_2O_3), 산화실리콘(SiO_2), 산화마그네슘(MgO)을 주원료로 하는 2~4 mm직경의 구상 담체에 촉매성분을 도포하여 금속제 용기에 담아서 사용한다. 모노리스형 촉매장치는 벌집모양의 담체표면에 촉매성분을 도포하여 사용한다.

① 산화촉매(oxidation catalyzer) : 산화촉매는 백금 또는 팔라듐이 사용되고 있으며 CO, HC를 산화반응 시켜 CO_2와 H_2O로 변환시킨다. 산화촉매의 기본적인 조건은 산화분위기를 조성할 수 있는 희박공연비상태 제어이나 일반적으로 후처리 장치인 2차 공기 공급장치가 많이 사용되고 있다. 산화 촉매장치의 단점으로는 NOx처리가 되지 않기 때문에 EGR장치가 추가되거나 NOx배출량이 적은 기관에 적용되고 있다.

② 환원 촉매(reduction catalyzer) : 환원촉매는 NOx의 환원처리를 주목적으로 하는 것으로 배기가스의 환원반응 분위기를 조성하기 위해 농후한 공연비가 요구된다.

환원 촉매장치를 장착하는 경우 CO, HC의 처리가 불충분하기 때문에 산화 촉매장치 및 2차 공기 공급장치를 추가로 설치할 필요가 있다. 따라서 환원 촉매장치는 구조가 복잡해지고, 농후한 공연비제어에 의한 연비의 악화 그리고 암모니아(NH_3)를 생성하는 등의 문제로 실용화되지는 못하였다.

③ 3원 촉매(3way catalyzer) : 3원 촉매에는 백금+로듐이 사용되며 CO, HC의 산화반응과 동시에 NOx의 환원반응도 동시에 행한다. 즉, 배기가스내의 CO, HC, NOx를 하나의 촉매로 처리하는 것이다. 3원촉매는 그림 104와 같이 이론공연비 부근에서 CO, HC, NOx의 3성분에 대한 높은 정화율을 나타낸다. 따라서 이들 3성분의 높은 정화율이 얻어지는 좁은 범위(빗금 구간)의 공연비 제어영역으로 기관의 공연비를 제어할 필요가 있다.

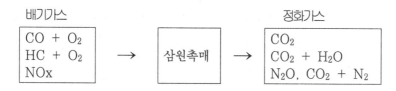

[그림 104] 삼원촉매의 배기가스 처리 개요도

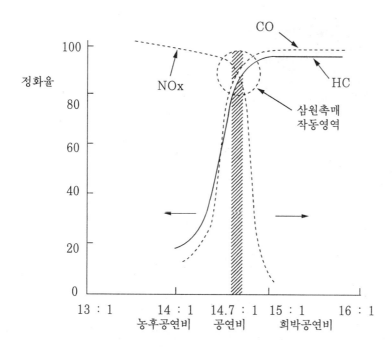

[그림 105] 삼원촉매의 정화성능

전술한 바와 같이 3원촉매의 정화율은 공연비와 촉매컨버터(catalytic converter) 입구에서의 배기가스 온도에 관계하며 이론공연비 부근과 배기가스 온도 약 300℃ 이상에서 높은 정화율을 나타내므로 이론공연비(14.7 : 1)를 제어하기 위하여 산소센서를 이용한 크로즈드 루프(closed loop)가 가장 바람직하다.

일반적으로 산소센서는 배기가스 중의 산소농도를 검출하여 그 출력전압으로 ECU에서 공연비를 피드백제어 한다. 단, 삼원촉매는 일정한 온도이상(300℃~800℃)되어야 정상 기능을 발휘하므로 난기운전 전에는 유해 배기가스가 배출되는 단점이 있다. 현재는 윤활유나 기관 구성요소의 내구성을 향상시켜 난기운전 시간을 크게 단축시키고 있다.

[2] 촉매장치의 구성요소 및 종류

촉매장치는 금속제 하우징 속에 들어 있는 담체와 담체 위의 중간층, 그리고 중간층 위에 도포된 촉매 물질의 얇은 층으로 구성 담체는 촉매기의 골격으로 구슬형(pallet type), 세라믹 일체형(monolith type), 금속 일체형 등이 있다.

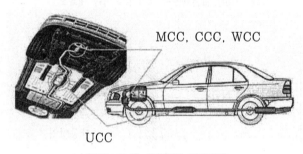

MCC, CCC, WCC

UCC

[그림 106] 삼원촉매 장착위치

(1) 펠릿형 촉매장치(pallet type: 구슬형 담체)

세라믹으로 된 작은 구슬(pallet) 수천개를 금속제 하우징에 삽입한 것으로 배압이 많이 걸리고 담체마모 손실이 커 거의 사용하지 않는다.

(2) 세라믹 모노리스형 촉매장치(monolith type: 세라믹 일체형)

내열성이 높은 마그네슘, 알류미늄, 실리케이트 성분으로 구성되며, 세라믹 담체에 배기가스가 통과하는 수천개의 통로설치되어 이 부분에 배기가스가 통과되면서 정화된다.

세라믹체를 보호하기 위해(진동, 충격) 하우징과 담체사이에 금속섬유(metal wool) 등의 탄성물질을 채우기도 한다(가장 많이 사용함).

(3) 금속제 담체형 촉매장치

0.05~0.07mm 정도의 가느다란 내열, 내부식성 철선으로 짠 그물망의 띠를 감아서 만든 담체를 사용하여 그 담체 표면에 촉매물질을 코팅한 것으로 세라믹 담체에 비하여 배압이 적게 걸린다. 출발 정지가 잦은 경우 낮은 비열로 촉매가 쉽게 냉각되는 단점이 있다.

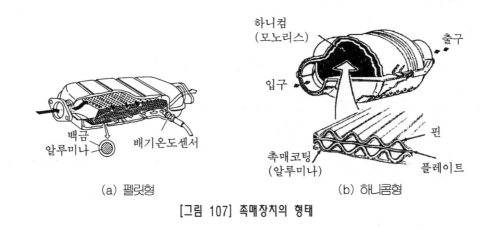

[그림 107] 촉매장치의 형태

삼원촉매장치는 엔진 배기측과의 근접성, 배치위치 및 정화성능 등에 따라 MCC (manifold catalytic converter), CCC(closed-coupled catalytic converter), WCC(warm-up catalytic converter, UCC(underfloor catalytic converter)형 식 등이 있다.

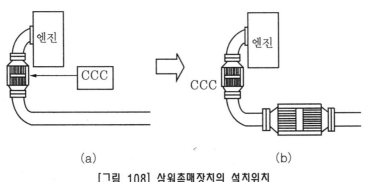

[그림 108] 삼원촉매장치의 설치위치

MCC방식은 촉매장치를 배기 매니폴드에 볼트로 체결하며, CCC방식은 배기매니폴드에 용접하여 설치함으로써 엔진 배측광 근접시켜 촉매의 성능효율을 높인다. WCC방식은 냉간 시 정화성능이 우수하며 UCC방식은 차량바닥에 설치한 형식이다.

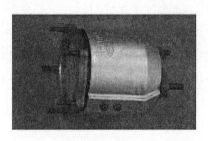

(a) MCC

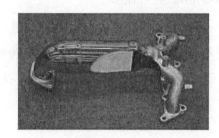

(b) CCC

(c) WCC

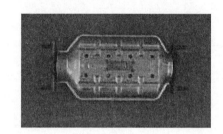

(d) UCC

[그림 109] 삼원촉매의 구조

교육학습(자기평가서)

학 습 안 내 서

과 정 명	점화시스템		
코 드 명		담당 교수	
능력단위명		소요 시간	

개 요	전자제어 점화장치는 엔진의 상태(회전수, 부하, 온도 등)를 각 센서로부터 신호를 검출하여 ECU에 보내면 ECU는 점화시기를 연산하여 1차 전류 차단신호를 파워트랜지스터로 보내주면 점화코일에서 고압의 2차 전압이 발생하게 된다. 이것을 종래의 점화장치에 비하여 매우 진보된 형식으로 일반 배전기에 적용되었던 원심진각 및 진공진각장치가 없으며 진각기능은 ECU의 연산에 의해 이루어진다.
수 행 목 표	전자제어 점화시스템의 구조, 특성 및 관련 회로를 이해하고 점화코일, 파워 TR 엔진 각 조건에 따른 작동 및 이상여부를 파악하기 위해 각 단품의 점검 및 점화파형을 관련 측정 장비를 이용하여 점검 분석함으로써 고장 유형 및 고장현상 등을 파악할 수 있는 실무 능력을 배양하는데 있다.

실습과제

1. 점화시스템의 구조, 작동원리 및 관련회로의 이해
2. 각 단품 및 관련센서의 고장 및 회로의 단선 단락 점검 분석
3. 점화 1, 2차 파형의 점검 분석
4. 전압 및 전류파형의 측정, 점검 분석

활용 기자재 및 소프트웨어

실차량, T-커넥터, MUT(Hi-DS 스캐너), Muti-Tester, 엔진튜업기(Hi-DS Engine Analyzer), 테스터램프, 노트북 등

평가방법	평가표			
	실습내용	성취수준		
		예	도움 필요	아니오
평가표에 있는 항목에 대해 토의해보자 이 평가표를 자세히 검토하면 실습 내용과 수행목표에 대해 쉽게 이해할 것이다. 같이 실습을 하고 있는 사람을 눈여겨보자 이 평가표를 활용하면 실습순서에 따라 실습할 수 있을 것이다. 동료가 보는 데에서 실습을 해보고, 이 평가표에 따라 잘된 것과 좀더 향상시켜야할 것을 지적하게 하자 예 라고 응답할 때까지 연습을 한다.	점화의 원리를 이해할 수 있다.			
	점화코일의 저항 및 전원 공급상태를 점검 분석할 수 있다.			
	점화1차 및 2차 파형을 측정 분석할 수 있다.			
	점화 전류파형을 측정 분석할 수 있다.			
	파워 TR 베이스파형을 측정 분석할 수 있다.			
	삼원촉매 장치에 대해 이해할 수 있다.			

성 취 수 준

실습을 마치고 나면 위 평가표에 따라 각 능력을 어느 정도까지 달성 했는지를 마음 편하게 평가해 본다. 여기에 있는 모든 항목에 예 라고 답할 수 있을 때까지 연습을 해야 한다. 만약 도움필요 또는 아니오 라고 응답했다면 동료와 함께 그 원인을 검토해본다. 그 후에 동료에게 실습을 더 잘할 수 있도록 도와달라고 요청하여 완성한 후 다시 평가표에 따라 평가를 한다. 필요하다면 관계지식에 대해서도 검토하고 이해되지 않는 부분은 교수에게 도움을 요청한다.

06 희박연소 및 가솔린 직접분사식 엔진

1. 희박연소 엔진의 센서 및 작용

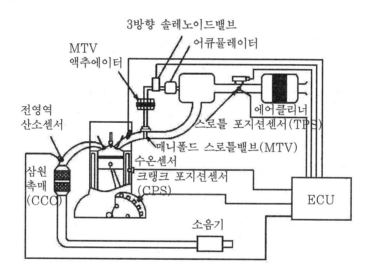

[그림 1] 희박연소 엔진의 구성도

1.1. 매니폴드 스로틀밸브(MTV; manifold throttle valve -와류 제어밸브)

1.1.1. 매니폴드 스로틀밸브의 개요

희박연소(22 : 1)상태에서 안정적인 엔진작동을 위해서 최적의 혼합기 형성과 화염 전파속도가 관건이다. 희박연소 조건에서는 혼합기 중 연료의 밀도가 낮기 때문에 일반적인 상태에서와 동일한 조건으로 점화를 시켜서는 출력 뿐 아니라 배기가스에도 불리하므로 이를 방지하기 위해 와류를 이용한 연료의 불균일 분포 즉, 성층화(stratification)가 가능하도록 하였다.

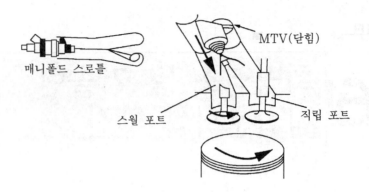

[그림 2] 매니폴드 스로틀밸브의 설치 위치

이것은 흡입밸브가 열리는 특정기간 동안 와류(swirl)운동을 하는 흡입공기의 일정 부분에 연료를 분사하게 되며 이 강력한 와류에 실려 있는 매우 농후한 연료의 띠(fuel band)는 흡입공기의 다른 희박한 부분들과 혼합이 제한을 받으며 압축행정 끝 무렵까지 연료의 성층화(밀도 차이)가 유지되는 것을 이용한 것이다. 이에 따라 성층화된 연료 띠를 점화시기에 맞추어 점화플러그 주위에는 농후한 혼합기(연료 밀도가 높음)가 형성되어 점화가 될 때 강력한 초기 화염을 형성하고 이 화염이 나머지 희박 혼합기를 연소시키므로 서 희박연소 조건에서 안정적인 연소가 실행된다.

따라서 희박한 상태에서 연소를 시킬 수 있는 것은 와류의 성층화이다. 희박연소 제어 영역에서 연료 분사시기는 흡입행정 ATDC 60~90°에서 분사를 완료시키고 분사 전연료는 와류유동에 의해 연소실에서 성층화가 이루어져 점화될 때 점화플러그 주위에는 상대적으로 농후한 공연비(약 13~14 : 1)가 형성되며 전체적으로는 공연비가 희박한 상태이지만 성층화에 의한 강력한 초기 화염 형성으로 급속 연소가 유도된다. 공전 상태에서는 매니폴드 스로틀밸브를 닫아 안정된 연소를 이론 공연비 영역에서는 열려 엔진의 출력저하를 방지하며, 희박연소 영역에서는 밸브를 닫아 연소실 내의 혼합기 유동을 와류현상으로 발생시킨다.

1.1.2. 매니폴드 스로틀밸브의 작동

진공탱크와 매니폴드 스로틀밸브 액추에이터 통로 사이에 있는 솔레노이드밸브가 컴퓨터 제어에 의해 개폐되어 매니폴드 스로틀밸브 액추에이터를 작동시킨다. 즉 컴퓨터가 희박연소 영역에서는 솔레노이드밸브를 접지시켜 매니폴드 스로틀밸브 연결 축 끝에 설치된 액추에이터에 진공이 가해지면서 축이 회전하여 밸브를 닫는다.

희박연소 영역이 아닌 경우에는 솔레노이드밸브의 작동을 중지시키면 진공이 해제되어 매니폴드 스로틀밸브가 연결된 축이 회전하여 밸브가 열린다.

[1] 매니폴드 스로틀밸브 작동단계

[2] 매니폴드 스로틀밸브 작동영역

매니폴드 스로틀밸브가 닫히는(축이 짧아짐)조건을 말한다.

(1) 희박연소 조건일 때

희박연소 작동영역일 경우에는 화염 전파속도 저하로 인한 정상 연소 및 출력문제를 해결하기 위해 흡입 포트 및 피스톤 헤드 형상 변경으로 인하여 첫째, 점화할 때 점화 플러그 주위에 상대적으로 농후한 공연비 형성으로 강력한 초기화를 형성한다. 둘째, 유동 속도 증대로 급속한 연소를 실행한다.

(2) EGR이 작동할 때

희박연소 작동 영역에서와 마찬가지로 매니폴드 스로틀밸브를 닫아 연소실 내 와류를 형성시켜야만 20% 배기가스 회수율 상태에서도 안정된 연소를 실행한다. 일반적인 엔진에서는 배기가스 회수율이 10%가 한계이다.

(3) 와류 제어용 매니폴드 스로틀밸브 닫힘 조건

① 희박연소 작동 영역 조건일 때
② 엔진을 시동할 때
③ 엔진이 공전할 때

공전할 때에는 공전스위치가 ON상태에서 매니폴드 스로틀밸브가 곧 바로 닫히는 것이 아니라 약 2초 후에 닫힌다. 이것은 주행속도가 낮은 1단에서 3단 사이의 변속을 할 때 매니폴드 스로틀밸브의 개폐가 반복되는 것을 방지하기 위함이다.

점화스위치(IG. S/W) OFF 후에도 3초 동안 솔레노이드밸브를 3번 ON, OFF시킨다. 이것은 가동 중지 후에도 컴퓨터 전원이 OFF되고 또한 솔레노이드밸브가 계속 닫혀 있게 되므로 매니폴드 스로틀밸브에 부하가 계속 가해질 경우 밸브 고착을 방지하기 위함이다.

1.2. 전 영역 산소센서(wide band oxygen sensor)

희박연소 엔진에서는 연료 소비율을 최대한으로 향상시키기 위해서는 희박 공연비 영역을 최대한 확대시켜야 한다. 또한, 희박한 공연비로 작동을 하다가 높은 부하로 되어 이론 공연비(14.7 : 1)로 갈 때 공연비를 서서히 변화시키면 중간 상태의 공연비에서는 질소 산화물의 배출량이 증가하게 되기 때문에 순간적으로 공연비를 전환시켜야 한다. 이때 공연비의 차이가 너무 커지므로 운전자는 충격을 느끼게 된다.

이런 문제점을 제거하려면 정밀한 응답성과 공연비의 제어가 필요하다. 희박연소 엔진에서는 정확도가 높은 공연비제어가 필수적이므로 이론 공연비뿐만 아니라 광범위한 조건에서 피드백제어를 할 수 있는 전 영역 산소센서를 채용하고 있다.

1.2.1. 전 영역 산소센서의 구조

기존의 산소센서는 람다(λ) = 1을 기준하여 1이하이면 연료 희박(lean), 1 이상이면 농후(thick)를 식별하여 컴퓨터에 피드백하여 연료 분사량 제어가 이루어지고, 제어 영역은 약 0.9 〈 람다(λ) 〈 1.1이다.

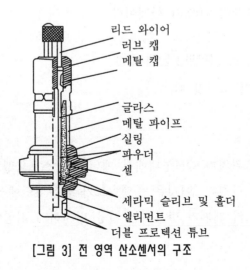

리드 와이어
러브 캡
메탈 캡

글라스
메탈 파이프
실링
파우더
셀

세라믹 슬리브 및 홀더
엘리먼트
더블 프로텍션 튜브

[그림 3] 전 영역 산소센서의 구조

전 영역 산소센서는 약 0.7 〈 람다(λ) 〈 1.7의 광범위한 영역에서 조건에 따라 희박 및 이론 공연비의 피드백이 가능하므로 중부하 이하에서는 희박 공연비로 제어하여 연료 소비율 개선 및 질소산화물의 배출을 감소시키고(질소산화물은 연소 온도에 비례함) 중부하 이상에서는 람다(λ) = 1로 운전하여 가속성 개선 및 삼원촉매 컨버터를 통한 질소 산화물의 정화를 꾀한다.

 공기 과잉률

공기 과잉률이란 "람다(λ) = 실제 공연비/이론 공연비"로 연료 1g으로 간주할 때 실제 공기량(Xg)/이론 공기량(14.7g)을 나타내며, 람다(λ)는 완전 연소를 위해 연료 1g당 요구되는 공기량에 대해 실제 얼마의 공기가 더 들어갔는지(배기가스 중에서)를 나타내므로 람다(λ) 값이 클수록 공기가 희박한 상태이다.

1.2.2. 전 영역 산소센서 구성 회로도

산소센서의 측정원리는 지르코니아(ZrO_2) 고체 전해질이 산소를 선택적으로 투과하는 성질을 응용한 것으로 산소 기준실과 비교하여 확산실 내의 공연비가 이론 공연비가 되도록 제어하는 전류에 의하여 공연비를 알 수 있도록 하고 있다. 즉, 희박한 연소상태일 경우에는 (+)의 전류를 흐르게 하므로 써 확산실 내의 산소를 펌핑 셀(pumping shell) 내로 받아들이고 이때 산소는 외부 전극에서 일산화탄소 및 이산화탄소를 환원하여 얻는다. 이 산소센서는 공연비 약 11 : 1에서 30 : 1까지 측정이 가능하다.

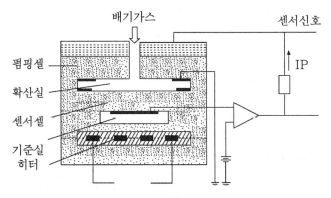

[그림 4] 전 영역 산소센서의 구성도

산소센서의 입·출력관계는 산소센서 확산실 내부의 산소량 변화에 따라 펌핑 전류가 변화하고 이 변화된 펌핑 전류는 인터페이스(interface) 내부에서 오프셋(off-set) 기능을 통하여 제어되며 제어된 출력 전압을 컴퓨터로 입력한다. 컴퓨터는 산소센서의 출력 전압을 판단하여 공연비의 피드백제어(feed-back control)를 하도록 한다.

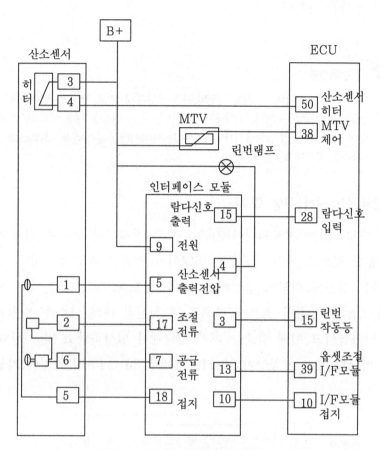

[그림 5] 산소센서의 입·출력 구성도

2. 가솔린 직접분사기관(GDI)의 센서와 작용

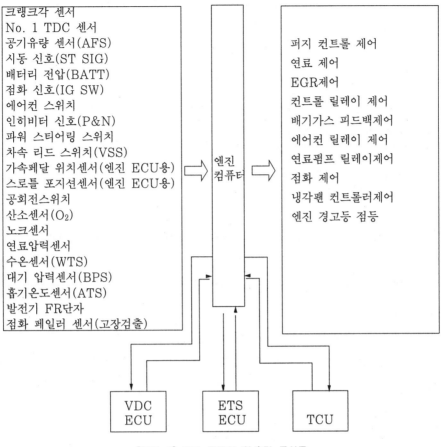

크랭크각 센서
No. 1 TDC 센서
공기유량 센서(AFS)
시동 신호(ST SIG)
배터리 전압(BATT)
점화 신호(IG SW)
에어컨 스위치
인히비터 신호(P&N)
파워 스티어링 스위치
차속 리드 스위치(VSS)
가속페달 위치센서(엔진 ECU용)
스로틀 포지션센서(엔진 ECU용)
공회전스위치
산소센서(O$_2$)
노크센서
연료압력센서
수온센서(WTS)
대기 압력센서(BPS)
흡기온도센서(ATS)
발전기 FR단자
점화 페일러 센서(고장검출)

엔진 컴퓨터

퍼지 컨트롤 제어
연료 제어
EGR제어
컨트롤 릴레이 제어
배기가스 피드백제어
에어컨 릴레이 제어
연료펌프 릴레이제어
점화 제어
냉각팬 컨트롤러제어
엔진 경고등 점등

VDC ECU

ETS ECU

TCU

[그림 6] GDI 엔진의 입·출력 구성도

2.1. 각종 입력 센서

2.1.1. 크랭크각센서(CAS) 및 No. 1 TDC센서

[1] 기능

크랭크각센서와 No. 1 TDC센서는 홀(hall)센서를 사용하며 2개씩 설치되어 있다. 엔진 컴퓨터는 크랭크각센서와 No. 1 TDC센서로부터 크랭크축과 캠축의 위치를 판단하여 점화시기 및 연료 분사시기를 결정하는 기준 신호로 사용한다. 크랭크각센서와 No. 1 TDC센서 중 하나라도 고장이 발생하면 엔진 시동이 불가능해진다.

[2] 실린더 판별방법

크랭크각센서(CAS)와 No. 1 TDC센서의 출력을 엔진 컴퓨터가 입력받아 아래와 같이 각 실린더를 식별한다.

CAS의 레벨이 변화할 때 No. 1 TDC센서의 레벨 (N)	High	High	Low	Low
CAS의 레벨이 변화할 때 No. 1 TDC센서의 레벨(N - 1)	Low	High	High	Low
판별 실린더(압축 상사점)	# 1,2	# 7,8	# 4,5	# 6,3

① 크랭크각센서의 레벨이 Low에서 High로 변화할 때 No. 1 TDC센서의 레벨이 High이고, 크랭크 각 센서의 레벨이 High에서 Low로 변화할 때 No. 1 TDC 센서의 레벨이 Low일 때 1번 실린더의 위치가 압축 상사점 전(BTDC) 5°로 인식한다.

② 크랭크각센서의 레벨이 Low에서 High로 변화할 때 No. 1 TDC센서의 레벨이 High이고, 크랭크각센서의 레벨이 High에서 Low로 변화할 때 No. 1 TDC센서의 레벨이 High일 때 7번 실린더의 위치가 압축 상사점 전(BTDC) 5°로 인식한다.

③ 위와 같이 크랭크각센서와 No. 1 TDC센서의 전압값을 이용하여 점화시기 및 연료 분사시기를 결정한다.

[3] 크랭크각센서 및 No. 1 TDC센서의 출력파형

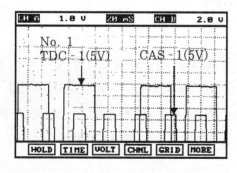

(a) 크랭크각센서 - 1과 No. 1 TDC센서 - 1   (b) 크랭크각센서 - 2와 No. 1 TDC센서 - 2

[그림 7] 크랭크각센서 및 No. 1 TDC센서의 출력파형(1)

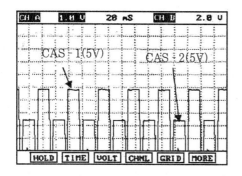
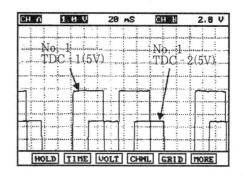

(a) 크랭크각센서 -1과 크랭크각센서 -2   (b) No. 1TDC센서 -1과 No. 1 TDC센서 -2

[그림 8] 크랭크각센서 및 No. 1 TDC센서의 출력파형(2)

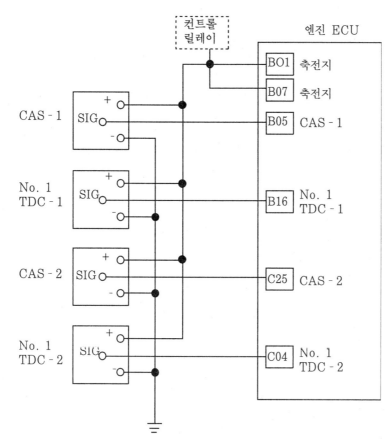

[그림 9] 크랭크각센서 및 No. 1 TDC센서 회로도

2.1.2. 산소센서(oxygen sensor)

[1] 기능 및 원리

산소센서는 배기다기관에 설치되어 배기가스 중의 산소농도를 검출하여 엔진 컴퓨터로 정보를 제공하면 엔진 컴퓨터는 이론 공연비 14.7 : 1에 맞추어 공연비 피드백제어를 실행한다. 산소센서는 고체 전해질의 지르코니아소자 양면에 백금(Pt)전극을 형성하여 양면을 각각 대기와 배기가스에 접촉하도록 하면 양쪽의 산소농도 차이에 의해 기전력이 발생한다.

배기가스 중에 산소가 많은 상태이면(공연비 희박) 출력전압은 0.2V 이하가 되고, 배기가스 중에 산소가 적으면(공연비 농후) 0.7V 이상의 출력이 발생한다. 그리고 촉매 컨버터의 효율을 극대화시키기 위해 촉매 컨버터 뒤쪽에 산소센서를 추가하기도 한다.

[2] 산소센서의 가열 제어(heating control)

산소센서가 산소의 농도를 검출하기 위해서는 감지부분의 온도가 약 300℃ 이상 되어야 하므로 산소센서에는 히팅코일을 설치한다. 산소센서의 가열제어는 엔진의 가동이 정지된 경우에는 앞·뒤 산소센서 모두 가열을 하지 않으며, 공기유량센서가 고장일 경우 즉, 공연비 피드백제어가 불가능할 경우(open loop)에도 가열을 하지 않는다.

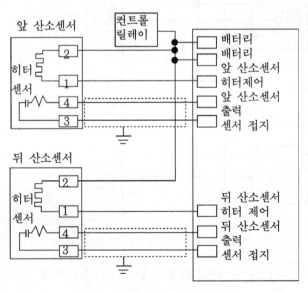

[그림 10] 산소센서의 제어 회로도

엔진 시동 중 및 시동 후 13초 동안 또는 시동 후 앞 산소센서의 출력전압이 0.5V를 가로지를 때까지는 가열을 30% 듀티 구동하고 뒤 산소센서는 시동 중 및 시동 후 13초 동안 ON된다. 다만, 엔진의 가동을 정지하기 직전의 수온센서 값과 시동할 때 수온센서값의 차이가 30℃ 이상 차이가 나고 시동할 때 냉각 산소센서의 가열 주기는 60mS(16.7Hz)이다.

2.1.3. 연료압력센서(fuel pressure sensor)

[1] 연료압력센서 기능

좌·우 뱅크(bank)의 고압연료 파이프에 흐르는 연료압력을 검출하며, 검출된 압력은 전압으로 출력되어 엔진 컴퓨터로 입력된다. 엔진 컴퓨터는 연료압력센서로부터 전압을 입력받아 고압모드 및 저압모드를 판정하며(연료 압력이 40kg$_f$/cm^2 이하일 경우에는 희박 공연비 제어를 금지함) 연료 분사시간 보정신호로 사용한다.

[2] 연료압력센서의 출력전압

연료압력센서의 출력전압은 연료 압력증가에 비례하여 일정하게 증가한다. 고압 연료라인에 흐르는 연료는 고압 레귤레이터에 의해 50kg$_f$/cm^2 이상은 증가되지 않지만 레귤레이터 등의 불량으로 인하여 비정상적으로 연료압력이 증가 또는 감소할 경우에는 엔진 컴퓨터에서 연료 압력에 따른 인젝터 분사시간을 보정한다. 따라서 엔진 컴퓨터는 연료의 압력이 높고 낮음. 즉, 고압모드와 저압모드를 연료 압력센서의 출력 값에 따라서 제어를 한다.

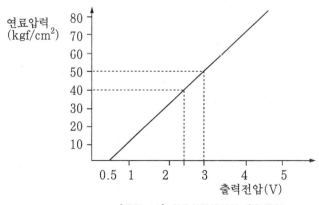

[그림 11] 연료압력센서의 출력특성

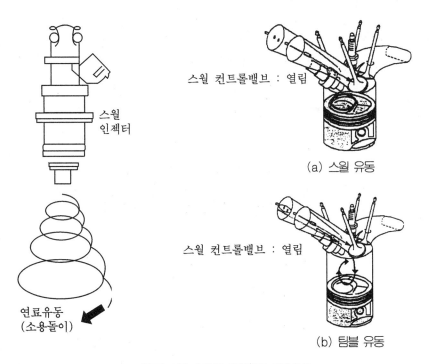

스월 컨트롤밸브 : 열림

(a) 스월 유동

스월 컨트롤밸브 : 열림

(b) 텀블 유동

스월
인젝터

연료유동
(소용돌이)

[그림 13] 스월형 인젝터의 분사형상

2.2.2. 인젝터 드라이브(injector drive) A & B

[1] 인젝터 드라이브 A & B의 기능

인젝터 드라이브는 드라이브 릴레이로부터 전원을 공급받아서 각 인젝터에 전원을 공급함과 동시에 인젝터회로의 단선, 단락을 검출하여 엔진 컴퓨터로 고장유무 신호를 입력시킨다.

인젝터의 구동은 엔진 컴퓨터로부터 연료분사 시간 신호를 입력받아 인젝터를 구동시킨다. 인젝터 드라이브를 사용하는 목적은 연료압력이 기존 흡기관 내 분사식 엔진보다 10~20배 이상 되기 때문에 인젝터에서의 전류소모가 많으며, 발열량이 커지기 때문에 이를 방지하기 위함이다. 인젝터 드라이브는 #1, #4, #6, #7 인젝터를 구동하는 드라이브 A와 #2, #3, #5, #8 인젝터를 구동하는 드라이브 B 등 2개가 있다.

[2] 인젝터 드라이브 A & B의 구동원리

인젝터 드라이브 A & B의 구동원리는 같으므로 여기서는 그림 14를 이용하여 드라이브 A만 설명하도록 한다. 인젝터 드라이브 A의 전원 공급은 점화스위치(IG. S/W)를 ON으로 하면 엔진 컴퓨터가 A07번 단자를 접지시키면 인젝터 드라이브 A의 A12번 단자와 A21번 단자로 전원이 공급된다.

만약 엔진 컴퓨터 07번 단자에서 접지가 되지 않으면 인젝터 드라이브 A쪽으로 전원이 공급되지 못한다. 엔진 컴퓨터에서는 #1, #4, #6, #7 인젝터를 구동하기 위하여 인젝터 드라이브 A의 A20, A10, A19, A11번 단자로 신호를 주면 인젝터 드라이브 A는 A17, A14, A16, A15번 단자를 접지시켜 인젝터를 구동한다(각 인젝터의 전원은 인젝터 드라이브에서 공급한다).

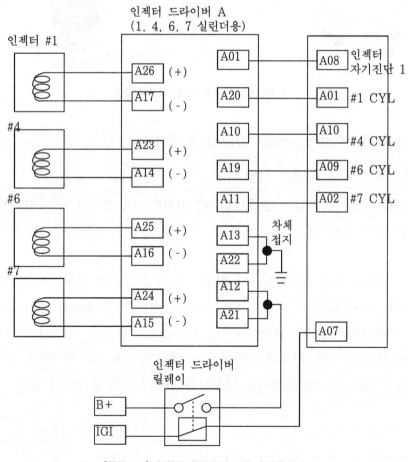

[그림 14] 인젝터 드라이브 A의 회로구성

인젝터의 단선 및 단락이 발생하였을 때에는 인젝터 드라이브 A의 A01번 단자에서 엔진 컴퓨터로 고장신호를 출력한다.

[3] 인젝터 드라이브의 출력파형

배터리 전원 입력

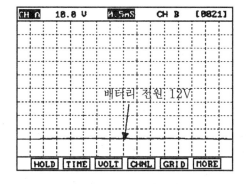

(a) 배터리 전압 파형

인젝터 구동신호(ECU ← 인텍터 드라이브)

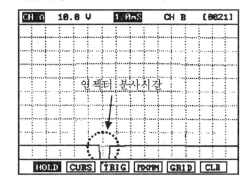

(b) 인젝터 분사시간 파형

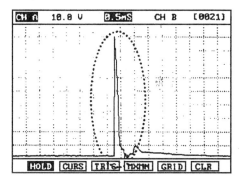

(c) 인젝터 구동 (+)파형

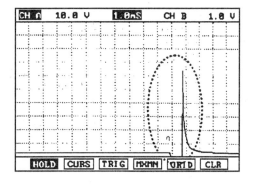

(d) 인젝터 구동 (-)파형

[그림 15] 인젝터 드라이버와 관련된 출력파형

2.2.3. 연료압력센서(fuel pressure sensor)

연료압력센서는 연료 공급계통에 설치되며, 검출된 압력을 전압신호로 컴퓨터에 입력시켜 인젝터의 연료 분사량 보정(補正)신호로 사용한다. 이 센서의 출력특성은 연료 압력증가에 따라 일정하게 증가하며, 고압 연료조절기에 의해서 $50\text{kg}_f/\text{cm}^2$ 이상으로는 증가하지 않으나 비정상적으로 압력이 증감(增減)될 경우에는 컴퓨터에서 연료 압력에 따른 인젝터의 구동시간을 보정한다.

이에 따라 컴퓨터는 고압모드와 저압모드를 연료 압력 센서에 따라 판정하며, 고압 모드가 되는 경우는 다음의 3가지 조건을 만족하여야 한다.

① 엔진 회전속도가 1,000rpm 이상

② 연료 압력센서가 정상이고, 연료 압력이 40kg$_f$/cm^2 이상

③ 엔진작동 정지 및 시동 후 이외

다만, 한번 고압이 된 이후에는 재 시동할 때까지 저압 모드는 되지 않는다.

2.2.4. 연료펌프 릴레이

연료 압력센서의 고장으로 인한 기관 경고등의 점등 또는 고압모드에서 연료의 압력이 70kg$_f$/cm^2 이상일 때 엔진 컴퓨터는 연료펌프 릴레이를 OFF시킨다. 또한 크랭크 각 센서로부터 검출된 엔진 회전속도가 50rpm 이하에서도 연료 펌프를 OFF시킨다.

2.2.5. 연료펌프 레지스터

고압펌프의 유량특성은 엔진을 크랭킹할 때에는 회전속도가 낮기 때문에 토출량이 적으며 이 상태에서 저압 연료펌프가 작동하면 연료펌프의 전류 소모가 커지게 된다. 고압펌프 이전까지의 저압계통에는 저압 레귤레이터 바이패스 압력까지 상승하여 토출 부하가 걸리게 되어 저압 연료펌프의 손상이 염려된다. 이를 방지하기 위해 저압 연료펌프의 배선에 레지스터(저항)를 두어 연료펌프가 천천히 구동되도록 엔진 컴퓨터에서 연료펌프 릴레이를 제어한다.

2.2.6. 고압 연료펌프(high pressure fuel pump)

[1] 작동원리

좌우 실린더헤드에 각각 설치된 고압 연료펌프는 엔진의 흡입 캠축의 캠으로 구동된다.

[2] 기능

압축된 연소실로 연료를 직접 분사하기 위해서는 연료탱크 내에 설치된 저압 연료펌프만으로는 분사압력(약 3kg$_f$/cm^2)이 매우 낮으므로 저압 연료펌프에서 공급된 연료를 고압 연료펌프에서 약 50kg$_f$/cm^2 정도의 압력으로 상승시켜 인젝터에 공급한다.

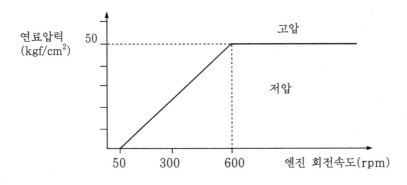

[그림 16] 고압 연료펌프의 토출 유량특성

2.2.7. 고압 레귤레이터(high pressure regulator)

엔진 회전속도가 상승하면 고압 연료펌프의 작동이 빨라져 연료압력이 계속 상승한다. 만약 연료압력이 계속 상승한다면 연료 분사량 등이 바뀔 수 있기 때문에 연료 파이프에 고압 레귤레이터를 설치하여 연료압력이 약 $50\text{kg}_f/\text{cm}^2$ 이상을 초과하면 바이패스 시킨다.

또한 고압 레귤레이터 내에는 체크밸브(check valve)가 설치되어 있으나 엔진의 작동을 정지시킨 경우에는 압력이 저하되므로 엔진을 재 시동하였을 때에는 연료 압력이 정상으로 되기까지는 다소 시간이 걸린다.

2.3. 점화제어(ignition control)

가솔린 직접분사 엔진의 점화계통은 점화코일 내부에 설치된 파워 트랜지스터 베이스 단자를 컴퓨터가 제어하며 각 실린더마다 설치되어 있다. 점화 페일센서(ignition failure sensor)는 점화코일의 1차 코일에 전원을 공급하며, 점화코일 내의 파워 트랜지스터가 OFF로 되었다가 ON으로 될 때 이 신호가 점화 페일 논리에 입력되며 점화 검출신호를 컴퓨터로 입력시킨다.

그림 17의 점화 회로도에서 점화코일에 전원공급과 점화 신호검출, 실화 발생여부 등을 검출하는 점화 페일센서는 IG1의 전원을 공급받아 점화코일 내부에 설치된 파워 트랜지스터의 커넥터로 보내고, 엔진 컴퓨터의 파워 트랜지스터 베이스를 제어하여 1차 전류를 단속하는 작용을 한다.

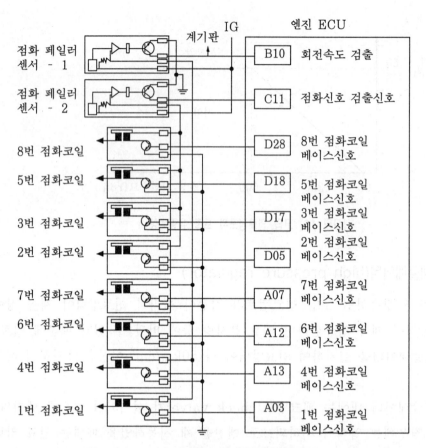

[그림 17] 점화제어 회로도

2.3.1. 점화코일(ignition coil)

점화코일은 실린더헤드 위쪽에 각 실린더마다 1개씩 설치되어 있으며, 파워 트랜지스터가 들어있다. 엔진 컴퓨터는 크랭크각센서 및 No. 1 TDC센서의 신호를 받아서 각 실린더의 위치를 판단하여 점화코일에 들어있는 파워 트랜지스터의 베이스 단자를 제어하여 점화가 가능하도록 한다.

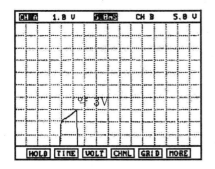

(a) 베이스파형

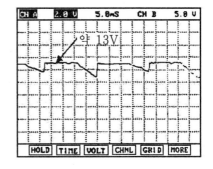

(b) 컬렉터파형

[그림 18] 점화코일 베이스 및 컬렉터 출력파형

2.3.2. 점화 페일러센서(ignition failure sensor)

이 센서는 점화코일 내부의 파워 트랜지스터 컬렉터단자에 전원을 공급하고 파워 트랜지스터의 ON, OFF를 검출하여 계기판 내의 회전계를 구동한다. 또 파워 트랜지스터의 ON, OFF를 감지하여 엔진 컴퓨터로 점화 검출신호를 입력시키면 엔진 컴퓨터는 점화 검출신호가 32회 이상 검출되지 않을 때 점화장치에 고장이 있다고 판단하여 경고등을 점등시킨다. 점화 페일러센서는 2개가 설치되어 있는데, #1, #4, #6, #7번 점화코일을 검출하는 점화 페일러센서 1과 #2, #3, #5, #8번 점화코일을 검출하는 점화 페일러센서 2가 있다.

2.4. 기타 제어

2.4.1. 에어컨 릴레이제어

[1] 차량이 출발할 때

차량이 정차상태에서 에어컨이 작동 중인 상태에서 출발시키면 에어컨 릴레이를 약 1.5초 동안 OFF시킨다.

[2] 차량이 가속할 때

스로틀밸브 열림량이 약 3.9~4.1V 이상일 때 에어컨 릴레이를 5초 동안 OFF시킨다.

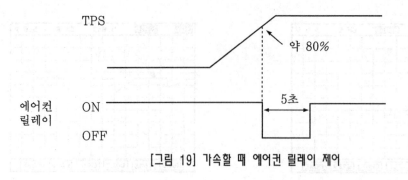

[그림 19] 가속할 때 에어컨 릴레이 제어

[3] 높은 수온일 때

엔진 시동 후 냉각수의 온도가 110~115℃ 이상인 경우에는 에어컨 릴레이를 OFF 시킨다.

2.4.2. 냉각 팬 제어

[1] 냉각팬 컨트롤러(cooling fan controlled)

기존 차량의 냉각 팬 제어는 High/Low 2단계 제어 또는 High/Middle/Low 3단계 제어를 실행하였으나 차량의 주행조건에 따른 엔진 온도 보정을 정밀하게 실행하지 못하였으나 가솔린 직접분사 엔진에서 냉각 팬 제어는 냉각 팬 컨트롤러를 추가하였다.

엔진 컴퓨터는 수온센서, 차속신호, 에어컨 신호등을 입력받아 냉각 팬 컨트롤러로 듀티 신호를 보내 냉각 팬을 무단 제어한다. 냉각 팬 컨트롤러는 엔진 컴퓨터로부터 입력된 듀티 신호에 따라 냉각 팬으로 흐르는 전류 양을 제어한 차량 주행 조건에 부합되는 최적의 제어가 가능하게 되었다.

[2] 냉각팬 제어회로

그림 20에서 점화스위치를 ON으로 하면 엔진 컴퓨터에서 B9번 단자를 접지시키면 컨트롤 릴레이가 작동하여 냉각 팬 릴레이의 코일로부터 전원이 공급되어 냉각 팬 릴레이 작동하게 되므로 축전지 전원이 냉각 팬 컨트롤러로 공급된다.

냉각수 온도가 상승하거나 운전자가 에어컨을 작동시켰을 때 엔진 컴퓨터에서는 차량의 속도와 에어컨의 부하에 따라서 설정된 듀티값을 엔진 컴퓨터 D2번 단자에서 냉각 팬 컨트롤러로 듀티신호를 보낸다.

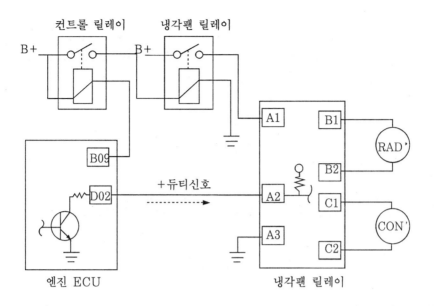

[그림 20] 냉각팬 제어회로

냉각팬 컨트롤러는 냉각팬으로 입력된 듀티량에 따른 전류를 냉각팬으로 보내어 냉각
팬을 회전시킨다. 만약, 수온센서가 고장날 경우 엔진 컴퓨터 D2번 단자에서는 100%
의 듀티가 출력되어 냉각 팬은 High로 계속 작동한다. 또한 냉각수 온도가 110℃ 이하
이고, 스로틀밸브의 열림량이 4.1V 이상일 경우에는 5초 동안 냉각팬 구동을 OFF시
키며, 엔진 가동을 정지할 때 및 시동할 때에도 냉각팬 구동을 OFF한다.

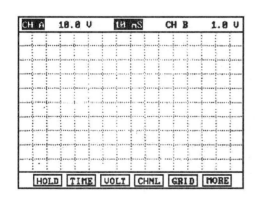

(a) 냉각팬 구동시 파형

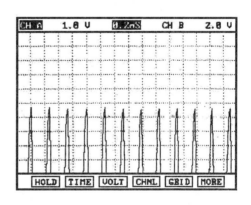

(b) 냉각팬이 low로 회전할 때 파형

[그림 21] 냉각팬 구동신호 출력파형(1)

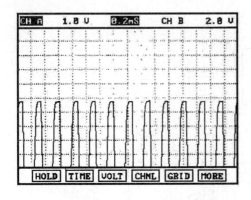
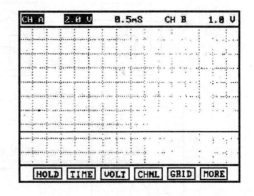

(a) 냉각팬이 middle로 회전할 때 파형   (b) 수온센서 고장시 파형

[그림 22] 냉각팬 구동신호 출력파형

2.4.3. 발전 전류제어

전기부하가 요구될 때 엔진의 회전속도가 저하되는 것을 방지하기 위하여〔발전 전류 제어를 하지 않을 경우 약 75~100rpm까지 rpm 드롭(drop)〕엔진 ECU는 발전기의 FR단자에서 FR신호를 검출 및 FR신호 평균 듀티량을 계산하여 엔진 회전속도와 함께 발전 전류량을 연산한다. 연산된 발전 전류 목표량은 발전기 G단자를 듀티 제어하여 발전기 발전 전류량을 제어한다.

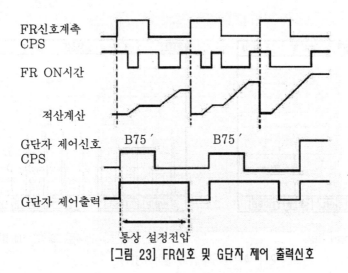

[그림 23] FR신호 및 G단자 제어 출력신호

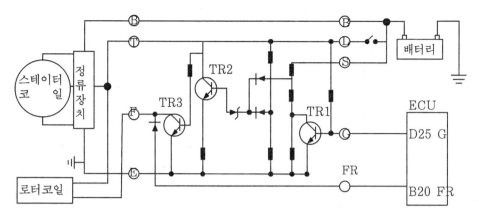

[그림 24] 발전 전류제어 회로도

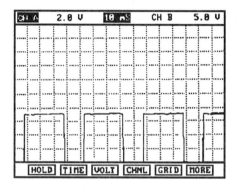

(a) 공회전상태 파형(무부하)

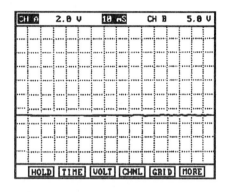

(b) 공회전상태 파형(에어컨 ON)

[그림 25] G단자 제어 출력신호의 출력파형

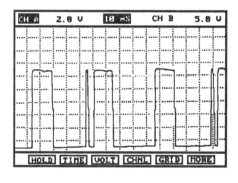

(a) 공회전상태 파형(무부하)

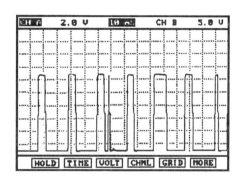

(b) 공회전상태 파형(에어컨 ON)

[그림 26] FR단자 출력파형

2.4.4. EGR(배기가스 재순환장치)제어

[1] EGR모터

배기가스의 일부를 흡기다기관으로 재 순환시켜 연소할 때 연소 온도를 낮추어 질소 산화물의 배출량을 감소시키기 위해 2개의 대용량 EGR 모터를 사용한다. EGR 모터 는 스텝모터 방식을 사용한다.

[2] EGR제어 구성 회로도

그림 27에서 엔진 컴퓨터는 B09번 단자를 접지시키면 컨트롤 릴레이가 작동하여 EGR 모터로 전원을 공급한다. 엔진의 좌우 실린더에 설치되어 있는 EGR 모터는 엔 진의 회전속도에 따라 스텝모터 A, B, C, D 접지 제어로 EGR 모터를 작동한다.

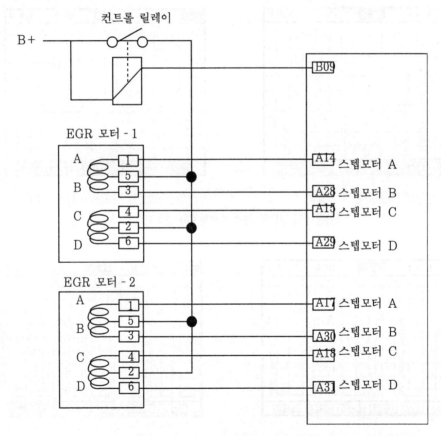

[그림 27] EGR제어의 회로도

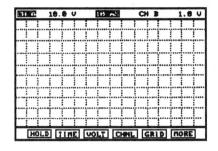

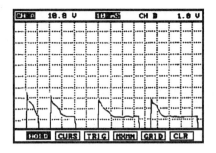

(a) EGR모터 미작동   (b) EGR모터 작동

[그림 28] EGR모터의 출력파형

2.4.5. 퍼지 컨트롤(purge control)

[1] 퍼지 컨트롤 솔레노이드밸브(PCSV) 및 캐니스터

연료탱크에서 증발되고 있는 연료 증발가스(HC)는 공연비에 미세한 영향을 미치므로 증발가스를 캐니스터의 활성탄에 흡착하고 있다가 엔진 시동상태에서 일정한 조건이 갖추어져 있을 때 실린더 안으로 흡입 연소시켜 배출 가스를 억제한다.

퍼지 컨트롤 솔레노이드밸브 구동 주파수는 약 15Hz 정도이며 엔진 컴퓨터에 의해 듀티로 제어된다. 또한, 퍼지 컨트롤은 냉각수 온도 70℃ 이상 및 산소센서를 이용한 공연비 피드백 제어(close loop)에서만 실행하고, 엔진 부하와 회전속도 및 산소 센서의 피드백 보정량의 평균값 등을 감안하여 듀티량을 계산한다. 듀티율이 0%일 때는 밸브가 완전히 닫힘이고, 듀티율이 100%일 때는 완전히 열린 상태이다(공전상태일 경우에는 약 0~15%).

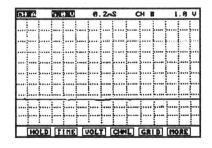

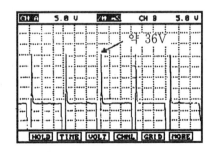

(a) 미작동   (b) 작동

[그림 29] 퍼지 컨트롤 솔레노이드밸브 출력파형

교육학습(자기평가서)

학 습 안 내 서

과 정 명	희박연소 및 가솔린 직접분사식 엔진		
코 드 명		담당 교수	
능력단위명		소요 시간	
개 요	희박연소 엔진의 센서 및 작용과 가솔린 직접분사기관의 센서와 작용에 대해 이해하고 각 센서와 원리에 대해 점검 및 진단을 통하여 현장실무 능력을 배양할 수 있도록 한다.		
수 행 목 표	희박연소 엔진의 센서 및 작용과 가솔린 직접분사기관의 센서와 작용에 대해 이해 하고, 관련배선을 실차를 통하여 측정 및 파형 분석함으로써 엔진의 기본적인 고장진단은 물론이고 현장실무 능력을 배양할 수 있도록 한다.		

실습과제

1. GDI의 크랭크각센서(CAS) 및 NO.1TDC센서에 대해 이해한다.
2. GDI의 연료제어에 대해 이해한다.
3. GDI의 산소센서 및 점화제어에 대해 이해한다.
4. 배기가스제어에 대해 이해한다.
5. 기타제어에 대해 이해한다.

활용 기자재 및 소프트웨어

실차량, T-커넥터, MUT(Hi-DS 스캐너), Muti-Tester, 엔진튠업기(Hi-DS Engine Analyzer), 점퍼클립, 노트북 등

평가방법	평가표			
평가표에 있는 항목에 대해 토의해보자 이 평가표를 자세히 검토하면 실습 내용과 수행목표에 대해 쉽게 이해할 것이다. 같이 실습을 하고 있는 사람을 눈여겨보자 이 평가표를 활용하면 실습순서에 따라 실습할 수 있을 것이다. 동료가 보는 데에서 실습을 해보고, 이 평가표에 따라 잘된 것과 좀더 향상시켜야할 것을 지적하게 하자 예 라고 응답할 때까지 연습을 한다.	실습내용	성취수준		
		예	도움 필요	아니오
	GDI의 크랭크각센서(CAS) 및 NO.1 TDC센서에 대해 이해할 수 있다.			
	GDI의 연료제어에 대해 이해할 수 있다.			
	GDI의 산소센서 및 점화제어에 대해 이해할 수 있다.			
	배기가스제어에 대해 이해할 수 있다.			
	기타제어(에어컨, 냉각팬)에 대해 이해할 수 있다.			

성취 수준

실습을 마치고 나면 위 평가표에 따라 각 능력을 어느 정도까지 달성 했는지를 마음 편하게 평가해 본다. 여기에 있는 모든 항목에 예 라고 답할 수 있을 때까지 연습을 해야 한다. 만약 도움필요 또는 아니오 라고 응답했다면 동료와 함께 그 원인을 검토해본다. 그 후에 동료에게 실습을 더 잘할 수 있도록 도와달라고 요청하여 완성한 후 다시 평가표에 따라 평가를 한다. 필요하다면 관계지식에 대해서도 검토하고 이해되지 않는 부분은 교수에게 도움을 요청한다.

07 CRDI 연료분사장치의 전자제어

1. CRDI 연료분사장치의 개요

커먼레인 디젤 분사장치(CRDI : common rail direct injection)는 기존의 디젤엔진에 적용되고 있는 인젝션 펌프를 획기적으로 진화된 고압펌프와 커먼레일을 이용한 초고압분사 방식의 디젤연료 분사장치이다. 이 방식을 적용한 디젤엔진 들은 지금까지 적용되던 인젝션 펌프방식을 완전히 탈피한 최첨단 전자제어 축압(common rail)방식을 적용한 엔진으로 현재 중 소형 디젤엔진에서는 거의 대부분이 커먼레인 엔진을 채택하고 있다.

또한, 기존 인젝션펌프 디젤엔진에 비하여 약 20%의 출력향상과 약 15%의 연비향상을 얻어냈으며 기존 디젤엔진의 문제점인 배기가스를 최소화하여 세계 모든 국가의 배기가스 규제를 만족할 수 있는 환경 친화적인 디젤엔진이다. 그리고 디젤엔진에서의 차량 응답성 또한 많은 향상을 가져왔으며 저공해, 저소음을 위하여 연소실 중앙 직립 인젝터, 주분사 전 예비분사(pilot injection), 사후분사(post injection), 전자제어 EGR, 배기가스 후처리 장치 등을 적용하고 있다.

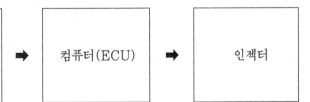

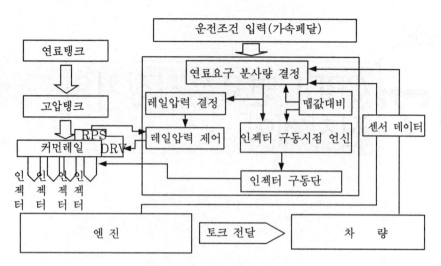

[그림 1] 연료장치의 전자제어 개요도

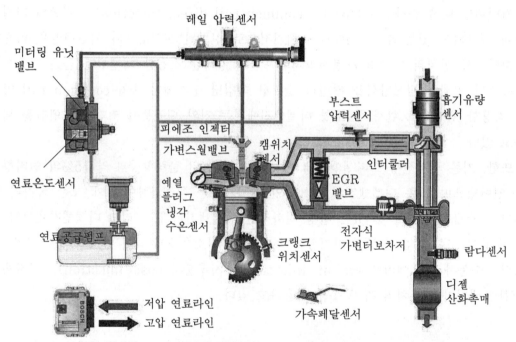

[그림 2] 커먼레일 연료분사장치의 구성도

 입·출력 요소

1. 아날로그 입력 요소
   ① 연료압력센서   ② 공기유량센서 & 흡기 온도센서
   ③ 가속페달센서   ④ 연료온도센서

⑤ 축전지 전압 　　　　　　　　　 ⑥ 수온센서

⑦ 센서 전압 　　　　　　　　　　 ⑧ 크랭크포지션센서

2. 디지털 입력신호

　　① 클러치스위치 신호 　　　　　 ② 에어컨스위치

　　③ 이중 브레이크스위치 　　　　 ④ 에어컨 압력스위치(로우, 하이스위치)

　　⑤ 에어컨 압력스위치(중간 압력스위치) ⑥ 블로워 모터스위치

　　⑦ 차속센서 　　　　　　　　　 ⑧ IG 전원

3. 출력요소

　　① 인젝터 　　　　　　　　　　 ② 커먼레일 압력 제한밸브

　　③ 메인 릴레이 　　　　　　　　 ④ 프리히터 릴레이

　　⑤ 예열플러그 릴레이 　　　　　 ⑥ EGR 솔레노이드밸브, ⑦ CAN 통신

2. 입력요소의 기능

2.1. 연료압력센서(RPS ; rail pressure sensor)

이 센서는 커먼레일의 연료압력을 측정하여 컴퓨터(ECU)로 입력시키며, 컴퓨터는 이 신호를 받아 연료 분사량, 분사시기를 조정하는 신호로 사용한다. 연료압력센서 내부는 반도체 피에조(piezo) 소자방식이며, 이 센서가 고장나면 림프 홈 모드로 진입하여 압력이 400bar로 고정된다.

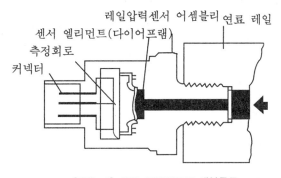

[그림 3] 연료 압력센서의 내부구조

출력값을 가지고 연료 압력을 산출하는 방법은 다음과 같다.

$$P = \left(\frac{Uo}{Us} - 0.1 \right) \times \frac{150}{0.8}$$

　　P : 압력(MPa), 　Uo : 출력 전압,, 　Us : 공급 압력

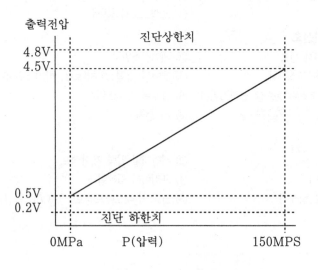

[그림 4] 연료 압력센서의 전압

2. 2. 공기유량센서(AFS)와 흡기온도센서(ATS)

공기유량센서는 열막방식(hot film type)을 사용하며, 가솔린엔진과는 달리 공기 유량 센서의 주 기능은 EGR 피드백 제어이며, 또 다른 기능은 스모크 리미트 부스터 압력제어(smoke limit booster pressure control)용으로 사용된다. 흡기온도센서는 부 특성 서미스터이며 연료량, 분사시기, 엔진을 시동할 때 연료량 제어 등의 보정 신호로 사용된다.

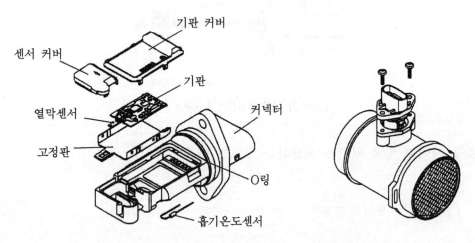

[그림 5] 공기유량센서와 흡기온도센서의 내부구조

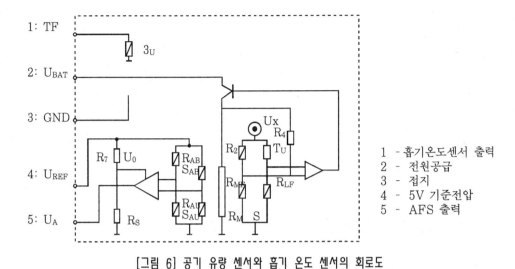

1 - 흡기온도센서 출력
2 - 전원공급
3 - 접지
4 - 5V 기준전압
5 - AFS 출력

[그림 6] 공기 유량 센서와 흡기 온도 센서의 회로도

2.3. 가속페달 포지션센서 1, 2(APS ; accelerator pedal position sensor)

가속페달 포지션센서는 스로틀 포지션센서의 원리를 이용하며, 센서 1에 의해 연료량과 분사시기가 결정되며, 센서 2는 센서 1을 검사하는 센서이며 차량의 급출발을 방지하는 기능을 한다. 센서 1, 2가 고장나면 림프 홈 모드로 진입하여 1200rpm으로 고정된다.

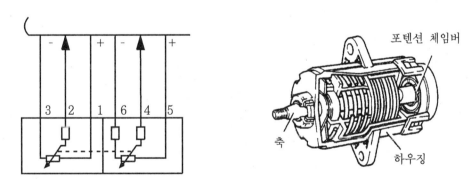

포텐션 체임버

축

하우징

[그림 7] 가속페달 포지션센서의 내부구조

2.4. 연료온도센서(FTS ; fuel temperature sensor)

연료온도센서는 수온센서와 동일한 부특성 서미스터를 사용하며, 연료 온도에 따른 연료량 보정 신호로 사용된다.

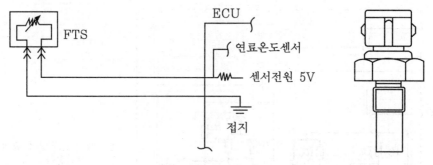

[그림 8] 연료온도센서의 회로도

2.5. 수온센서(WTS ; water temperature sensor)

인젝터를 통하여 연소실로 분사되는 연료의 상태가 난기상태일 경우에는 분사된 연료는 연소가 잘된다. 그러나 냉각된 상태에서는 연료를 무화(霧化 ; 안개화) 상태로 분사하였다고 하더라도 연료 입자들이 서로 엉켜 알갱이가 커지므로 완전 연소가 어려울 뿐만 아니라 냉간 시동이 불가능해진다.

이에 따라 냉간 시동에서는 연료량을 증가시켜 원활한 시동이 될 수 있도록 엔진의 냉각수 온도를 검출하여 냉각수 온도의 변화를 전압으로 변화시켜 컴퓨터로 입력시키면 컴퓨터는 이 신호에 따라 연료량을 증감하는 보정신호로 사용하며, 열간상태에서는 냉각팬 제어에 필요한 신호로 사용된다.

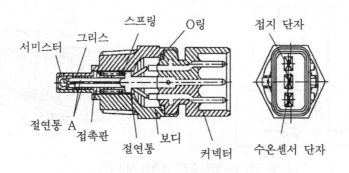

[그림 9] 수온센서의 내부구조

[수온센서의 온도 및 저항값]

온도(℃)	저항값(kΩ)
- 20	15.48±1.35
0	5.790
20	2.45±0.1
40	1.148
80	0.3222

2. 6. 크랭크포지션센서(CPS ; crank position sensor)

크랭크포지션센서는 마그네틱 인덕티브방식(magnetic inductive type)이며, 실린더 블록에 설치되어 크랭크축과 일체로 되어 있는 센서 휠(sensor wheel)의 돌기를 감지하여 크랭크축의 각도 및 피스톤의 위치, 엔진 회전속도 등을 감지한다.

크랭크축과 연동되는 피스톤의 위치는 연료 분사시기를 결정하는데 중요한 역할을 한다. 센서 휠에는 총 60개의 돌기가 있으며, 이 중 2개의 돌기가 없으며, 이중 missing footh와 캠포지션센서를 이용하여 1번 실린더를 찾도록 되어 있다. 이 센서에서 고장이 발생하면 엔진의 안전상의 이유로 가동을 정지시킨다.

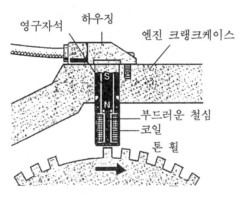

[그림 10] 크랭크포지션센서의 내부구조

[수온센서의 온도 및 저항값]

코일 저항값	860Ω±10%(20℃)
최소 전압	1650mV
에어 갭(air gap)	1.8mm

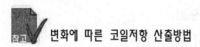 변화에 따른 코일저항 산출방법

- 코일 저항 = 860 Ω ±10%(20℃)
- K = 1±0.004(크랭크 포지션 센서의 주위 온도 -20℃)
- 온도에 따른 현재 저항값 = 코일저항 × K

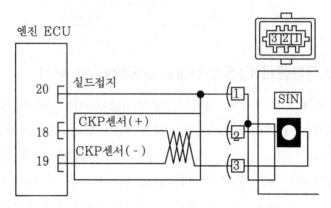

[그림 11] 크랭크포지션센서의 회로도

2.7. 캠포지션센서(cam position sensor)

캠포지션센서는 홀센서 방식(hall sensor type)으로 캠축에 설치되어 캠축 1회전(크랭크축 2회전)당 1개의 펄스 신호를 발생시켜 컴퓨터로 입력시킨다. 컴퓨터는 이 신호에 의해 1번 실린더 압축 상사점을 검출하게 되며, 연료분사의 순서를 결정한다. 엔진이 시동된 후에는 크랭크포지션센서에 의해 생성된 정보는 엔진의 모든 실린더를 학습한다. 그리고 캠포지션센서가 차량을 구동하는 동안에 고장이 나도 엔진은 구동된다.

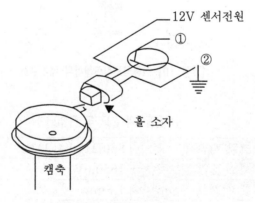

[그림 12] 캠포지션센서의 내부구조

2.7.1. 캠포지션센서의 원리

캠축에는 1개의 돌기가 설치되어 있으며

① 점화스위치를 ON으로 하면 컴퓨터로부터 공급된 5V의 전원은 단자 ①(그림 12)을 통하여 단자 ②(그림 12)로 접지되고 공급 전원 12V는 트랜지스터의 컬렉터에서 대기하게 된다.

② 캠축이 회전하면서 캠축에 있는 돌기가 감응 부분에 도달하게 되면 감응 부분에 자력이 형성되고 홀 소자에 전압이 발생한다.

③ 홀소자에서 발생된 전압에 의해 트랜지스터를 구동하게 되고 컬렉터에 있던 센서 전원은 이미터로 흐르게 되므로 이 신호를 컴퓨터가 감지한다.

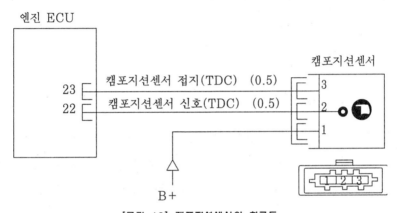

[그림 13] 캠포지션센서의 회로도

2.8. 기타 스위치

2.8.1. 클러치스위치(clutch switch)

클러치스위치는 접점방식이며, 스위치의 신호에 따라 정속주행을 해제할 때와 스모그를 제어할 때 필요한 변속 단수 인식에 사용된다. 또한 충격 감소 보정용으로 사용된다.

2.8.2. 에어컨스위치(air-con switch)

에어컨이 작동될 때 엔진 회전속도가 떨어지는 현상을 방지하기 위해 연료량을 보정하는 신호로 사용된다.

2.8.3. 블로워 모터스위치(blower motor switch)

전기부하에 따른 엔진 회전속도가 떨어지는 현상을 방지하기 위해 연료량을 보정하는 신호로 사용된다.

2.8.4. 에어컨 압력스위치(low, high switch)

에어컨라인에 가스 유무 및 막힘 유무를 판단하여 에어컨 압축기를 작동시키는 신호로 사용된다(에어컨 압축기 보호용).

2.8.5. 에어컨 압력스위치(중간 압력스위치)

에어컨 라인에 일정한 압력 이상($15kgf/cm^2$)이 발생할 때 냉각 팬을 구동시키는 신호로 사용된다.

2.8.6. 이중 브레이크스위치

브레이크 신호는 이중 브레이크 신호이며, 가속페달 포지션 센서 고장여부 검출 신호로 사용된다. 예를 들어 브레이크 신호 뒤에 가속페달 신호가 낮게 들어오면 정상이지만 가속페달 신호가 높게 들어오면 가속페달 신호의 고장이라고 판단한다.

3. 출력요소의 기능 및 원리

3.1. 인젝터(injector)

고압 연료분사 펌프로부터 송출된 연료가 커먼레일을 통하여 인젝터까지 공급하고, 공급된 연료를 연소실에 직접 분사하는 방식의 인젝터이다. 구조는 그림 14와 같으며, 작동 원리는 컴퓨터에서 코일에 전원을 공급하면 볼 밸브(ball valve)를 연료 압력으로 올린 후 제어 체임버(control chamber)에 연료를 배출함과 동시에 니들과 노즐이 상승하며 이때 고압의 연료가 연소실에 분사된다.

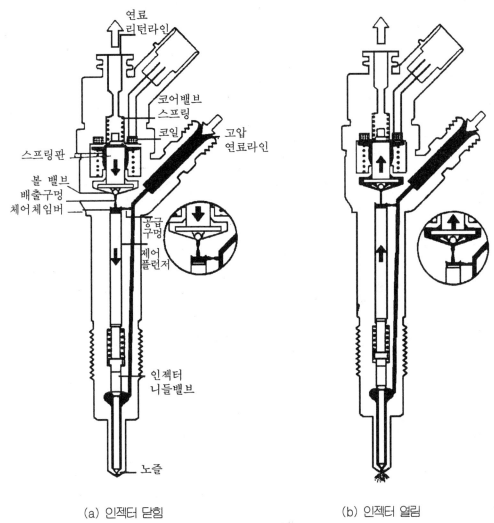

(a) 인젝터 닫힘   (b) 인젝터 열림

[그림 14] 인젝터의 구조

3. 2. 연료압력

[연료압력의 제원]

항 목	연료압력	비 고
엔진을 시동할 때	100bar 이상	
작동 압력	250~1350bar 이상	
리턴 압력	0.2~0.6bar	인젝터 단품에 대한 압력

① 인젝터 저항값 : 0.365±0.055Ω(20~70℃)

② 인젝터 전류

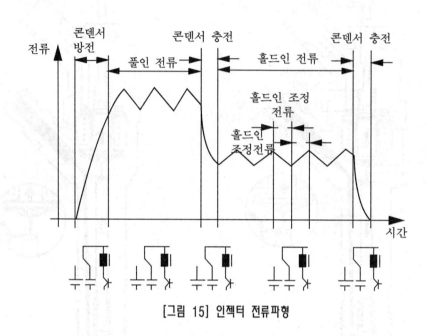

[그림 15] 인젝터 전류파형

[인젝터 전류표]

항 목	최소값	규정값	최대값
최대 전류(풀인 전류)	19A	20A	21A
홀드 인 전류	11A	12A	13A
재충전 전류			7A

3.3. 연료분사

커먼레일 분사방식은 기존의 분사와는 달리 2단계로 분사를 실시한다.

① 1단계 : 파일럿분사(pilot injection - 착화분사)

② 2단계 : 주분사(main injection)

3.3.1. 파일럿분사

파일럿분사라 함은 말 그대로 주분사가 이루어지기 전에 연료를 분사하여 연소가 잘 이루어지도록 하기 위한 것이며, 파일럿분사 실시 여부에 따라 엔진의 소음과 진동을 감소시키기 위한 목적으로 두고 있다. 즉, 연소할 때 연소실의 압력이 상승되는데 있어 연소실의 압력상승이 부드럽게 이루어지도록 해주므로 엔진의 소음과 진동을 감소시킬 수 있다.

파일럿분사의 기본값은 냉각수 온도와 흡입공기 압력에 따라 조정되며, 기타 제약에 따라 다음과 같은 경우에는 파일럿분사가 중단될 수 있다.

① 파일럿분사가 주 분사를 너무 앞지르는 경우

② 엔진 회전속도가 3200rpm 이상인 경우

③ 연료 분사량이 너무 적은 경우

④ 주분사 연료량이 불충분한 경우

⑤ 엔진 가동 중단에 오류가 발생한 경우

⑥ 연료 압력이 최소값 이하(100bar) 이하인 경우

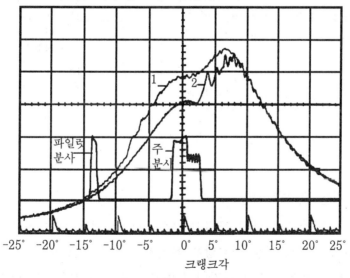

1. 파일럿분사를 실시하는 연소실 압력 그래프
2. 파일럿분사가 없는 연소실 압력 그래프

[그림 16] 연소 압력변화

3.3.2. 주분사

엔진의 출력에 대한 에너지는 주분사로부터 나온다. 주분사는 파일럿분사가 실행되었는지를 고려하여 연료량을 산출한다. 주 분사의 기본값으로 사용되는 것은 엔진 토크량(가속페달 위치 센서값), 엔진 회전속도, 냉각수 온도, 흡기온도, 대기압력 등이며, 이 신호의 값을 받아 주 분사 연료량을 계산한다.

[1] 최소 압력 모니터링 기능

분사는 최소 커먼레일 압력이 되어야만 가능하며 최소 레일압력 조정은 냉각수 온도와 평균 연료압력에 따라 조정된다. 최소 레일압력은 100bar 이상이다.

[냉각수 온도에 따른 연료 압력 map값]

냉각수 온도(℃)	- 20	0	20	60	80	100
연료압력(bar)	1400	1300	1200	1200	1200	1200

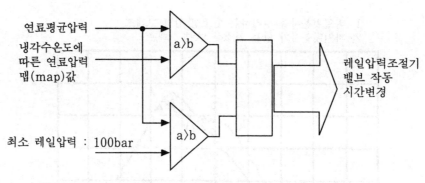

[그림 17] 최소 압력 모니터링 검출

[2] 연료 온도에 따른 분사량 기능

연료의 온도가 높은 상태와 낮은 상태에 따른 연료의 체적 차이(부피의 차이)가 발생하는데 이러한 체적 변화에 따른 연료량을 보정하기 위한 부분이며, 파일럿 및 주 분사량을 보정한다. 다만, 연료 온도가 고장나면 연료 분사량 보정은 금지한다.

연료 온도(℃)	- 20	0	30	50	65	75
보정값(mm^2)	- 0.4248	- 0.402	- 0.2756	0	0.2544	0.5348

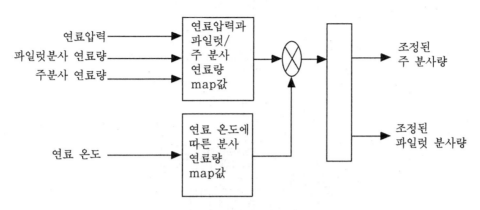

[그림 18] 연료온도에 따른 분사량 보정

3. 4. 커먼레일 연료 압력 조정밸브

엔진 컴퓨터는 엔진의 회전속도 및 부하에 따라 설정 압력에 맞게 연료 압력을 조절하며 이에 따라 커먼레일 압력센서 및 각종 센서의 입력신호를 받아 설정 목표 압력에 맞게 솔레노이드밸브를 작동시켜 듀티로 제어한다.

연료온도가 높을 경우 연료의 온도를 제한하기 위해 압력을 특정 작동점 수준으로 낮추는 경우도 있다. 연료 압력 조정밸브가 고장나면 안전상의 이유로 엔진의 가동을 비상 정지시킨다.

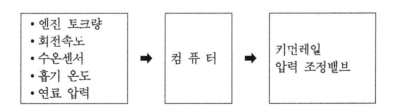

3.4.1. 커먼레일 압력 조정밸브 제원

항 목	규 정 값
작동 주파수	1kHz
작동 전류	2.5A 이하
저항값	2.3±0.23Ω(20℃)
리턴 압력	1 bar 이하
스프링장력	100bar

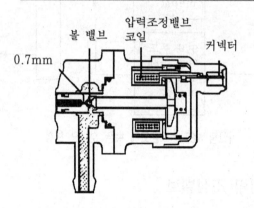

[그림 19] 커먼레일 압력 조정밸브의 내부구조

3.4.2. 연료압력 모니터링

[1] 목 적

연료압력 모니터링은 고압계통에서의 누출과 기타 고장을 검출하기 위하여 사용된다.

[2] 연료압력 모니터링의 요건

① 기관 회전속도 700rpm 이상
② 오픈 루프(open loop) 제어할 때

(1) 에러 1(연료 압력 모니터링)

커먼레일 압력이 1450bar를 초과하면 에러 1을 인식한다. 에러 1이 인식되면 엔진 시동이 되지 않는다.

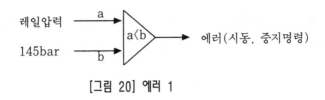

[그림 20] 에러 1

(2) 에러 2(최소 연료압력 점검)

최고 연료압력 점검은 엔진 회전속도에 따른 연료압력 map〔컴퓨터 내에 있는 ROM (read only memory)에 저장되어 있는 예정 값〕값과 연료압력을 비교 점검하여 연료압력이 규정값 이하이면 에러가 인식된다. 연료압력이 0bar 이상일 경우에만 실시한다.

① 엔진 회전속도에 따른 연료 압력 map값

   ㉮ 엔진 회전속도 2400rpm 이하 : 1200bar

   ㉯ 엔진 회전속도 2400rpm 이상 : 2000bar

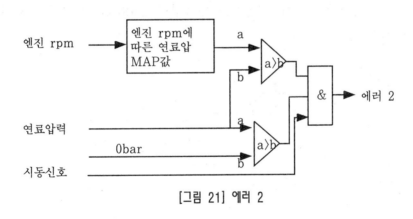

[그림 21] 에러 2

(3) 에러 3(조정 변수 모니터링)

연료압력 조정밸브 총 조정 듀티율이 100%를 초과하면 에러가 인식된다.

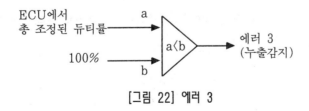

[그림 22] 에러 3

(4) 에러 4("-" 편차 조정변수 모니터링)

- 2500bar 이상의 편차가 발생하고 조정 듀티율이 10% 이하인 경우 폐쇄된 연료 압력 조정밸브로 인식하며, 엔진의 시동이 되지 않는다.

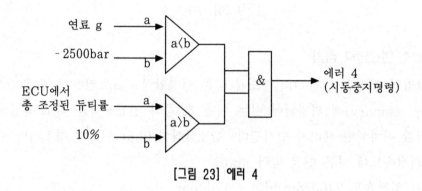

[그림 23] 에러 4

(5) 에러 5("+" 편차 조정변수 모니터링)

연료압력 총 조정 변수값이 79% 이상이고 연료압력 2500bar 이상 "+" 편차가 존재할 때 에러로 인식된다.

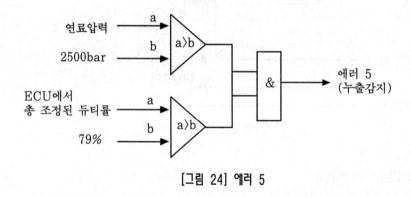

[그림 24] 에러 5

(6) 에러 6(연료 압력제어의 제어 편차 모니터링)

엔진 회전속도에 따른 연료압력과 현재 입력되는 연료압력과의 "+"편차가 발생하는 경우 연료압력제어 회로 상의 에러로 인식된다.

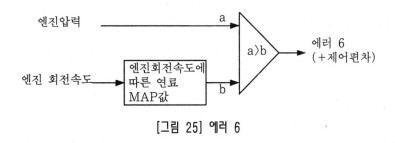

[그림 25] 에러 6

(7) 에러 7(제어 편차를 가진 PI 제어의 조정 변수 모니터링)

연료압력 제어의 조정 변수 PI 값이 100% 이상이고, 연료압력 제어회로에 2500bar 이상 별도의 제어 편차가 존재할 경우 에러로 인식한다.

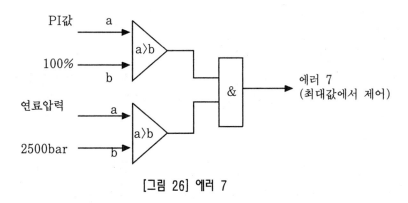

[그림 26] 에러 7

[3] 에러 사유

에러 2, 3, 5, 6, 7은 체적, 현재 균형이 동등하지 않은 모든 상황에서 인식되며, 다음과 같은 상황에서 발생할 수 있다.

① 내부 또는 외부에서 연료가 누출될 때

② 연료탱크가 비었을 때

③ 낮은 연료 압력 순환에서의 에러

④ 고압 연료펌프 효율성이 너무 낮을 때

⑤ 인젝터에서 연료 누출이 클 때

⑥ 인젝터 제어량이 너무 높을 때

에러 1, 4는 폐쇄되거나 정체된 압력 조절밸브에 의해 발생하며, 고압 제어에서 에러가 발생하면 연료 압력 조정밸브는 OFF된다.

3.5. 배기가스 재순환장치(EGR)

3.5.1. EGR(exhaust gas recirculation)밸브

EGR밸브는 엔진에서 배출되는 가스 중 질소 산화물 배출을 억제하기 위한 것이다.

3.5.2. EGR 솔레노이드밸브

EGR 솔레노이드밸브는 컴퓨터에서 계산된 값을 PWM방식으로 제어하는데 제어 값에 따라 EGR밸브의 작동량이 결정되는데 각종 입력되는 값과 흡입 공기량을 계산하여 실제 제어값을 출력하도록 되어 있다. EGR을 제어하는 동안 기타 보조장치(연료량 제어 등)의 경우 공기량의 실제 값이 추가로 계산되도록 되어 있다. 또한 EGR작동 시간은 부하를 감소시키기 위해 회전속도를 제한한다.

 PWM(plus width modulation) 전류 제어방식

PWM(plus width modulation) 전류 제어방식은 펄스 폭 변조방식으로 전류가 흐를 때 ON/OFF를 반복하여 흐르는 방식으로 솔레노이드를 제어할 때 정밀한 제어를 위하여 선택한다.

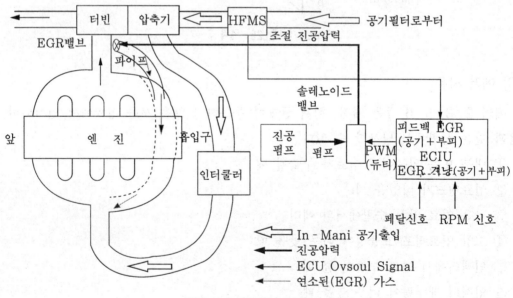

[그림 27] 배기가스 순환도

[EGR 솔레노이드 제원]

항 목	제 원
제어 방법	PWM
듀티 사이클	20~95%
저항 값	15.4±0.7Ω(20℃)

3.5.3. EGR작동 정지명령

① 공전할 때(1000rpm 이하에서 52초 이상)

② 연료압력 제한밸브가 고장일 때

③ 공기유량센서(AFS)가 고장일 때

④ EGR밸브가 고장일 때

⑤ 냉각수 온도가 37℃ 이하 또는 100℃ 이상일 때

⑥ 축전지 전압이 8.99V 이하일 때

⑦ 연료량이 42mm^3 이상 분사될 때

⑧ 엔진을 시동할 때

위 조건에서는 컴퓨터에서 EGR제어를 하지 않도록 되어 있다.

3.6. 예열장치

엔진이 냉간된 상태에서 시동이 원활히 하기 위한 장치이며 이것은 배기가스와 매우 밀접한 관계가 있다. 즉 난기 운전시간을 줄여 유해 배기가스 배출을 감소시킬 수 있다. 예열장치는 냉각수 온도와 엔진 회전속도에 의해 제어된다.

3.6.1. 프리 글로우(pre-glow)

프리 글로우 단계는 컴퓨터에 전원공급과 동시에 개시된다. 엔진 가동 중 45rpm, 480mS 이상을 초과할 때 프리 글로우는 작동을 중지한다. 또한 수온센서 값에 따라 프리 글로 제어시간이 변경되며, 수온센서가 고장일 때는 -24.9℃로 결정하여 활용한다.

[프리 글로우(pre-glow) 제한시간]

축전지 전압 냉각수 온도	10V	14.9V
30℃	0.5초	0.5초
20℃	3초	1.5초
-10℃	5초	5초
-20℃	16초	16초

3.6.2. 스타트 글로우(start-glow)

스타트 글로우는 60℃ 이하인 경우 매번 실시되며 엔진 회전속도 45rpm과 480mS 이상을 초과할 때 실시한다. 동시에 스타트 글로우 상태와 관련된 타이머가 작동하며, 수온센서가 고장나면 -24.9℃로 대처한다. 또한, 스타트 글로우는 다음 경우에 종료한다.

① 스타트 글로우 시간 15초 경과 후
② 냉각수 온도가 60℃ 이상일 때

3.6.3. 포스트 글로우(post-glow)

포스트 글로우시간은 냉각수 온도에 따라 결정되며, 전원 공급 후 단 1회만 실시하며 수온센서가 고장나면 -24.9℃로 대처한다. 또한, 포스트 글로우는 다음의 경우에 종료한다.

① 연료량이 75mm^{3}를 초과할 때
② 엔진 회전속도가 3500rpm 이상일 때

[포스트 글로우 제어시간]

냉각수 온도(℃)	-10.5	-0.5	50	70
제어시간(초)	100	10	50	0

3.7. 냉각 팬 제어

3.7.1. 엔진의 냉각장치

냉각장치의 기본적인 제어논리는 가솔린엔진이나 LPG엔진과 마찬가지로 2단계 직·병렬회로를 지닌 방식이다.

3.7.2. 냉각장치 점검

냉각 팬은 컴퓨터에 의해 2단계의 속도로 제어되며, 수온센서, 차속센서, 에어컨 중간 압력스위치, 에어컨스위치(Low, High) 신호가 기본이 된다. 그리고 관련 센서가 고장일 경우에는 페일 세이프 기능이 있다.

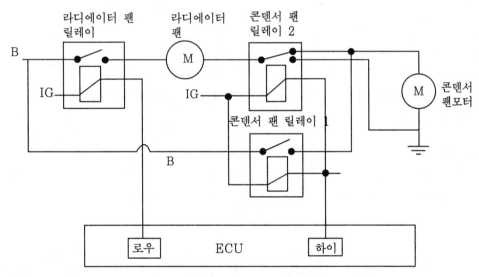

[그림28] 냉각 회로도

[1] 직렬회로(low)

컴퓨터 Low단자 접지 -B+ → 라디에이터 팬 릴레이 → 라디에이터 팬 → 콘덴서 팬 → 접지

[2] 병렬회로(high)

컴퓨터 High단자 접지 -B+ → 라디에이터 팬 릴레이 → 라디에이터 팬 → 접지 → 콘덴서 팬 릴레이 → 콘덴서 팬 → 접지

2.2. 연료제어(fuel control)

가솔린 직접분사 엔진의 연료계통은 인젝터 드라이브 A&B, 저압 연료펌프, 저압 레귤레이터, 연료필터, 고압 연료펌프, 고압 레귤레이터, 스월 인젝터 등으로 구성되어 있다.

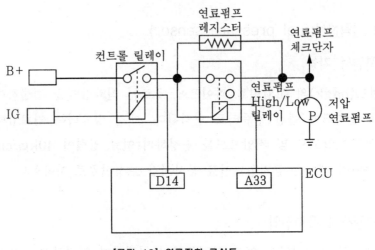

[그림 12] 연료장치 구성도

2.2.1. 스월형 인젝터(swirl injector)

2분사(spray)방식이며, 기존의 인젝터와는 달리 연료가 분사되면서 주위의 공기와 쉽게 혼합될 수 있도록 하기 위해 소용돌이를 이루면서 연료가 분사된다.

인젝터의 분사시기는 점화시기와 동일하게 1-2-7-8-4-5-6-3순으로 분사되며, 엔진의 부하에 따라 피스톤의 흡입행정(일반연소) 또는 압축행정(희박연소)에서 분사된다. 부분부하 영역에서는 압축행정 말기에 분사되고, 전부하 영역에서는 흡입행정 중에 분사되어 흡입공기의 열을 흡수하여 기화하는 한편 흡입공기의 냉각으로 흡입효율이 향상된다. 인젝터의 구동은 엔진 컴퓨터가 직접하는 것이 아니라 엔진 컴퓨터가 인젝터 드라이브 A & B에 연료분사 신호를 보내면 인젝터 드라이브는 해당 인젝터를 구동한다.

3.8.2. 연소식 프리히터방식

연소실 프리히터방식은 냉각수계통에 연소기(burner)를 설치하여 연료 연소에 의한 난방장치로 가열플러그형식보다 난방능력이 우수하며, 실내가 넓은 차량에 주로 사용된다. 전력 용량은 12V - 14W이다.

블로워

에어 인렛

증발기

워터 인렛

연료

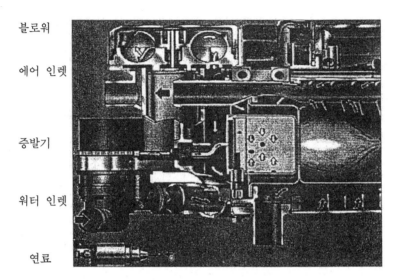

[그림 31] 연소식 프리히터의 내부구조

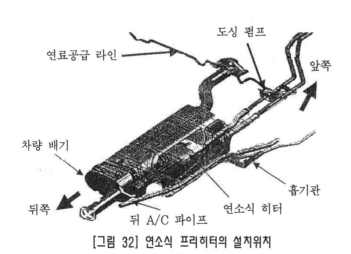

[그림 32] 연소식 프리히터의 설치위치

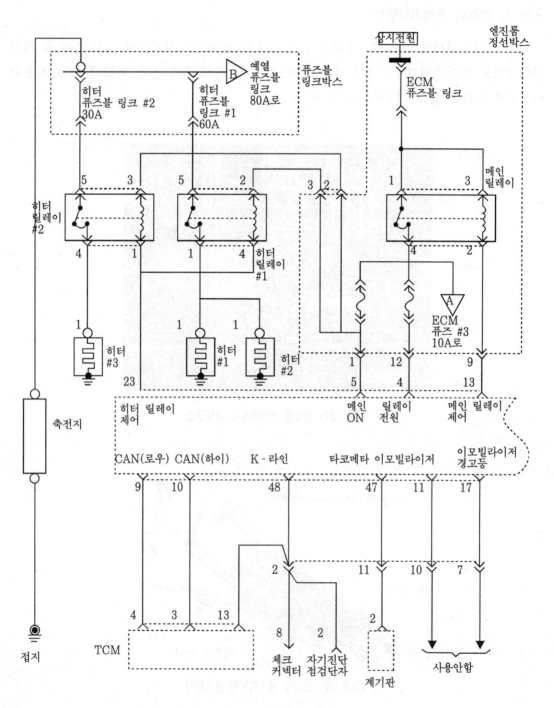

[그림 33] 엔진 제어회로(1)

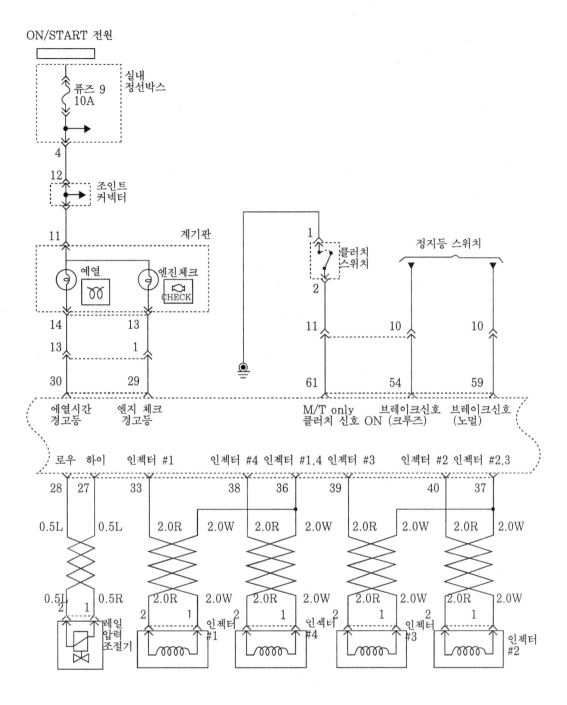

[그림 34] 엔진 제어회로(2)

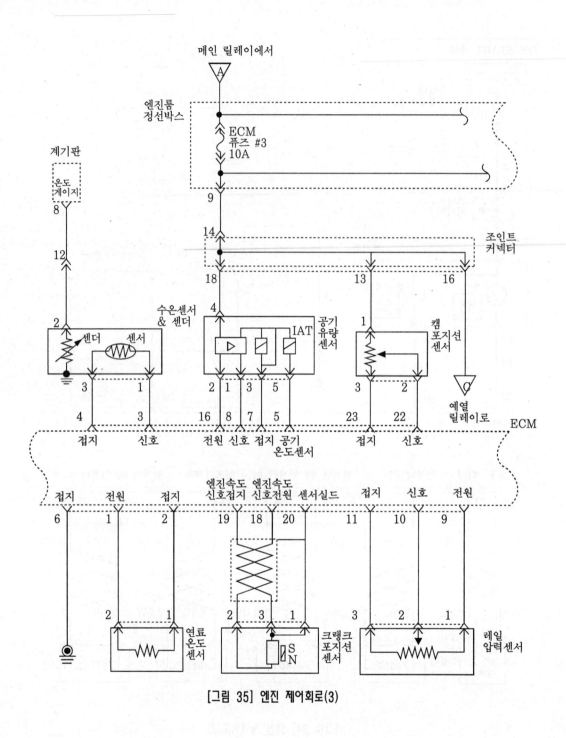

[그림 35] 엔진 제어회로(3)

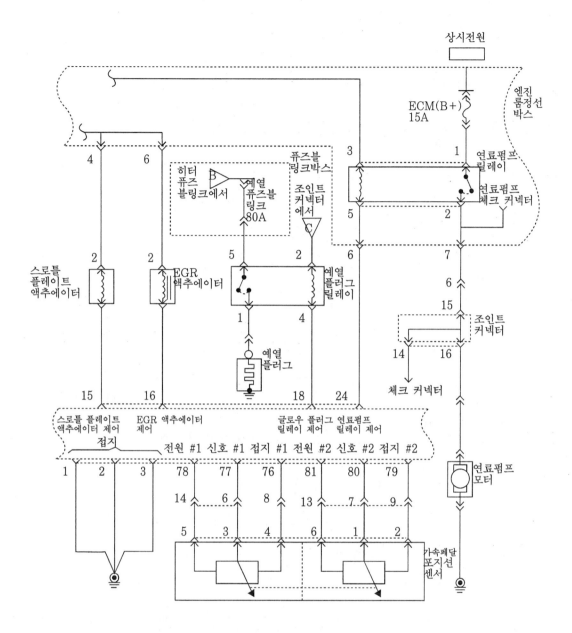

[그림 36] 엔진 제어회로(4)

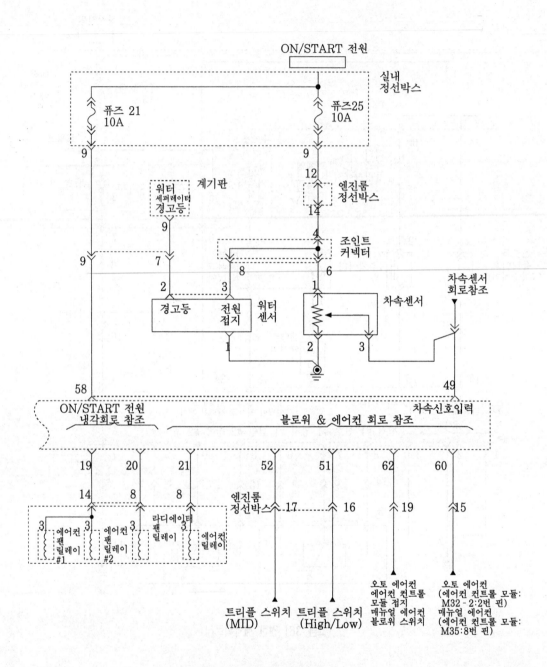

[그림 37] 엔진 제어회로(5)

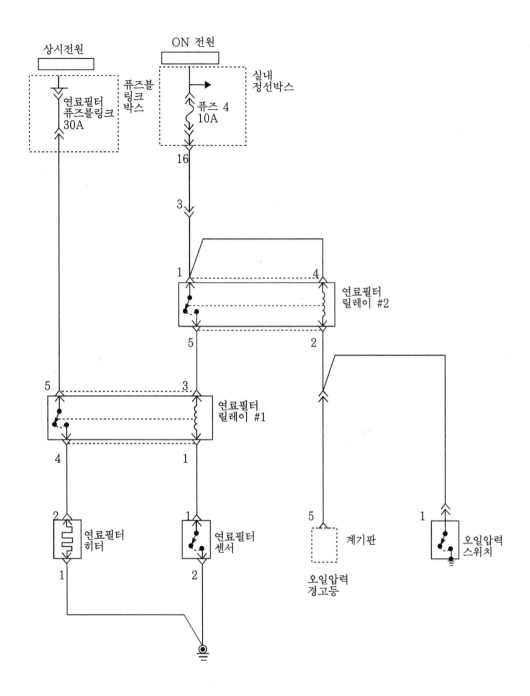

[그림 38] 연료필터 히트회로

교육학습(자기평가서)

학 습 안 내 서

과 정 명	CRDI 연료분사장치의 전자제어		
코 드 명		담당 교수	
능력단위명		소요 시간	
개 요	커먼레일 연료분사장치의 개요 및 입력요소, 출력요소 기능과 원리에 대해 이해 하고 필요한 관련지식과 그 목적을 달성하기 위한 기본적인 개념 이해할 수 있도록 구성하였다.		
수 행 목 표	커먼레일 연료분사장치의 개요 및 입력요소, 출력요소 기능과 원리에 대해 이해할 수 있도록 구성하였다. 또, LPI연료장치에 대해 쉽게 이해할 수 있도록 구성하였다.		

실습과제

1. 커먼레일 연료분사장치의 개요에 대해 이해
2. 입력요소, 출력요소 기능과 원리에 대해 이해
3. LPI연료장치에 대해 이해
4. CRDI 연료분사장치 전자제어의 관련 회로도 이해

활용 기자재 및 소프트웨어

실차량 및 엔진, 일반공구, 교과서, PPT 등

평가방법	평가표			
	실습내용	성취수준		
		예	도움 필요	아니오
평가표에 있는 항목에 대해 토의해보자 이 평가표를 자세히 검토하면 학습 내용과 수행목표에 대해 쉽게 이해할 것이다. 같이 학습을 하고 있는 사람을 눈여겨보자 이 평가표를 활용하면 학습에 많은 도움이 될 것이다. 이 평가표에 따라 이해가 잘된 것과 좀더 향상시켜야할 것을 지적하게 하자 예 라고 응답할 때까지 연습을 한다.	커먼레일 연료분사장치의 개요에 대해 이해할 수 있다.			
	입력요소, 출력요소 기능과 원리에 대해 이해할 수 있다.			
	LPI연료장치에 대해 이해할 수 있다.			
	CRDI 연료분사장치 전자제어의 관련 회로도를 이해할 수 있다.			
	성취 수준			
	수업을 마치고 나면 위 평가표에 따라 각 능력을 어느 정도까지 달성 했는지를 마음 편하게 평가해 본다. 여기에 있는 모든 항목에 예 라고 답할 수 있을 때까지 학습을 해야 한다. 만약 도움필요 또는 아니오 라고 응답했다면 동료와 함께 그 원인을 검토해본다. 그 후에 동료에게 학습을 더 잘할 수 있도록 도와달라고 요청하여 완성한 후 다시 평가표에 따라 평가를 한다. 필요하다면 관계지식에 대해서도 검토하고 이해되지 않는 부분은 교수에게 도움을 요청한다.			

08 | Hi-DS사용법

1. Hi-DS 스캐너(scanner) 사용법

전자제어시스템에 대한 자기진단, 센서고장여부 등을 점검할 수 있는 Scan장비(GST : general scan tool)가 개발되게 되었으며 자기진단과 동시에 멀티미터 및 오실로스코프 기능 등을 부여하여 다양하게 전자제어 자동차를 진단 점검할 수 있는 장비를 MUT(multi use tester)라 한다. Hi-DS 스캐너는 Hi-Scan pro를 개선하고 upgrade 한 것으로 Hi-Scan pro와 비교하여 구성 및 작동법은 유사하다.

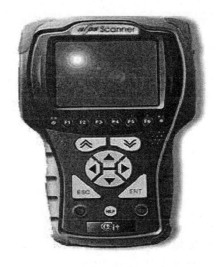

[그림 1] Hi-DS Scanner 외관

1.1. Hi-DS 스캐너의 구성

1.1.1. 주요기능

① 국내 차량 통신 기능

② 2개 기능 동시구현 가능한 듀얼모드 기능

③ 정밀 오실로스코프 기능(전압, 전류, 압력 측정)

④ 자동설정 오실로스코프 기능(연결, 분석, 파형 등의 정보 제공)

⑤ 멀티미터 기능(전압, 저항, 주파수, 듀티, 펄스폭, 전류, 압력 측정)

⑥ 액추에이터 강제구동 기능

⑦ 센서 시뮬레이션 기능

⑧ 접지/제어선 검사 기능

⑨ 주행데이터 검색 기능

⑩ 차량 정비정보 기능(고장판단조건, 기준값, 단품회로도 포함)

⑪ USB 통신을 이용한 고속 프로그램 다운로드 기능

⑫ PC 통신기능

1.1.2. Hi-DS 제원

항 목	제 원	비 고
케이스	187×282×89mm(고무커버 장착)	
액정화면 (LCD)	320×240 CCFL back light	
키패드	rubber(고무)	
기억용량	시스템메모리 : 1M bytes 소프트웨어 팩 : 기본 16M bytes(확장 64M) 골드버전 : 기본 32M, 확장 128M	
사용온도	0~50℃	
사용전압	DC 8~35Volt 입력	
차량통신	현대, 기아, 대우, 삼성, 쌍용 전 차종 통신 OBD-Ⅱ 통신 센서출력, 자기진단 기능 동시 구현 센서출력, 멀티미터 기능 동시 구현 한 화면 최대 22개 항목 출력 기능 최대 4개 항목 트렌드 파형 출력 기능 통신데이터 기록 및 최대 10개 시점기록 기능	
	센서출력, 미터출력 기능 동시 구현	골드버전

항 목		제 원	비 고
오실로 스코프	샘플링 속도	최대 1M sps(1M Hz)	골드 버전
	수직분해능력	10 Bit	
	채널수	2채널	
	최고 출력속도	초당 10번 이상 표시	
	입력전압	±500V	
	줌(zoom) 기능	1, 2, 5, 10배	
	그라운드 이동	가능	
	파형 데이터 저장용량	8M Byte	
	입력 임피던스	1M Ohm	
	레코드 기능	가능	
	화면출력유지 기능	1, 5, 10, 20 페이지	
	피크모드 지원	일반, 피크 선택가능	
	전압 스케일	20mV, 50mV, 100mV, 200mV, 500mV, 1V, 2V, 5V, 10V, 20V, 50V, 100V	
	시간 스케일	100μs, 200μs, 500μs, 1ms, 2ms, 5ms, 10ms, 20ms, 50ms, 100ms, 200ms, 500ms, 1s, 2s, 5s	
점화 1차	최대 표시전압	최대 800V	
	측정점화형식	모든 점화형식 가능(TR 코일 내장형 중 일부 차종 제외)	
점화 2차	최대 표시전압	최대 720KV	
	측정점화형식	모든 점화형식 가능(Direct coil방식 제외)	
멀티미터	전압 측정범위	±500V	
	주파수 측정범위	0~100K	
	펄스폭 측정범위	10μs~1s	
	듀티 측정범위	0~100%	
	저항 측정범위	0~10MΩ	
출력	센서 시뮬레이션	8Bit D/A	
	전압출력	0~5V	
	주파수출력	0~1KHz	
	듀티출력	0~100%	
	액추에이터 구동	최대 2A 구동	
충격보호	고무부츠 기본장착		
소비전력	6W		

1.1.3. Hi-DS의 구성부품

번호	품목	세부분류	품번	비고
1	스캐너 본체	-	GSTA-01000	
2	고무부츠	-	GSTA-11105	
3	DLC 메인케이블	-	GSTA-31410	
4	승용 진단용 어댑터 케이블	현대 12P	GHDA-AH12P	기본품목
		기아 20P	GHDA-AK20P	
		기아 6P	GHDA-AK06P	
		기아 20P(B type)	GHDA-34021	
		대우 12P	GHDA-AD12P	
		쌍용 14P	GHDA-AS03P	
		쌍용 20P	GHDA-AS20P	
		삼성 14P	GHDA-AS14P	
		범용	GHDA-AG04P	
5	시가전원 케이블	-	GSTA-37220	
6	배터리 연결케이블	-	GSTA-37210	
7	소프트웨어 팩	-	GSTA-1382	
8	휴대용 가방	-	GSTA-09100	
9	AC, DC 어댑터	-	GSTA-07100	
10	PC 통신케이블	-	GSTA-97310	
11	사용자 매뉴얼	-	GSTA-09300	
12	Scan Plus CD	-	GSTA-03100	
13	동영상 CD	60min	GSTA-03200	
14	점화 2차 프로브		GSTA-06500	골드버전 기본품목
15	스코프 프로브세트		GSTA-35210	
16	스코프 reference		GSTA-09310	
17	소전류 프로브		GSTA-06200	
18	대전류 프로브		GSTA-06300	골드버전 옵션품목
19	대·소 전류프로브 어댑터 모듈		GSTA-06300	
20	압력센서 set		GSTA-06900	
21	압력센서 어댑터 모듈		GSTA-06900	
22	상용 진단용 어댑터 케이블	쌍용 16P	GSTA-34310	일반, 골드버전 옵션품목
		기아, 쌍용 6P	GSTA-34320	
23	상용 어댑터 어셈블리	상용 rS232C 어댑터케이블(GSTA- 34330)포함	GSTA-04310	
24	시가전원 연장선	-	GSTA-37230	

[1] Hi-DS 스캐너 본체

[2] DLC 메인케이블

① 차량의 진단 커넥터와 Hi-DS 스캐너 본체를 연결하는데 사용한다.

② 차량 연결 쪽에 OBD-II 범용 어댑터(16핀 진단커넥터)가 장착되어 있다.

[3] DLC 케이블 어댑터(자기진단 커넥터: 현대, 기아, 대우, 쌍용, 삼성...)

① 현대 DLC 어댑터 : 12핀 진단커넥터가 장착된 차량

② 기아 DLC 어댑터 : 20핀 진단커넥터가 장착된 차량

③ 대우 DLC 어댑터 : 12핀 진단커넥터가 장착된 차량

④ 삼성 DLC 어댑터 : 14핀 진단커넥터가 장착된 차량

⑤ 기아 DLC 어댑터 : 6핀 진단커넥터가 장착된 차량

⑥ 쌍용 DLC 어댑터 : 14핀 진단커넥터가 장착된 차량

⑦ 쌍용 DLC 어댑터 : 20핀 진단커넥터가 장착된 차량

⑧ 범용 16핀 어댑터 : 16핀 진단커넥터가 장착된 차량

[4] 시가라이터 전원 및 배터리 연결용 케이블

① Hi-DS 스캐너 전원을 차량의 시가라이터 전원 소켓에서 공급받을 때 사용한다.

② 스캐너 전원을 자동차의 배터리에서 직접 공급받을 때 사용한다.

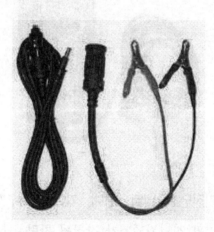

[5] AC/DC 어댑터

차량 전원이 아닌 일반 전원을 이용하여 저장데이터를 분석 시 Hi-DS 스캐너에 전원을 공급해 준다. 실내에서 프로그램 다운로드시 일반전원을 공급하는 역할도 한다.

[6] PC 통신용 USB 케이블

PC 통신기능을 이용하여 스캔 프로그램을 활용하거나 PC를 이용한 프로그램 다운로드 시 Hi-ADS 스캐너와 PC를 연결하는 통신 케이블이다.

[7] 점화 2차 프로브

배전기/DEI 차량의 점화 2차 파형 측정이 사용한다. 본체와의 연결은 BBC커넥터와 PC통신 커넥터를 함께 연결하여 사용해야 한다.

[8] 오실로스코프 프로브

전기신호 측정과 채널 사용 기능(액추에이터 구동, 센서 시뮬레이션, 센서 접지검사)에 사용한다. 2개의 프로브가 1set이며, 채널 1(적색)과 채널 2(노란색)는 색으로 구분된다.

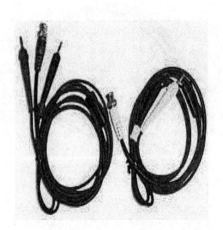

[9] 소전류 프로브

① 도선에 흐르는 전류를 간접 측정하는데 사용한다.

② 30A 이하의 범위에서 정확한 측정이 가능하다.

③ 전류 프로브 사용시에는 BNC 커넥터와 PC통신 커넥터를 동시에 연결하여야 한다.

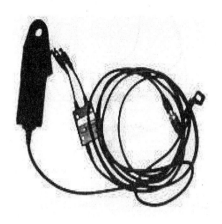

[10] 대전류 프로브

① 도선에 흐르는 전류를 간접 측정하는데 사용한다.

② 3측정 범위에 따라 프로브의 스위치를 100A, 1000A로 선택하여 사용한다.

③ 전류프로브 사용시에는 BNC 커넥터와 PC통신 커넥터를 동시에 연결하여야 한다.

[11] 압력센서 세트

자동차에서 발생하는 각종 유체의 압력 또는 실린더 압축압력을 측정할 때 사용한다. $24.6kgf/cm^2$ 이하의 압력 측정이 가능하다.

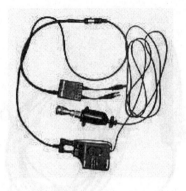

[12] 상용차량 어댑터 어셈블리

　RS232C 통신방식의 차량과 DLC 케이블 16핀 사이의 중간 연결용 케이블 어댑터이다. 상용차량의 전자제어시스템을 점검할 때 사용한다.

1.2. Hi-DS의 기본작동법

1.2.1. 메뉴구성

Hi-DS메뉴	항 목	비 고
1.0 차량통신	1.1 자기진단 1.2 센서출력 1.3 액추에이터 검사 1.4 센서출력 및 자기진단 1.5 센서출력 및 액추에이터 1.6 센서출력 및 미터, 출력	

3.7.3. 냉각 팬 제어

① 에어컨 압축기 cut off 온도 : 115℃

② 수온 센서 고장일 때 : 콘덴서 팬, 냉각 팬 high 구동

③ 에어컨 ON조건은 압축기스위치 신호기준이며, 압축기 ON, OFF는 관계가 없다.

3.8. 프리 히터(pre-heater)

프리 히터란 히터의 냉각수계통 내에 설치되어 있으며, 외부의 온도가 낮을 경우 일정한 시간 동안 작동시켜 엔진에서 히터로 유입되는 냉각수 온도를 높여주므로 히터의 난방 능력을 향상시키는 장치이다. 프리히터에는 가열플러그방식과 연소식 프리히터방식이 있다.

3.8.1. 가열플러그방식

겨울철에 전류에 의한 발열(發熱)로 엔진의 냉각수를 가열하여 실내 히터 열 교환기로 보내는 장치이며, 냉각수 라인에 직접 설치되며 3개의 가열플러그가 냉각수와 접촉하도록 되어 있다.

냉각수는 가열된 플러그를 지나서 히터 코어방향으로 흘러가며 이때 냉각수 온도가 상승한다. 가열플러그의 소비전력은 900W이며, 컴퓨터에 의한 자동 제어방식이다. 컴퓨터는 냉각수 온도가 65℃ 이상 되면 프리 히터의 전원을 OFF한다.

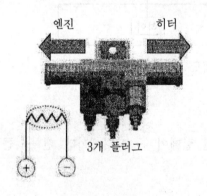

[그림 29] 가열플러그의 구조

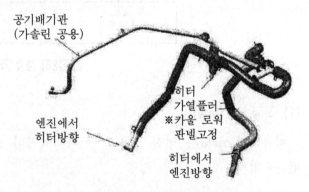

[그림 30] 가열플러그 라인

Hi-DS메뉴	항 목	비 고
2.0 스코프/미터/출력	2.1 오실로스코프 2.2 자동설정스코프 2.3 접지, 제어선 테스트 2.4 멀티미터 2.5 액추에이터 구동 2.6 센서 시뮬레이션 2.7 점화파형 2.8 저장화면 보기	
3.0 주행데이터검색기능	3.1 주행데이터 검색	
4.0 PC통신		
5.0 Hi-DS스캐너 사용 환경	5.1 DATA SET UP 5.2 KEYPAD TEST 5.3 LCD DISPLAY TEST	
6.0 리프로그래밍(reprograming)		

1.2.2. 화면설정

Hi-DS 스캐너 화면은 320×240 픽셀의 그래픽 LCD이며, 그림과 글자의 출력이 가능하며 아래 그림과 같이 3개의 영역으로 구성되어 있다.

① 화면 제목부(A-부) : 현재 사용자가 선택하고 있는 화면의 제목을 보여주는 영역

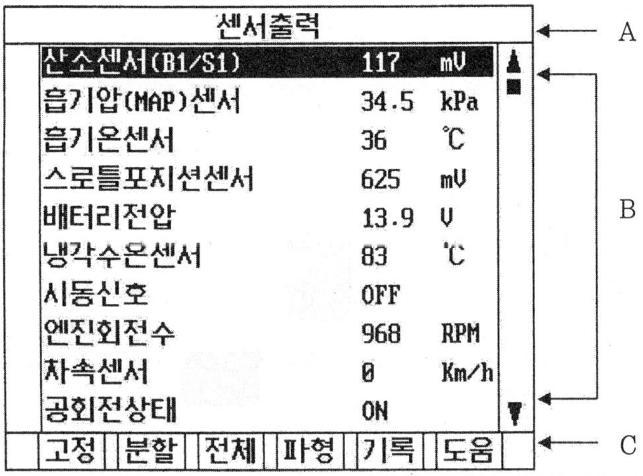

[그림 2] Hi-DS 스캐너 LCD화면

② 회면 내용부(B-부) : 사용자가 실제 얻고자 하는 데이터 및 정보를 표시하는 출력 영역

③ 부가기능 수행표시부(C-부) : 각 화면에서 활용이 가능한 부가적인 기능을 사용할 경우 기능키를 이용하여 활용할 수 있다([F1] ~ [F6]).

1.2.3. 키패드

키패드 부분은 각종 기능을 수행하기 위하여 필요한 부분으로 구성은 2개 부분으로 구성됩니다.

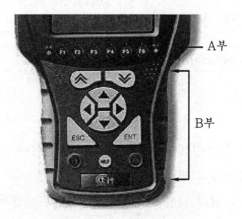

[그림 3] Hi-DS Scanner 키패드

항 목	키(Key)	기 능
부가기능버튼 (A부)	F1, F2, F3, F4, F5, F6	화면 하단부의 부가기능 선택 시
기능버튼(B부)	◉	화면의 밝기를 조정, 이 키를 누름과 동시에 상,하 화살표 키를 누르면 화면의 밝기 조정됨
	ENT	커서로 선택된 메뉴 또는 기능의 실행
	ESC	현재 실행하고 있는 화면에서 이전 화면으로 이동할 경우
	⌃	커서를 위로 이동할 경우

항 목	키(Key)	기 능
기능버튼(B부)	⬇	커서를 아래로 이동할 경우
	◀	커서를 좌측으로 이동할 경우
	▶	커서를 우측으로 이동할 경우
	⇧	화면이 2개로 분리되었을 경우 커서를 분리된 화면에서 위로 이동할 경우
	⇩	화면이 2개로 분리되었을 경우 커서를 분리된 화면에서 아래로 이동할 경우, 화면 page down
	?	각 화면에서 도움말이 필요할 경우 사용, 주로 센서출력에서 이 키를 누르면 해당 항목의 도움말 제공됨
	◎	메뉴를 표시하는 기능

1.2.4. 전원 공급

[1] 시가라이터를 이용한 방법

시가라이터 소켓을 통해 전원을 공급할 수 있다. 크랭킹 중에는 시가라이터 소켓 전원이 차단되므로 크랭킹 중 통신데이터 분석을 하고자 할 경우에는 자동차 배터리에 직접 연결해야 된다.

[2] 자동차 배터리를 이용한 방법

배터리 (+)단자와 (-)단자에 배터리 연결용 케이블을 연결하여 전원을 공급한다. 자동차 배터리에서 직접 Hi-DS 스캐너에 전원을 공급하여 사용하면 크랭킹 중에도 Hi-DS 스캐너는 항상 작동상태를 유지할 수 있다.

※ 주 : 배터리 케이블이 반대로 연결되면 Hi-DS 스캐너는 정상작동 할 수 없다.

[3] DLC 케이블을 이용한 방법

OBD-II 통신규약이 적용되는 차량과 16핀 또는 20핀 진단 커넥터의 경우는 별도의 전원 공급 없이 케이블 자체만으로 직접 전원을 공급 받을 수 있다.

[4] AC/DC 어댑터를 이용한 방법

AC/DC 어댑터를 전원으로 사용할 수 있으며, 차량진단 이외의 경우에 사용한다. 실내에서 PC와 연결하여 신차종 프로그램을 다운로드 할 때 사용한다.

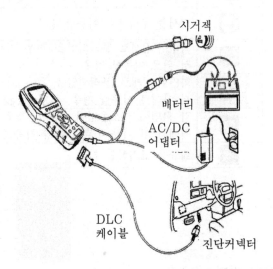

[그림 4] Hi-DS 스캐너 전원공급 방법

1.2.5. 전원 켜기/끄기

[1] 전원 켜기

Hi-DS 스캐너의 전원을 연결한 후 ◉(POWER ON 버튼)을 선택하면 LCD화면에 그림 5(a)와 같은 화면이 나타나며 3초 후 (b)가 나타난다. 이때 ⬛(ENTER 버튼)을 누르면 기능선택 화면으로 진입한다.

(a) 제품명 및 회사로고   (b) 제품명 및 소프트웨어 버전 출력화면

[그림 5] Hi-DS 전원 ON 후 LCD화면

[2] 전원 끄기

Hi-DS 스캐너의 전원을 연결한 후 POWER ON 버튼과 MENU 버튼을 동시에 누르거나, 전원선을 분리하며 자동적으로 화면이 사라지면서 OFF상태가 된다.

동시선택

[그림 6] 전원끄기 방법

1.3. 차량통신 기능

1.3.1. 차량연결

OBD-II 기능을 지원하는 16핀 커넥터(어댑터가 없이 연결 가능한 차량) 연결 또는 20핀 고장진단 커넥터(기아 20P DLC 어댑터 사용)가 차량에 부착되어 있는 경우는 별도의 전원 공급 없이 메인케이블을 통하여 전원이 공급된다. 기존 차량의 경우는 별도의 전원 공급(시가라이터 전원 또는 배터리 전원)이 되어야 한다. 그리고 자기진단 커넥터에 메인케이블을 연결한다.

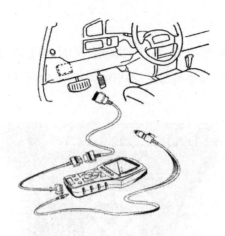

[그림 7] 차량통신 DLC 케이블 연결화면

1.3.2. 차종 및 시스템 선택

Hi-DS 스캐너 로고화면에서 ▨(ENTER 버튼)을 누르면 다음과 같은 기능을 선택할 수 있는 '기능선택' 화면이 나타난다.

① 1단계 : 수행하고자 하는 기능을 선택한다.

② 2단계 : 점검하고자 하는 차량의 제조회사를 선택한다.

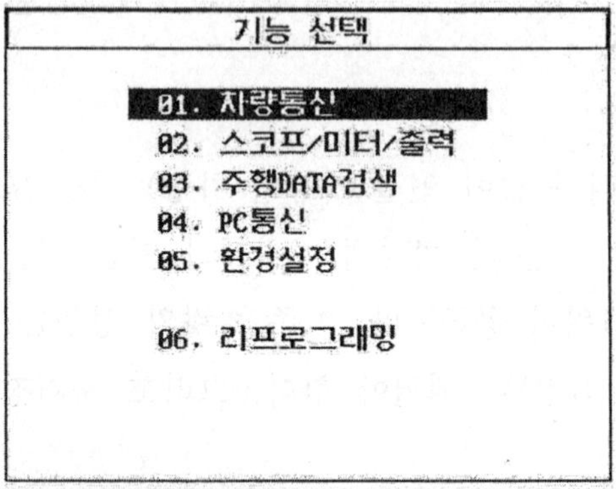

```
        기능 선택
     01. 차량통신
     02. 스코프/미터/출력
     03. 주행DATA검색
     04. PC통신
     05. 환경설정

     06. 리프로그래밍
```

```
       제조회사 선택
     01. 현대자동차
     02. 기아자동차
     03. 대우자동차
     04. 쌍용자동차
     05. 르노삼성차
```

[그림 8] 기능 선택 화면(1단계) 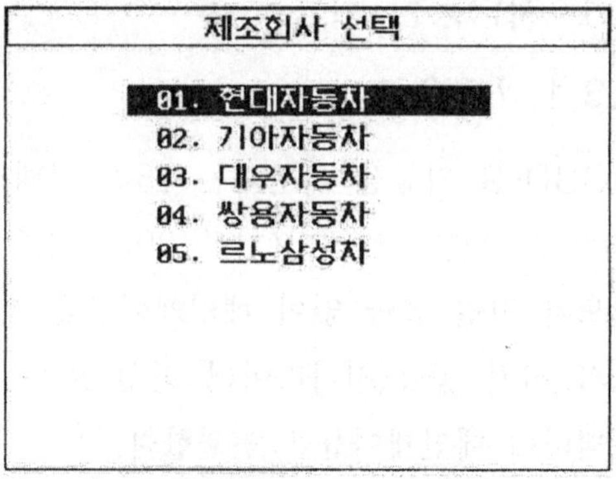   [그림 9] 제조회사 선택 화면(2단계)

③ 3단계 : 점검하고자 하는 차종을 선택한다.

차종선택 화면에 점검하고자 하는 차종이 출력되지 않았을 경우에는 페이지 업, 다운 키를 이용하면 다른 페이지에서 차종을 선택할 수 있다.

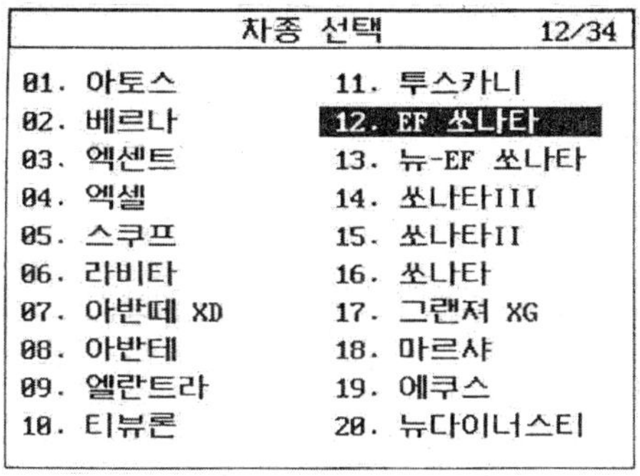

차종 선택 12/34
01. 아토스
02. 베르나
03. 엑센트
04. 엑셀
05. 스쿠프
06. 라비타
07. 아반떼 XD
08. 아반테
09. 엘란트라
10. 티뷰론
11. 투스카니
12. EF 쏘나타
13. 뉴-EF 쏘나타
14. 쏘나타III
15. 쏘나타II
16. 쏘나타
17. 그랜져 XG
18. 마르샤
19. 에쿠스
20. 뉴다이너스티

[그림 10] 차종 선택 화면(3단계)

제어장치 선택 1/7
차 종 : EF 쏘나타
01. 엔진제어
02. 자동변속
03. 제동제어
04. 에어백
05. 트랙션제어
06. 현가장치
07. 파워스티어링

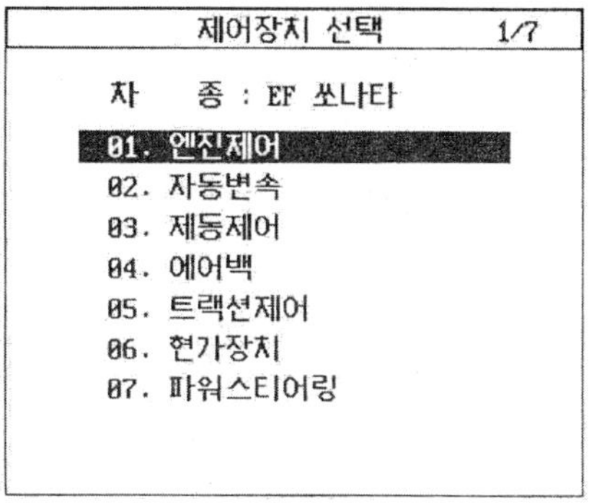

[그림 11] 제어장치 선택 화면(4단계)

④ 4단계 : 점검하고자 하는 차량의 제조회사를 선택한다.

※ 사양이 다양한 차량의 경우는 다음 화면처럼 사양선택 화면이 나타난다.

사양 선택 2/4
차 종 : EF 쏘나타
제어장치 : 엔진제어
01. 1.8 DOHC
02. 2.0 DOHC
03. 2.5 V6-DOHC
04. LPG

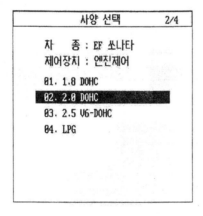

[그림 12] 사양선택 화면

※ 선택하는 순서

기능선택
제조회사
차 종
제어장치
사양선택

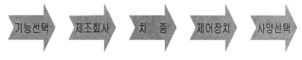

이때, 상/하 화살표 키를 이용하여 커서를 원하는 항목에 놓고 ENTER 키를 누른다.

* 차종과 시스템은 정확하게 선택되어야 한다.

1.3.3. 자기 진단

[1] 자기진단

진단 기능 선택화면에서 01.자기진단 항목을 선택한다.

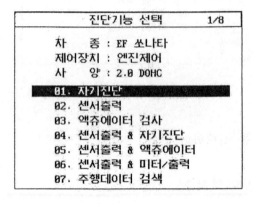

[그림 13] 자기진단 선택 화면

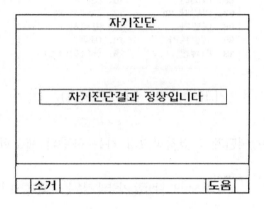

[그림 14] 고장코드가 발생하지 않은 상태 화면

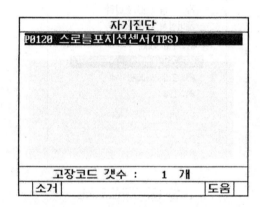

[그림 15] 고장코드가 발생한 상태 화면

[2] 고장코드 소거

① 고장코드가 발생 시 고장코드를 소거시키기 위해서는 [소거](F1) 키를 누른다.

② 소거버튼을 누르면 화면 중앙에 차량상태를 지시하는 메시지가 나타나게 되며 이 메시지대로 차량상태를 조정한다.

③ [ENTER] 키를 누르면 고장코드가 소거된 후 다음 화면이 나타난다.

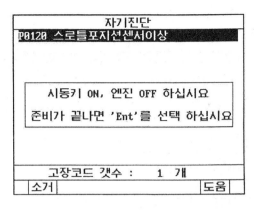

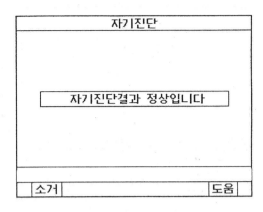

[그림 16] 고장코드 소거키를 누른 상태 화면   [그림 17] 고장코드가 소거된 상태 화면

[3] 자기진단 모드의 설명

① 자기진단 모드에서는 선택된 차량 시스템과의 통신을 통하여 차량에서 발생되는 고장코드를 기억하여 화면에 나타내는 기능을 하며 계속적인 통신에 의하여 추가적으로 발생되는 고장코드를 기억, 표시한다.

② 만약 고장코드가 여러 개 발생하였을 때에는 키패드의 상, 하 화살표 키를 이용하여 화면을 이동할 수 있다.

③ 화면 하단에 표시된 〔소거〕키(F1)는 저장된 코드를 지우는 목적으로 사용한다.

④ 고장코드를 소거할 경우 소거여부를 확인하기 위하여 메시지가 나타나는데 소거를 원할 경우 〔ENTER〕 키를 누르면 된다.

1.3.4. 센서출력

[1] 센서출력 모드

진단기능 선택 화면에서 02.센서출력 항목을 선택한다.

① 센서출력 화면에서는 선택된 차량과의 통신을 통하여 현재 차량에 장착된 센서의 상태 및 데이터 결과를 확인할 수 있다.

② Hi-DS 스캐너 키패드의 상, 하 화살표 키를 이동하여 각 센서의 데이터를 읽어 낼 수 있다.

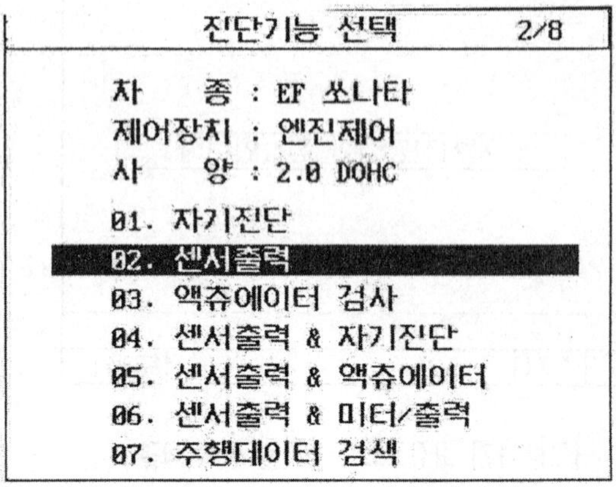

```
┌─────────────────────────────┐   ┌─────────────────────────────┐
│   진단기능 선택      2/8     │   │         센서출력            │
│                             │   │ 산소센서(B1/S1)    117   mV ▲│
│  차   종 : EF 쏘나타        │   │ 흡기압(MAP)센서   34.5  kPa │
│  제어장치 : 엔진제어        │   │ 흡기온센서         36   ℃  ■│
│  사   양 : 2.0 DOHC         │   │ 스로틀포지션센서   625  mV  │
│  01. 자기진단               │   │ 배터리전압        13.9  V   │
│  02. 센서출력               │   │ 냉각수온센서       83   ℃  │
│  03. 액츄에이터 검사        │   │ 시동신호          OFF       │
│  04. 센서출력 & 자기진단    │   │ 엔진회전수        968   RPM │
│  05. 센서출력 & 액츄에이터  │   │ 차속센서           0   Km/h │
│  06. 센서출력 & 미터/출력   │   │ 공회전상태        ON       ▼│
│  07. 주행데이터 검색        │   │ 고정│분할│전체│파형│기록│도움│
└─────────────────────────────┘   └─────────────────────────────┘
```

[그림 18] 센서출력 선택 화면 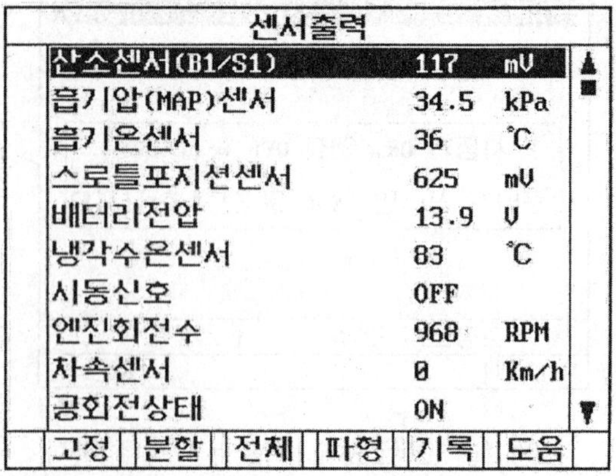   [그림 19] 센서출력으로 진입한 상태 화면

[2] 센서 출력모드-고정메뉴 : [고정] (F1)

커서가 위치한 상태에서 〔고정〕(F1) 버튼을 누르면 역상으로 표시된 항목은 항목명 앞단에 √표시가 생기면서 화면 상단으로 등록된다. 고정된 항목은 다시 〔고정〕(F1) 버튼을 한번 더 눌러주기 전까지 계속 고정 상태를 유지한다(토글). 고정된 항목은 화살표 상하 버튼을 조작하여도 사라지지 않고 계속 고정된 상태로 유지되며 연관 분석이 필요한 항목들이 한 화면에 나타나게 하여 비교 분석하는데 유용하게 사용할 수 있다.

아래 그림은 고정 기능을 이용하여 4가지 항목을 고정시킨 상태화면이다.

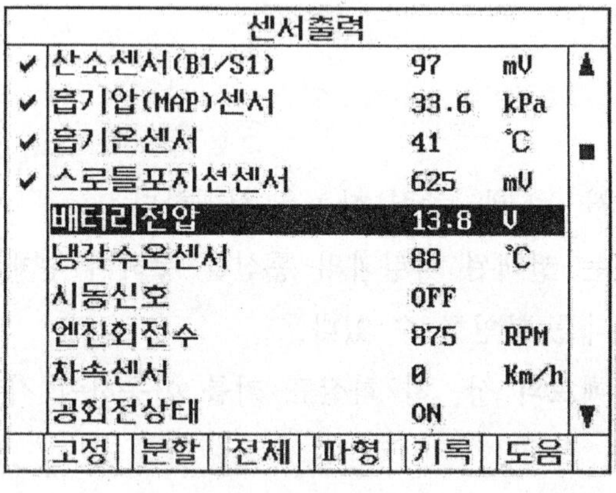

```
┌─────────────────────────────┐
│         센서출력            │
│ ✓산소센서(B1/S1)    97   mV ▲│
│ ✓흡기압(MAP)센서   33.6  kPa │
│ ✓흡기온센서         41   ℃  ■│
│ ✓스로틀포지션센서   625  mV  │
│ 배터리전압         13.8  V   │
│ 냉각수온센서        88   ℃  │
│ 시동신호           OFF       │
│ 엔진회전수         875   RPM │
│ 차속센서            0   Km/h │
│ 공회전상태         ON       ▼│
│ 고정│분할│전체│파형│기록│도움│
└─────────────────────────────┘
```

[그림 20] 고정키 동작 화면

[3] 센서 출력모드-분할메뉴 : [분할] (F2)

〔분할〕(F2) 버튼을 누르면 고정된 항목에 대한 데이터 값만을 표시하므로 데이터의 갱신 속도가 빠른 장점을 가지고 있다. 이 기능은 고정키에 의해 선택된 센서에 대해서만 데이터 값이 표시된다.

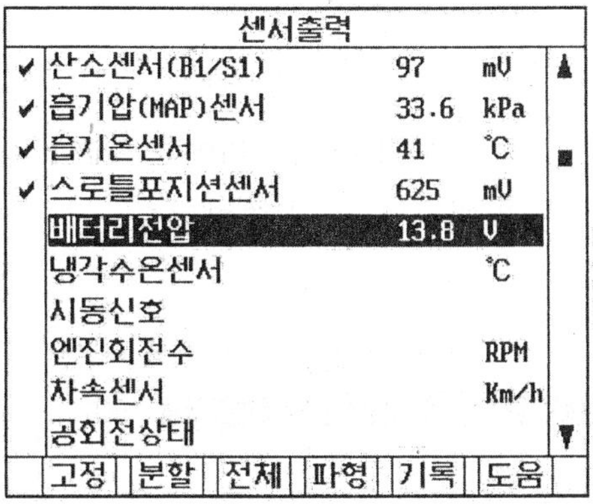

```
                    센서출력
✔ 산소센서(B1/S1)          97     mV    ▲
✔ 흡기압(MAP)센서          33.6   kPa
✔ 흡기온센서               41     ℃     ■
✔ 스로틀포지션센서         625    mV
  배터리전압               13.8   V
  냉각수온센서                    ℃
  시동신호
  엔진회전수                      RPM
  차속센서                        Km/h
  공회전상태                            ▼
 고정  분할  전체  파형  기록  도움
```

[그림 21] 분할버튼 선택 화면

[4] 센서 출력모드-전체메뉴 : [전체] (F3)

〔전체〕(F2) 버튼을 누르면 한 화면에 최대 22개의 센서를 나타낼 수 있으며 하나의 화면에 모든 센서정보를 나타내므로 센서의 명칭을 약자로 사용하며 데이터가 23개 이상인 경우 키패드의 상, 하 화살표를 이용하여 나머지 데이터를 확인할 수 있다. 이때, 〔ESC〕키를 누르면 센서 출력화면으로 되돌아간다.

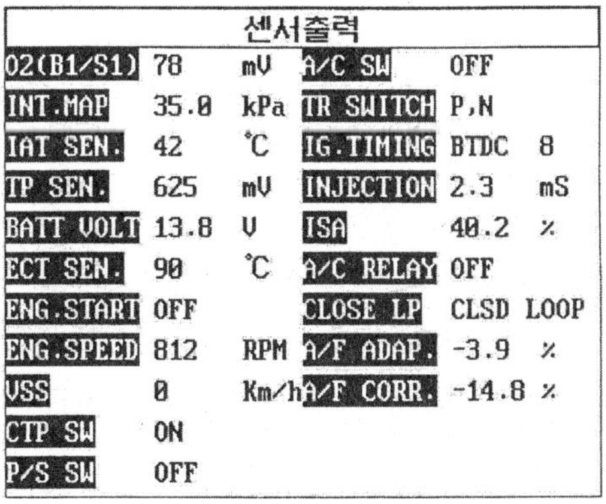

```
                    센서출력
O2(B1/S1) 78    mV   A/C SW    OFF
INT.MAP   35.0  kPa  TR SWITCH P,N
IAT SEN.  42    ℃    IG.TIMING BTDC  8
TP SEN.   625   mV   INJECTION 2.3   mS
BATT VOLT 13.8  V    ISA       40.2  %
ECT SEN.  90    ℃    A/C RELAY OFF
ENG.START OFF        CLOSE LP  CLSD LOOP
ENG.SPEED 812   RPM  A/F ADAP. -3.9  %
VSS       0     Km/h A/F CORR. -14.8 %
CTP SW    ON
P/S SW    OFF
```

[그림 22] 전체 선택 화면

[5] 센서 출력모드-파형메뉴 : [파형] (F4)

수치출력 화면에서 고정된 항목에 대한 트렌드파형을 확인할 수 있는 기능으로 각 항목의 최대, 최소 출력 범위사이에 현재 측정치가 출력된다. [파형](F4) 버튼을 누르면 아래와 같은 화면이 나타난다. 화면상에는 최대 4개의 파형을 나타낸다. 여기서, [고정](F1) 키를 이용하면 연관된 센서에 대한 비교 출력을 시켜 조합화면을 만들 수 있다.

[분할](F2) 키를 이용하면 선택된 항목만을 빠른 속도로 출력하여 진단하고자 하는 경우에 사용한다. 이때 고정된 센서의 파형 외에는 데이터가 출력되지 않는다. [분할](F2) 키를 한번 더 누르면 원래 상대로 되돌아간다.

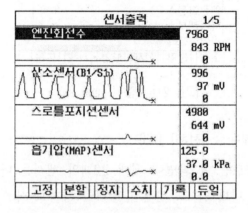

[그림 23] 파형출력 화면(고정키 작동되지 않음)

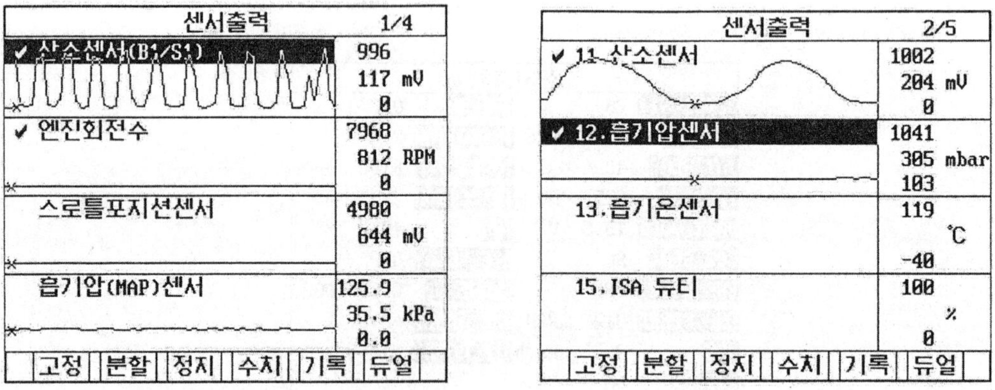

    (a) 고정키 작동   (b) 센서파형 분할

[그림 24] 파형출력화면

항목의 파형이 출력되는 상태에서 〔정지〕(F3) 버튼을 누르면 파형출력이 정지된다. 파형 출력 중에 고장데이터가 표출되면 즉시 정지하여 확인이 가능하도록 하는 기능 버튼이다(이때, 〔정지〕(F3) 버튼은 〔시작〕(F3) 버튼으로 바뀐다). 파형출력을 다시 하고자 할 경우 〔시작〕(F3) 버튼을 누르면 된다. 〔수치〕(F4) 버튼은 정지된 상태에서 처음 센서출력 화면으로 되돌아가도록 해준다.

[그림 25] 센서파형 정지 화면

(1) 센서 출력모드-파형-기록메뉴 : 〔파형〕(F5)

현재 확인 중인 센서의 파형을 기록하는 기능으로 고장 발생 시 센서의 이상을 판단하는 자료로 사용할 수 있다. 데이터의 기록은 화면에 출력되는 4개의 항목이 기록되며 화면 최상단의 램프 깜박거림으로 기록이 진행되고 있음을 알 수 있다.

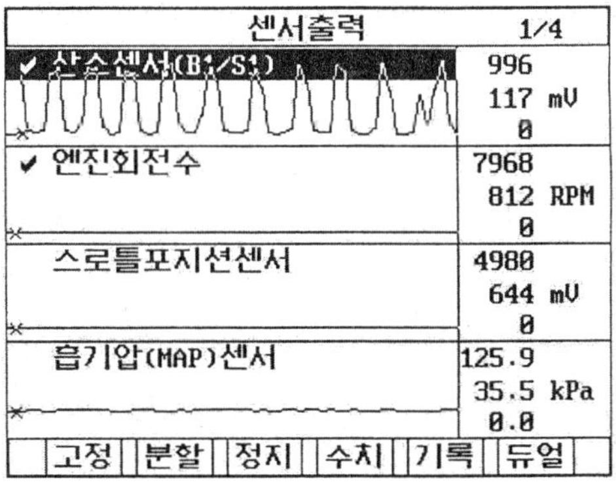

[그림 26] 센서파형 출력 화면

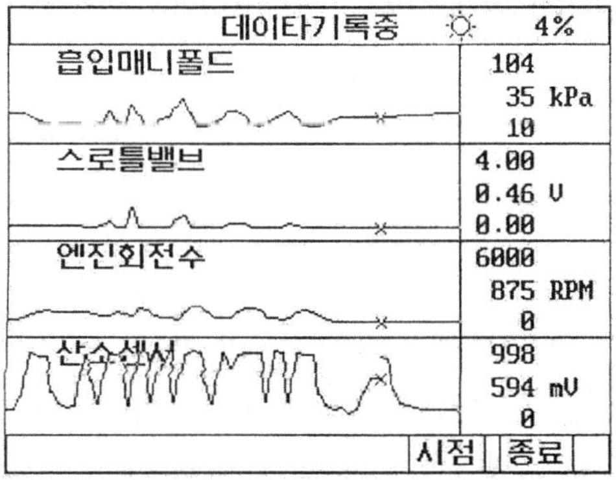

[그림 27] 센서파형 기록화면

〔시점〕(F5) 버튼은 데이터 기록 중 사용자가 특정 시점에 대한 데이터 값을 확인하고자 할 때 기록 도중에 선택함으로써 추후 저장데이터를 분석하면서 참고 할 수 있는 시점을 알려 주는 기능이다. 최대 10개의 시점까지 선택이 가능하며 〔종료〕(F6) 버튼을 누르면 기록을 정지한다.

[그림 28] 종료 선택 화면

종료버튼이 선택된 화면에서 사용 가능한 부가 기능버튼은 다음과 같다.

① 센서 출력모드-파형-기록-파형메뉴(〔파형〕(F1)) : 종료버튼이 눌려진 후 나타나는 초기화면에서 그래프 형태로 전환하기 위한 기능 버튼이다.

② 센서 출력모드-파형-기록-◀메뉴단계(〔◀〕(F2)) : 기록된 데이터의 과거시점으로 이동 PLAY 시키는 기능이다.

③ 센서 출력모드-파형-기록-■메뉴단계(〔■〕(F3)) : ◀ 또는 ▶의 두 기능 동작 도중 정지시키는 기능을 행한다.

④ 센서 출력모드-파형-기록-▶메뉴단계(〔▶〕(F4)) : 기록된 데이터의 현재시점으로 이동 PLAY 시키는 기능을 행한다.

⑤ 센서 출력모드-파형-기록-시점메뉴단계(〔시점〕(F5)) : 기록 도중 선택한 시점으로 이동하는 기능을 행한다. 이 버튼을 선택할 때마다 순차적으로 선택된 시점으로 출력위치를 이동하여 보여준다.

⑥ 센서 출력모드-파형-기록-저장메뉴단계(〔저장〕(F6)) : 현재 기록되어 있는 데이터를 Hi-DS 스캐너의 내부 메모리에 저장하는 기능으로 센서출력의 기록기능 내에 있는 저장기능과 동일하다.

(2) 센서 출력모드-파형-듀얼메뉴 : 〔듀얼〕(F6)

자기진단과 센서의 출력 또는 액추에이터와 센서로 출력을 동시에 관찰할 수 있는 기능으로 〔듀얼〕(F6) 버튼을 선택하면 화면상에 두 기능(자기진단, 액추에이터) 중 하나를 선택할 수 있는 화면이 나오며 키패드의 화살표 키를 이용하여 사용자가 보고자 하는 화면을 선택한 후 〔ENTER〕키를 누르면 실행된다.

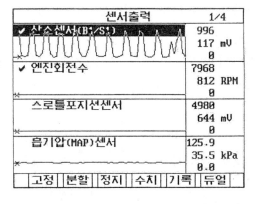

[그림 29] 센서파형 출력 화면

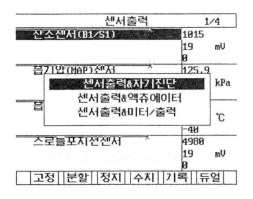

[그림 30] 듀얼모드 선택 화면

① 센서 출력모드-파형-듀얼-자기진단메뉴 단계 : 센서출력과 동시에 자기진단을 수행함으로써 두 기능이 각각 갖고 있는 기능을 동시에 수행할 수 있도록 한다. 기능의 전환은 키패드의 페이지 업/다운 키를 이용하여 전환할 수 있다.

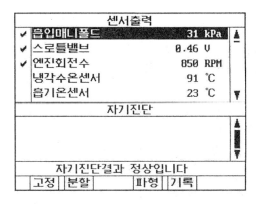

(a) 센서출력/자기진단

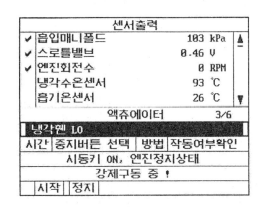

(b) 센서출력/액추에이터

[그림 31] 듀얼모드 출력 화면

② 센서 출력모드-파형-듀얼-액추에이터메뉴 단계 : 센서출력과 동시에 액추에이터 구동기능을 수행함으로써 두 기능이 각각 갖고 있는 기능을 동시에 수행할 수 있도록 한다. 기능의 전환은 키패드의 페이지 업/다운 키를 이용하여 전환할 수 있다.

[6] 센서 출력모드-기록메뉴 : [기록] (F5)

이 기능은 적용차량과 통신하여 데이터를 장시간 기록하고 표시하는 기능이다. 센서 출력 화면에서 〔기록〕(F5) 버튼을 누르면 고정키에 의한 선택에 관계없이 센서 전체 항목을 기록한다. 저장이 진행되는 동안 우측상단의 불빛이 표시가 되고 진행중이 상황이 퍼센트(%)로 표시되며 100% 초과시 처음부터 업데이트 된다.

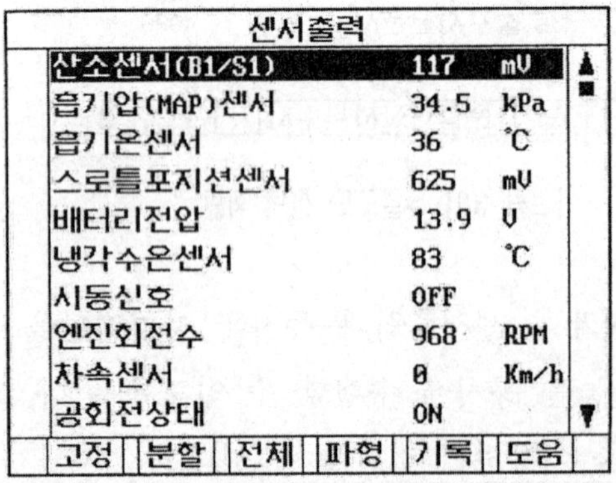

```
┌─────────────센서출력─────────────┐
│ 산소센서(B1/S1)      117   mV  ▲ │
│ 흡기압(MAP)센서      34.5  kPa  ■ │
│ 흡기온센서           36    ℃    │
│ 스로틀포지션센서     625   mV    │
│ 배터리전압           13.9  V     │
│ 냉각수온센서         83    ℃    │
│ 시동신호             OFF         │
│ 엔진회전수           968   RPM   │
│ 차속센서             0     Km/h  │
│ 공회전상태           ON        ▼ │
│ 고정│분할│전체│파형│기록│도움   │
└──────────────────────────────────┘
```

[그림 32] 센서출력으로 진입한 상태 화면

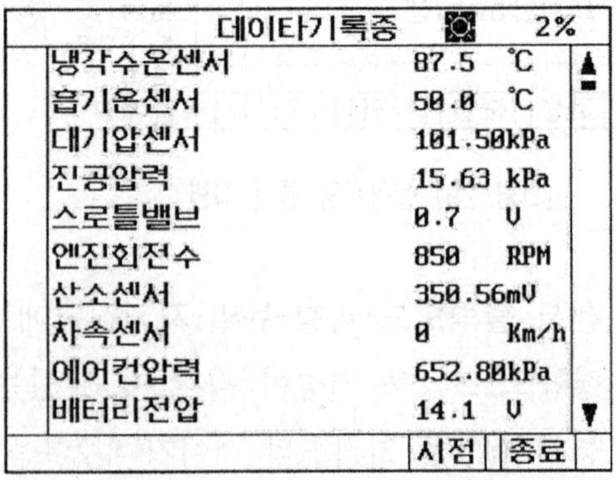

```
┌─────데이터기록중  ☼   2%─────┐
│ 냉각수온센서        87.5  ℃  ▲ │
│ 흡기온센서          50.0  ℃  ■ │
│ 대기압센서          101.50kPa   │
│ 진공압력            15.63 kPa   │
│ 스로틀밸브          0.7   V     │
│ 엔진회전수          850   RPM   │
│ 산소센서            350.56mV    │
│ 차속센서            0     Km/h  │
│ 에어컨압력          652.80kPa   │
│ 배터리전압          14.1  V   ▼ │
│                     시점│종료   │
└─────────────────────────────────┘
```

[그림 33] 고정기능 미적용시 기록중 화면

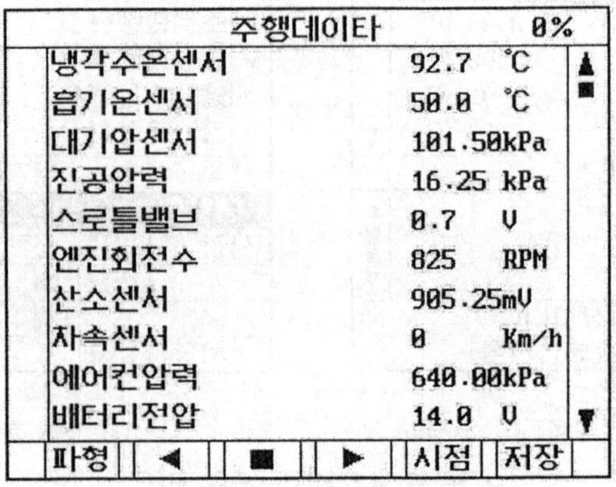

```
┌─────────주행데이타        0%─────────┐
│ 냉각수온센서        92.7  ℃  ▲ │
│ 흡기온센서          50.0  ℃  ■ │
│ 대기압센서          101.50kPa   │
│ 진공압력            16.25 kPa   │
│ 스로틀밸브          0.7   V     │
│ 엔진회전수          825   RPM   │
│ 산소센서            905.25mV    │
│ 차속센서            0     Km/h  │
│ 에어컨압력          640.00kPa   │
│ 배터리전압          14.0  V   ▼ │
│ 파형│ ◄ │ ■ │ ► │시점│저장   │
└─────────────────────────────────┘
```

[그림 34] 고정기능 미적용시 기록종료 화면

아래 그림에서 〔시점〕(F5)은 기록 중에 사용자가 특정 시점에 대한 데이터 값을 확인하고자 할 때 기록 도중에 이 키를 선택함으로써 추후 저장데이터를 분석하면서 참고할 수 있는 시점을 알려주는 기능이다. 최대 10개의 시점까지 선택이 가능하며 〔종료〕(F6) 버튼을 누르면 기록이 종료된다. 고정된 항목에 대한 데이터 값만을 표시하므로 데이터의 갱신 속도가 빠른 장점을 가지고 있다. 종료버튼이 선택된 화면에서 사용가능한 부가 기능버튼은 다음과 같다.

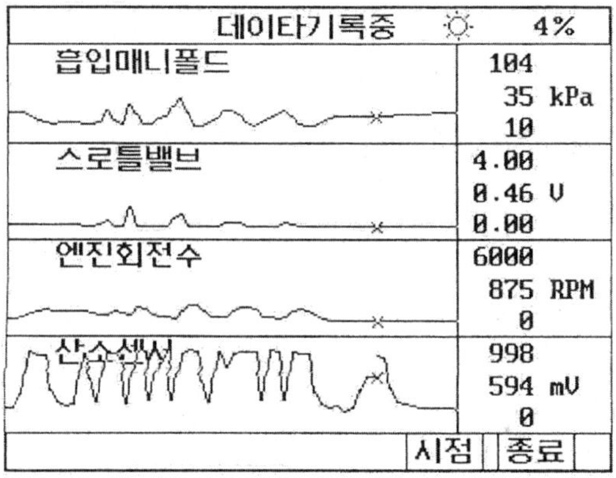

[그림 35] 고정 후 파형모드에서 기록 중 화면

[그림 36] 고정 후 기록 종료 화면

(1) 센서 출력모드-기록-파형메뉴 : 〔파형〕(F1)

종료버튼이 눌려진 후 나타나는 초기화면에서 그래프 형태로 전환하기 위한 기능 버튼이다.

(2) 센서 출력모드-기록-◀메뉴단계 : 〔◀〕(F2)

기록된 데이터의 과거시점으로 이동 PLAY시키는 기능이다.

(3) 센서 출력모드-기록-■메뉴단계 : 〔■〕(F3)

◀ 또는 ▶의 두 기능 동작 도중 정지시키는 기능을 행한다.

(4) 센서 출력모드-기록-▶메뉴단계 : 〔▶〕(F4)

기록된 데이터의 현재시점으로 이동 PLAY시키는 기능을 행한다.

(5) 센서 출력모드-기록-시점메뉴단계 : 〔시점〕(F5)

기록 도중 선택한 시점으로 이동하는 기능을 행한다. 이 버튼을 선택할 때마다 순차적으로 선택된 시점으로 출력위치를 이동하여 보여준다.

(6) 센서 출력모드-기록-저장메뉴단계 : 〔저장〕(F6)

현재 기록모드로 Hi-DS 스캐너 내부에 임시 저장되어 있는 데이터를 소프트웨어 팩에 저장하여 추후에 데이터를 분석하는데 유용한 기능이다. 〔저장〕(F6)을 선택하면 다음과 같은 화면이 나타난다. 만약, 메모리에 저장데이터가 없는 경우에는 차종과 제어장치가 비어 있는 상태로 나타나고, 저장이 되어 있는 경우에는 차종과 제어장치가 나타나며, 메모리 위치는 키패드를 이용하여 선택한 후 〔ENTER〕를 누른다. 저장이 완료되면 센서출력 화면이 다시 나타난다.

> ※ 상단부의 차량 데이터는 저장하고자 하는 데이터의 차량 정보를 나타내면, 하단부의 차
>   량 데이터는 선택한 번지에 저장되어 있는 차량정보를 나타낸다.

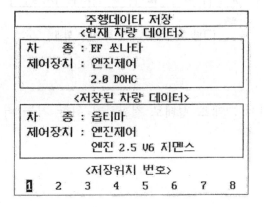

[그림 37] 저장 선택 화면

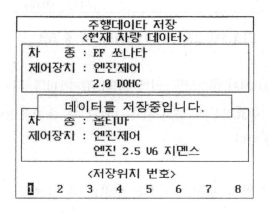

[그림 38] 저장 실행 화면

[7] 센서 출력모드-도움메뉴 : [도움] (F6)

센서출력 화면에서 〔도움〕(F6) 버튼을 누르면 해당되는 센서의 참조점, 고장코드, 판정조건 등이 제공되며 이때, 〔단품〕(F1) 버튼을 누르면 단품에 대한 회로도가 제공된다. 센서출력 화면으로 되돌아가고자 할 경우에는 〔ESC〕를 누르면 된다.

센서출력		
산소센서(B1/S1)	117	mV
흡기압(MAP)센서	34.5	kPa
흡기온센서	36	℃
스로틀포지션센서	625	mV
배터리전압	13.9	V
냉각수온센서	83	℃
시동신호	OFF	
엔진회전수	968	RPM
차속센서	0	Km/h
공회전상태	ON	
고정 분할 전체 파형 기록 도움		

[그림 39] 센서출력 화면

산소센서(B1/S1)

*고장코드(P0130) 판정조건
　엔진 워밍업 후
-센서출력전압 0.06V이하 고정되어 있
거나 4.96V이상으로 고정시(단선,단락)
*점검조건
-엔진 워밍업
*참조값
-2500rpm유지 : 0.2 ~ 4.8V 변화
-급가속시　　 : 0.4 ~ 0.9V
-4000rpm에서 급감속시 : 4.5 ~ 4.8V

단품

[그림 40] 도움말 선택 후 화면

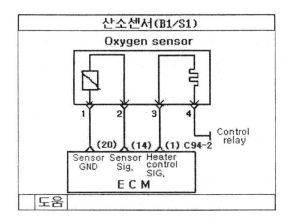

[그림 41] 단품 회로도 화면

1.3.5. 액추에이터 검사 기능

진단기능 선택 화면에서 03.액추에이터 검사 항목을 선택한다.

① 액추에이터 검사 모드는 액추에이터를 강제적으로 작동하게 하거나 정지시켜 해당 액추에이터의 이상 유무를 판단할 수 있도록 하는 기능이다. 각 검사 항목에 해당하는 액추에이터의 선택은 키패드의 상, 하 화살표 키를 이용하여 선택할 수 있다.

② 액추에이터 검사는 반드시 화면에 명시된 작동시간, 방법, 조건 등을 준수하여 실행하여야 한다.

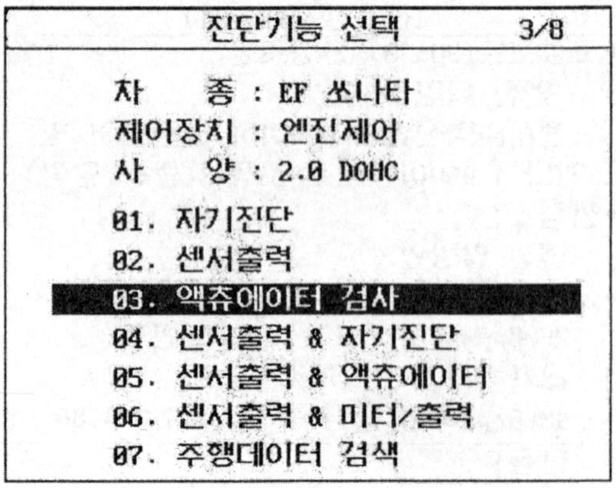

진단기능 선택	3/8

차   종 : EF 쏘나타
제어장치 : 엔진제어
사   양 : 2.0 DOHC
01. 자기진단
02. 센서출력
03. 액츄에이터 검사
04. 센서출력 & 자기진단
05. 센서출력 & 액츄에이터
06. 센서출력 & 미터/출력
07. 주행데이터 검색

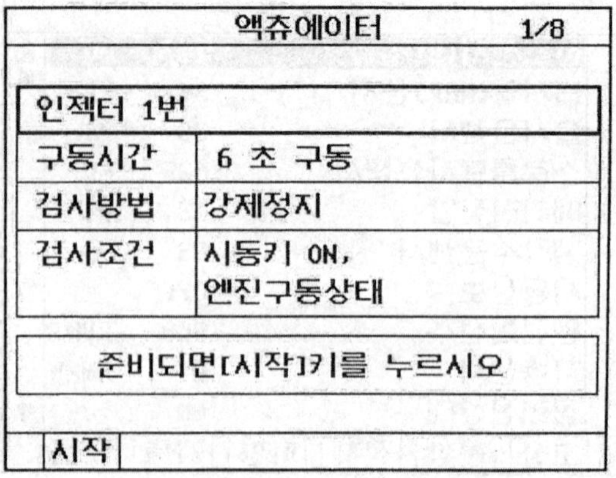

액츄에이터	1/8

인젝터 1번	
구동시간	6 초 구동
검사방법	강제정지
검사조건	시동키 ON, 엔진구동상태

준비되면[시작]키를 누르시오

│시작│

[그림 42] 액츄에이터 검사 선택 화면

③ 시스템에 따라 작동시간이 명시되어 있는 시스템이 있고 작동시간이 명시되지 않은 시스템인 경우에는 시작과 정지기능이 화면하단에 나타난다.

④ 액츄에이터 검사가 완료되면 [검사완료]라는 메시지가 나타난다.

⑤ 다른 액츄에이터를 선택할 경우 키패드의 상, 하 화살표 키를 이용하여 선택한다.

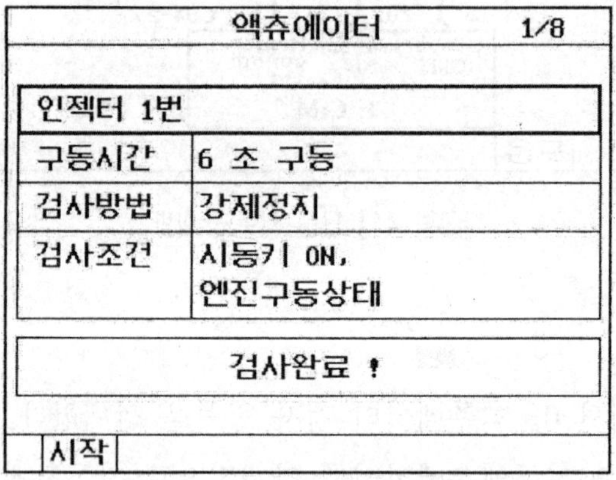

액츄에이터	1/8

인젝터 1번	
구동시간	6 초 구동
검사방법	강제정지
검사조건	시동키 ON, 엔진구동상태

검사완료 !

│시작│

[그림 43] 액츄에이터 검사 종료 화면

1.3.6. 센서출력과 자기진단 기능

진단기능 선택 화면에서 04.센서출력 & 자기진단 항목을 선택한다.

① 센서출력과 동시에 자기진단을 수행함으로써 두 기능이 갖고 있는 기능을 동시에 수행할 경우 사용한다.

② 04.센서출력 & 자기진단 항목을 선택하면 센서출력 기능과 관련된 기능키가 표시된다.

③ 기능전환은 키패드의 페이지 업/다운 키를 이용하며, 분할된 화면 중 아래쪽에 커서가 반전되어 나타나고 화면 하단에 나타나는 기능키 메뉴도 함께 변한다. 각각의 기능은 센서출력과 자기진단 기능에서 보여지는 기능과 동일하다.

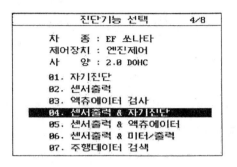

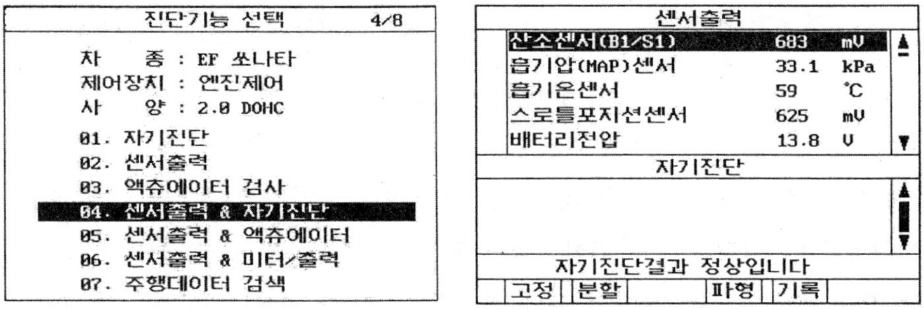

[그림 44] 센서출력 & 자기진단 선택 화면

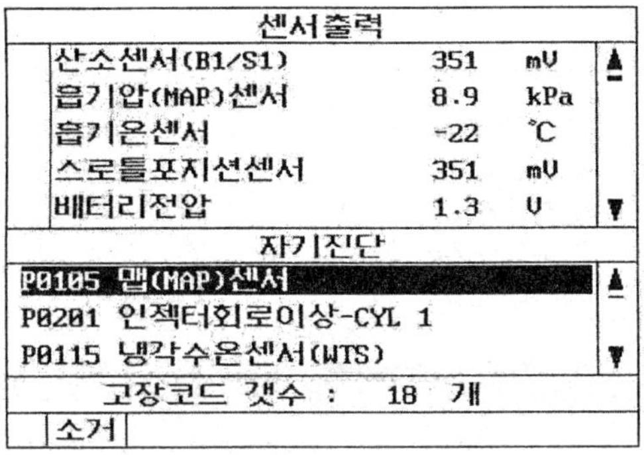

[그림 45] 기능 전환 화면

1.3.7. 센서출력과 액추에이터 기능

진단기능 선택 화면에서 05.센서출력 & 액추에이터 항목을 선택한다.

① 센서출력과 동시에 액추에이터 구동기능을 수행함으로써 두 기능이 각각 갖고 있는 기능을 동시에 수행할 경우 사용함.

② 05.센서출력 & 액추에이터 항목을 선택하면 센서출력 기능과 관련된 기능키가 표시된다.

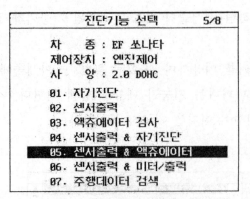

진단기능 선택	5/8

차 종 : EF 쏘나타
제어장치 : 엔진제어
사 양 : 2.0 DOHC
01. 자기진단
02. 센서출력
03. 액츄에이터 검사
04. 센서출력 & 자기진단
05. 센서출력 & 액츄에이터
06. 센서출력 & 미터/출력
07. 주행데이터 검색

센서출력	
산소센서(B1/S1)	39 mV
흡기압(MAP)센서	102.2 kPa
흡기온센서	42 ℃
스로틀포지션센서	644 mV
배터리전압	12.4 V
액츄에이터	1/8

인젝터 1번
시간 6 초 구동   방법 강제정지
시동키 ON, 엔진구동상태

| 고정 | 분할 | | 파형 | 기록 |

[그림 46] 센서출력 & 액츄에이터 선택 화면

③ 기능전환은 키패드의 페이지 업/다운 키를 이용하여 분할된 화면 중 아래쪽에 커서가 반전되어 나타나고 화면하단에 나타나는 기능키 메뉴도 함께 변한다.

④ 하단 창이 활성화되어 있는 상태에서, 〔시작〕/〔정지〕(F1) 버튼은 액츄에이터 검사 기능 시작과 정지 기능을 하며 키패드 ▲/▼를 이용하면 현재 항목 외에 구동 가능한 액츄에이터 항목이 차례로 나타난다.

센서출력		
산소센서(B1/S1)	351	mV
흡기압(MAP)센서	8.9	kPa
흡기온센서	-22	℃
스로틀포지션센서	351	mV
배터리전압	1.3	V
액츄에이터		1/8

인젝터 1번
시간 6 초 구동   방법 강제정지
시동키 ON, 엔진구동상태

| 시작 |

[그림 47] 기능 전환 화면

1.3.8. 센서출력과 미터/출력 기능

진단기능 선택 화면에서 06.센서출력 & 미터/출력 항목을 선택한다.

① 센서출력과 동시에 멀티미터 측정 또는 센서 시뮬레이션 기능을 수행함으로써 두 기능이 각각 갖고 있는 기능을 동시에 수행할 경우 사용한다.

② 06.센서출력 & 미터/출력 항목을 선택하면 센서출력 기능과 관련된 기능키가 표시된다.

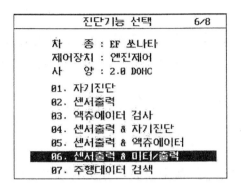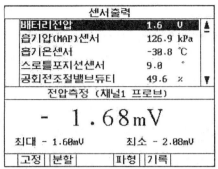

[그림 48] 센서출력 & 미터/출력 선택 화면

③ 기능전환은 키패드의 페이지 업/다운 키를 이용하여 분할된 화면 중 아래쪽에 커서가 반전되어 나타나고 화면하단에 나타나는 기능키 메뉴도 함께 변한다.

④ 하단 창이 활성화 되어 있는 상태에서 〔미터〕(F1) 버튼을 선택하면 전압, 주파수, 듀티, 펄스폭 측정기능 선택용 팝업메뉴가 나타난다.

⑤ 하단 창이 활성화 되어 있는 상태에서 〔출력〕(F2) 버튼을 선택하면 전압, 펄스, 차속 측정기능 선택용 팝업메뉴가 나타난다.

⑥ 각각의 기능은 센서출력과 멀티미터, 센서 시뮬레이션 기능에서 보여지는 기능과 동일하다.

[그림 49] 기능 전환 화면

1.4. 스코프, 미터, 출력기능

1.4.1. 스코프, 미터, 출력의 개요

[1] 개요

차량에서 발생되는 여러 가지 전기적 신호를 측정하고 차량에 가상의 전기신호(전압, 주파수, 구형파신호)를 입력함으로써 실제 단품에서 이루어지는 작동상태 확인과 ECM 과의 배선 상태를 확인할 수 있는 기능이다.

[2] 배선 연결방법

① 스코프미터, 출력기능을 사용하려면 Hi-DS 스캐너에 전원을 공급해 주어야 한다. 전원 공급방법은 차량 통신 기능에 설명한 방법과 동일하다.

② 전원 연결 후 사용할 채널 프로브(CH1, CH2) 또는 특수프로브(대전류, 소전류, 압력센서, 점화 2차)를 Hi-DS 상단 커넥터에 연결한다.

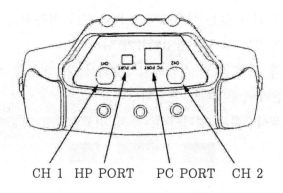

CH 1   HP PORT   PC PORT   CH 2

[그림 50] 스캐너 본체 상단의 커넥터

③ CH1, CH2 커넥터 : 본체 윗면의 채널 연결 커넥터에 사용할 프로브의 BNC 커넥터를 돌려서 연결한다.

④ PC PORT : 인터넷 업데이트를 위한 PC와의 통신과 특수프로브 사용시 사용한다.

⑤ HP PORT : 기능 확장을 위한 통신포트이다.

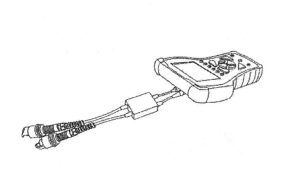 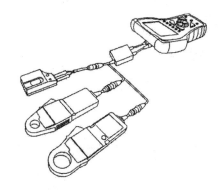

(a) 점화2차 프로브 연결화면   (b) 전류프로브/ 압력센서 연결화면

[그림 51] 점화 2차 및 전류/압력 프로브

⑥ 특수프로브 연결 : 대전류 프로브, 소전류 프로브, 압력센서는 사용할 특수 프로브
를 중간연결 모듈에 연결한 후 BNC 커넥터와 USB 커넥터를 함께 연결하여 사
용한다.

[3] 스코프, 미터, 출력 기능선택

기능 선택 화면에서 02.스코프미터, 출력 항목을 선택한다.

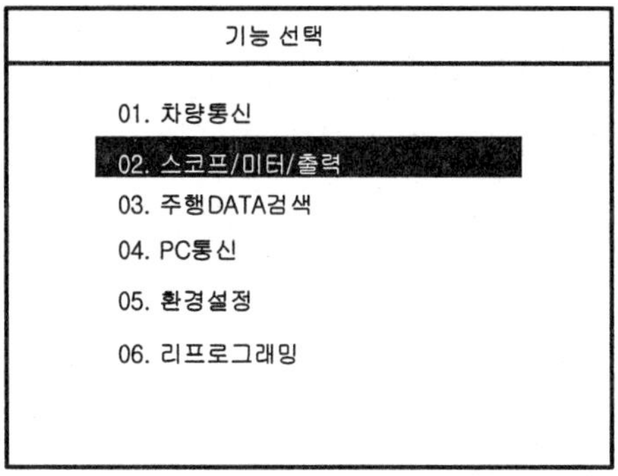

기능 선택
01. 차량통신
02. 스코프/미터/출력
03. 주행DATA검색
04. PC통신
05. 환경설정
06. 리프로그래밍

[그림 52] 기능선택 화면

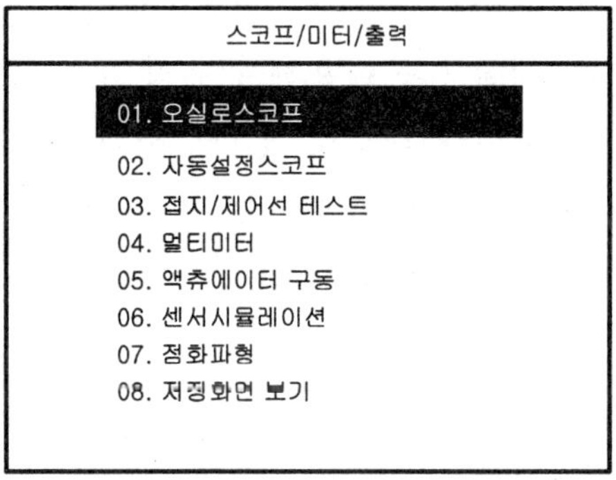

스코프/미터/출력
01. 오실로스코프
02. 자동설정스코프
03. 접지/제어선 테스트
04. 멀티미터
05. 액츄에이터 구동
06. 센서시뮬레이션
07. 점화파형
08. 저장화면 보기

[그림 53] 스코프, 미터, 출력 화면

1.4.2. 오실로스코프

[1] 화면설정

기능선택화면에서 01.오실로스코프 항목을 선택한 후 〔ENTER〕를 누르면 다음과 같은 화면이 나타난다.

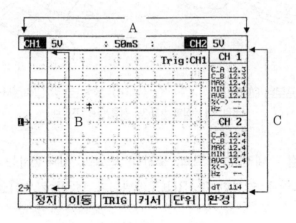

[그림 54] 오실로스코프 화면

[2] 화면설명

① A영역 : 채널의 전압단위(세로 폭), 시간단위(가로 폭)를 표시

② 채널선택 : 채널을 선택하면 화면이 역상으로 전환된다. 채널을 선택한 후 키패드의 화살표를 이용하여 전압 또는 시간의 단위를 변경시킬 수 있다.

   ㉮ 채널 선택모드: CH1 선택, CH2 선택, CH1/CH2 동시선택

   ㉯ 전압단위 : 20mV, 50mV, 100mV, 200mV, 500mV, 1V, 2V, 5V, 10V, 20V, 50V, 100V

   ㉰ 시간단위 : 100㎲, 200㎲, 500㎲, 1ms,10ms, 20ms, 50ms, 100ms, 200ms, 500ms, 1s, 2s, 5s

③ B영역 : 채널의 사용여부와 기준점(GROUND)을 표시

   ㉮ **1**→ : 현재 채널1이 사용되고 있음을 표시함. 화면상에서 **1**→의 위치는 다른 채의 위치와는 독립적으로 CH1의 기준점(GROUND)을 나타낸다.

   ㉯ **2**→ : 현재 채널2가 사용되고 있음을 표시함. 화면상에서 **2**→의 위치는 다른 채널의 위치와는 독립적으로 CH2의 기준점(GROUND)을 나타낸다.

④ C영역 : 커서간 데이터 표시

　㉮ C_A : 파형과 커서A가 만나는 점의 데이터

　㉯ C_B : 파형과 커서B가 만나는 점의 데이터

　㉰ MAX : 커서A와 커서B 사이의 값 중 최대값

　㉱ MIN : 커서A와 커서B 사이의 값 중 최소값

　㉲ AVG : 커서A와 커서B 사이의 평균값

　㉳ %(-): 커서 사이의 -듀티값(정수 1-99 표시)

　㉴ Hz　: 커서 사이의 주파수 값(정수 1-99.99KHz 표시)

　㉵ dt　: 커서 A와 B 사이의 시간차 표시

① 오실로스코프에서 설정된 전압범위가 클수록 측정오차가 커진다(측정 전압범위가 높을수록 AD 컨버터의 분해능이 떨어지기 때문). 따라서 데이터 창에 표시되는 전압값은 측정 대상의 전압에 맞는 전압범위로 조정하여 측정해야 정확한 값을 얻을 수 있다.

② 오실로스코프의 입력범위는 ± 500V로 되어 있으나 100V 이상의 AC 전압을 1시간 이상 지속적으로 측정하는 경우, 또는 100V 이상의 AC 전압 연결 상태에서 전원을 ON/OFF 하거나 다른 기능을 선택하는 경우 내부회로가 손상될 수 있다.

[3] 기능키 설명

(1) 정지 (F1)

① 오실로스코프 화면에서 〔정지〕(F1) 버튼을 누른다.

② 화면 일시정지 기능과 데이터 기록 및 재생 기능으로 사용한다.

③ 화면 일시정지 시 커서버튼을 이용하여 정지되어 있는 파형 각 부분의 데이터 값을 읽을 수 있다.

④ 정지 버튼을 누르면 화면 하단의 기능키 메뉴가 변한다(기록, 저장 등).

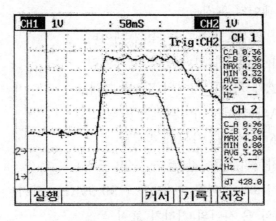

[그림 55] 일시 정지 화면

(2) 기 록 (F5)

① 〔기록〕(F5) 버튼을 누르면 기록된 데이터를 재생할 것인지 새로운 데이터를 기록할 것인지 선택하는 팝업창이 나타난다.

② ▲▼ 방향키를 이용하여 원하는 기능을 선택해야 한다.

③ 기록된 데이터 재생을 선택하고 기록된 저장장소를 선택하면 저장되어 있던 파형을 출력한다.

④ 새로운 데이터 기록 시작을 선택하면 현재 측정되고 있는 파형을 기록한다.

⑤ 아무 키나 선택하면 기록 중지됨과 동시에 다음과 같은 파형검색 화면이 나타난다.

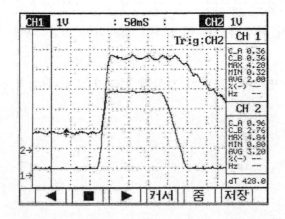

[그림 56] 파형 검색 화면

⑥ 파형 검색 화면의 기능키

  ㉮ ◀(F1)을 선택하면 현재 파형의 위치를 기준으로 좌측으로 파형을 PLAY하
   여 데이터를 검색 한다.

  ㉯ ■(F2)를 선택하면 파형 검색을 일시 중지 한다.

  ㉰ ▶(F3)을 선택하면 현재 파형의 위치를 기준으로 우측으로 파형을 PLAY하
   여 데이터를 검색한다.

  ㉱ 커서(F4)를 선택하면 커서이동과 DATA창을 제거할 수 있다(토글방식).

   ㉠ A커서 활성화 → B커서 활성화 → 커서 없음(DATA 창 없어짐)

   ㉡ A커서 또는 B커서 활성화 상태에서는 키패드 중앙의 ◀/▶키를 이용하여
    각 커서를 좌/우로 이동시킬 수 있다.

  ㉲ 줌(F5)를 선택하면 기록된 데이터를 시간 단위로 확대/축소하여 검색할 수
   있다. 확대 배율은 데이터 저장시 TIME DIVISION에 따라 다를 수 있다.

  ㉳ 저장(F6)를 선택하면 현재 화면을 원하는 메모리 방에 저장한다.

(3) 이동 (F2)

  ① 오실로스코프 화면에서 〔이동〕(F2) 버튼을 누른다.

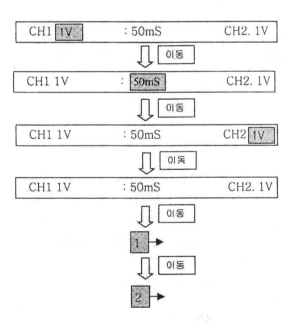

② 오실로스코프 화면 영역A의 채널, 전압, 시간 단위 조정 선택과 영역B의 채널, 그라운드 표시 선택에 사용한다.

③ 역상이 영역 A에 있을 때 : 키패드 중앙의 ▲ 또는 ▼키를 이용하여 조정하면 채널1/2의 전압단위와 시간단위를 설정된 간격으로 증가/감소시킨다.

④ 역상이 영역 B에 있을 때 : 키패드 중앙의 ▲ 또는 ▼키를 이용하여 조정하면 채널1/2의 0점(GROUND) 위치를 조정할 수 있다.

(4) TRIG (F3)

① 오실로스코프 화면에서 [TRIG](F3) 버튼을 누른다.

② 트리거할 채널, 트리거방식, 위치이동에 사용한다.

③ 토글형식의 선택방식으로 선택할 때마다 CH1 상승 → CH1 하강 → CH2 상승 →CH2 하강 → NO TRIG 순으로 조건이 변경된다.

④ 두 개의 채널 중 하나만 트리거 조건설정도 가능하다.

⑤ 화면 우측 상단의 표시는 어떤 채널이 트리거 되고 있는지를 나타낸다.

⑥ 화면 하단의 TRIG 부분이 밝게 활성화 된 상태에서 중앙의 ▲▼◀▶키를 이용하여 트리거 위치를 이동할 수 있다.

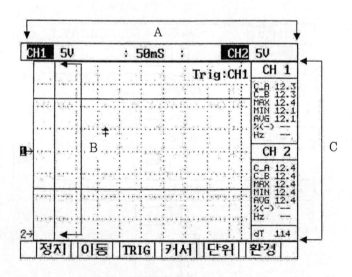

[그림 57] 오실로스코프 화면

(5) **커서** (F4)

① 오실로스코프 화면에서 [커서](F4) 버튼을 누른다.

② 커서이동과 DATA창을 제거할 수 있다(토글방식).

A커서 활성화 → B커서 활성화 → 커서 없음(DATA 창 없어짐)

A커서 또는 B커서 활성화 상태에서는 키패드 중앙의 ◀/▶키를 이용하여 각 커서를 좌/우로 이동시킬 수 있다.

(6) **단위** (F5)

① 오실로스코프 화면에서 [단위](F5) 버튼을 누른다.

② 소전류, 대전류, 압력의 특수기능 프로브 사용 선택 시 사용한다.

③ [단위](F5) 버튼을 누르면 아래 그림과 같이 특수기능 프로브를 사용할 채널을 선택하고 [ENTER]를 누른 다음 화면에서 특수 프로브와 사용범위를 선택한다.

A커서 활성화 → B커서 활성화 → 커서 없음(DATA 창 없어짐)

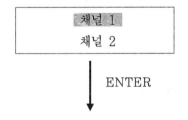

[그림 58] 사용할 프로브 선택화면

단위	프로브	측정범위	선택
전류	소전류	0~30A	100mV/1A
	대전류(100A)	30~100A	10mV/1A
	대전류(1000A)	100~1000A	1mV/1A
압력	압력선택	0~24.6kg/cm^2	100mV/100kPa

(7) **환경** (F6)

① 전압단위, 시간단위를 제외한 채널 사용에 필요한 모든 환경을 설정

② 〔환경〕(F6) 버튼을 누르면 아래 그림과 같이 나타나며 모든 항목은 키패드의 ▲▼ ◀▶ 키를 이용하여 항목을 선택, 변경할 수 있다.

③ ▲▼키는 항목선택을 위한 커서 이동에 사용하고, ◀▶키는 선택된 항목의 환경설 정에 사용한다.

④ 채널 ON/OFF는 해당 채널을 통해 신호를 입력 받을 것인지 선택한다.

⑤ 피크/일반은 파형 및 데이터 값을 보여 줄 때 샘플링 된 데이터 중 최대값을 보여 줄 것인지 선택한다.

⑥ AC/DC는 해당 채널의 입력신호를 DC로 보여줄 것인지 AC로 보여줄 것인지를 선택한다.

	CH1	ON	OFF		
		피크	일반		
		DC	AC		
		유지	1	5 10 20	
	CH2	ON	OFF		
		피크	일반		
		DC	AC		
		유지	1	5 10 20	
▶	공통	그리드	ON	OFF	
			싱글샷		

⑦ 유지 1, 5, 10, 20은 가장 최근 화면을 중첩하여 표시할 횟수를 지정한다.

⑧ 그리드 ON/OFF는 화면에 그리드를 표시할 것인지를 선택한다.

⑨ 싱글샷은 WAIT FOR TRIGGER 기능을 사용할 것인지를 선택한다(싱글샷 참조).

① 피크모드에서는 피크전압(점화1차 서지전압, 인젝터 서지전압 등)이 일정하게 보이지만 일반모드 사용 시에는 피크전압이 빠져 보일 수 있다.

② 유지기능에서 유지 값을 높게 설정할수록 응답속도가 떨어지는 현상이 발생할 수 있으나 고장은 아니다.

③ 오실로스코프 측정채널 대전류, 소전류, 압력은 사용범위를 선택과 영점조정이 동시에 이루어진다. 따라서 전류프로브는 측정할 도선에 전류가 흐르지 않는 상태에서 프로브 집게가 완전히 닫혔는지 확인한 후 단위를 선택해야 정확한 측정을 할 수 있다.

④ 압력센서는 측정부위의 압력이 가해지지 않은 상태에서 압력센서 연결(어댑터 연결) 후 압력단위를 선택한다.

(8) 싱글샷

① 싱글샷이란 사용자가 트리거 레벨과 위치를 정해 놓고, 트리거 조건에 해당되는 신호가 측정되면 파형을 자동으로 일시 정지하여 보여주는 기능이다.

② 트리거 조건을 설정해 놓은 후 환경설정 팝업 화면에서 삼각형 커서를 싱글샷에 위치한 후 [ENTER] 버튼을 선택하면 바로 싱글샷 모드로 넘어가며 다음과 같은 화면이 나타난다.

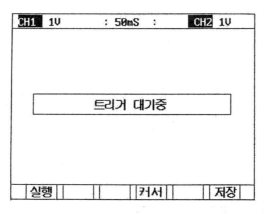

[그림 59] 싱글샷 모드 화면

③ 설정된 트리거 조건에 해당하는 신호가 발생하면 아래 화면과 같은 정지화면이 나타나며 싱글샷 대기중 [ESC] 버튼을 선택하면 싱글샷 이전 화면으로 되돌아간다.

⑦ **실행**(F1) : 트리거 대기중 모드를 다시 실행한다. 이때, 트리거 조건은 이전과 동일하다.

⑭ **커서**(F4) : 커서 A/B의 위치 이동에 사용(전과 동일)

⑮ **저장**(F6) : 현재 정지된 화면을 8개의 메모리방 중에 원하는 장소에 저장한다.

⑯ **ESC** : 싱글샷 선택 이전 화면으로 되돌아간다.

※ 싱글샷 기능은 50mS 이하의 시간 단위에서만 사용이 가능하다.

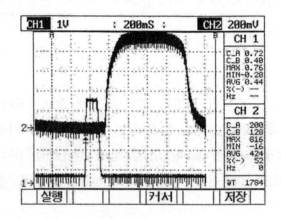

[그림 60] 싱글샷 측정 화면

1.4.3. 자동설정 스코프

[1] 자동설정 스코프 개요

자동차 진단에 필수적인 센서 단품검사 및 관련 시스템검사를 스코프를 이용하여 신속하고 편리하게 점검할 수 있도록 측정에 적합한 환경을 미리 설정해 주며 일반적인 파형의 모양과 분석방법을 제공한다.

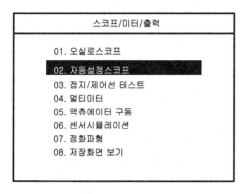

스코프/미터/출력	자동설정스코프

[그림 61] 스코프/미터/출력 화면   [그림 62] 검사항목 화면

스코프/미터/출력

01. 오실로스코프
02. 자동설정스코프
03. 접지/제어선 테스트
04. 멀티미터
05. 액츄에이터 구동
06. 센서시뮬레이션
07. 점화파형
08. 저장화면 보기

자동설정스코프

01. 센서단품검사
02. CKP, CMP 동시검사
03. 센서 응답속도 검사
04. 점화 장치 검사
05. 연료장치 검사
06. 충전장치 검사
07. 시동장치 검사
08. 액츄에이터 검사
09. 자동변속기 검사
10. ABS 검사

[2] 화면설정

기능선택화면에서 02.자동설정스코프항목 선택 → 〔ENTER〕 → 검사항목 선택 → 〔ENTER〕를 누르면 다음과 같은 화면이 나타난다.

① 자동설정스코프의 측정화면은 기본적으로 화면구성과 작동방법이 오실로스코프와 동일하며, 채널환경은 선택한 검사항목에 맞게 자동으로 설정된다.

② 오실로스코프에서 〔단위〕버튼이 자동설정스코프에서는 〔도움〕버튼으로 바뀐다.

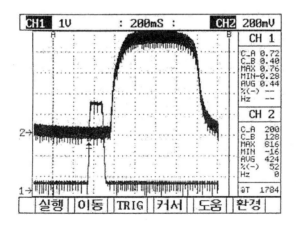

[그림 63] 자동설정 스코프 화면

[3] 기능키

자동설정스코프에서 새로 추가된 〔도움〕버튼 외에 나머지 기능키의 기능은 오실로스코프와 동일하다.

① <u>도움</u>(F5) : 측정준비나 측정 후 파형분석 시 〔도움〕버튼을 누르면 아래 그림과 같이 연결, 분석, 파형, 영점을 선택할 수 있는 팝업메뉴가 나타난다.

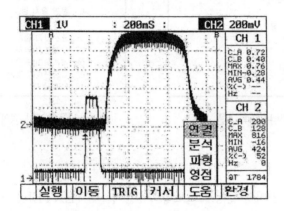

[그림 64] 자동설정스코프 측정 화면

② <u>연결</u> : 〔연결〕을 선택하면 다음 그림과 같이 연결과 측정조건에 필요한 도움말이 나타난다.

③ <u>분석</u> : 〔분석〕을 선택하면 다음 그림과 같이 측정 후 파형분석에 대한 도움말이 나타난다.

TPS+산소센서(질코니아)

1. CH1(+) : TPS 신호선 연결
   CH1(-) : 배터리(-) 연결
2. CH2(+) : 산소센서 신호선 연결
   CH2(-) : 센서접지 또는 배터리(-) 연결
3. 3000 RPM까지 서서히 가속했다가 퓨얼컷 시킨 후 RPM이 1500 이상 상승되지 않도록 급가속

[그림 65] 자동설정 연결 도움화면

TPS+산소센서(질코니아)

1. TPS와 산소센서 파형 모두 급격한 상승파형이 측정되어야 정상
2. TPS 상승 최대지점에서 산소센서 200mV 도달 까지의 시간은 200mS 이내여야 정상
3. 산소센서 상승파형에 푹푹 패이는 모양이 나타나면 점화불량으로 인한 실화를 의심

* 신호 불량시 예비 증상
  공회전 부조, 연비/출력/가속성능불량, 노킹

[그림 66] 자동설정 분석 도움화면

④ <u>파형</u> : 〔파형〕을 선택하면 다음 그림과 같이 검사항목의 일반적인 기준파형 모양 과 파형설명이 나타난다.

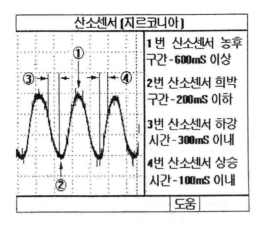

[그림 67] 자동설정 분석 도움화면(파형도움)

① 파형기능에서 소개되는 파형과 설명은 해당항목의 일반적인 내용을 보여주는 것이므로
　특정차종의 파형과 높낮이, 모양 등은 다를 수 있다.
② 파형분석 시 정확한 진단은 동일 차종의 정상적인 차량에서 측정한 데이터를 참고하여야
　한다.

⑤ 영점 : 〔영점〕을 선택하면 전압과 전류를 함께 측정해야 할 항목에서 전류의 영
　점조정이 실시된다. 영점조정이 완료되면 완료메시지가 나타난다.

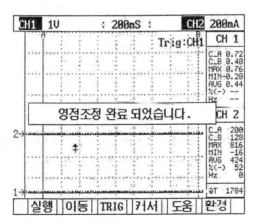

[그림 68] 영점조정 완료 화면

전류측정 항목은 측정 전에 반드시 전류 프로브에 전류가 흐르지 않는 상태에서 영점조정을 실시해야 정확한 측정값을 얻을 수 있다.

[4] 점검항목 및 절차(자동설정 스코프)

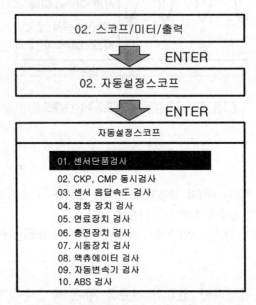

[그림 69] 자동설정스코프 검사진행 화면

검사 항목	검사 내용
01. 센서 단품 검사	산소센서, TPS, MAP, 공기량센서(핫필름, 핫와이어) 공기량센서(칼만와류)
02. CKP, CMP 동시검사	CKP(인덕티브 타입)+CMP(홀 타입) CKP(홀 타입)+CMP(홀 타입) CKP(옵티컬 타입)+CMP(옵티컬 타입)
03. 센서 응답속도 검사	TPS+산소센서(질코니아), TPS+MAP TPS+공기량센서(핫필름, 핫와이어),TPS+공기량센서(칼만와류)
04. 점화장치 검사	점화 1차 검사, 점화 1차+파워TR BASE 점화 1차 검사+점화전류(소전류), 파워 TR BASE+점화전류(소전류) 점화 2차 검사, 점화코일 전원 검사
05. 연료장치 검사	연료펌프 전원, 접지 검사, 연료펌프 전류(소전류) 인젝터 검사(소전류)

검사 항목	검사 내용
06. 충전장치 검사	발전기 출력 전류(대전류), 발전기 다이오드 검사 발전기 접지 검사(B단자, 몸체) 발전기 배선 검사(L단자, S단자)
07. 시동장치 검사	배터리용량 검사(대전류) 스타트 모터 전원, 접지 검사 엔진 블록, 차체 접지 검사
08. 액추에이터 검사	인젝터, 공회전속도 조정 밸브, 스텝모터 EGR 솔레노이드 검사, PCSV 검사
09. 자동변속기 검사	유압제어 솔레노이드(HIVEC) 유압제어 솔레노이드(F4EA 계열), 유압제어 솔레노이드(KM) 펄스제너레이터 A/B(홀 타입), 펄스제너레이터 A/B(인덕티브 타입), 차속센서(홀 타입)
10. ABS 검사	휠 스피드센서

[5] 점검 예(자동설정 스코프 : TPS 산소센서)

① 자동설정스코프에서 TPS+산소센서(질코니아) 검사항목을 선택한다. 파형위치, 전압단위, 시간단위, 트리거 등의 채널환경이 선택항목에 해당하는 신호측정과 분석에 가장 적합하게 자동 설정된다.

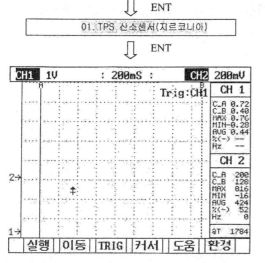

[그림 70] 자동설정 스코프 측정 화면

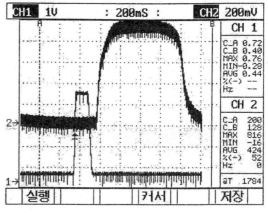

[그림 71] 자동설정 스코프 측정결과 화면

② 측정하려는 단품의 신호선에 채널을 연결하고 정확히 연결했는지 확인한 후 검사
　조건에 따라 측정한다.

③ 검사항목에 따라 자동트리거가 필요한 항목은 환경설정 기능키를 누른 후 싱글샷
　사용을 선택한다.

④ 자동트리거를 이용하지 않는 항목은 파형출력시 〔정지〕버튼을 선택하여 분석한다.

⑤ 파형측정이 끝난 화면에서 커서를 이동하여 원하는 부분의 데이터값을 읽을 수 있
　다.

1.4.4. 접지, 제어선 테스트

[1] 접지, 제어선 테스트 개요

① 파워접지 또는 액추에이터의 접지상태를 확인할 때 사용한다.

② 2번 채널(CH2)만 사용하도록 되어 있으며, 채널2 프로브(+)에 100mA/5V의
　PULL-UP 전압이 연결되어 있다.

③ 채널에서 출력되는 전압을 배선에 인가하여 배선과 접지 사이에 발생하는 선간전
　압을 측정하는 기능이다.

[2] 화면설정

　기능선택화면에서 03. 접지, 제어선 테스트 항목 선택 → 〔ENTER〕 → 주의사항 →
〔ENTER〕 → 사용방법 → 〔ENTER〕을 선택한다. 접지, 제어선 테스트 측정화면은 기
본적으로 화면구성과 작동방법이 오실로스코프와 동일하다.

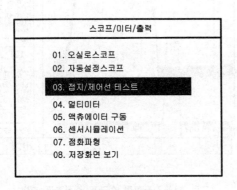

[그림 72] 스코프/미터/출력 화면

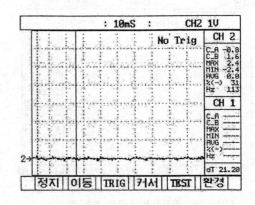

[그림 73] 자동설정스코프 화면

오실로스코프에서 [단위]버튼이 접지, 제어선 테스트에서는 [TEST]버튼으로 바뀐다.

[3] 기능키

① TEST(F5) : 점검할 배선에 프로브를 연결한 후 [TEST](F5)를 선택하면 다음
그림과 같이 화면의 좌측 상단에 TEST MODE ON(CH2) 라는 메시지가 나타
나고, 채널 2 프로브(+)에서는 전류가 출력된다. 토글 방식의 버튼이므로 한 번
더 선택하면 메시지가 사라짐과 동시에 PULL-UP 전압이 OFF 된다. 측정값은
오실로스코프 파형으로 보여진다.

	: 10mS :	CH2 1V	
TEST MODE ON(CH2)		No Trig	CH 2
			C_A 17.6
			C_B 17.6
			MAX 20.8
			MIN 16.0
			AVG 18.4
			%(-) //
			Hz 277
			CH 1
			C_A ----
			C_B ----
			MAX ----
			MIN ----
1→			AVG ----
			%(-) ----
			Hz ----
			dT 21.20
정지	이동	TRIG	커서	TEST	환경

[그림 74] 접지/제어선 테스트 측정 화면

① 접지/제어선 테스트에서 [TEST]를 선택하여 전류흐름 상태가 1시간 이상 지속되면 내부
회로가 손상될 가능성이 있으므로 테스트는 짧은 시간에 행한다.
② 접지/제어선 테스트에서 전류가 출력되는 채널2를 통해 5V 이상의 전압이 외부에서 유입
되면 보호회로에서 전압을 차단하게 되어 있으나 1시간 이상 지속되면 회로가 손상될 가
능성이 있다.

1.4.5. 멀티미터

[1] 멀티미터 개요

멀티미터는 채널 2를 사용하며, 오실로스코프 프로브와 특수 프로브를 사용하여 전
압, 주파수, 듀티, 저항, 전류, 압력을 측정할 수 있다.

[2] 화면설정

기능선택화면에서 04.멀티미터 항목 선택→〔ENTER〕

멀티미터 화면은 다음 그림과 같이 공통적으로 화면 중앙에 현재값, 아래에 최대값, 최소값, 편차값(최대-최소)을 세로 배열로 나타낸다.

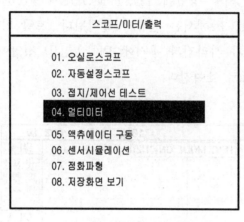

[그림 75] 스코프/미터/출력 화면

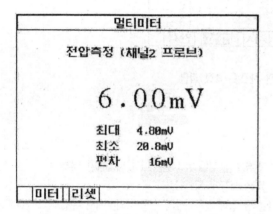

[그림 76] 멀티미터 선택 초기 화면

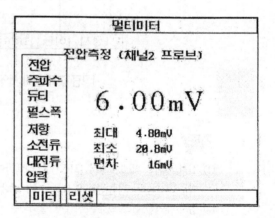

[그림 77] 미터 메뉴 팝업 화면

[3] 기능키

① 미터 (F1) : 〔미터〕(F1)를 선택하면 위 그림과 같이 멀티미터 측정 가능한 항목을 팝업메뉴로 나타낸다. 키패드 중앙의 ▲/▼ 키를 사용하여 측정할 항목 선택 후 〔ENTER〕를 누르면 각각의 측정화면이 표시된다.

[4] 각 측정 기능

(1) 전압, 주파수 측정

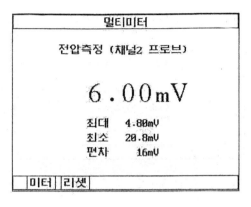

멀티미터
전압측정 (채널2 프로브)
6.00mV
최대 4.80mV
최소 20.8mV
편차 16mV
미터
리셋

[그림 78] 전압 측정 화면

멀티미터
주파수 (채널2 프로브)
41.66KHz
최대 41.66KHz
최소 31.25KHz
편차 10.41KHz
미터
리셋

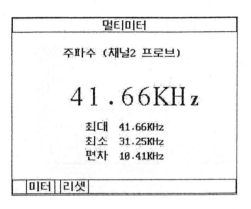

[그림 79] 주파수 측정 화면

(2) 듀티, 펄스폭 측정

① DUTY+ (F3) : 펄스의 듀티+ 부분 측정

② PUL+ (F3): 펄스의 +부분 시간폭 측정

③ DUTY- (F3): 펄스의 듀티- 부분 측정

④ PUL- (F3): 펄스의 +부분 시간폭 측정

멀티미터
듀티+(채널2 프로브)
67 %
최대 75 %
최소 66 %
편차 9 %
미터
리셋
DUT+
DUT-

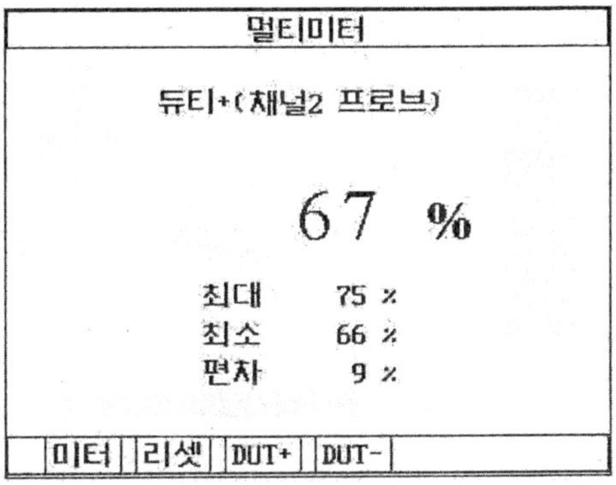

[그림 80] 듀티 측정 화면

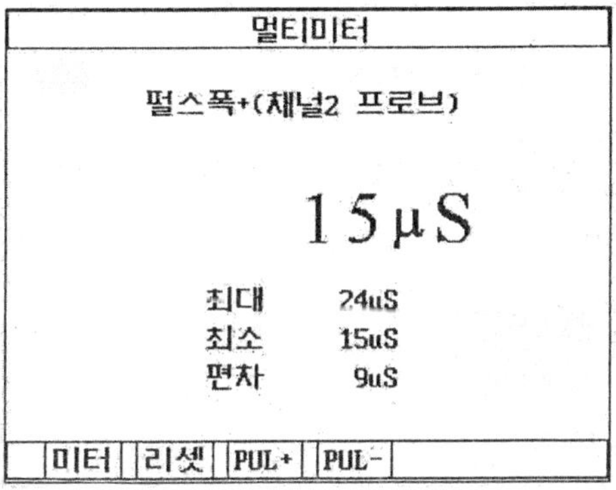

멀티미터
펄스폭+(채널2 프로브)
15μS
최대 24uS
최소 15uS
편차 9uS
미터
리셋
PUL+
PUL-

[그림 81] 펄스폭 측정 화면

(3) 저항, 소전류 측정

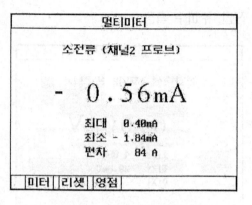

[그림 82] 저항 측정 화면   [그림 83] 소전류 측정 화면

(4) 저항측정 시 영점조정

① **영점** (F3): 저항측정 전에 프로브(+)와 프로브(-)를 연결(쇼트시킴)하고 〔영점〕(F3) 버튼을 선택하면 저항 영점조정이 된다.

> ① 저항측정은 온도, 프로브 접촉상태에 따라 측정값에 영향을 받으므로 10Ω 이하의 저항은 측정 시마다 영점조정을 다시 하고 저항값이 안정되었을 때 값을 읽어야 한다.
> ② 저항측정 모드에서 측정 채널을 통해 5V 이상의 전압이 1시간 이상 지속적으로 유입될 경우 내부회로가 손상될 수 있다.

(5) 전류측정 시 영점조정

① **영점** (F3): 전류측정 전에 측정할 도선에 전류가 흐르지 않는 상태에서 전류프로브 집게가 완전히 닫혀있는지 확인한 후 〔영점〕(F3) 버튼을 선택하여 영점조정을 실시한다.

(6) 대전류 측정

① **100A** (F4): 대전류 프로브의 선택스위치를 100A 위치에 놓고 〔100A〕(F4)버튼을 누르면 100A 이내의 전류값을 측정할 수 있다.

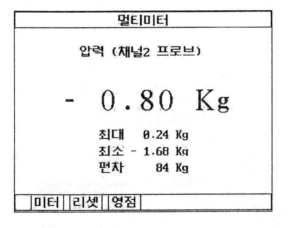

멀티미터

대전류-100A (채널2 프로브)

- 0.48mA

최대 0.48mA
최소 - 1.52mA
편차 84 A

|미터 |리셋 |영점 |100A |1000 |

[그림 84] 대전류 측정 화면

② **1000A**(F5): 대전류 프로브의 선택스위치를 100A 위치에 놓고 〔1000A〕(F5)버튼을 누르면 100A 이상 1000A 이하의 전류값을 측정할 수 있다.

③ **영점**(F3): 전류측정 전에 측정할 도선에 전류가 흐르지 않는 상태에서 전류프로브 집게가 완전히 닫혀있는지 확인한 후 〔영점〕(F3) 버튼을 선택하여 영점조정을 실시한다.

(7) 압력 측정

멀티미터

압력 (채널2 프로브)

- 0.80 Kg

최대 0.24 Kg
최소 - 1.68 Kg
편차 84 Kg

|미터 |리셋 |영점 |

[그림 85] 압력 측정 화면

① **영점**(F3): 압력센서는 측정부위의 압력이 가해지지 않은 상태에서 압력센서 연결(어댑터 연결) 후 〔영점〕(F3) 버튼을 선택하여 영점조정을 실시한다.

참고

압력 재측정 시 압력센서의 어댑터 연결 부위에 잔압이 남아있는 경우가 있는데 이때는 연결부(센서측 커플링) 안쪽의 요철을 눌러 잔압을 제거한 후 영점조정(단위선택)을 해야 정확한 측정을 할 수 있다.

1.4.6. 액추에이터 구동

[1] 액추에이터 구동 개요

① 각 액추에이터를 사용자가 원하는 단위(주파수, 듀티(-), 펄스폭)의 값으로 강제 구동하는데 사용한다.

② 신호의 양만큼 실제로 액추에이터가 작동하고 있는지 확인할 수 있다.

[2] 화면설정

① CH1(+) : 액추에이터 제어선 연결

CH1(-) : 배터리(-)에 연결

② 기능선택화면에서 05.액추에이터 구동 항목 선택→[ENTER]를 선택하면 다음과 같은 화면이 나타난다. 기능키를 이용하여 액추에이터를 구동할 단위와 값을 조정하고 [시작](F4) 버튼을 누른다.

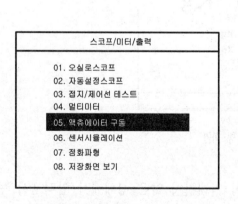

[그림 86] 스코프/미터/출력 화면

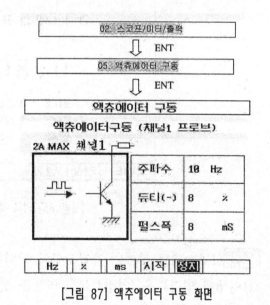

[그림 87] 액주에이터 구동 화면

[3] 기능키

① $\boxed{\text{Hz}}$ (F1) : 버튼을 선택하는 순간 화면의 주파수 영역이 밝게 활성화되고, 키패드 중앙의 방향키 ▲/▼를 사용하여 1~1000Hz사이의 값을 변경할 수 있다.

② $\boxed{\text{%}}$ (F2) : 버튼을 선택하는 순간 화면의 듀티(-) 영역이 밝게 활성화되고, 키패드 중앙의 방향키 ▲/▼를 사용하여 0.1~99.9%사이의 값을 변경할 수 있다.

③ $\boxed{\text{ms}}$ (F3) : 버튼을 선택하는 순간 화면의 펄스폭 영역이 밝게 활성화되고, 키패드 중앙의 방향키 ▲/▼를 사용하여 1~999mS사이의 값을 변경할 수 있다.

④ $\boxed{\text{시작}}$ (F4) : 설정된 주파수, 듀티, 펄스폭의 신호로 액추에이터 구동을 시작한다.

⑤ $\boxed{\text{정지}}$ (F1) : 액추에이터 구동 중 이 버튼을 선택하면 액추에이터 구동이 중단된다.

① 액추에이터 구동기능은 회로보호를 위해 일정 전압 이상에서 기능을 중지하도록 되어 있다.

② 프로브를 연결하지 않은 상태에서 시작버튼을 선택(액추에이터 구동)한 후 프로브를 액추에이터에 연결하면 기능이 중단되는 경우가 있으나 고장은 아님.

③ 반드시 프로브가 액추에이터에 정상적으로 연결된 상태에서 구동해야 함.

1.4.7. 센서 시뮬레이션

[1] 센서 시뮬레이션 개요

ECM의 일부 센서 신호 입력단에 그에 알맞은 전압/펄스 단위의 가상 신호나 가상의 차속신호를 입력하는데 사용한다.

[2] 화면설정

① 신호를 입력할 단자에 채널2(CH2)를 연결한다.

② 기능선택화면에서 06.센서 시뮬레이션 항목 선택→[ENTER]를 선택하면 다음과 같은 화면이 나타나며 출력할 센서신호의 단위와 값을 표시한다.

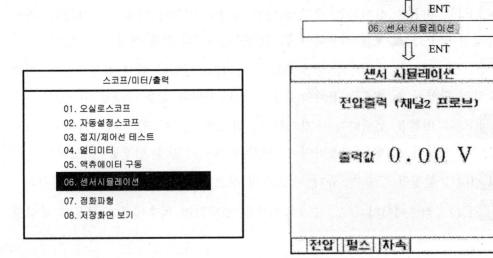

[그림 88] 스코프/미터/출력 화면   [그림 89] 센서 시뮬레이션 선택 화면

[3] 전압출력 기능

① **전압** (F1): 버튼을 선택한 후 키패드 중앙의 방향키 ▲/▼를 사용하여 가상으로 입력할 전압의 크기를 조정한다.

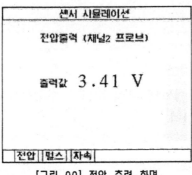

[그림 90] 전압 출력 화면

전압출력 기능사용 시 일정 전압에서 값을 증가시켜도 출력값이 증가되지 않는 경우가 있는데 이는 센서가 이미 출력한 전압보다 높은 전압을 출력하고 있거나 ECM 입력단에 PULL-UP 전압이 걸려 있는 경우로 고장은 아니다.

[4] 펄스출력 기능

① 펄스 (F2): 선택한 후 키패드 중앙의 방향키 ◀/▶를 사용하여 주파수 또는 +듀티 단위로 가상상 신호를 선택할 수 있으며, 방향키 ▲/▼를 사용하여 값을 조정할 수 있다.

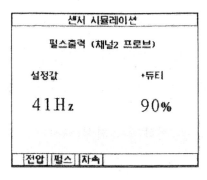

[그림 91] 펄스 출력 화면

[5] 차속출력 기능

별도의 채널 연결 없이 자기진단 커넥터를 연결하여 신호를 입력할 수 있으며 차륜의 위치에 따라 실행이 되지 않을 경우도 있으나 차륜을 조금 움직인 후 다시 실행하면 된다.

① 차속 (F3): 이 버튼을 선택한 후 키패드 중앙의 방향키 ▲/▼를 사용하여 가상의 신호를 발생시킬 값을 조정한다.

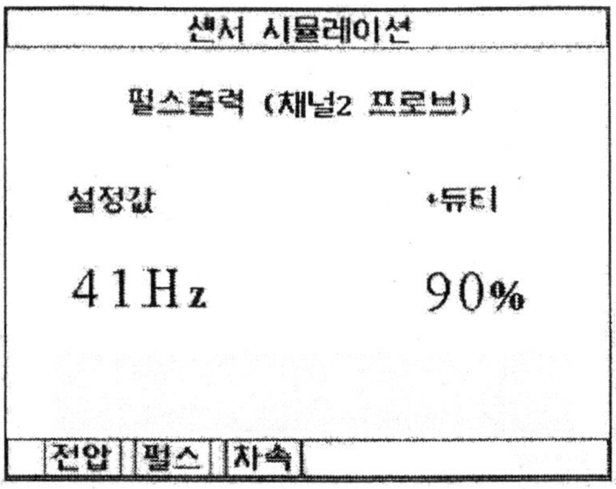

[그림 92] 펄스 출력 화면

센서 시뮬레이션 출력 기능에서 출력단자인 CH2에 5V 이상의 전압이 연결되면 LCD 화면
이 일시적으로 흐려지는 현상이 발생한다(재부팅 하면 정상으로 됨).

1.4.8. 점화파형

[1] 점화파형 개요

① 점화 1차 및 점화 2차 파형을 측정하여 점화에너지 발생 및 연소상태를 점검한다.

② 점화 2차 프로브는 BNC 커넥터와 USB 커넥터를 함께 연결해야 정상적인 파형
이 측정된다.

③ 검사항목 : 점화 1차 파형, 점화 2차 파형(배전기), 점화 2차 파형(DLI)

[2] 화면설정

① 기능선택화면에서 07.점화파형 항목 선택 → 〔ENTER〕를 선택한다.

② 점화파형 측정화면은 기본적으로 화면구성과 작동방법이 오실로스코프와 동일.

③ 오실로스코프에서 〔단위〕버튼이 점화2차파형 측정에서는 〔반전〕(F5)버튼으로 바
뀐다.

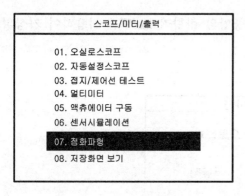

[그림 93] 스코프/미터/출력 화면

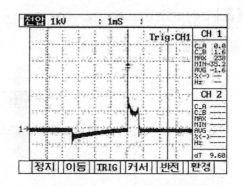

[그림 94] 센서 시뮬레이션 선택 화면

[3] 기능키

① 반전 (F5): 점화 2차 파형의 서지전압이 아래 방향으로 측정되는 경우 〔반전〕
(F5) 버튼을 선택하면 0점(GROUND)을 기준으로 파형을 뒤집어 보여준다.

[4] 점화 1차 파형

① 점화 1차 파형을 선택하면 연결도움말 화면이 나타난다.

② 연결도움과 같이 연결한 후 아무키를 누르면 오실로스코프와 동일한 화면이 나타
나며 점화 1차 파형을 측정할 수 있다.

③ 점화 2차 파형 화면과는 달리 [반전] 기능키는 없다.

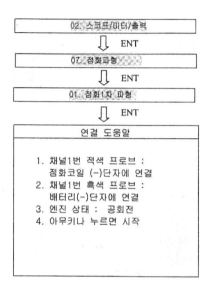

[그림 95] 점화 1차 파형 연결도움 화면

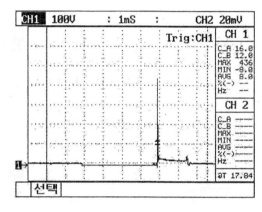

[그림 96] 점화 1차 파형 검사 화면

[5] 점화 2차(배전기 타입)

① 점화 2차 파형을 선택하면 연결도움말 화면이 나타난다.

② 연결도움과 같이 연결한 후 아무 키를 누르면 오실로스코프와 동일한 화면이 나
타나며 점화 2차 파형을 측정할 수 있다.

③ 간혹 점화코일의 극성이 바뀌어 파형이 뒤집혀 보이는 경우가 있으나 [반전]버튼
을 이용하여 측정하면 정상적인 측정을 할 수 있다.

점화 2차 파형 측정프로브는 BNC 커넥터와 PC통신 커넥터를 함께 연결하여 사용해야
정상적인 측정이 가능하다.

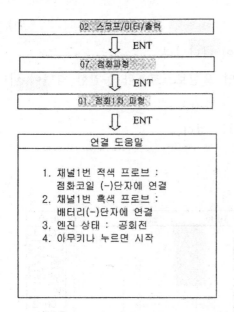

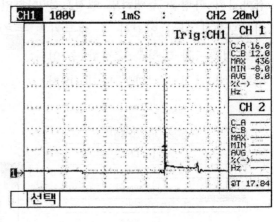

[그림 97] 점화 2차 파형 연결도움 화면 　　　　[그림 98] 점화 2차 검사 화면

[5] 점화 2차(DLI 타입)

① 점화2차 파형을 선택하면 연결도움말 화면이 나타난다.

② 연결도움과 같이 연결한 후 아무 키를 누르면 오실로스코프와 동일한 화면이 나타나며 점화 2차 파형(DLI)을 측정할 수 있다.

③ 간혹 점화코일의 극성이 바뀌어 파형이 뒤집혀 보이는 경우가 있으나 [반전]버튼을 이용하여 측정하면 정상적인 측정을 할 수 있다.

1.4.9. 저장화면 보기

[1] 저장화면 보기 개요

오실로스코프로 측정한 파형을 임의의 저장 공간에 저장 했다가 필요한 때에 다시 불러내어 분석할 수 있다.

[2] 화면설정

① 기능선택화면에서 08.저장화면보기 항목 선택→[ENTER]를 선택한다.

② 데이터를 불러올 메모리 선택화면이 나타난다.

③ 원하는 메모리를 선택하면 저장된 화면이 나타난다.

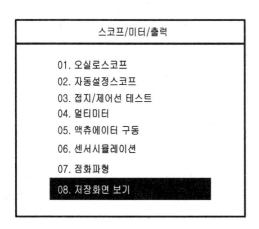

[그림 99] 스코프/미터/출력 화면

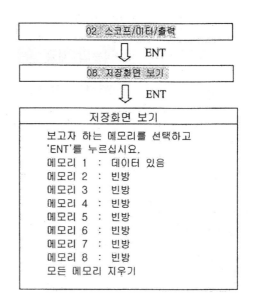

[그림 100] 저장화면 보기 선택 화면

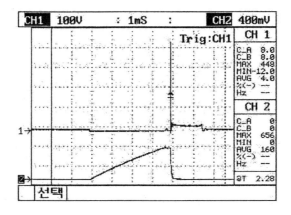

[그림 101] 선택한 저장 화면

① **반전** (F1): 분석하고자 하는 저장데이터 선택 시 사용한다. [선택](F1)버튼을 누르면 8개의 저장 공간이 나타난다. 원하는 데이터를 선택하여 열면 저장되어 있던 오실로스코프 파형을 볼 수 있다.

1.5. 주행데이터 검색 기능

1.5.1. 주행데이터 검색기능의 개요

데이터의 기록 기능에 의하여 저장된 데이터를 볼 수 있는 기능으로 임의의 상황에서 메모리에 저장된 기록 데이터를 사용자가 확인할 수 있다. 이 기능에서는 차량연결과 무관하게 동작하며 전원 공급은 전술한 바와 같다.

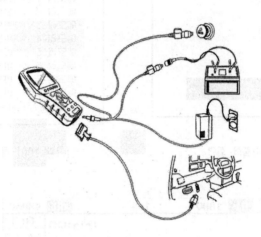

[그림 102] 주행 DATA 검색 시 전원 연결

1.5.2. 주행 데이터 검색 기능

[1] 주행 DATA검색 기능선택

기능 선택 화면에서 03.주행DATA검색 항목을 선택한 후 〔ENTER〕를 누른다.

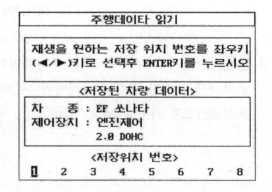

[그림 103] 기능선택 화면	[그림 104] 주행 DATA 읽기 화면

[그림 105] 저장된(1번) 데이터를 선택한 화면

[2] 파형 기능선택(F1)

하단 메뉴 중 〔파형〕(F1)을 선택하면 다음과 같은 화면이 나타난다.

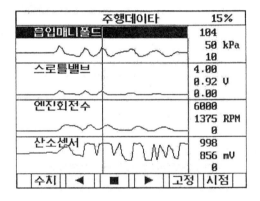

[그림 106] 저장된(1번) 데이터를 선택한 화면

[3] 주행데이터 검색 모드 설명

① 주행DATA검색 기능은 차량과의 통신이 연결되지 않은 상태에서 사용자가 저장한 DATA를 검색할 수 있는 기능으로 주행 DATA의 기록 기능은 수행하지 않는다.

② 만약 기록을 원하면 차량과 연결한 상태에서 기록을 한다.

③ 저장데이터 선택은 위 그림에서와 같이 사용자가 저장한 메모리 번호를 키패드 ◀/▶화살표를 이용하여 선택한다.

④ 초기화면은 데이터 값을 숫자로 표현이 되며 파형기능을 선택하면 트렌드 파형을 볼 수 있다.

㉮ **파형**(F1): 주행검사 초기화면인 숫자 화면을 트렌드파형 모드로 전환한다.

㉯ ◀**역재생**(F2): 기록된 데이터의 과거시점으로 이동 PLAY 시킨다.

㉰ **정지**(F3): ◀/▶ 동작 도중 데이터를 정지 시킨다.

㉱ ▶**재생**(F4): 기록된 데이터의 현재시점으로 이동 PLAY 시킨다.

㉲ **고정**(F5): 센서항목을 고정시키는 기능으로 선택된 센서 항목은 √표시된다.

㉳ **시점**(F6): 저장 시 선택된 시점 위치로 이동한다.

1.6. 기타 기능

1.6.1. PC통신

[1] PC통신 기능선택

기능 선택 화면에서 04.주행DATA검색 항목을 선택한 후 〔ENTER〕를 누른다.

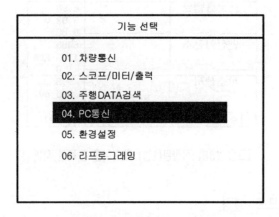

[그림 107] PC통신 선택 화면

[2] PC통신 모드

이 기능은 별도 제공되는 PC 프로그램과의 통신을 위한 기능으로 PC와 통신이 되면 Hi-DS 스캐너 화면에서는 화면출력이 나타나지 않고 PC 상에서 모든 기능들의 구현이 가능하다.

1.6.2. Hi-DS 환경설정

[1] 환경설정 기능선택

기능 선택 화면에서 04.주행 DATA검색 항목을 선택한 후 〔ENTER〕를 누르면 환경 설정 기능화면이 나타난다.

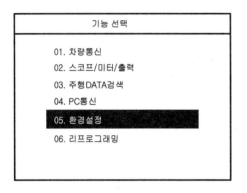

[그림 108] 환경설정 선택 화면　　　　[그림 109] 환경설정 기능화면

[2] DATA SETUP

환경설정 기능 화면에서 01. DATA SETUP 항목을 선택한 후 〔ENTER〕누른다.

① S/W 버전 : 프로그램의 버번을 표시

② 소리 : 키패드 동작 시 부버 작동 유,무를 선택함

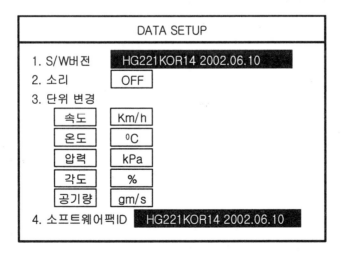

[그림 110] DATA SETUP 선택 화면

③ 단위변경 : 센서출력화면에 나타나는 각각의 센서들의 단위를 선택하는 기능으로 각 항목의 단위는 다음 중 하나를 선택할 수 있다.

항 목	단위 변경 내용
속도	Km/h, MPH
온도	0C, 0F
압력	kPa, mmHg, inHg, psi, mbar
각도	0, %
공기량	lb/m, gm/s

④ 소프트웨어팩 ID : 소프트웨어팩의 고유번호를 표시

[3] KEYPAD TEST

환경설정 기능 화면에서 02.KEYPAD TEST 항목을 선택한 후 [ENTER]누른다.

이 기능은 키패드 패널에 있는 각각의 키의 동작여부를 알려주는 기능으로 키를 누르면 해당하는 키가 반전되어 작동여부를 확인시켜 준다.

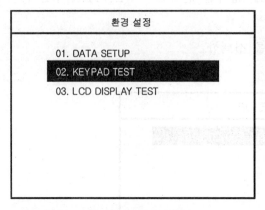

[그림 111] 환경설정 기능화면

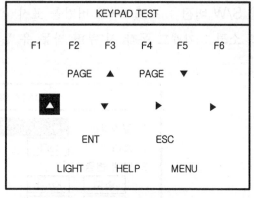

[그림 112] KEYPAD TEST 화면

[4] LCD DISPLSY TEST

환경설정 기능 화면에서 03.LCD DISPLAY 항목을 선택한 후 [ENTER]누른다.

이 기능은 액정화면의 이상 유무를 확인하기 위한 기능으로 사용자가 [ESC] 버튼을 누르기 전까지 계속적으로 반복 검사한다.

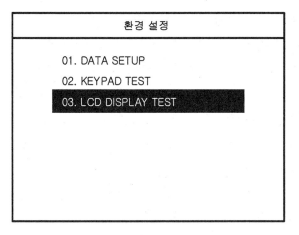

```
                    환경 설정

        01. DATA SETUP
        02. KEYPAD TEST
        03. LCD DISPLAY TEST
```

[그림 113] LCD DISPLAY TEST 화면

2. Hi-DS 사용법

2.1. Hi-DS의 개요

　최근의 자동차는 대부분 전자제어화 되어 가는 추세에 있으며 점차적으로 그 적용이
증가되고 있다. 이와 같이 자동차의 각 시스템이 전자제어화 됨에 따라 각 장치의 제어
를 위해 컴퓨터(ECU/ECM : electronic control unit/module)가 적용되어 있으며
자기진단은 물론이고 각종 연산, 센서 또는 액추에이터 등의 고장이나 제어여부 등을
수행하거나 판단할 수 있도록 되어 있다.

[그림 114] Hi-DS system

따라서 정비사가 이들 시스템의 고장진단을 확인할 수 있도록 차량의 컴퓨터와 서로 통신할 수 있는 진단장비를 개발하게 되었으며 이들을 스캔 툴 또는 MUT(multi use tester)라 한다. 초기에 이들 진단장비는 자기진단만을 주 목적으로 개발되었으나 현재는 자기진단은 물론이고 멀티미터, 오실로스코프 등 각종 기능을 부여하여 다양하게 자동차 전자제어시스템을 진단, 점검, 분석할 수 있도록 되어 있다. 이와 같은 스캔장비는 국내에만 해도 여러 기종이 개발되어 있으나 대부분 그 사용법 및 기능은 유사한 것으로 사료된다.

본 모듈에서는 장비의 기능이 다소 폭넓으며 자동차 정비분야에서 많이 사용하고 있는 Hi-DS를 중심으로 장비사용법, 자기진단, 파형측정 및 분석 방법 등을 습득할 수 있도록 한다. Hi-DS는 장비적인 측면에 있어서, 하나의 모듈 내에 차량정비에 필요한 모든 진단, 계측기능을 통합 하고, 각 계측기능 즉, 멀티미터, 오실로스코프, 전류, 진공, 압력, 점화 등을 One unit화하여, 작업성을 향상시켰다. 또한 기능별로 모듈을 전문화하여, 지속적인 고장과 간헐적인 고장에 대한 해결방법을 제시하도록 해준다.

2.2. Hi-DS의 기본조작

2.2.1. Hi-DS 기본조작 및 시스템 구성

[1] 컴퓨터(PC ; 각 시스템 업그레이드 가능)

본체, 모니터, 키보드, 마우스로 구성

(a) PC   (b) 모니터   (c) 프린터

[그림 115] 컴퓨터 및 프린터

(1) 본체

① CPU : 펜티엄 4(1.6GHz)

② 주메모리 : 128Mbyte

③ 하드디스크 : 40Gbyte

(2) 모니터, 마우스
  ① 사이즈 : 17인치
  ② 해상도 : 1024×768
  ③ 마우스 : 휠마우스
  ④ 키보드 : 한영/101key

(3) 프린터
  ① 방식 : 레이저빔
  ② 해상도 : 300dpi

[2] 계측모듈(IB: intelligent box)
  ① 역할 : 모든 신호의 측정과 통신을 하는 핵심장치
  ② 구성 : 소형컴퓨터, 스캔툴회로, 오실로스코프회로, 점화파형회로, 멀티미터회로,
    인터페이스회로, 저장메모리

  *계측모듈(IB)은 정밀한 회로들이 내장되어 있으므로, 떨어뜨리거나 강한 충격이 가해지지
  않도록 주의해야 하며, 장비 내부에 습기나 먼지가 유입되지 않도록 관리해야 한다.

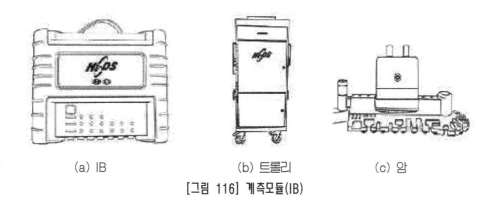

(a) IB　　　　　　(b) 트롤리　　　　　(c) 암
[그림 116] 계측모듈(IB)

[3] 트롤리(trolley)
  PC, 모니터, 프린터, 키보드 등을 보관하며 암(Arm)을 장착한다.

[4] 암(arm)

계측모듈(IB)을 고정시키고 각종 프로브를 거치 할 수 있으며, 사용자의 편의에 따라 트롤리 좌측 또는 우측에 장착할 수 있다

[5] 점화 2차 프로브 적색

고압선이 있는 사양의 차량에서 점화 2차를 측정하는 프로브로 정극성 고압선을 측정하며 프로브 3개가 1set로 구성되어 있다.

(a) 점화 2차 프로브(적색)   (b) 점화 2차 프로브(흑색)   (c) 소전류 프로브

[그림 117] 각종 프로브

[6] 점화 2차 프로브 흑색

고압선이 있는 사양의 차량에서 점화 2차를 측정하는 프로브로 역극성 고압선을 측정하며 프로브 3개가 1set로 구성되어 있다.

[7] 소전류 프로브

자동차에서 측정하는 전류는 대부분 30A 이하의 소전류이며, 이를 정확하게 계측하기 위해서는 프로브에 표시된 화살표방향이 전류 흐름방향과 일치되도록 연결해야 한다.

> *프로브를 연결하지 않은 상태에서는 "0"A가 아닌 수치로 읽혀지는데, 이 오차 값을 오프셋이라 한다(원래 전류가 흐르지 않는 경우 0A로 측정). 따라서 전류를 측정하기 전에 반드시 영점조정을 실시해야 한다.

[8] 진공 프로브

매니폴드 진공과 같은 부압을 측정하고자 하는 경우 사용한다.

[9] 오실로스코프 프로브

오실로스코프 측정을 위한 프로브로 총 6채널로 구성되어 있으며, 채널구분이 용이하도록 채널별 색깔 및 번호가 표기되어 있다.

[10] 중간 스코프 모듈 1(1 : 3 브렌치 박스)

스코프 채널 1, 2, 3 즉 3개의 스코프 프로브들을 한 세트로 묶어 계측모듈(CB Box)에 연결하여 케이블의 정돈과 사용자 편의를 제공하는 모듈이다.

(a) 진공 프로브   (b) 오실로스코프 프로브   (c) 중간 스코프 모듈1
[그림 118] 컴퓨터 및 프린터

[11] 중간 스코프 모듈 2(1 : 3 브렌치 박스)

중간 점화모듈 2는 채널 4, 채널 5, 채널 6 프로브를 연결하는 모듈이다.

[12] 중간 점화 모듈(1 : 3 브렌치 박스)

중간 점화모듈은 점화 2차 프로브(적색 및 흑색)와 트리거 픽업을 힌 세트로 묶어 IB에 연결하는 모듈이다.

[13] 멀티미터 프로브

멀티미터 기능 활용시 사용하는 프로브이다.

(a) 중간 스코프 모듈 2　　　　(b) 중간 점화 모듈　　　　(c) 멀티미터 프로브

[그림 119] 각종 프로브

[14] 트리거 픽업

고압선의 점화신호를 이용하여 동기(트리거)를 잡을 때 사용하는 픽업 프로브로 1번 플러그 고압선에 연결하여 1번 실린더 점화위치를 판단한다.

[15] DLC 케이블

스캔툴기능 사용시 자기진단 커넥터에 연결되는 케이블로 OBD-II용 16핀 커넥터가 기본으로 적용되어 있으며, 차종에 따라 별도의 어댑터를 연결하여 사용해야 한다.

[16] DLC 어댑터 케이블

현대 12핀 어댑터, 기아 6핀 어댑터, 기아 20핀 어댑터, 대우 12핀 어댑터, 삼성 20 핀 어댑터, 쌍용 14핀 어댑터, 쌍용 20핀 어댑터, 범용 5핀 어댑터

  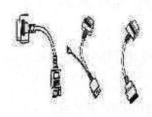

(a) 트리거 픽업　　　　(b) DLC 케이블　　　　(c) DLC 어댑터 케이블

[그림 120] 트리거픽업 및 케이블

[17] 배터리 케이블

IB에 배터리 전원을 공급하며, (-)선을 통해 장비와 차량의 어스 레벨을 맞추는 역할을 한다.

> *장비 사용시 배터리 케이블을 차량 배터리에 항상 연결해야 하며, 연결치 않을 때에는 통신불량 또는 측정신호 오차가 발생할 수 있다.

[18] DC 전원 케이블

장비내의 파워 서플라이를 통해 IB에 DC전원 공급.

[19] LAN 케이블

PC와 IB의 통신을 위한 케이블

 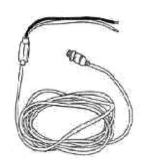 

(a) 배터리 케이블   (b) DC 전원 케이블   (c) LAN 케이블
[그림 121] 각종 케이블

[20] 파워 서플라이

IB에 정격전압 DC 13.9Volt 전원을 공급하는 AC/DC 변환기

[21] 연장 케이블

본 장비에서 스코프, 멀티미터 및 소전류 측정 시 케이블이 짧을 때 사용한다. 스코프 및 멀티미터 용 연장케이블 4개와 소전류용 연장케이블 1개가 기본 공급된다.

(a) 파워 서플라이

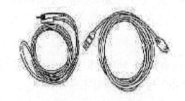
(b) 연장 케이블(스코프/소전류)

(c) 스프링핀 검침봉

[그림 122] 파워서플라이 및 보조케이블

[22] 스프링 핀 검침봉

멀티미터와 스코프 측정 시 프로브 끝에 끼워 사용한다.

*사용 시는 배선을 관통하지 말고 커넥터 뒤에서 핀쪽으로 스프링 핀 검침봉을 밀어 넣어 사용하거나 T-커넥터를 사용한다. 신축성이 있으므로 좁은 공간에서 프로브를 연결할 때 편리하다.

[23] 대전류 프로브

보통 30A 이상의 큰 전류를 측정(크랭킹 시 배터리 전류, 발전기 발전전류 등)할 때 사용하며, 최대 100A와 1000A까지 측정할 수 있으며, 절환 스위치를 통해 측정 범위를 설정할 수 있다.

(a) 대전류 프로브

(b) 압력센서

(c) 무선 리모콘 세트

[그림 123] 대전류, 압력프로브 및 리모콘

[24] 압력센서

실린더 압축압력, 연료압력 및 자동변속기 오일압력, 베이퍼라이저 1차실 압력 등을 측정할 수 있으나 현 장비에서는 실린더 압축압력과 자동변속기 오일압력을 측정할 수 있는 기본 어댑터만 공급된다.

>*압력센서 단위 설정 시 중간모듈에 있는 두 개의 절환 스위치는 반드시 Metric과 Kpa에
>위치 시켜야 한다.

[25] 무선 리모콘 세트

원거리에서 장비를 조작할 때 사용하며, 송신모듈과 수신모듈 및 수신 케이블로 구성된다. 화면을 RUN/STOP 시키는 기능을 가지고 있다.

2.2.2. Hi-DS 장비구동

[1] 파워 서플라이 전원 공급

DC 전원 케이블 (+), (-)를 파워 서플라이에 연결한 후(항상 연결시켜 놓는다.) 파워 서플라이 전원 스위치를 ON으로 한다.

(a) 파워 서플라이

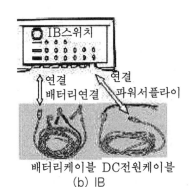

(b) IB

(c) 모니터

[그림 124] 전원공급

[2] IB의 구동

배터리 케이블을 CB에 연결하고, 다른 쪽은 차량의 배터리 (+), (-)단자에 연결한다. DC 전원 케이블을 IB에 연결한다. IB 전원스위치를 누른다.

[3] 모니터, 프린터 구동

전원 스위치를 ON으로 한다.

[4] PC구동

PC 전원 스위치를 ON으로 한다(PC가 부팅될 때까지 기다린다).

 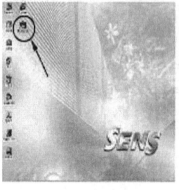 

(a) PC (b) 바탕화면 (c) Hi-DS 초기화면

[그림 125] Hi-DS의 구동

[5] 바탕화면에서 프로그램 실행

부팅이 완료된 상태에서 모니터 바탕화면의 Hi-DS 실행 아이콘을 더블 클릭한다.

[6] 원하는 항목을 클릭하여 진단 시작

차종선택 버튼을 클릭하여 차종을 선택한 다음 원하는 항목에서 진단을 실시한다. 차종선택을 하지 않은 상태에서 임의의 항목을 선택하게 되면 차종선택 화면이 나타난다. 인터넷을 통한 소프트웨어 업그레이드는 "S/W 업그레이드" 버튼을 클릭한다.

2.2.3. 차종선택

[1] 차종선택

장비를 구동하기 위해서 제일 먼저 차종을 선택해야 한다. 초기화면 좌측 상단의 [차종선택] 아이콘을 클릭한다.

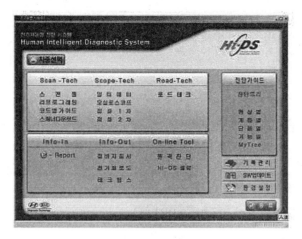

[그림 126] Hi-DS 초기화면

[2] 차량번호 입력 및 검색

이미 입력된 고객의 경우 차량번호 창에 해당 차량번호만 클릭해 주면 기 입력되어 있는 내용이 자동으로 설정된다. 기 입력된 차량 중 차량번호로 찾기 어려운 경우는 고객 정보학 하단의 검색창에서 "차량번호, 차대번호, 고객명, 전화번호, VIN번호"로 검색할 수 있다. 누른다. 새로 입력해야하는 고객의 경우는 차량번호 창에서 일반차량을 선택한 후 고객정보 및 차종선택을 한다.

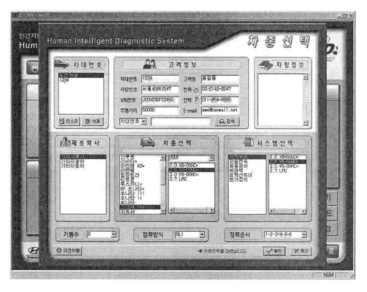

[그림 127] 차종선택 화면

[3] 고객정보 및 차종입력

(1) 차량번호 및 차대번호 입력

차량번호 입력시 글자를 띄우지 않은 상태로 입력한다. Hi-DS 내에 저장된 차량번호
가 있을 때에는 차량제원이 자동 설정된다.

　예) 부산28더1921(○), 부산 28 더 1921(×)

(2) 고객명, 전화번호, VIN번호, 주행거리 입력 및 검색방법

차량번호 입력, 검색하는 방법과 동일하다. 모든 입력 정보는 걸자 사이를 띄우지 말
아야 한다. 주행거리 입력시 숫자사이에 콤마를 입력해서는 안 된다.

　예) 13456(○), 13,457(×)

(3) 차량번호(차대번호, 고객명, VIN) 검색

차량번호 입력 후 검색을 클릭하면 차량번호 출력 창에 해당 차량번호가 출력되며 차
량번호 창에 정비이력이 출력된다.

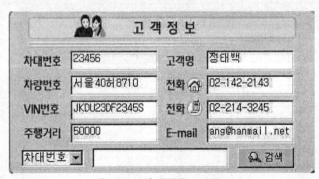

[그림 128] 고객정보 화면

2.2.4. 고장 유형 및 Hi-DS의 트러블 슈팅

[1] 고장유형

(1) 간헐적인 고장

　3일에 한번, 일주일에 한번 또는 한달에 어쩌다 두 번하는 식으로 발생하는 고정은 ROAD-TECH(D-Recorder)를 이용하여 진단이 가능하다.

[그림 129] Road-Tech(D-Recorder)

(2) 지속적인 고장

　Hi-DS로 진단이 가능하다.

[그림 130] Hi-DS에 의한 차량진단 장면

[2] Hi-DS의 트러블슈팅의 범위

(1) 지속적인 고장

(2) 기계적인 고장

  ① 압축압력의 문제(피스톤 링, 헤드 개스킷, 실린더헤드 등)

  ② 타이밍 조정의 문제

  ③ 오토래쉬의 문제

  ④ EGR 및 PCV의 문제

  ⑤ 캠축의 문제

  ⑥ 밸브계통의 문제

  ⑦ 흡·배기계통의 누설, 막힘 등의 문제

  ⑧ 연료압력의 문제

  ⑨ 타이밍벨트의 문제 등

(3) 전기 전자적인 고장

  ① ECU를 기준으로 한 모든 입력 센서들의 문제(TPS, MAP, AFS, WTS, ATS, CKP, CMP, 각종 동력과 스위치 입력 등)

  ② ECU를 기준으로 한 모든 출력부분의 문제(점화시기, 분사시간, 드웰각, 인젝터신호의 규칙성, ISA, 컨트롤 릴레이, 연료펌프 릴레이 등 ECU에 의해 나오는 거의 모든 출력 제어부품의 상태)

(4) 점화계통의 고장

  ① 점화코일 본선쪽 배선 상태 및 엔진 키의 문제

  ② 점화코일의 불량과 이종사양, 열화 및 누전 상태의 문제

  ③ 파워 TR의 열화와 성능저하의 문제

  ④ 파워 TR 접지의 문제

  ⑤ 고압선의 절손, 누전, 단선 등

(5) 연료계통의 고장

   ① 인젝터 본선 및 관련 릴레이의 문제

   ② 인젝터 이종품 및 불량 문제

   ③ 연료압력 조절기의 불량

   ④ 연료펌프 및 본선 접지의 불량문제

   ⑤ 연료필터 리턴호스 탱크 내 부압상태

(a) 출력계통 부품 점검   (b) 연료계통 점검

[그림 131] Hi-DS 프로브를 이용한 점검

(6) 충전계통의 고장

   ① 신·구형 발전기의 출력 불량 문제

   ② 발전기 관련 배선 및 접속 불량

   ③ 배터리 상태 및 용량 부족의 문제

(7) 시동장치의 고장

   ① 스타팅 모터 차체의 불량

   ② 조립상태 및 (+), (-) 케이블의 모든 불량 요인

   ③ 스타터 릴레이 및 인히비터 스위치, 엔진 키의 상태

(-)프로브는 배터리접지에

(a) 충전계통 점검

에어클리너

(b) 공기계통 점검

[그림 132] Hi-DS 프로브를 이용한 점검 예

(8) 흡·배기계통의 고장

① 흡기쪽의 누설

② 공회전 제어기구(스텝모터, ISA 등)의 불량 및 이들 액추에이터의 본선, 접지 문제

③ 배기관 막힘, 촉매 막힘 등의 문제

2.2.5. 고장진단의 접근 방법

[1] 고장진단 절차

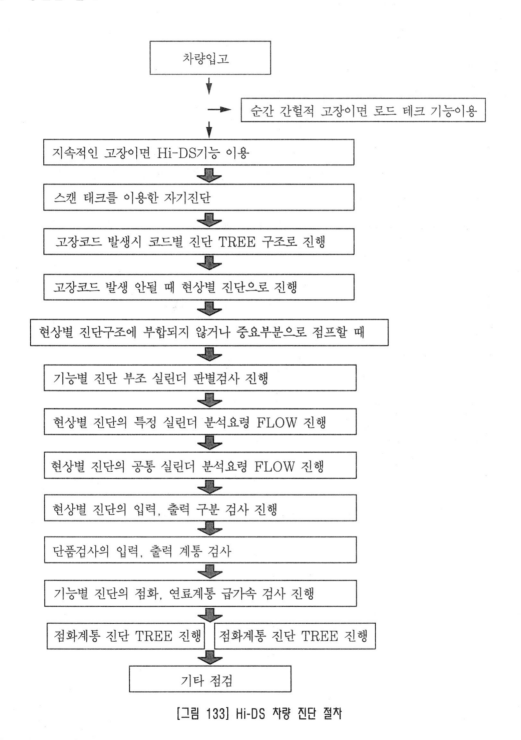

[그림 133] Hi-DS 차량 진단 절차

[2] 고장진단 접근방법

(1) 순간 간헐적인 고장

80채널로 동시에 측정, 저장이 가능한 D-Recorder를 이용한다.

(2) 지속적인 고장

Hi-DS를 이용하여 고장진단 한다. 이때 주행 시에 진단해야 할 경우에는 노트북을 이용하여 Hi-DS IB와 연결하면 주행중 최상급으로 엔진 종합진단을 할 수 있다.

(3) 대부분은 현상이 나타나며 TREE에 구성된 현상에 부합될 때는 현상별 진단 트리 구조를 그대로 진행한다.

(4) 작업자가 직관에 의해 고장부위가 느껴질 때는 그 증거를 쉽게 찾기 위하여 단품 또는 계종별 진단기능을 이용하여 점프한다.

(5) 무엇부터 보아야 할지 모를 경우 : 기능별 진단기능을 이용

① 부조의 원인이 특정 실린더 때문인지 공통 실린더 때문인지를 파악한다.

㉮ 특정 실린더 부조의 경우 기통별 진단기능을 이용

㉠ 정밀 압축압력 검사 진행

㉡ 밸브계통 검사 진행

㉢ 점화계통 판별검사 진행

㉣ 연료희박 판별검사 진행

㉯ 공통 실린더 부조의 경우 현상별 진단의 입·출력 구분검사 기능을 이용

㉠ 단품별 진단의 입력계통 요소를 진단

㉡ 단품별 진단의 출력계통 요소를 진단.

② 작업자의 예측에 의해 중요 항목을 집중적으로 점프하여 진단할 경우 : 기능별 진단을 이용하여 적절한 항목으로 선택하여 진행하거나 특별한 해결책이 나오지 않을 경우 ①의 항목을 따른다.

(6) 차량번호(차대번호, 고객명, VIN) 검색

차량번호 입력 후 검색을 클릭하면 차량번호 출력 창에 해당 차량번호가 출력되며 차량번호 창에 정비이력이 출력된다.

2.2.6. Hi-DS 공통기능

[1] rpm 계산

Hi-DS 스캔툴, 멀티미터, 오실로스코프, 점화 1차, 점화 2차에서 계산되는 RPM창은 트리거 픽업의 감도를 이용하고 있으며 기능 및 원리는 동일하다. 엔진 회전수(revolution per minute)를 측정하기 위해서 트리거 픽업을 1번 실린더로 가는 2차 고압선에 연결해야 한다.

만약 "점화코일 (-)"에서 RPM을 측정할 경우 엔진회전수를 검출하기 위해서 핀을 꼽아야 하는 번거로움이 생길 수 있고, 코일(-)이 밖으로 나와 있지 않은 델파이 시스템의 경우에 측정을 못하는 단점도 있다.

[그림 134] 트리거 픽업

트리거 픽업을 이용하여 엔진회전수를 검출하는 기본적인 원리는 1번 실린더 고압선에 흐르는 피크 전압간의 주기 시간을 계산하여 엔진 각속도를 구한다. 중요한 것은 차종별로 정상적인 피크전압의 크기가 다르다. 즉, 피크전압이 14KV인 차량과 10KV인 차량이 있을 수 있다는 것이다. rpm을 계산하는데도 불구하고, 엔진회전수에 따른 피크전압의 변화나 DLI의 실린더간 피크전압 변동의 편차, 점화계통 불량으로 인한 피크 검출불량, 예기치 못한 점화노이즈 등으로 인하여 정확한 회전수 검출이 안될 수 있다.

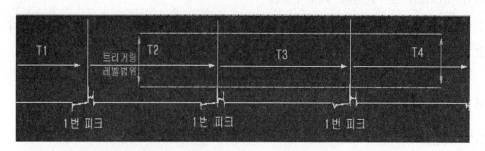

[그림 135] 트리거에 의한 1번 실린더로 가는 피크 신호의 주기시간 검출

이와 같이 피크전압의 편차에 대응하여 정확한 회전수 검출을 위해서는 대체적으로 높은 피크는 피크의 레벨을 낮게 설정하고 낮은 피크는 레벨을 높게 설정할 수 있는 감도(gain)조정 버튼이 있다. 즉, Hi-DS RPM 창에 트리거 감도를 조정할 수 있는 버튼이 4개 있다. 마우스 커서를 RPM창에서 더블클릭 할 때마다 창의 크기가 커졌다 작아졌다 변한다. 측정 RPM이 불안정하다 싶을 경우 PRM 창 우측 상단의 조정버튼을 클릭하면 4개의 트리거 감도 조절 버튼이 나오며, 기본적으로 "3번"에 설정되어 있다. 1번, 2번, 3번, 4번 버튼을 클릭해 보면서 엔진RPM이 안정되는 레벨에 맞춘다.

① 트리거 감도 배율

- •1번 채널 ➡ 1 : 1   •2번 채널 ➡ 2 : 1
- •3번 채널 ➡ 4 : 1   •4번 채널 ➡ 20 : 1

트리거 픽업은 RPM의 계산과 함께 실린더의 기준신호도 잡기 때문에 진단 트리나 점화1 및 2차에서는 확실히 1번 실린더에 연결해야 하며 만약, 트리거 픽업을 4번 실린더에 연결하면 4번을 1번으로 인식한다.

[그림 136] RPM 창 트리거 감도 조정

[2] 측정기능

Hi-DS는 스캔툴, 멀티미터, 오실로스코프, 점화 1차, 점화 2차 등 총 5가지 모드에서 버튼 하나로 자유롭게 항목간 이동이 가능하다. 현재 위치에 있는 환경에서 📺 아이콘을 클릭하면 다른 항목으로 이동할 수 있는 항목선택 창이 나타나는데 원하는 항목을 한번 클릭하면 자동으로 이동한다.

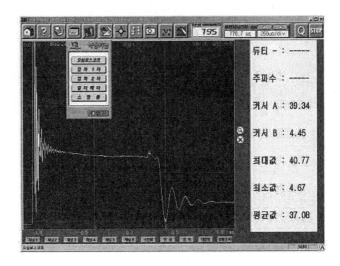

(a) 측정기능 화면   (b) 항목이동 아이콘

[그림 137] 측정기능 관련 아이콘

측정항목을 어디서든 자유스럽게 원하는 항목으로 이동할 수 있기 때문에 측정의 신속성을 기할 수 있다. 다른 검사모드로 이동하기 위해 클릭 하였던 측정기능 창을 닫을 때는 창 하단에 있는 닫기를 누른다. 측정기능 창이 나타난 상태에서는 측정기능 창에 있는 아이콘 외에 다른 아이콘들을 활성화가 되지 않는다.

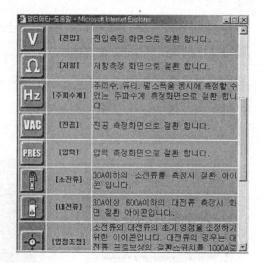

(a) 스캔툴 도움말   (b) 멀티미터 도움말

[그림 138] 스캔툴 및 멀티미터 도움말 화면

[3] 도움말

Hi-DS는 각 항목별로, 언제 사용되는 아이콘인지 알려주는 도움말 기능을 제공한다. 도움말 아이콘 ?을 클릭하면 각 항목별로 도움말 창이 뜨게 된다.

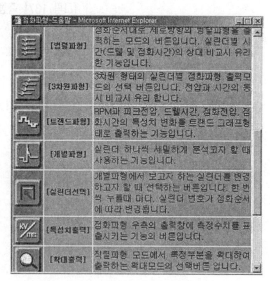

(a) <u>오실로스코프</u> 도움말   (b) 점화1차, 2차 도움말

[그림 139] 오실로스코프 및 점화파형 도움말 화면

[4] 인쇄 및 저장

점검을 끝내면 정비관련 자료는 고객 또는 메이커에 제출될 수 있도록 그 내용을 프린터로 출력할 수 있으며 저장도 할 수 있다.

(1) 화면 인쇄하기

프린트 아이콘 을 클릭하면 아래와 같은 프린터 화면이 나타난다. 인쇄하였을 때 A4용지 하단에 기록되게 될 내역을 입력(입력하지 않아도 됨)하고 "인쇄" 버튼을 클릭한다.

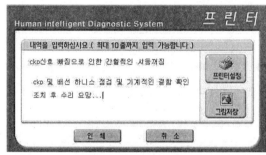

[그림 140] 프린터 화면

(2) 화면 저장하기(JPG 저장)

프린트 아이콘 을 클릭하면 아래와 같은 프린터 화면이 나타나며 그림저장을 클릭한다(내역에 입력하는 글은 무의미하다). 그림 저장위치를 정한 후 "파일이름"을 입력하여 "저장"을 누르면 완료된다. 한 화면의 이미지를 JPG로 저장하는 방법이며 팝업 창은 활성창이 아니므로 저장이 안 된다.

[그림 141] JPG 저장화면

(3) 화면 저장하기(BMP 저장)

저장하고 싶은 오실로스코프의 이미지가 나온 상태에서 키보드의 "Print Screen"버튼을 한번 누른다.

① 절차 1 : 시작 ➡ 프로그램 ➡ 보조프로그램 ➡ 그림판

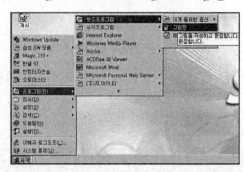

② 절차 2 : 그림판 ➡ 편집 ➡ 붙여넣기, 파일 ➡ 저장 ➡ 저장 디렉토리선정 ➡ 파일이름 입력 ➡ 저장 클릭(데이터 기록)

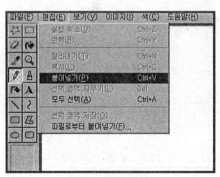
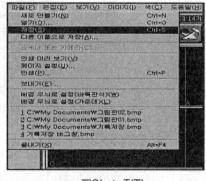

편집 ➡ 붙여넣기   파일 ➡ 저장

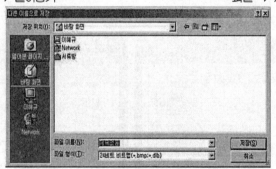

파일이름 입력 ➡ 저장클릭

[그림 142] BMP 저장화면

[5] 영점조정

저항, 전류, 압력 등을 측정할 때는 측정 전의 물리량이 "0"이 되도록 영점조정을 해 줄 필요가 있다. 🔷을 클릭하면 영점조정 창이 타나나며 조정하고 싶은 항목을 클릭하고 확인을 클릭하면 그림과 같이 영점 조정이 완료되며 실패하면 실패를 알리는 메시지가 나타난다.

(a) 영점조정 성공화면

(b) 영점조정 실패화면

[그림 143] 영점조정 화면

영점조정 항목	조정 방법
저항	멀티미터 적색프로브와 흑색프로브를 연결시켜 놓고 클릭
소전류	측정하고자 하는 배선에 물려놓고 클릭
대전류	100A 및 1000A 레인지 선택을 한 다음 배선에 물려놓은 상태에서 클릭
압력	압력센서에 있는 영점조정 버튼을 이용하지 말고 영점조정 창에서 직접 클릭

신단트리의 실린더 압축압력 측정 전에 입력 영점조정은 반드시 Hi-DS 메인회면의 환경설정에서 압력의 단위를 Kg/cm^2으로 설정하고 압력센서의 단위 위치를 Metric으로 선택한다.

[6] 데이터 검색

사용자가 미리 저장해 놓은 파일을 읽어 올 수 있는 기능이다. 화면에서 아이콘을 선택(클릭)하면 초기화면으로 되돌아가서 선택하는 불편함이 없이 저장데이터를 검색하여 관련 내용을 분석할 수 있다(초기화면의 기록관리와 같은 구성이다).

[Hi-DS 기본 조작 실습]

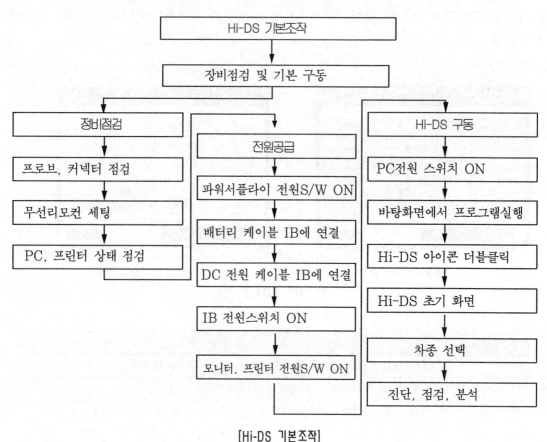

[Hi-DS 기본조작]

[Hi-DS 점검실습 모델]

1. Hi-DS시스템 구성요소 파악

① 파워 서플라이 DC전원 공급케이블 및 PC, 모니터, 프린터의 전원공급 케이블의 상태를 확인한다.

② 트롤리, 암의 상태를 확인한다.

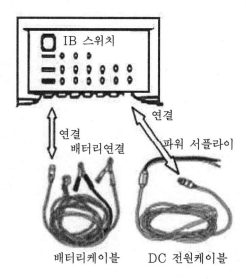

[그림 144] Hi-DS 전원공급

③ 각 프로브 및 센서(점화 1, 2차, 소전류, 대전류, 진공, 오실로스코프, 중간스코프 모듈 1/2, 중간점화 모듈, 멀티미터, 트리거 픽업, DLC케이블, DLC 어댑터케이블, 배터리 케이블, LAN 케이블, 연장케이블, 스프링핀 검침봉, 압력센서, 무선리모콘)의 상태를 점검한다.

[그림 145] Hi-DS 전원공급

2. 아이콘 조작 및 측정기능 사용방법

① 파워 서플라이 전원을 켠 후 IB 전원을 ON 시킨다.
② PC 전원을 ON시켜 초기화면을 만든다.

③ 바탕화면의 Hi-DS 아이콘을 더블 클릭하여 Hi-DS 메인 프로그램을 실행시킨
   다.

[그림 146] Hi-DS 초기화면

[그림 147] Hi-DS 초기화면

④ Hi-DS 초기화면에서 차종선택을 클릭한다.
⑤ 점검을 원하는 차량의 제원을 입력한다.

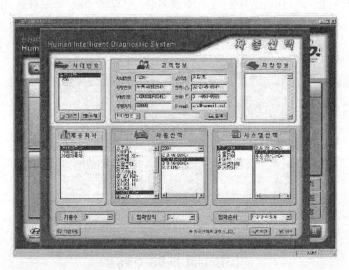

[그림 148] 차종선택 화면(제원 입력)

⑥ 아래부분의 확인을 클릭한다.
⑦ 메인화면에서 원하는 항목의 아이콘을 클릭하여 점검을 실시한다.

[성취 기준]

　Hi-DS를 이용하여 고장진단 및 엔진튜업을 하기 위해 Hi-DS의 기본구성 및 기초조작방법 그리고 각종 프로브 및 센서의 사용법을 습득시킨다. 그리고 Hi-DS 사용을 위한 장비의 기본 구동방법을 익힌다.

[결과정리]

　본 소모듈에서는 엔진 진단장비인 Hi-DS의 구성 및 프로브의 사용법, 기본 구동방법에 대한 내용을 습득하였다.
　① Hi-DS시스템 구성요소 파악
　② 각 프로브 및 센서의 용도 및 조작법 습득
　③ Hi-DS 기본 구동 및 아이콘의 이해
　④ 영점조정에 대한 내용의 이해

[자기진단 평가표]

• 엔진 진단장비의 기본 개념을 이해할 수 있다.〔매우우수 우수 미흡 매우미흡〕
• Hi-DS시스템 기본 구성요소를 알 수 있다.〔매우우수 우수 미흡 매우미흡〕
• 프로브 및 센서의 종류 및 사용법을 이해할 수 있다.〔매우우수 우수 미흡 매우미흡〕
• Hi-DS를 구동시킬 수 있다.〔매우우수 우수 미흡 매우미흡〕

[심화수준에 따른 자기평가]

　각 항목의 보통이하로 표시된 부분은 부족한 내용을 반복 학습하여야 하며, 이해되지 않는 부분은 담당교수에게 확인을 한다.

2.3. 스캔툴 및 멀티미터 기능

[학습목표]

자동차 전자제어시스템을 진단할 수 있는 스캔툴(scan tool) 장비인 Hi-DS시스템의 기본 구성요소 및 각종 프로브, 케이블에 대한 사용용도 및 특성을 파악한다. 그리고 작동 절차에 따른 Hi-DS장비 초기 구동방법을 습득한다. 차량의 고장 유형에 따른 Hi-DS의 트러블 슈팅, 고장진단의 범위 및 고장진단의 접근방법 등의 내용을 익히도록 한다. 또한 멀티미터 기능을 이용하여 전압, 전류, 압력 등을 측정하는 방법을 습득시킨다.

[선 모듈 진단]

- 전자제어 가솔린분사식 엔진의 고장진단의 기본원리를 알고 있는가 ?
- 제작사별 차량의 자기진단 커넥터의 위치는 알고 있는가 ?
- 컴퓨터의 기본조작은 충분히 습득하고 있는가 ?

[개 요]

Hi-DS를 구동시키고 차량의 자기진단을 수행하는 방법, 각종 통신기능, 환경설정 및 데이터의 기록 관리방법 등을 이해시킨다. 그리고 센서출력 및 고장코드에 대한 개념을 파악하도록 한다.

[실습목표]

차량별 자기진단 커넥터의 형상 및 장착위치 등을 실차를 통하여 파악하도록 하며 자기진단을 실행시킬 수 있는 아이콘의 사용방법을 익힌다. 그리고 센서출력, 고장코드, 강제구동, 부가기능 스캔+멀티, 기억소거, 코드별 진단 등에 대한 기능을 실차를 이용하여 실습함으로써 스캔테크 관련 아이콘 조작 기능을 습득시킨다.

[실습과제]

- 차량별 자기진단커넥터 형상 및 위치 파악, 관련 커넥터 및 핀의 숙지
- 차량별 자기진단의 수행 및 기억소거
- 센서출력 및 그래프 기능의 수행 및 데이터의 저장
- 강제구동 및 코드별 진단기능
- 멀티미터 기능을 이용한 전압, 전류, 압력의 측정 및 분석

[활용 기자재 및 소프트웨어]

엔진튜업기(Hi-DS engine analyzer), 실차, 차량별 자기진단 커넥터, 프린터, 디스켓, 노트북 등

[유의사항]

- Hi-DS 관련 정확한 전원공급 인가한 후 실습을 진행한다.
- 각종 프로브 및 커넥터 연결을 확실히 한다.
- 각 기능 수행시 도움말을 충분히 활용한다.
- 실습절차에 따라 실습한다.

2.3.1 스캔툴

[1] 스캔툴의 개요

(1) 스캔툴 구동

차량에 자기진단 커넥터가 장착되고 IG/ON 또는 엔진 가동상태에서 Hi-DS 메인화면 스캔테크의 스캔툴을 선택하면 그림 149와 같은 화면이 나타나며 해당 차량에 통신을 요청하게 되며 아래 그림처럼 통신 중인 화면이 나타나는데 시스템의 속도에 따라 Open시간에 차이가 있을 수 있다. 통신이 Open된 후 █ 아이콘을 누르면 사용자가 원하는 엔진제어, 자동변속, 제동제어, 에어백 등 해당 차종이 가지고 있는 시스템 사양에 따라 원하는 항목으로 통신을 Open 할 수 있다.

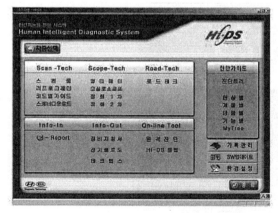 

(a) 스캔툴 초기화면   (b) 스캔툴 통신화면

[그림 149] Hi-DS 스캔툴 초기 및 통신화면

해당차량과 통신이 Open되지 않으면 그림 151과 같이 통신불량 메시지를 띄우게 되며 정상적으로 통신이 Open되면 스캔툴 기능화면으로 바뀌게 된다.

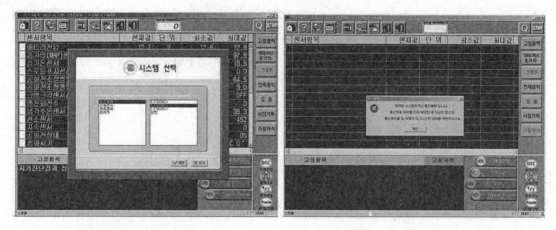

[그림 150] 시스템선택 화면　　　　　[그림 151] 통신불량 화면

(2) 스캔툴의 구성

그림 152는 스캔툴 기능 화면으로 H사 1.5 DOHC 차량의 엔진제어 스캔툴 화면이다. 스캔툴에서 코드별 진단기능과 이에 따른 기준값, EMS, 관련회로도 등을 볼 수 있다. 가장 원초적인 진단이며 또한 필수적으로 확인해야하는 기능이다. 자기진단과 서비스데이터, 액추에이터 테스트는 물론 데이터 저장과 더욱 중요한 분할화면 및 그래프표시는 ECU의 생각을 정비사가 알게 함으로써 정비에 큰 도움을 주게 된다.

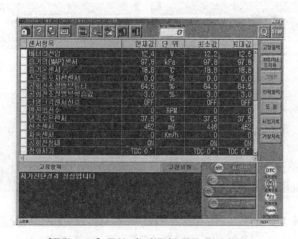

[그림 152] 통신 후 화면(스캔툴 기능화면)

스캔툴 기능의 구성화면은 크게 아래와 같이 구성되어 있다.

① 아이콘 창   ② 센서출력
③ 자기진단 고장코드   ④ 강제구동(액추에이터 검사)
⑤ 부가기능   ⑥ 스캔 + 멀티
⑦ 기억소거   ⑧ 코드별 진단
⑨ Freeze Frame

(3) 스캔툴 기능

1) 시스템선택 기능

스캔툴 화면에서 ▣아이콘을 클릭하면 그림 153과 같이 선택한 차량의 시스템인
엔진제어 외에 다른 시스템 엔진제어, 자동변속제어, 제동제어, 에어백, 현가장치, 오
토에어컨 등 해당 차량의 컴퓨터에 따라서 시스템 항목이 표시된다. 그림 153에서 해
당 시스템을 선택하고 ▣ 아이콘을 클릭하면 사용자가 설정한 제어시스템으로 이동
하여 스캔툴 데이터를 표시한다.

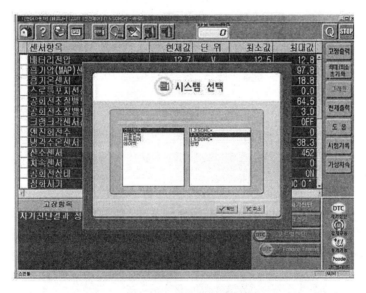

[그림 153] 시스템 선택화면

2) 통신 재시작 기능

스캔툴 화면에서 ⬛ 아이콘을 클릭하면 그림 154와 같은 화면이 나타나며 주로 스캔툴을 보던 도중 통신이 중간에 끊어질 경우 화면을 현 상태로 유지한 채로 통신을 다시 OPEN하기 위해 사용한다. 기존의 여러 장비 스캔툴은 통신이 중간에 끊어지면 처음부터 다시 시작해야 하는 불편함이 있다.

[그림 154] 통신 재시작 화면

3) 환경설정 기능

스캔툴 화면에서 환경설정 ⬛ 아이콘을 클릭하면 아래와 같이 스캔툴 상의 환경을 설정하는 모드로 바뀐다.

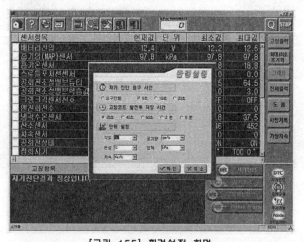

[그림 155] 환경설정 화면

이에 따른 스캔툴 상의 내용으로는 자기진단 요구시간이 있다.

Hi-DS가 차량과 통신할 때, 몇 초마다 차량의 이상 유무를 자기진단 할 것인지 사용자가 설정하는 것이다. 그리고 오른쪽 그림과 같이 고장코드 발견 후 저장시간을 설정할 수 있으며 이는 데이터 기록 창의 임의/특정 고장코드 아이콘인 임의고장코드

특정고장코드 두 가지 아이콘을 클릭했을 때만 해당이 된다.

그림 156에서 A선이 고장 시점이고 B선이 고장코드 점등 후 정지된 시점을 나타낸다. 따라서 A에서 B까지의 시간이 고장코드가 점등 된 후 저장된 시간이다.

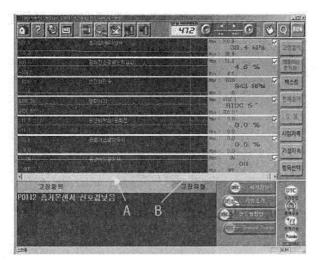

[그림 156] 고장코드 발견 후 저장화면

스캔툴에서 표시되는 단위도 사용자가 원하는 형식으로 변경할 수 있다.

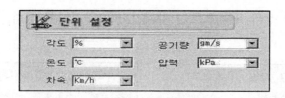

위와 같이 스캔툴 사용환경을 설정한 후 [확인] 아이콘을 클릭하면 지금까지 사용자가 설정한 내용이 스캔툴 상에 적용된다.

4) 데이터검색 기능

스캔툴 화면에서 [■] 아이콘을 클릭하면 아래와 같이 데이터 검색 화면으로 바뀐다. 초기화면으로 돌아가는 번거로움 없이 스캔툴 화면에서 저장데이터를 볼 수 있으며 초기화면의 기록관리와 같은 구성이다. 이 화면에 대한 자제한 설명은 부가기능의 기록관리에 자세히 설명한다.

[그림 157] 데이터 검색화면

5) 데이터기록 기능

스캔툴화면에서 [■] 아이콘을 클릭하면 아래와 같이 데이터기록 선택창이 나타난다.

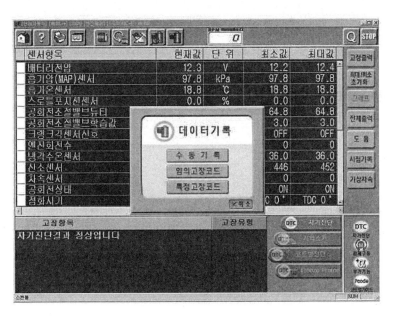

[그림 158] 데이터 기록화면

스캔툴의 데이터를 기록하는 ⬚⬚⬚ 아이콘으로 세가지의 특별한 기능을
부여한다.

① 수동기록 : 수동기록 아이콘인 수 동 기 록 을 클릭하면 아래와 같은 항목선택
　화면이 나타난다. 이때, 사용자가 스캔툴상에서 원하는 ⬚ 란에 마우스를 클릭하
　면 ☑이 나타나면서 해당항목이 선택된다. 다시한번 ☑표시를 맞춤으로 클릭하면
　⬚란으로 바뀌며 선택이 취소된다. 이와 같이 사용자가 원하는 항목을 선택한 후
　✓확인 을 클릭하면 다음과 같은 화면이 나타난다.

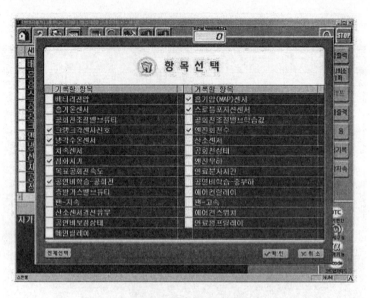

[그림 159] 수동기록화면

　　항목을 선택한 후 차량의 부조나 기타 고장 증상이 나타나면 그때의 시점을 기
록할 수 있다. 시점을 기록한 후 정지아이콘 |STOP| 을 클릭하면 현재까지의 저장데
이터가 텍스트가 아닌 추세와 경향을 가진 그래프로 정지된 화면에 표시된다.

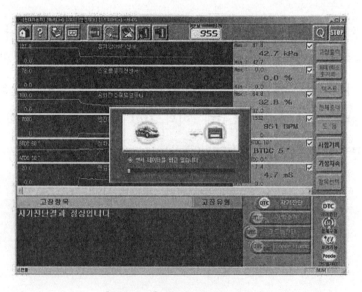

[그림 160] 데이터 저장중 화면

[그림 161] 저장된 시점과 커서데이터 화면

그림 161에서 [시점기록] 아이콘을 클릭했을 때의 시점을 표시하여 주고 마우스 오른쪽, 왼쪽버튼을 눌러 A와 B커서 사이의 데이터를 확인할 수 있다. 위 그림에서 재생 아이콘인 ◀ ◀ ▶ ▶ 를 스크롤바를 이용하여 전체 저장데이터를 확인할 수 있다.

㉮ 디스켓(저장) 아이콘 을 이용한 저장방법 : 프린터 아이콘을 이용한 저장방법은 공통기능에서 설명하였다. 데이터 저장화면에서 디스켓 아이콘 을 클릭하면 다음화면이 나타난다.

[그림 162] 데이터 저장화면

위 화면의 파일이름 창 에 저장하고자 하는 파일의 이름을 입력한다. 그리고 파일정보 창 에 저장한 파일 내용을 상세히 기록하여 차후에 저장파일 검색 시에 쉽게 알아 볼 수 있도록 한다. 또한, 저장파일 창 은 이전에 저장된 파일 내역을 확인할 수 있다. 저장된 데이터를 확인하기 위하여 아래와 같이 폴더를 열면 저장파일이 들어 있다.

파일을 선택한 후 저장데이터를 불러서 재생아이콘을 이용하여 저장데이터를 다시 확인할 수 있다. 데이터의 저장은 정지아이콘 을 누르기 전 통신 표출 횟수의 최대 5000포인트를 기록할 수 있다. 5000포인트의 저장공간이란 하나의 화면을 그리기 위해 뿌려주는 Dot 수가 167포인트이므로 약 30화면을 표현하는데 소요되는 저장용량을 의미하며 그 소요시간은 ECU의 통신속도에 영향을 받는다. 5000포인트를 모두 저장하였을 때는 처음의 저장데이터를 지우면서 기록은 계속된다.

㉕ 수동기록의 활용 : 스캔툴 내용 중 자신이 데이터를 분석하는데 필요한 항목만 골라서 볼 수 있다. 그래프로 기록이 되기 때문에 A, B커서를 이용하여 최대 8개 항목을 하나의 화면에서 보며 다른 데이터와 비교 분석할 수 있다. 장시간 자리를 비운채 다른 일을 하다가 와서 아이콘을 눌러 지나간 최대 5000포인트 분량의 데이터를 확인할 수 있다. 즉, 처음 통신을 OPEN하여 항목을 선택한 후 그래프로 볼 수 있는 항목은 최대 8개이며 선택하지 않은 다른 데이터는 확인할 수 없지만 수동기록에서는 D-Recorder처럼 블랙박스 기능을 가지고 있기 때문에 8개 이상을 선택하여 저장한 후 "항목선택"에서 다른 데이터를 선택하여 저장된 기록을 확인할 수 있다. 이때, 시점기록을 할 수 있으며 시점기록의 횟수는 최대 11회까지이며 10개의 시점기록 포인트를 점선으로 표시한다.

② 임의 고장코드 : 임의 고장코드 아이콘 임의고장코드 을 클릭하면 그림 163과 같은 항목선택 화면이 나타나며 수동기록과 마찬가지로 사용자가 원하는 항목만을 선택한다.

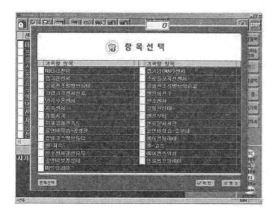

(a) 항목선택 화면

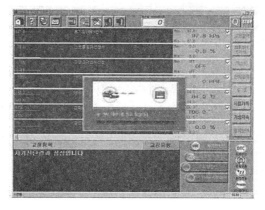

(b) 확인 아이콘을 누른 후 화면

[그림 163] 항목선택 화면

임의 고장코드는 사용자가 정지시키는 것이 아니고 임의의 고장항목이 ECU에 입력되면 그때의 시점을 자동으로 기억하고 저장을 멈춘다. 환경설정에서 고장코드 발견 후 저장시간을 설정한 것에 따라서 그림 163과 같은 정지화면이 나타난다.

[그림 164] 고장코드 입력시 일정시간 기록 후 자동정지 화면

㉮ 임의 고장코드의 활용 : 차량에서 간헐적으로 고장코드가 발생할 때 고장코드의 종류에 상관하지 않고 최대 5000포인트 분량의 데이터를 계속 저장하는데 이때 사용자가 원하는 데이터 항목을 미리 지정하여 고장코드가 나타나면 설정된 시간 이후에 자동 정지되므로 데이터를 보고 고장내용을 분석할 수 있다(시점기록 가능).

그래프로 기록이 되기 때문에 A, B 커서를 이용하여 최대 8개 항목을 하나의 화면에서 동시에 보면서 다른 데이터를 비교 분석할 수 있다. 장시간 자리를 비운채 다른 일을 하다가 와서 STOP 아이콘을 눌러 지나간 최대 5000포인트 분량의 데이터를 확인할 수 있다. 이외에 한 화면에서 볼 수 있는 항목은 8가지이며 항목을 8가지 이상 선택하였을 경우 저장화면에서 "항목선택" 아이콘을 클릭한 후 다른 항목을 추가로 선택하여 분석할 수 있다.

③ 특정 고장코드 : 특정고장코드 아이콘 특정고장코드 을 클릭하면 아래와 같이 왼편에는 "감지할 고장(항목)"과 오른편에는 "기록할 항목"을 선택할 수 있다.

 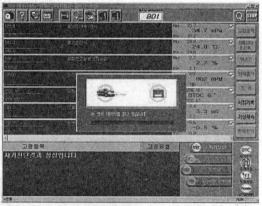

(a) 특정 고장코드 설정 화면   (b) 확인 아이콘 누른 후 화면

[그림 165] 특정 고장코드 설정화면

특정 고장코드는 임의 고장코드와는 달리 선택한 "감지할 고장(항목)"이 발견 시에만 선택한 "기록할 항목"이 저장되게 된다. 즉, 감지할 고장(항목)을 산소센서로 선택하였을 경우 TPS가 고장나면 저장을 멈추지 않으며 산소센서가 고장날 때까지 감지하게 된다. 환경설정에서 저장시간 설정에 따라 다음과 같은 정지화면이 나타난다.

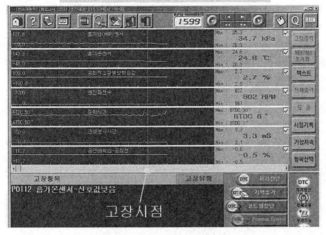

[그림 166] 고장코드 입력시 정지 화면

㉮ 특정 고장코드의 활용 : 간헐적으로 같은 고장코드가 점등 된다면 그 고장코드를 "감지할 항목"에서 선택하고 그 항목에 관련해서 보아야 하는 다른 데이터들을 "기록할 항목"에서 선택하여 지정한 항목의 고장코드가 ECU에 의해 감지되었을 경우 자동 정지되어 그래프를 보면서 고장 내용을 분석할 수 있다.

그래프로 기록이 되므로 A,B 커서를 이용하여 최대 8가지 항목을 하나의 화면에서 보여 다른 데이터와 비교 분석을 할 수 있다. 장시간 자리를 비운채 다른 일을 하다가 와서 [STOP] 아이콘을 눌러 지나간 최대 5000포인트 분량의 데이터를 확인할 수 있다. 이외에 한 화면에서 볼 수 있는 항목은 8가지이며 항목을 8가지이상 선택하였을 경우 저장화면에서 "항목선택" 아이콘을 클릭한 후 다른 항목을 추가로 선택하여 분석할 수 있다.

6) STOP/RUN 기능

[STOP] 아이콘을 클릭하면 다음과 같은 정지화면이 나타난다. 현재 [STOP] 아이콘을 클릭하기 전까지의 데이터 기록을 볼 수 있다. 이와 같이 데이터를 확인한 후 다시 전화면으로 돌아가서 데이터를 계속 보려면 [RUN]아이콘을 클릭하면 된다. 이때, 화면은 초기상태로 돌아간다.

그리고 [STOP]아이콘을 클릭하면 화면에 [재생아이콘] 재생 아이콘과 [저장아이콘] 저장아이콘
이 나타난다.

[그림 167] 정지된 화면

7) 고정출력 기능

사용자가 보고 싶은 서비스 데이터를 최대 8개 항목까지 선택 가능하다. 그림 167
화면처럼 항목수를 8가지 이상 선택했을 때는 안내 메시지 [항목선택] 가 나타난
다. 개별적 항목선택이 아닌 전체화면을 선택하였을 경우 Serial 통신인 ECU는 전
체 데이터 항목이 20가지라고 가정하였을 때 1부터 20까지의 데이터를 순차적으로
표시한 다음 다시 1의 데이터를 표시하므로 데이터의 변하는 속도가 아주 느려진다.

항목을 선택하고 "고정출력"을 누르면 선택한 항목의 데이터 값만 변하므로 통신속
도는 빨라진다. 고정출력 한 데이터는 텍스트와 그래프 두 가지로 볼 수 있다. 텍스트
로 볼 경우에는 선택한 항목의 수치는 현재값, 최소값, 최대값 만 볼 수 있다. 이렇게
되면 데이터가 출력되는 중간에 일어나는 변화는 알 수 없으므로 정확한 판단을 하기
어렵다.

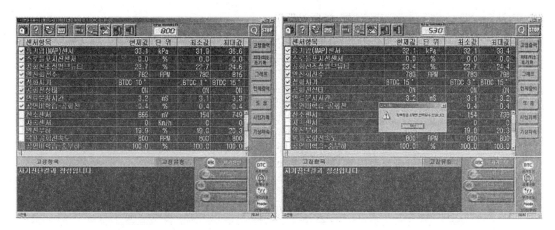

(a) 8개 항목 선택 화면   (b) 8개 항목 이상 선택시 화면

[그림 168] 고정선택 화면

그래프로 볼 경우 최대, 최소는 물론 현재값과 그 사이의 값들이 전부 표시가 되므로 텍스트보다 훨씬 정확한 판단을 할 수 있다.

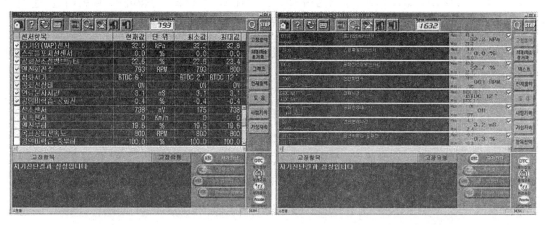

(a) 텍스트 고정 화면   (b) 그래프 고정 화면

[그림 169] 텍스드/그래프 고정시 출력화면

8) 최대, 최소 초기화 기능

스캔툴 화면에서 최대/최소초기화 아이콘을 클릭하면 그래프 및 텍스트에 있는 값을 전부 초기값으로 조정한 후 데이터를 다시 읽는다. 그래프 창은 센서항목을 1개 이상 선택해야만 활성화 되는 아이콘이며 출력되는 데이터들을 텍스트가 아닌 시간에 따라 변화되는 값을 그래프로 표시하므로 보다 정확한 정보가 될 수 있다.

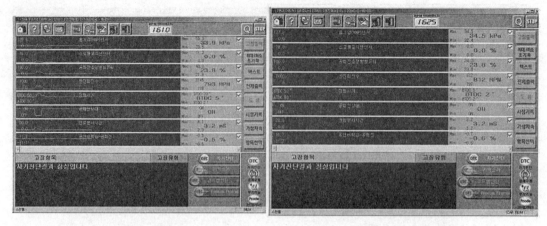

(a)초기화 전 화면　　　　　　　　　(b) 초기화 후 화면

[그림 170] 최대, 최소 초기화 출력화면

9) 그래프 기능

① 그래프기능 활용하기 : 센서출력의 현재 값만으로 점검, 진단 시 다음과 같은 문제점을 가지고 있으므로 주행검사 또는 그래프 기능을 이용하여 데이터를 분석하면 더욱 효율적이다.

㉮ 현재의 데이터 변화는 확인할 수 있지만 과거와의 데이터 변화 흐름을 비교하기 어렵다.

㉯ 항목 하나하나의 변화 흐름은 확인할 수 있지만, 다른 항목과의 비교 분석이 난해하다.

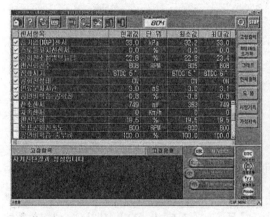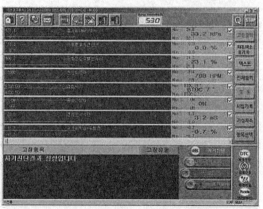

(a) 센서항목 선택 화면　　　　　　　(b) 그래프로 변경 후 화면

[그림 171] 센서출력/그래프출력 화면

이러한 문제점을 다소 없애기 위해 센서 출력장의 디지털 값을 갱신하여 화면을 저장 후 표출해 주는 것이 주행검사 기능이다.

주행검사 기능은 위에 데이터 변화를 기록 표출하여 주지만 경향 즉, 흐름을 확인하기가 난해한 단점을 가지고 있으며 차량현상의 변화 등에 대한 시점 기록시 실제 변화가 아닌 위치에서 데이터를 기록하기 때문에 정비사에게 잘못된 시점을 알려주는 오진단의 우려가 있다. 이러한 센서 출력값의 일반적인 표출 문제점과 주행검사의 문제점을 보완하여 데이터 값을 표출하여 주는 것이 그래프 기능이다. 이 그래프 기능은 센서출력의 표출을 그래프와 디지털 값을 동시에 표출하여 주며 변화에 대한 시점 기록 시 그래프 위에 시점기록 위치를 알려주기 때문에 위에서 말한 문제점을 보완할 수 있다.

그래프 기능의 데이터도 센서출력 데이터나 주행검사 데이터와 동일한 데이터로써 입·출력 구성품의 실제값이 아닐 수 있지만, ECU가 받아들인 센서값과 LOGIC에 의해 출력되는 각종 액추에이터들의 흐름(경향)을 확인하는데 편리하다.

그림 172에서 X축은 측정시간을 Y축은 해당 센서나 액추에이터의 변화를 나타낸다. Y축의 점선 그래프들은 사용자가 특정 시점에서 기록한 시점기록 위치를 기록한 것으로 4회의 시점기록을 누른 상태이다. 이 시점들은 그래프를 그리는 중 차량에 어떠한 변화가 있거나 특정한 위치를 파악하고자 할 때 유용하게 사용할 수 있다.

이와 같이 저장된 데이터나 일시 정지된 데이터에서는 투커서 기능을 이용하여 시점과 시점 사이의 MIN-MAX 데이터를 읽을 수 있는데 이 값으로 변화의 폭을 분석한다. 이러한 데이터는 차량의 수리전과 수리 후, 신차에 대해 ECU에 의한 시스템 제어 변화를 확인하고자 할 때, 기타 데이터에 대한 내용을 기록하고자 할 때 유용하게 사용할 수 있다.

[그림 172] 시점기록과 투커서 기능화면

10) 전체 출력기능

스캔툴 화면에서 전체출력 아이콘을 클릭하면 현재 진행 중인 시스템의 모든 센서출력 항목을 표시한다. 많은 데이터를 동시에 확인하면 ECU의 통신 속도는 직렬통신으로 속도가 정해져 있기 때문에 데이터의 갱신속도는 상대적으로 느려진다.

[그림 173] 전체출력 화면

11) 도움 기능

스캔툴 화면에서 센서항목을 고정시키고 해당항목이 푸른색으로 반전되었을 때 도움 아이콘을 클릭하면 고정시킨 센서항목에 대한 규정값 및 정비지침 등의 Tips 도움말이 표시된다(지원되지 않을 수 있음).

12) 시점기록 항목선택 기능

스캔툴 화면에서 시점기록 아이콘을 클릭하면 그림 174와 같이 나타난다. 데이터들이 그래프로 표출될 때 차량에 어떠한 문제나 혹은 경고등이 점등되거나 하는 등의 변화가 발생할 때 사용자가 그 변화에 따라 시점기록 아이콘을 클릭하게 되면 초대 10회 까지 클릭할 때마다 데이터가 벼하는 시점을 표시해 준다.

예를 들어, 냉각팬 작동 시 RPM이 저하되는 현상을 보이는 차량이 있다면 냉각팬 이 회전할 때의 시점을 포착한 후 다른 데이터의 변화를 보면서 RPM 저하의 원인을 찾아 나가면 될 것이다.

[그림 174] 시점기록 화면

스캔툴에서 항목선택 아이콘을 클릭하면 다음 항목을 추가시킬 수 있는 창이 나타난다. 항목을 새롭게 선택 한 후 원하는 데이터를 보기 위해 이전화면으로 돌아가기 위해 결과표시 아이콘을 클릭하면 다시 전 화면으로 돌아간다.

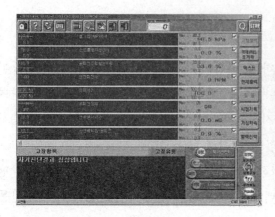 

(a) 항목선택 이전 화면   (b) 항목선택 후 화면

[그림 175] 항목선택 전/후 화면

13) 자기진단, 기억소거 기능

Hi-DS 스캔툴의 자기진단 기능은 환경설정에서 지정한 자기진단 요구시간을 무시하고 사용자가 필요하다고 생각할 때 자기진단을 실시간으로 할 수 있는 기능이다. 그림 176은 Hi-DS와 차량이 통신을 하여 자기진단 코드를 표시한 화면이다.

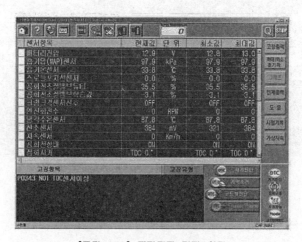

[그림 176] 자기진단 결과 화면

고장코드가 고장항목에 나타날 때 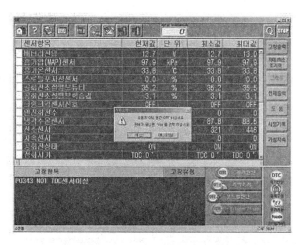 아이콘을 클릭하면 소거 안내창 화면

이 나타난다.

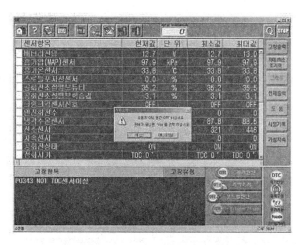

[그림 177] 기억소거 메시지 화면

아이콘을 클릭하면 기억이 소거되고 화면에 "자기진단 결과 정상입니다" 라는
문구가 나타난다. 기억을 소거하였는데 고장코드가 나타나면 해당 고장항목 계통의
트러블이 있다는 것이므로 해당 계통을 점검 후 다시 한번 고장유무를 확인 하여야
한다.

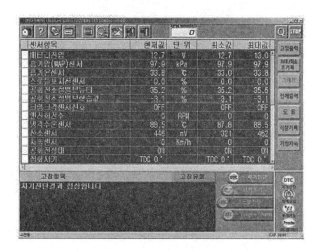

[그림 178] 결과확인 화면

14) 강제구동 기능

강제구동(액추에이터 검사)은 차량의 컴퓨터 시스템 별로 다르게 되어 있으며, 시스템에 따라 강제구동 항목이 없을 수도 있다. 강제구동이 가능한 시스템은 검사항목에 따라 테스트를 할 수 있으므로 이를 각종 차량의 단품 이상유무나 전체적인 제어 문제시 활용할 수 있다.

스캔툴 화면에서 ![icon] 아이콘을 클릭하면 위와 같은 액추에이터 검사항목 화면이 나타난다. 이때 원하는 항목을 선택한 후 ![검사시작] 아이콘을 클릭한다. 그러면, 〔강제구동중!〕이라는 메시지가 나타난다. 이때, 강제 구동중인 서비스 데이터를 동시에 볼 수 있으며 이것을 듀얼모드 기능이라 한다. 이 기능을 이용하여 엔진의 파워밸런스, 점화시기 고정, 냉각팬 강제구동 등의 제어를 확인할 수 있다. 단, 차종의 시스템에 따라 지원되는 액추에이터 항목은 정해져 있다.

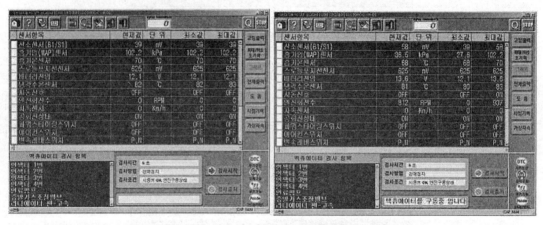

(a) 액추에이터 검사항목 화면   (b) 검사시작 후 구동 중 화면

[그림 179] 액추에이터 검사/구동 화면

강제구동 후 〔검사완료!〕 ![검사완료!] 가 나타나면 아래 그림과 같이 강제구동은 끝이 난다.

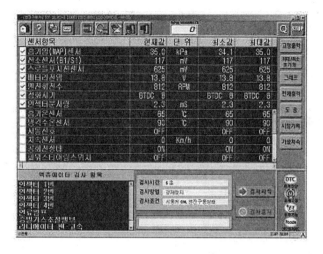

[그림 180] 검사완료 화면

15) 코드별 진단기능

　스캔툴을 활용한 자기진단 중 고장코드 발생 시 해당코드에 대한 진단절차를 제공한다. 현재 고장코드 P0343 No. 1 TDC센서 이상시 발생된 고장코드를 더블클릭하거나, P0343 No. 1 TDC센서 이상을 선택(클릭) 후 코드별 진단 아이콘 DTC 코드별진단 을 클릭하게 되면 해당 고장코드에 대한 기본점검에서부터 각종 점검, 검사를 하는 방법과 관련된 장비의 기능을 설정하여 정비사시 손쉽게 고장코드를 점검 및 진단할 수 있도록 단계별로 안내한다.

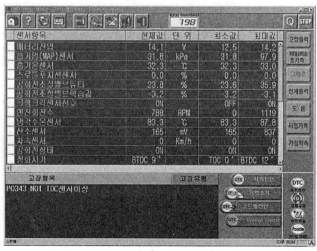

[그림 181] 고장코드 표시화면

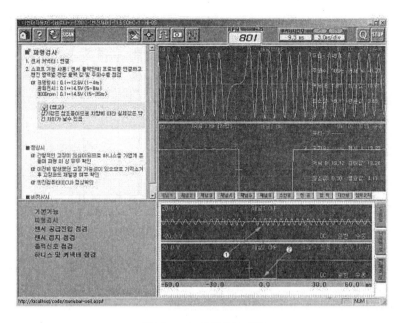

[그림 184] 파형검사 화면

다음 단품회로 아이콘 [단품회로]이나 전체회로 아이콘 [단품회로]을 클릭하면 해당부품의 단품 회로나 전체회로가 아래 그림과 같이 나타난다.

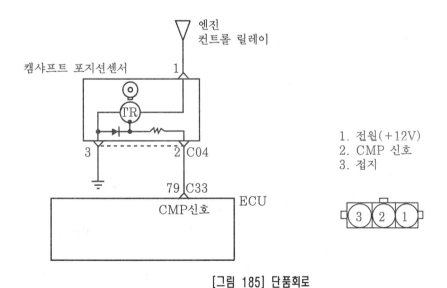

1. 전원(+12V)
2. CMP 신호
3. 접지

[그림 185] 단품회로

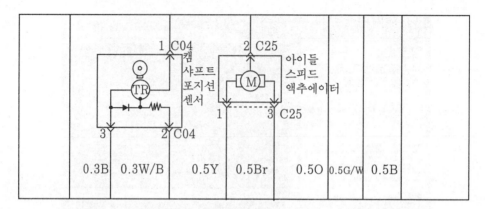

0.3B	0.3W/B	0.5Y	0.5Br	0.5O	0.5G/W	0.5B	

[그림 186] 전체회로

해당회로를 한번 클릭하면 화면이 확대되어서 그림 187과 같은 확대화면이 나타난다.

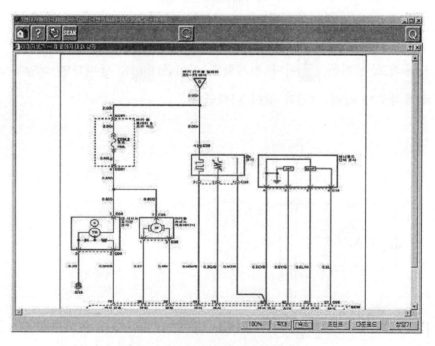

[그림 187] 전체회로도 확대 화면

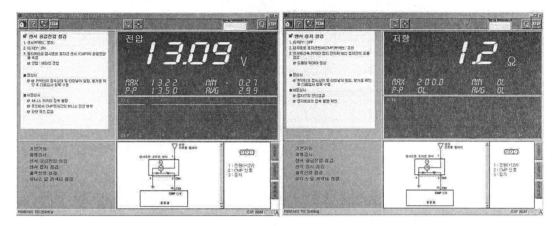

(a) 센서 공급전압 검사 화면　　　　　　　(b) 센서 접지 점검 화면

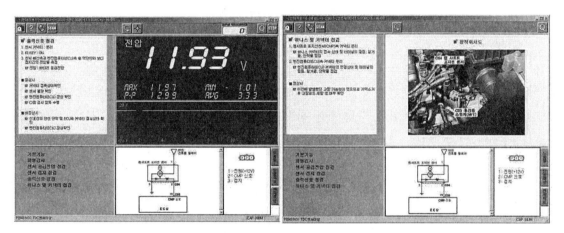

(c) 출력신호 점검 화면　　　　　　　(d) 하네스 및 커넥터 점검 화면

[그림 188] 센서검사 화면

2.3.2. 멀티미터 기능

[1] 멀티미터의 개요

(1) 초기화면 멀티미터 선택

Hi-DS 초기화면에서 멀티미터를 선택한다.

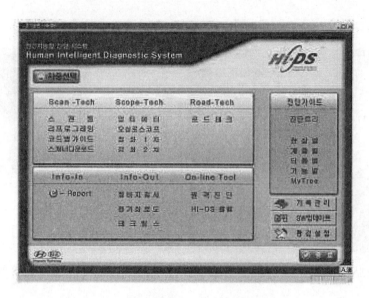

[그림 189] Hi-DS 초기화면

(2) 멀미미터 개요

멀티미터 트렌드 창의 레벨은 Auto Range이다. 사용하고자 하는 기능을 선택하고 측정 프로브를 이용해 신호를 측정하면 된다. 멀티미터 기능에서는 전압, 저항, 주파수, 듀티(+), 듀티(-), 진공, 압력, 소전류, 대전류 등 7가지 종류의 11개 측정모드가 있으며 기본적인 기능들은 일반적인 멀티미터의 기능과 거의 동일하다. 진공, 압력, 소전류 및 대전류를 제외한 나머지 항목 측정은 멀티미터 프로브를 이용한다.

화면의 구성은 디지털 창과 트렌드 창으로 구성(RPM 창은 제외)되어 있으며 디지털 창의 특징은 현재값을 표출할 뿐만 아니라 MAX(최대값), MIN(최소값), P-P(최대값과 최소값의 차이) 및 AVG(평균값)을 동시에 측정할 수 있도록 구성되어 있다.

[그림 190] 멀티미터 초기화면

[2] 멀티미터 기능

(1) 전압측정 기능

멀티미터에서 전압 아이콘 V 을 클릭하면 전압모드로 들어간다. 전압모드의 경우 특정 회로의 전압변동을 확인할 수 있다. 예를 들어 최대값이 나오던 배터리 전압이 에어컨, 헤드라이트 작동 등으로 인하여 전압강하 되는 것을 쉽게 확인할 수 있다.

(2) 저항측정 기능

멀티미터에서 저항 아이콘 Ω 을 클릭하면 저항모드로 들어간다. 저항모드는 전장회로의 단선 및 단락 유무를 점검할 때 주로 사용한다.

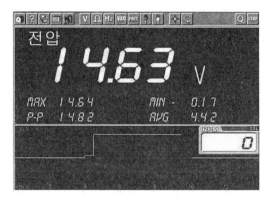
(a) 전압측정 화면

(b) 저항측정 화면

[그림 191] 전압/저항측정 화면

(3) 주파수측정 기능

멀티미터에서 주파수 아이콘 Hz 을 클릭하면 아래 그림과 같이 아이콘이 펼쳐진다. 차량의 점검항목 중 주파수로 보아야 할 항목은 주파수 아이콘 주파수 을 클릭한다.

(4) 듀티측정 기능

차량의 점검항목 중 듀티로 보아야 할 항목은 듀티 아이콘 듀티+ 또는 듀티- 을 클릭하면 화면이 해당항목으로 바뀌면서 데이터를 측정할 수 있다. 듀티의 단위는 %이며 (+)듀티와 (-)듀티의 합은 100%이다.

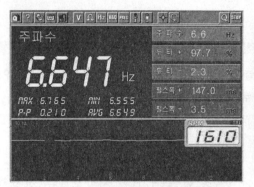 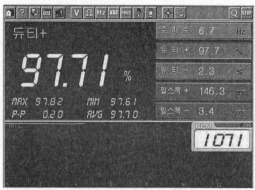

(a) 주파수측정 화면   (b) +듀티 측정화면

[그림 192] 주파수/+듀티측정 화면

(5) 펄스측정기능

차량의 점검항목 중 듀티로 보아야 할 항목은 펄스폭 아이콘 `펄스폭-` 또는 `펄스폭+`을 클릭하면 화면이 펄스로 바뀌면서 데이터를 측정할 수 있다.

(6) 진공측정 기능

멀티미터에서 진공 아이콘 `VAC`을 클릭하면 화면이 진공 측정모드로 바뀐다. 주로 흡기매니폴드의 진공값을 측정할 때 사용된다. 잡음이 없는 평균값을 표출해 주므로 가감속시에 진공값을 보는데 사용된다.

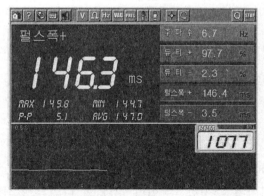 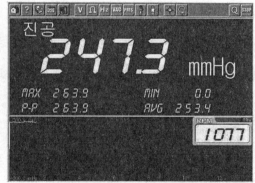

(a) 멀티미터 펄스   (b) 흡기매니폴드 진공도

[그림 193] 펄스/진공측정 화면

(7) 압력측정기능

멀티미터에서 압력 아이콘 PRES 을 클릭하면 압력 측정모드로 들어간다. 연소실의 압축압력, ECS장치의 공기압력, 베이퍼라이저 1차실압력, 자동변속기 유압 등 압력 측정에 사용된다.

(8) 소전류 측정기능

멀티미터에서 소전류 아이콘 을 클릭하면 소전류 측정모드로 들어간다. 전류가 일정하게 지속적으로 흐르는 액추에이터 점검시 주로 사용되며 급변하고 빠르게 변하는 점화1차 전류와 같은 신호는 오실로스코프에서 확인해야 한다. 배터리 암전류 검사는 멀티미터에서 하지 말고 진단가이드에서 실시해야 한다. 측정전류의 한계치는 30A이다.

(a) 압력측정 화면   (b) 소전류 측정 화면

[그림 194] 압력/소전류측정 화면

(8) 대전류 측정기능

멀티미터에서 대전류 아이콘 을 클릭하면 대전류 측정모드로 들어간다. 최고 1000A까지 흐르는 액추에이터 섬섬시 사용한다. 예를 들어 발전기의 충전진류 측징이나 배터리 CCA 검사시 대전류를 사용한다. 단, 대전류는 100A와 1000A 두 가지 모드로 측정할 수 있으며 액추에이터에 흐르는 전류의 양에 따라서 전류의 모드를 수동으로 선택한다.

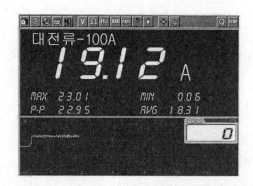

[그림 195] 대전류측정 화면

(9) 재시작 기능

멀티미터에서 재시작 아이콘 을 지금까지 측정된 데이터를 초기화시켜 처음부터 데이터를 다시 측정하는 기능이다.

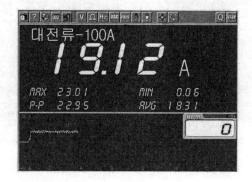

[그림 196] 재시작 화면(데이터 초기화)

[스캔툴 및 멀티미터 기능 실습]

● 스캔툴 및 멀티미터 기능

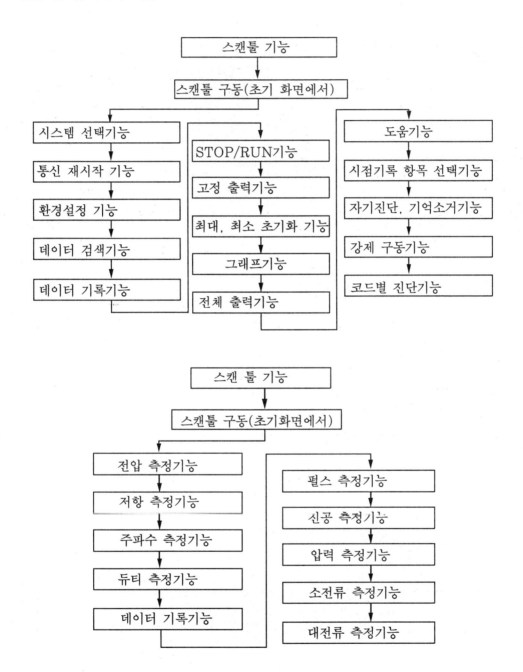

[스캔툴 및 멀티미터기능 점검실습 모델]

1. 스캔툴 기능

① 점검하고자 하는 차량에 자기진단 커넥터를 장착한다.

② Hi-DS메인화면에서 스캔툴을 클릭한다.

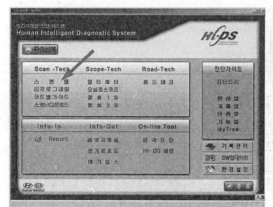 

(a) 스캔툴 초기화면   (b) 스캔툴 통신화면

[그림 197] 스캔툴 구동

③ 스캔툴화면에서 ▦ 아이콘을 클릭하고 진단을 원하는 항목의 시스템을 선택하면 통신을 Open시키며 자기진단을 수행한다.

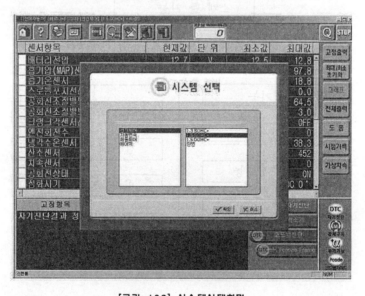

[그림 198] 시스템선택화면

④ 통신이 Open된 후 스캔툴 기능화면에서 상단, 우측 및 하단의 각 아이콘을 클릭하여 각각의 기능을 수행한다.

[각 아이콘의 기능]

아이콘 번호	수행 기능
①	Hi-DS 초기화면으로 이동
②	도움기능(이이콘에 대한 기능 설명)
③	프린트(현재화면을 출력한다.)
④	측정기능(오실로스코프, 점화1/2차파형, 멀티미터, 스캔툴)
⑤	시스템선택 기능(시스템사양 및 제어시스템 선정)
⑥	통신재시작 기능(통신이 두절되었을 때 통신을 재개한다.)
⑦	환경설정 기능(스캔툴 상의 환경을 설정한다.)
⑧	데이터검색 기능
⑨	데이터기록 기능

[그림 199] 통신 후 스캔툴 기능화면

2. 멀티미터 기능

Hi-DS초기화면에서 멀티미터를 클릭한다(또는, 스캔툴화면의 측정기능 아이콘을 클릭한 후 멀티미터를 선택한다. ④번 아이콘).

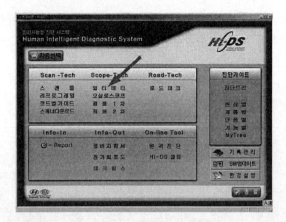

[그림 200] Hi-DS 초기화면

[성취기준]

차량의 자기진단 및 센서출력을 파악하기 위하여 Hi-DS 스캔툴 기능을 익힌다. 그리고 멀티미터 기능을 이용하여 전압, 전류, 듀티, 압력 등을 측정하는 기능 및 아이콘 조작방법을 습득하여 하이테크 정비를 할 수 있는 기초를 마련한다.

[결과정리]

본 소모듈에서는 Hi-DS의 주 기능 중 자기진단 및 스캔툴, 멀티미터 기능을 수행하는 방법을 습득하였다.

① 차량별 자기진단 커넥터의 형상 및 위치 파악

② 스캔툴 기능에 대한 아이콘 조작법

③ 멀티미터의 사용법 및 각 아이콘의 이해

④ 멀티미터를 이용한 전압, 전류, 듀티, 압력의 측정방법 실습

[자기진단 평가표]

- 차량의 자기진단 실시방법을 이해할 수 있다.〔매우우수 우수 미흡 매우미흡〕
- 차량별 자기진단커넥터의 장착위치를 파악하고 있다.〔매우우수 우수 미흡 매우미흡〕
- 스캔툴의 각 아이콘의 기능을 이해할 수 있다.〔매우우수 우수 미흡 매우미흡〕
- 멀티미터의 사용법을 이해할 수 있다.〔매우우수 우수 미흡 매우미흡〕

[심화수준에 따른 자기평가]

각 항목의 보통이하로 표시된 부분은 부족한 내용을 반복 학습하여야 하며, 이해되지 않는 부분은 담당교수에게 확인을 한다.

2.4. 오실로스코프 운영법

2.4.1. 오실로스코프의 개요

[1] 오실로스코프를 사용하는 이유

Hi-DS 초기화면에서 오실로스코프를 선택한다.

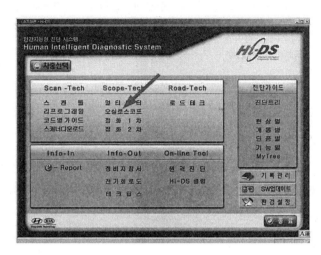

[그림 201] Hi-DS 초기화면

(1) 스캔툴 데이터의 출력값은 ECU의 의지이고, 실제 작동여부는 알 수 없다.

인젝터 작동시간(분사펄스)이 스캔툴 데이터로 보니 약 3ms가 나오고 있다. 이것은 ECU가 여러 입력 요소들의 정보를 받아서 연산을 해보니 현재 해당 실린더에는 A만큼의 연료가 필요하며 A만큼의 연료를 공급하기 위해서는 인젝터를 3ms로 작동시켜야 한다고 ECU가 판단하여 인젝터에게 주는 명령값인지 실제로 ECU가 계산한 A만큼의 연료가 해당 실린더로 공급이 됐는지는 모른다. 그리고 실제 인젝터가 3ms 작동했는지도 모른다. 커넥터를 탈거하여 인젝터기 전혀 작동을 하지 않도록 해도 스캔툴 데이터에서는 인젝터 작동시간이 표출된다.

따라서 ECU의 명령을 받아 일을 수행하는 액추에이터(인젝터, 점화코일, ISA, 연료펌프 릴레이 등)는 실제로 작동했는지의 여부와 ECU의 계산대로 실제로 이루어졌는지의 여부는 오실로스코프로 측정하는 것이 가장 확실하다. 멀티미터 트렌드 창의 레벨은 Auto Range이다. 사용하고자 하는 기능을 선택하고 측정 프로브를 이용해 신호를 측정하면 된다.

(2) 간헐적인 신호를 멀티미터로 측정하면 평균값으로 표출된다.

연료펌프에는 계속적인 신호가 가해지고 있다. 그러나 인젝터, 점화코일 작동신호(파워 TR 베이스 신호) 등은 계속 전원이 가해져 작동하고 있는 것이 아니라 필요한 시기에 필요한 시간만큼 작동하게 되어 있다. 따라서 파워 TR에 제대로 전원이 공급되는지를 점검하기 위해서 멀티미터로 전압을 측정하면 전원이 공급된 시간과 공급되지 않는 시간의 평균값만이 멀티미터에 표출되기 때문에 정확한 작동여부를 알 수 없다. 이와 같은 신호 역시 오실로스코프로 파형의 형상을 보면서 각 지점의 전압값과 최대/최소값을 보아야만 진단을 내릴 수 있다.

(3) 아날로그, 디지털 입력신호의 변화치를 읽을 수 없다.

TPS, MAP센서와 같은 아날로그 신호의 경우 오실로스코프가 아니면 단품 점검도 사실은 불가능하다. 이유는 아날로그 입력 신호의 단품점검은 센서를 가변 시키면서 최소값과 최대값 그리고 가변 도중의 값이 빠지지 않고 잘 나오는가를 보아야 하는데 상당히 빠르게 변하는 스캔툴 데이터의 디지털 숫자를 사람의 눈으로 빠지지 않고 확인한다는 것은 거의 불가능하기 때문이다.

또한, 디지털로 입력되는 신호의 경우는 신호의 빠짐 또는 잡음의 영향으로 신호의 개수가 늘어난 것처럼 ECU로 입력되면 ECU는 연산에 착오를 일으키게 된다. 이 또한 사람의 눈으로 신호의 빠짐이나 잡음 파형으로 인한 신호의 개수 증가를 구분한다는 것은 거의 불가능하다. 따라서 아날로그와 디지털신호 역시 오실로스코프로 점검해야 한다.

(4) 기계적인 문제도 파형으로 잡을 수 있다.

과거 차량들과는 달리 최근의 차량은 연료펌프, 점화코일, ISA, 시동모터 등등의 거의 모든 액추에이터들이 전기 신호에 의해서 작동되게 되어 있다. 전류가 흘러 작동하는 액추에이터는 전압과 전류 파형을 측정하면 기계적인 불량까지도 진단할 수 있고 심지어 압축압력까지도 계산할 수 있다. 이런 것 역시 오실로스코프가 있어야 가능하다.

(5) ECU가 2개의 신호를 동시에 필요로 하는 신호의 연계성 점검

산소센서, 흡입공기량센서 등은 단품 파형을 보고 분석도 하지만 응답성에 관련된 센서들이기 때문에 TPS와 같이 점검해야 한다.

또, ECU는 크랭크축에 장착된 크랭크각센서와 캠축에 장착된 TDC센서의 위치를 비교하여 연료분사시기 및 점화시기 제어를 행한다. 따라서 응답성에 관련된 센서와 ECU가 2개의 신호를 알아야 연산을 할 수 있는 센서들은 2개를 동시에 보면서 분석할 필요성이 있다.

이와 같은 경우 접지가 분리된 2채널 이상의 오실로스코프가 아니면 분석이 불가능하다. 상기와 같은 이유로 스캔툴로는 진단을 내릴 수 있는 범위가 한정되어 있기 때문에 정확한 진단을 내리기 위해서는 오실로스코프가 반드시 필요하다.

[2] 오실로스코프 소개

Hi-DS의 오실로스코프는 총11개 채널로 범용 채널 6개와 전용채널 5개로 구성되어 있다. 화면에 표출할 수 있는 채널수는 최대 6개이며, 범용 채널의 경우 ±600V까지 측정할 수 있다. 화면구성을 살펴보면 상단의 기능별 아이콘과 측정화면 우측의 각종 데이터를 표출하여주는 창으로 구성되어 있다. 측정할 수 있는 데이터는 (듀티-), (주파수), (커서 A), (커서 B), (최대값), (최소값) 및 커서와 커서사이의 (평균값)을 볼 수 있다.

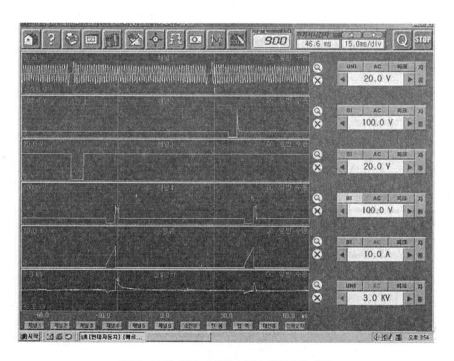

[그림 202] 채널 오실로스코프 환경설정 화면

2.4.2. 오실로스코프의 기능

[1] 환경설정

오실로스코프 화면 상단의 "환경설정" 아이콘 █ 을 클릭하면 선택한 채널별로 스코프 우측 화면에 아래와 같은 설정창이 나타나는데 측정하고자 하는 파형의 형상을 고려하여 레벨을 변경할 수 있다.

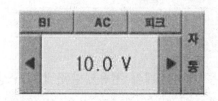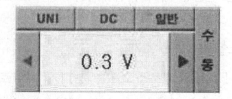

[그림 203] 오실로스코프 레벨설정

① BI(bipolar) : 0 레벨을 기준으로 화면이 (+), (-) 영역으로 출력되며 인덕티브방식 크랭크각센서, ABS 휠 스피드센서, 자동변속기 펄스 제너레이터 A, B, 점화 2차 파형 등의 신호를 측정할 때 이용하면 편리하다.

② UNI(unipolar) : 0 레벨을 기준으로 (+)영역만 출력되며 대부분의 센서파형이나 액추에이터파형, 전원 등을 측정할 때 이용한다.

③ AC(alternate current) : 자동차의 전원은 직류에 가까운 교류이므로 교류성분이 엄연히 존재하게 된다. 직류의 파형을 교류(AC)로 놓게 되면 전원의 레벨을 0으로 다운시킨 후 파형의 웨이브를 확대하여 출력하게 되며, 발전기의 전원 중 발전기 다이오드의 리플전압 측정시를 제외하고는 거의 사용하지 않는다.

④ DC(direct current) : 대부분의 파형은 DC에서 측정한다.

⑤ 수동 : 선택한 채널의 전압이나 전류 혹은 압력/진공의 최고 레벨을 수동으로 변경할 수 있는 모드로써 사용자가 파형을 정밀하게 확대하거나 축소하여 보고자 할 때 임의적으로 레벨을 변경하여 측정한다.

⑥ 자동 : 스코프에 입력되는 파형신호의 레벨이 얼마인지 잘 모를 때 자동으로 설정해 놓고 파형을 측정하면 입력되는 파형은 레벨을 자동으로 맞추어 UNI로 출력된다.

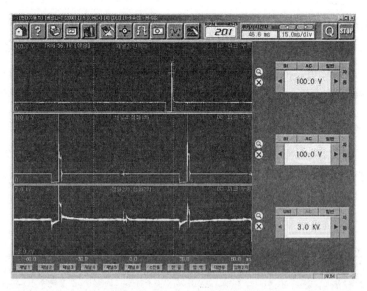

[그림 204] 피크로 설정해야 하는 코일로 구성된 부품의 파형 화면

⑦ 피크 : 인젝터, 점화코일, 각종 솔레노이드밸브 등 코일로 구성된 부품의 파형 측
　　정시에는 반드시 피크모드로 설정해야만 서지전압을 깨끗하고 정확하게 측정할 수
　　있다. 현재 설정되어 있는 샘플링 속도에 무관하게 최고의 샘플링속도(3ms/s)로
　　얻은 데이터를 출력하고 한 시점에 기록될 수 있는 데이터가 중복될 수 있으므로
　　때론 두껍고 진하게 나타난다.

⑧ 일반 : 현재 설정되어 있는 샘플링속도(time/div)에 따라 화면에 표시하기 위한
　　최소한의 데이터를 그리는 모드를 말한다. 채널별 환경설정은 독립적으로 조정이
　　가능하다. 해당 부품의 파형이 어떠한 형상을 그리면서 출력되는지 대략 알고 있
　　어야만 환경설정 하기가 자유스러울 것이며 분석 또한 용이할 것이다.

[2] 트리거 기능

트리거의 의미는 총에 달린 방아쇠를 말하는데 전자적인 용어로도 사용되고 있다. 움
직이는 피사체가 방아쇠가 당겨져 날아오는 총알에 맞으면 죽게 되듯이 흘러가는 파형
의 자취를 원하는 위치에 고정(triggering)시키게 되면 분석하는데 용이할 것이다. 여
기서, 고정시켰다는 것은 파형을 완전히 멈추게 했다는 의미가 아니라 시간에 따라 파
형의 변화는 있지만 측정자가 혼란스럽지 않도록 고정시켜 보여준다는 의미이다.

트리거 아이콘 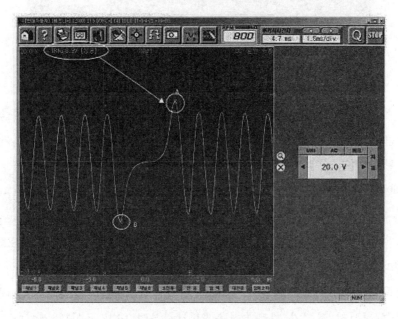을 마우스로 클릭하면 오실로스코프 상에서 실선이었던 A커서와 B 커서 라인이 점선으로 변하게 되며, 마우스 포인터 모양은 "+"로 변하는데 트리거 버튼을 클릭할 때마다 "트리거 상승" → "트리거 하강" → "No trigger"의 순으로 트리거의 기준도 변하게 된다. 마우스 포인터(+) 위치를 파형이 지나가는 폭 범위 내에 클릭하게 되면 파형이 트리거(triggering) 되면서 파형의 색도 흰색으로 바뀐다.

그림 205는 인덕티브 크랭크각센서(CKP)를 트리거링한 화면을 보여주고 있다. 이 파형에서 트리거 할 수 있는 범위는 A와 B사이 어느 곳이나 가능하지만, A 혹은 B 부위에 트리거 포인터를 선택하여 트리거(Trigger) 하면 그림과 같이 원하는 모양의 파형이 잡힌다.

[그림 205] CKP 트리거(trigger) 화면

그림 206은 CKP 신호와 점화 2차 파형을 동시에 잡고 점화 2차를 기준으로 트리거 (trigger) 된 화면이다. 주기가 상대적으로 느린 점화 2차 파형을 트리거 하였다. 트리거 된 파형의 모양은 트리거 포인터의 위치를 어디에 선택하느냐에 달려있다.

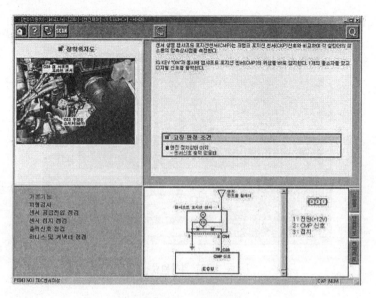

[그림 182] 기본기능 화면

　　그림 182는 기본 기능으로 해당 부품의 장착위치와 더불어 관련된 정보(센서설명, 판정조건, 회로도 등)를 제공하여 정비사의 가이드북 역할을 한다. 검사조건에 맞게 장비를 연결하고 검사를 실시해서 기준파형과 비교 분석하여 센서 및 관련 배선의 이상 유무를 판독한다. 그리고 해당항목의 도움말 아이콘 █을 클릭하면 검사에 필요한 도움말(기준파형, 정비지침)이 나타난다.

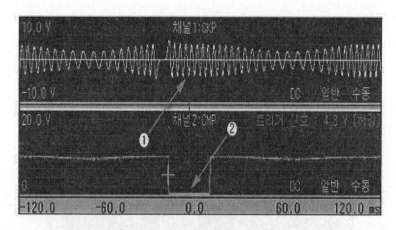

[그림 183] 기준파형(도움말)

[3] 투커서 기능

휠 마우스의 왼쪽과 오른쪽 버튼을 이용하여 A커서와 B커서의 위치를 변경하며 버튼 을 누르면 커서라인이 실선으로 바뀐다. 투커서 데이터는 A와 B점을 포함한 커서 사이의 데이터를 말하며 그 값들이 그림 208과 같이 우측에 나타나게 된다. 화면은 인 젝터 분사파형을 나타내고 있으며 파형간의 듀티 -, 주파수, 커서 A, B점, 최대값, 최 소값, 최대와 최소의 평균값 총 7가지의 데이터를 보여주고 있다.

그림 209는 오실로스코프에서 표출해줄 수 있는 총 6개 채널의 커서간 데이터 값을 보여주고 있다. 투 커서 내에 출력되는 파형이 한 주기가 되지 않으면 주파수와 듀티 (-)값이 나타나지 않는다.

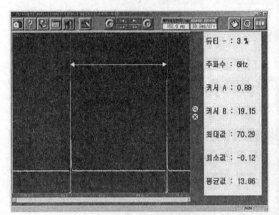

[그림 208] 커서간 데이터 보기

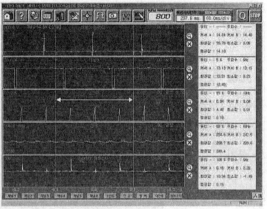

[그림 209] 다채널 투커서 데이터 보기

[4] 싱글샷 기능

사용자 임의로 설정한 신호 레벨로 측정신호가 포착될 때 자동으로 정지하여 파형을 기록한다. TPS와 MAP센서의 응답실험을 통해 싱글샷 기능을 설명한다.

오실로스코프 2채널을 띄어 놓고 1번 채널에 TPS 신호를 잡고 2번 채널에 MAP 신 호를 잡는다. 우측 상단에서 샘플링 시간을 300ms/div 정도로 압축하여 설정한다. 이 때, 샘플링 시간을 지나치게 짧게 확대하여 설정하게 되면, 분석하기가 어렵게 된다.

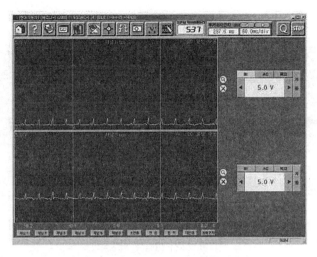

[그림 210] 오실로스코프 2채널 화면

오실로스코프 상단에 있는 기능아이콘 ⬚ 을 클릭하여 싱글샷 창을 띄운다. 아래 그림은 1번과 2번 채널을 선택하였기 때문에 싱글샷 창에서도 1번과 2번 채널이 나오는 것이며 이 EO채널 1번이 트리거의 기준창이 된다. 채널수를 여러 개 선택하였다면 선택한 채널수대로 아이콘이 생긴다. 싱글샷 창에서 환경설정 버튼은 오실로스코프의 환경설정과 동일한 것으로 싱글샷 모드의 화면을 설정하게 되는 것이다.

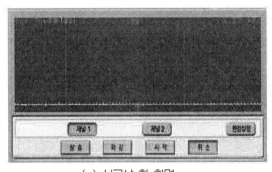

(a) 싱글샷 창 화면

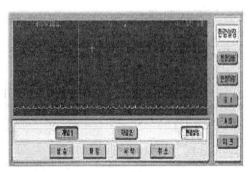

(b) 싱글샷 설정

[그림 211] 싱글샷 설정 화면

급가속시 TPS 출력이 3.9V(예)를 넘을 때 트리거 하도록 왼쪽 마우스를 이용하여 1전 채널 화면에 트리거 포인터(+)를 찍고 "상승"을 누른 다음 "시작"을 누른다. 1번 채널에 입력신호가 3.9V를 지나는 상승신호가 들어올 때까지 "데이터를 측정중입니다." 라는 메시지가 계속적으로 깜박인다.

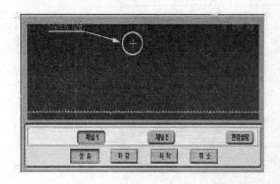
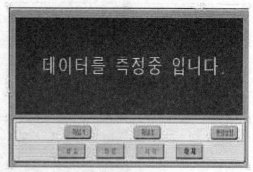

(a) 싱글샷 시작　　　　　　　　　　　　　　(b) 싱글샷 측정중

[그림 212] 싱글샷 측정화면

엔진회전수가 1500rpm을 넘지 않도록 가속페달을 급격하게 밟았다 놓는다. 1번 채널에 입력조건 대로 신호가 들어오게 되면 아래와 같은 파일 전송창이 나타나면서 IB에서 PC로 데이터가 전송된다. 이때 데이터 저장용량은 최대 7초 분량이 되며, 만약 측정시간이 5초였다면 저장용량은 최대 5초가 된다. 즉, 오실로스코프에서 "STOP" 버튼을 누른 다음 저장하거나 비디오기능을 이용하여 검색할 수 있는 데이터 저장용량과 동일하다.

[그림 213] 파일 전송 화면

IB에서 PC로 데이터 전송이 끝나면 그림 214와 같은 결과화면이 나타난다. 마우스를 이용하여 A커서와 B커서의 위치를 변경하면서 투커서 데이터를 분석하면 된다. 싱글샷 기능은 이외에도 편리한 기능을 많이 가지고 있는데 배선의 커넥터나 퓨저블 링크 접촉불량 확인, 급가속시 TPS 신호에 따른 산소센서의 응답성 실험 등 많은 점에서 편리성을 제공해 준다.

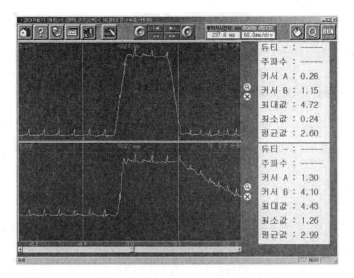

[그림 214] 싱글샷 결과 화면

[5] 샘플링시간 조정 기능

오실로스코프를 이용하여 파형 측정시 샘플링 시간(time/div)조정이 중요하다. 오실로스코프 화면상의 그리드 수와 간격은 1개 채널을 사용하든 6개의 채널을 사용하든 일정하다. 그리드(Grid) 시간 당 그리게 되는 파형을 압축하거나 확대하여 시간축을 조절한다. 샘플링 시간을 압축하거나 확대할 수 있는 범위는 채널수에 따라 정해져 있다.

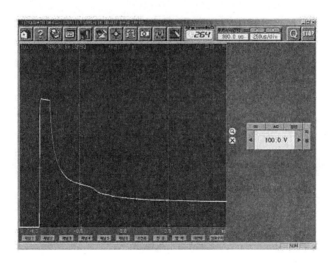

[그림 215] 1채널 선택시 샘플링(최대확대 : 250us/div, 최대압축 : 1.5s/div)

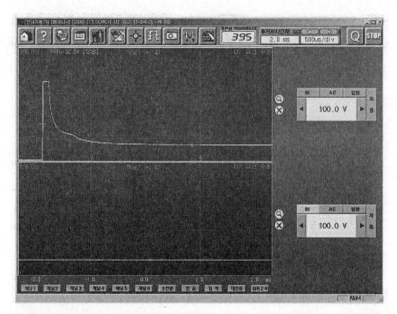

[그림 216] 2채널 선택시 샘플링(최대확대 : 500us/div, 최대압축 : 1.5s/div)

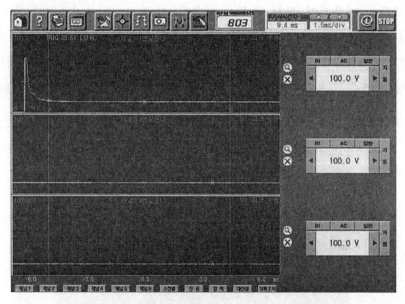

[그림 217] 3채널 선택시 샘플링(최대확대 : 1.5ms/div, 최대압축 : 1.5s/div)

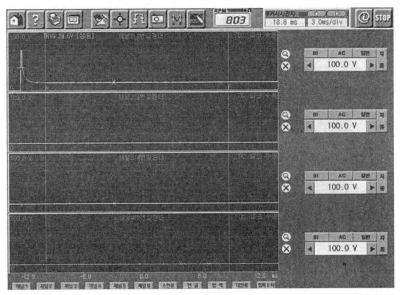

[그림 218] 4채널 선택시 샘플링(최대확대 : 3.0ms/div, 최대압축 : 1.5s/div)

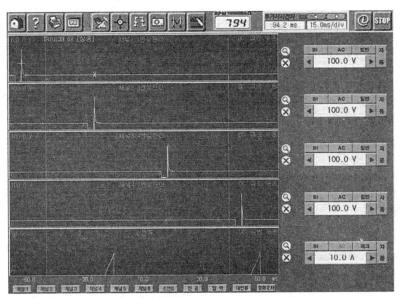

[그림 219] 5채널 선택시 샘플링(최대확대 : 15ms/div, 최대압축 : 1.5s/div)

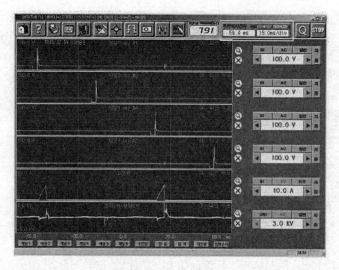

[그림 220] 6채널 선택시 샘플링(최대확대 : 15ms/div, 최대압축 : 1.5s/div)

파형을 가장 보기 좋은 상태로 출력하기 위해서는 샘플링 속도를 조정해야 한다. 1개 채널을 선택했을 때 시간 축을 최대로 확대할 수 있고, 채널수를 많이 선택할수록 확대할 수 있는 샘플링 시간은 길어진다. 그림 1에서 6까지 채널수 선택에 따른 채널간에 시간축을 압축하거나 확대할 수 있는 한계치를 비교해 보면 이해가 쉬울 것이다. 만약 6개의 채널을 모두 띄어 놓은 후 한 개의 채널만 확대했을 경우에 샘플링 속도는 6개의 채널을 선택했을 때의 샘플링 속도를 따른다. 즉, 압축할 수 있는 샘플링 시간은 최대 1.5s/div이며, 확대할 수 있는 최대의 샘플링 시간은 최대 15ms/div이다.

"STOP"을 누르고 데이터를 저장했을 경우와 싱글샷 기능에서 조건 트리거에 입력신호가 들어온 후 데이터 분석시 샘플링 시간은 처음 설정해 놓은 시간보다 확대는 불가능하며 압축의 경우 몇 채널을 선택했는가에 따라 압축할 수 있는 샘플링 시간이 다르다.

[6] 채널이름 입력 기능

기본적으로 제공되는 오실로스코프의 범용 6채널과 소전류, 대전류, 압축, 진공, 점화 2차의 총 11개 채널에서 측정되는 항목을 그대로 저장하게 되면 차후에 다시 분석하고자 할 때 혼란이 올 수 있다.

채널별로 무엇을 측정한 항목인지를 알 수 있도록 채널이름 입력 아이콘 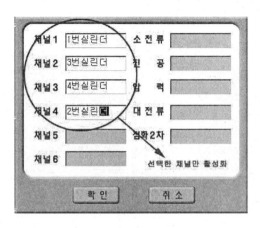을 제공한다. 띄어 놓은 창의 개수에 따라 이름을 입력할 수 있는 항목이 아래 그림처럼 흰색으로 활성화되어 커서가 깜빡이는데 키보드를 이용하여 입력한다.

[그림 221] 채널이름 입력

이 외에도 원고 사례작성이나 정보 교류시 편리한 기능이다. 채널이름을 입력하면 아래와 같은 분사순서를 알기 위해 채널이름을 입력한 화면을 볼 수 있다.

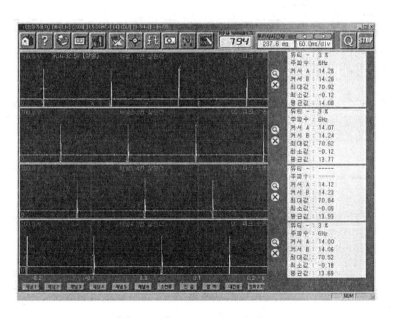

[그림 222] 채널이름 입력후 화면

[7] 데이터분석 및 저장 기능

(1) 데이터 분석

데이터는 실시간으로 분석할 수 있지만 저장시켜 놓고 지나간 데이터를 분석할 수도 있다. 아이콘 ▣을 클릭하여 화면을 정지시킨다.

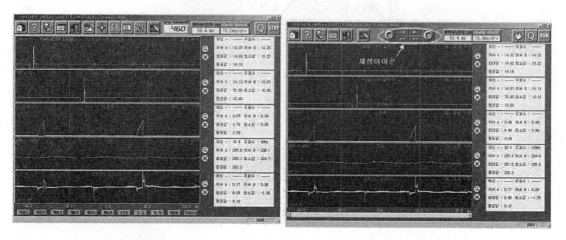

      (a) Running 상태   (b) STOP 상태

[그림 223] 데이터의 재생

재생 아이콘인 ▣을 마우스를 이용하여 아무 곳이나 클릭한다. STOP 버튼을 누르기 직전까지 자동으로 기록했던 최대 7초간의 데이터를 IB에서 PC로 전송한다. 재생 아이콘과 투커서를 이용하여 데이터 창의 수치 및 파형의 모양을 보면서 분석한다.

[그림 224] IB -PC전송

(2) 파일저장

분석을 한 다음 저장아이콘 █을 클릭하게 되면 아래와 같은 화면이 나타난다. 파일
이름을 입력한 후 저장을 클릭한다.

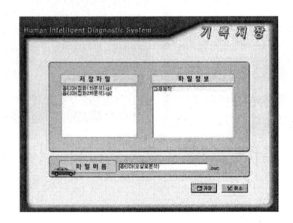

[그림 112] 데이터의 기록

※ 참고 3: STOP을 누른 후 재생 아이콘을 이용하여 분석을 하지 않은 상태에서 곧바로 저장아이콘 을 클릭하게 되면 아래와 같은 메시지 창이 나오면서 저장이 진행된다.

2.5. 파형측정 및 분석

2.5.1. 점화 1차 파형

[1] 점화 1차 파형의 개요

Hi-DS 초기화면에서 점화 1차를 클릭하여 점화1차 측정화면으로 들어간다. 점화 1차를 선택하면 기본적으로 그림 226(b)과 같이 3차원 측정화면이 나타난다.

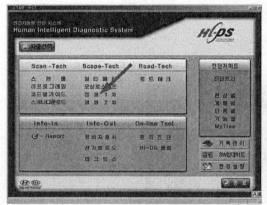
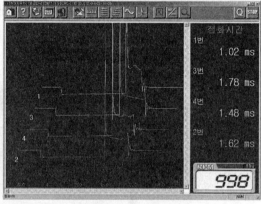

(a) Hi-DS 초기화면 (b) 점화1차 파형 측정화면

[그림 226] 점화 1차 파형 측정 기본화면

점화 1차와 2차의 구성 아이콘은 아래와 같이 동일하다.

직렬, 병렬, 3차원 트렌드, 개별, 파형의 형상을 보기 좋게 설정하는 환경설정, 점화 2차나 오실로스코프 혹은 스캔툴, 멀티로 이동할 수 있는 항목측정, 직렬파형의 부분확대(Zoom) 등의 기능을 가지고 있다. 피크전압 측정은 최고 ±600V까지 가능하며 전압 레벨 및 시간 조절은 환경설정에서 할 수 있다.

[2] 점화 1차 파형 측정

배터리 전압이 흐르고 있는 점화1차회로 중 "코일(-)"에서 측정한 전압의 변화가 점화 1차 파형이다. 점화1차 파형을 측정하기 위해서 채널프로브를 이용한다.

① 배전기 방식의 SOHC의 경우는 1번 채널을 코일(-)에 연결한다.

② 코일이 2개인 DLI 4기통의 경우는 1번, 2번 채널을 코일(-)에 각각 연결한다.

③ 코일이 3개인 DLI 6기통의 경우는 1번, 2번, 3번 채널을 코일(-)에 연결한다.

레간자, 누비라, 라노스 등 Delphi System은 "코일(-)"가 점화코일 내부에 있으므로 점화1차 파형을 측정할 수 없다. 점화 1차 파형에서 엔진 RPM 및 실린더별 점화 1차 파형의 기준신호를 잡기 위해서는 반드시 점화 중간모듈에 연결되어 있는 트리거 센서를 1번 기통으로 가는 2차 고압선에 연결해야 한다.

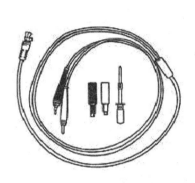

(a) 채널프로브

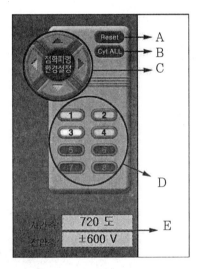

(b) 환경설정창

[그림 227] 채널 프로브 및 환경설정창

[3] 환경설정 기능

환경설정 아이콘 ▨을 누르면 사용자가 가장 보기 좋은 적절한 크기로 파형의 전압 레벨 및 시간축을 조절할 수 있으며 환경설정 창이 나타난다. A와 B는 트렌드(trend) 화면에서만 활성화되며 A는 트렌드를 재시작(refresh)하는 버튼이고, B는 트렌드 창에서 전체 실린더를 선택하는 버튼이다. D에는 실린더 수만큼 컬러로 활성화되며 트렌드 화면에서는 해당 실린더의 번호를 클릭할 때마다 그 실린더의 파형이 없어진다.

개별실린더를 선택했을 때는 선택한 실린더만 컬러로 활성화가 되며 실린더 선택 버튼으로도 사용 가능하다. 환경설정을 해제하고 싶으면 환경설정 아이콘을 다시 한번 클릭한다.

(1) 파형별 시간축 범위

① **직렬** : 5ms, 10ms, 50ms, 150ms, 720도

② **병렬** : 5ms, 10ms, 20ms, 100%

③ **3차원** : 5ms, 10ms, 20ms, 100%

④ **트렌드** : 5ms, 10ms, 20ms, 100%

(2) 파형별 전압축 범위

① **직렬, 병렬, 3차원 트렌드, 개별 모두** : MAX 600V

[4] 점화 1차 직렬파형

직렬파형 아이콘을 클릭하면 아래와 같은 직렬파형이 나타난다. 직렬파형은 주로 실린더간 피크 전압의 편차를 비교할 때 편리하다. 피크전압의 최고 높이가 화면 상단 이상으로 넘어갔으면 환경설정에서 전압축의 레벨을 조정하여 분석한다.

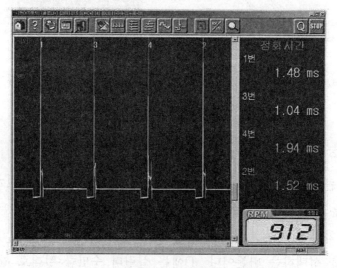

[그림 228] 점화1차 직렬파형 측정화면

직렬파형에서 피크전압의 상대 비교하던 중 특정한 부위에 모양이 이상하다 싶으면 확대(Zoom) 버튼인 🔍을 누른 후 원하는 부위에 왼쪽마우스를 클릭하면 다음과 같은 확대화면이 나타난다. 확대한 부위를 비교하면서 직렬파형을 분석한다. 부분확대 기능은 직렬파형에서만 지원하고 있다. 특성값 아이콘 을 클릭할 때마다 측정 데이터 창의 항목이 바뀌면서 출력하는데 점화시간 → 점화전압 → 피크전압 → TR Off 전압 → 드웰시간의 순서로 항목이 변하게 된다.

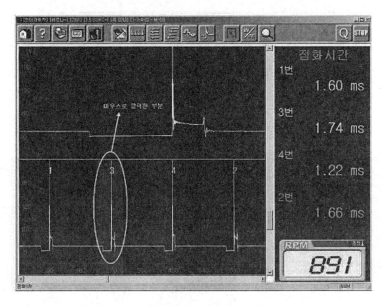

[그림 229] 점화 1차 부분 확대 화면

[5] 점화 1차 병렬파형

병렬파형 아이콘 을 클릭하면 그림 230과 같은 병렬파형이 나타난다. 병렬파형은 드웰시간 및 점화시간 부위를 실린더 별로 비교 분석할 때 이용하면 편리하다. 시간차를 비교 분석하기 쉽도록 투커서 A, B를 제공해 주며 마우스의 왼쪽 버튼과 오른쪽 버튼으로 커서의 위치를 이동시켜 화면에 나타나는 시간을 판독한다.

환경설정에서 시간 및 전압의 레벨을 변경하여 볼 수 있다. 직렬파형에서와 마찬가지로 특성치 아이콘 을 클릭하여 데이터 창의 항목을 바꾸면서 분석한다. 항목이 변하는 순서는 점화시간 → 점화전압 → 피크전압 → TR Off 전압 → 드웰시간의 순서로 항목이 바뀐다.

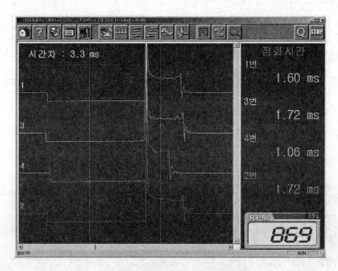

[그림 230] 점화 1차 병렬파형

[그림 231] 특성값 변화순서

[6] 점화 1차 3차원 파형

점화1차를 선택했을 때 처음 나오는 항목이 3차원 모드이다. 직렬파형과 병렬파형을 조합하여 3차원적으로 보여주기 때문에 실린더별 피크전압의 비교 및 점화시간의 비교를 동시에 하기에 편리하다. 병렬파형 아이콘 █을 클릭하면 그림 232와 같이 3차원 파형이 나타난다.

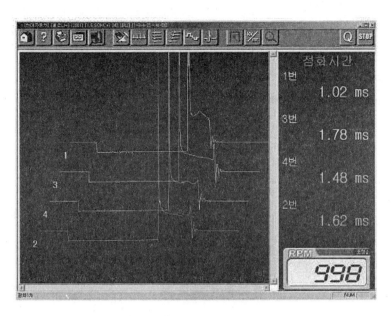

[그림 232] 점화 1차 3차원 파형

　환경설정 버튼을 이용하여 보기 좋은 파형으로 분석할 수 있다. 직렬 및 병렬파형에서와 마찬가지로 특성치 아이콘 █을 클릭하여 측정데이터 창의 항목을 바꾸어 보면서 분석할 수 있다.

　점화특성버튼을 클릭할 때마다 바뀌는 항목 순서는 직렬 및 병렬과 동일하다. 점화시간 → 점화전압 → 피크전압 → TR Off 전압 → 드웰시간

[7] 점화 1차 개별파형

　개별파형 아이콘 █을 클릭하면 개별파형 모드로 전환되며 그림 233과 같이 나타난다. 점화 1차 파형을 실린더 별로 하나씩 개별적으로 보고자 할 때는 실린더 선택 아이콘 █을 한번씩 클릭하면 점화순서(1-3-4-2, 1-2-3-4-5-6, 1-5-3-6-2-4 등)에 의거하여 개별적으로 점화1차 파형 나타난다.

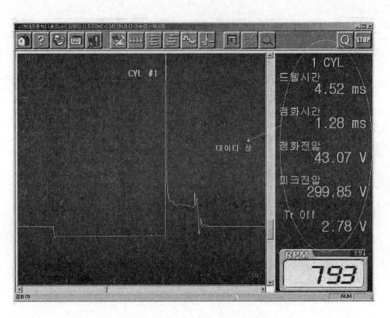

[그림 233] 점화 1차 개별 파형(1번 실린더)

[8] 점화 1차 트렌드(trend)

트렌드란 시간에 따라 변하는 데이터 값의 변화를 점으로 표시하여 이은 결과를 나타내며 일종의 추세 및 경향이라 할 수 있다. 트렌드 데이터의 상하 변화폭은 멀티의 트렌드와 오실로스코프의 자동모드처럼 Auto-range로 구성되어 있어서 데이터의 급작스러운 변화에도 자동으로 레인지 설정을 해준다.

점화 1차 트렌드에서 보여주는 데이터 값은 RPM, 피크전압, 점화전압, 점화시간, TR Off 전압, 드웰시간 총 6가지이다. 트렌드 아이콘 을 클릭하면 트렌드 화면으로 전환된다. 트렌드 아이콘 선택 직전의 출력형태에 따라 트렌드 데이터 창에 나타나는 데이터 형태가 다르다.

(1) 직렬, 병열, 3차원 모드 ➡ 트렌드 모드(점화특성 기준)

특성치 아이콘 을 클릭할 때마다 데이터 창에 나타나는 점화특성치의 변화가 아래 그림처럼 점화시간 → 점화전압 → 피크전압 → TR Off 전압 → 드웰시간의 순으로 바뀐다.

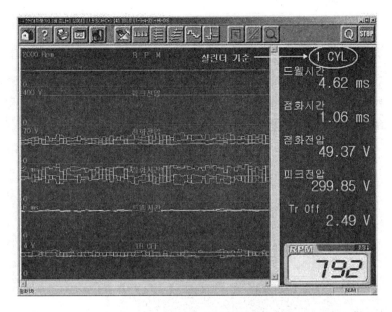

[그림 234] 트렌드 모드 화면

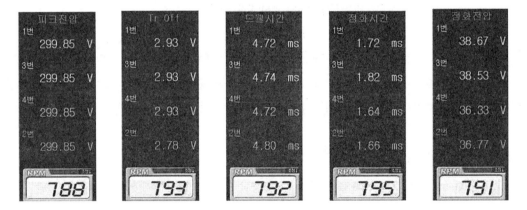

[그림 235] 점화 특성치 변화

(2) 개별 모드 ➡ 트렌드 모드(실린더번호 기순)

그림 236은 개별모드에서 4번 실린더를 분석하다가 트렌드로 진입했을 때의 화면을 나타낸다. 예를 들어 3번 실린더의 점화특성치가 우측데이터 창에 나타나게 하려면 개별파형 모드로 진입 후 3번 실린더를 선택한 다음 트렌드로 다시 진입해야 한다.

트렌드 창에 나타나는 점화특성값(RPM, 피크전압, 점화전압, 점화시간, 드웰각) 들은 시간에 따라 똑같은 경향을 가지고 변해야 하며 어느 한 실린더의 데이터가 다르게 움직이면 해당실린더 점화 1차 라인에 문제가 있는 것이다.

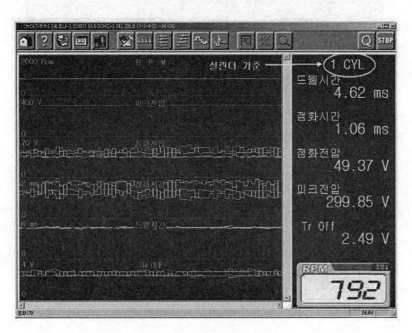

[그림 236] 개별 모드 화면

　이때 실린더 별로 겹쳐서 나오기 때문에 몇 번 실린더가 불량인지 알기 힘든다. 이와
같은 경우 환경설정 버튼을 클릭한 후 해당 실린더를 한번 클릭하면 그 실린더의 트렌
드 데이터가 없어지고 다시 클릭하면 나타나다.

[9] 데이터 분석 및 저장

(1) 데이터 분석

　데이터는 실시간으로 분석할 수도 있지만 데이터를 저장시켜 놓고 지나간 데이터를
분석할 수도 있다. 정지아이콘 █ 을 클릭하여 현재 화면을 정지시킨다. 재생 아이콘
█ 을 마우스를 이용하여 아무 곳이나 클릭한다. 재생 아이콘과 투 커서를 이용
하여 데이터 창의 수치 및 파형의 모양을 보면서 분석한다.

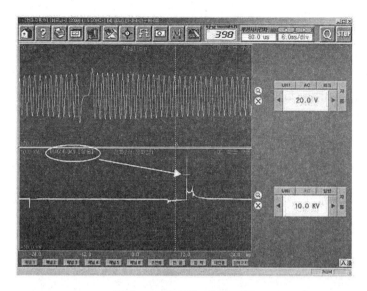

[그림 206] 2채널 트리거 화면

그림 207은 4번째 화면의 압력신호를 기준으로 트리거된 다채널 화면이다. 동시에 2개의 채널을 트리거 할 때는 주기시간이 긴 파형을 기준으로 트리거를 잡으면 좋다. 오실로스코프 트리거 기능은 총 11개 채널(범용채널 6개, 소전류, 대전류, 압력, 진공, 점화 2차) 모두에서 가능하다.

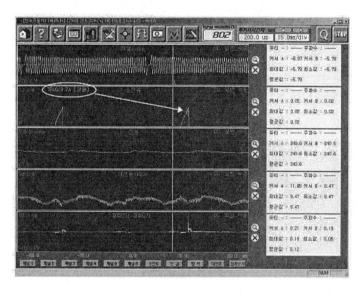

[그림 207] 다채널 트리거 화면

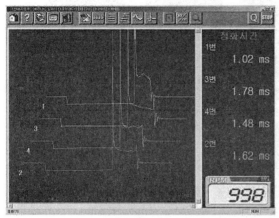
(a) Running 상태 화면

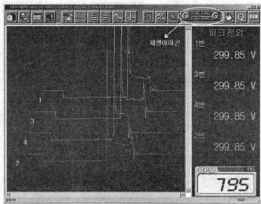
(b) STOP 상태 화면

[그림 237] 가동/정지상태 화면

※ 참고 1 : STOP을 누른 상태에서는 환경설정의 시간축 및 전압축의 레벨을 변경할 수
없으며 STOP을 누르기 전에 세팅되어 있던 환경설정 기준으로 재생된다.

※ 참고 2 : 저장화면에서 시간축 조정은 안되며 전압축 레벨 조정은 가능하다.

※ 참고 3 : 점화 2차와 마찬가지로 점화1차에서도 STOP 버튼을 이용하여 화면을 정지시
켰을 경우 엔진 1000사이클 분량의 데이터가 직렬파형 모드를 제외한 각 모드
별로 동시에 저장되기 때문에 분석의 동기성을 제고해 준다.

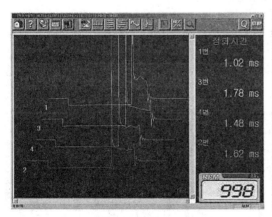
(a) 3차원 파형

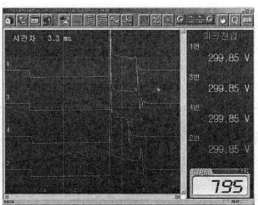
(b) 병렬 파형

[그림 238] 3차원 및 병열파형

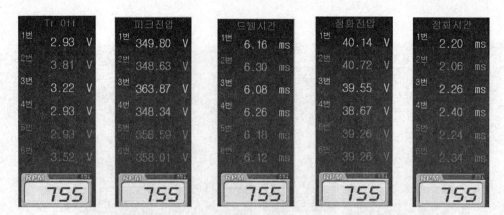

[그림 239] 3차원 및 병렬파형 분석

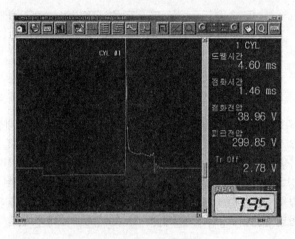

(a) 개별 파형

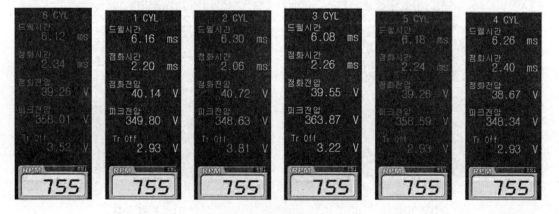

(b) 개별 파형분서

[그림 240] 개별파형 및 분석

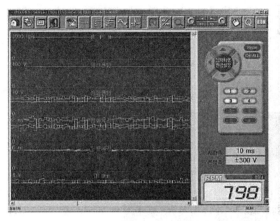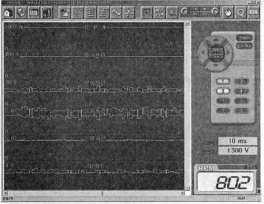

[그림 241] 트렌드파형 분석

(2) 파일 저장(파일 이름.ig(1)

분석을 마친 후 을 클릭하게 되면 그림 242와 같은 기록저장 창이 나타난다. 파일
이름을 입력하고 저장을 클릭한다.

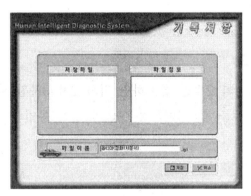

[그림 242] 파일 저장화면

※ 참고 1 : Hi-DS 폴더 저장데이터 안에 저장되는데 차종 선택시 차량번호를 입력하지 않
았을 경우 데이터량이 많아지면 찾기가 복잡해지므로 차종 선택시 차량번호를
입력하면 효율적으로 데이터를 관리할 수 있다.
※ 참고 2 : 한 화면의 그림이 저장되는 것이 아니고 확장자가 .ig1인 파일을 저장하는 것
이며 차후에 메인화면의 기록 관리에서 불러와 재분석할 수 있다.

Hi-DS 메인화면의 기록관리에서 저장된 데이터를 불러오면 아래 그림과 같이 나오는데 여기서 주목할 만한 것은 메뉴 상단에 "SCAN"이란 스캔툴 아이콘이 생기며 이는 언제든지 마우스 원클릭으로 신속하게 스캔툴 환경으로 이동할 수 있다.

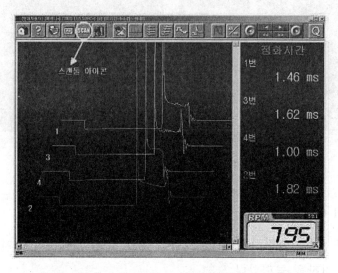

[그림 243] 기록 관리에서 저장데이터를 불러온 화면

2.5.2. 점화 2차 파형

[1] 점화 2차 파형의 개요

Hi-DS 초기화면에서 점화 2차를 클릭하면 점화 2차 3차원 파형화면이 나타난다. 점화 2차도 1차와 마찬가지로 구성 아이콘은 아래와 같이 동일하다.

점화 2차를 선택하면 제일먼저 그림 244와 같은 3차원 파형 화면이 나타난다. 직렬, 병렬, 3차원 트렌드, 개별, 파형의 형상을 보기 좋게 설정하는 환경설정, 점화 2차나 오실로스코프 혹은 스캔툴, 멀티로 이동할 수 있는 항목측정, 직렬파형의 부분 확대(zoom) 등의 기능을 가지고 있다. 전압측정은 최고 50,000V(50KV)까지 가능하며 전압레벨 및 시간조정은 환경설정에서 한다.

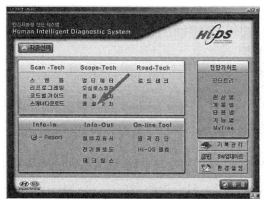

(a) Hi-DS 초기화면

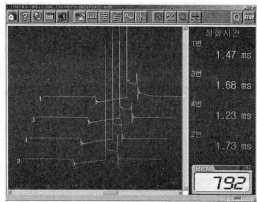

(b) 점화 2차 초기화면

[그림 244] 점화 2차 파형측정 화면

[2] 점화 2차 파형 측정

점화 2차 파형은 점화 2차 프로브를 이용한다. 점화 프로브는 그림 245와 같이 적색 3개와 흑색 3개로 구성되어 있다.

(a) 적색

(b) 흑색

[그림 245] 점화 2차 프로브

(1) 점화 2차 시스템(Ignition system)에 따른 점화 2차 프로브 연결방법

① 배전기 타입 : 적색 프로브 3개 중 임의의 한 개를 점화코일과 배전기사이 고압선에 연결한다. 기통수에 상관없이 모두 측정 가능하다.

② 1코일 2실린더 타입(DLI) : 정극성 고압선에 적색 프로브를 연결하고 역극성 고압선에 흑색 프로브를 연결한다. 총 6기통까지 측정 가능하다.

※ 참고 1: 점화 2차 모드에서 적색 프로브를 고압선에 장착하여 파형이 정상이면 정 극성
이고 거꾸로 뒤집혀 나오면 역극성이다.

※ 참고 2: DIS(direct ignition system)의 경우는 점화 2차 프로브를 연결할 고압선이 외
부에 나와 있지 않으므로 측정 불가능하다.

[3] 환경설정 기능

환경설정 아이콘 을 누르면 사용자가 가장 보기 좋은 적절한 크기로 파형의 전압
레벨 및 시간축을 조절할 수 있으며 환경설정 창이 나타난다. A와 B는 트렌드
(trend) 화면에서만 활성화되며 A는 트렌드를 재시작(refresh)하는 버튼이고, B는 트
렌드 창에서 전체 실린더를 선택하는 버튼이다. D에는 실린더 수만큼 컬러로 활성화되
며 트렌드 화면에서는 해당 실린더의 번호를 클릭할 때마다 그 실린더의 파형이 없어진
다. 개별실린더를 선택했을 때는 선택한 실린더만 컬러로 활성화가 되며 실린더 선택
버튼으로도 사용 가능하다. 환경설정을 해제하고 싶으면 환경설정 아이콘을 다시 한번
클릭한다.

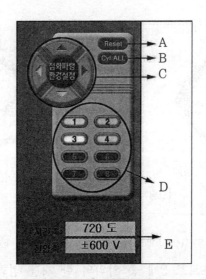

[그림 246] 환경설정 화면

(1) 파형별 시간축 범위

① 직렬 : 5ms, 10ms, 50ms, 150ms, 720도

② 병렬 : 5ms, 10ms, 20ms, 100%

③ 3차원 : 5ms, 10ms, 20ms, 100%

④ 트렌드 : 5ms, 10ms, 20ms, 100%

(2) 파형별 전압축 범위

① 직렬, 병렬, 3차원 트렌드, 개별 모두 : MAX ±50KV

[4] 점화 2차 직렬파형

직렬파형 아이콘 ▨을 클릭하면 그림 247과 같은 직렬파형이 나타난다. 직렬파형은 주로 실린더간 피크 전압의 편차를 비교할 때 편리하다. 피크전압의 최고 높이가 화면 상단 이상으로 넘어갈 경우 환경설정에서 전압축의 레벨을 조정하여 분석한다.

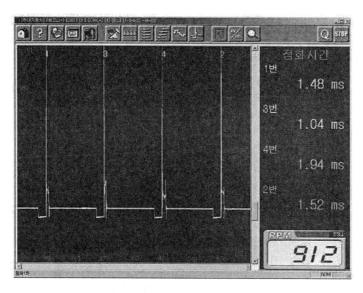

[그림 247] 점화 2차 직렬파형

직렬파형에서 피크전압의 상대 비교하던 중 특정한 부위에 모양이 이상하다 싶으면 확대(Zoom) 아이콘 ▨을 누른 후 원하는 부위에 왼쪽마우스를 클릭하면 그림 248과 와 같은 확대화면이 나타난다. 확대한 부위를 비교하면서 직렬파형을 분석한다. 부분확대 기능은 직렬파형에서만 지원하고 있다.

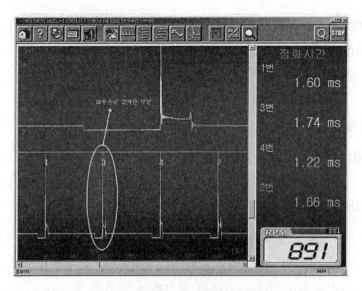

[그림 248] 점화 2차 부분 확대 화면

특성값 아이콘 을 클릭할 때마다 측정 데이터 창의 항목이 바뀌면서 출력하는데 점화시간→점화전압→피크전압→TR Off 전압→드웰시간의 순서로 항목이 변하게 된다. 점화 2차 병열파형, 트렌드파형 및 데이터 저장 및 재생은 점화 1차 파형과 동일하다.

2.5.3. 진단가이드에 의한 분석

[1] 진단가이드 개요

Hi-DS 초기화면에서 진단가이드를 선택한다.

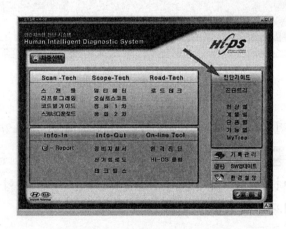

[그림 249] Hi-DS 초기화면(진단가이드)

(1) 진단가이드 목록

메인화면에서의 기능은 진단트리를 포함하여 5가지 기능으로 되어 있고 진단가이드 구성은 다음과 같이 4가지로 되어 있다.

① 진단별 현상
② 계통별 진단
③ 단품별 진단
④ 기능별 진단

이 4가지 진단 모듈은 Tree 구조로 한 화면에 표출되어 어떠한 기능이 있는지를 한 눈에 알 수 있고 작업자의 작업 방향에 따라 한번에 작업으로 들어갈 수 있도록 되어 있다.

(a) 진단가이드 목록   (b) 진단트리 화면

[그림 250] 진단가이드 목록 및 진단트리 화면

(2) 현상별 진단

현상별 진단은 다음과 같이 몇 개의 큰 분류로 나뉘어진다.

① 시동불량
② 시동꺼짐
③ 가속, 출력불량
④ 역화, 노킹

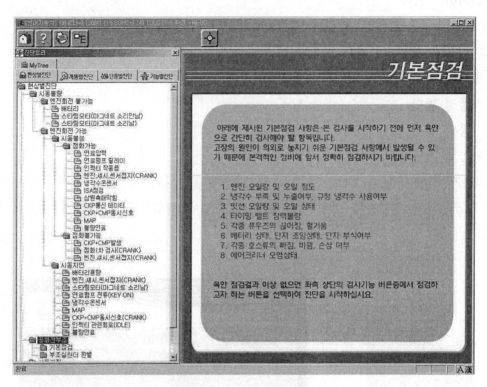

[그림 251] 현상별 진단화면

시동 불량일 경우 엔진 회전이 가능한지 불가능한지로 나뉘어지며 엔진 회전이 가능하다면 점화가 되는지 되지 않는지를 나누어서 그에 해당하는 부분을 점검하도록 나열되어 있다.

① 공통실린더 부조인지 특정실린더 부조인지의 여부를 확인하는 기능

② 공통실린더 부조의 경우 입력을 봐야할지 출력을 봐야할지 구분하는 기능

③ 급가속 시험에 의한 점화계통 불량인지 연료계통 불량인지 구분하는 기능

이와 같은 특별한 기능에 의해 정비사는 작업의 단계가 매우 선명해지고 시행착오를 제거하게 된다. 기타, 진단 가능한 내용은 다음과 같다.

① 진공센서를 이용한 밸브계통 진단기능

② 연료압력을 알아내는 간이측정 기술

③ 점화플러그를 뽑지않고 압축압력을 알아내는 기술

④ 선간전압의 원리와 장비 접지선의 고저항화를 통한 다채널 동시 사용기술

⑤ 점화장치의 정밀진단 정비 Flow

⑥ 시동 불량시 진단의 Flow

⑦ 엔진 부조시 진단 Flow

⑧ 급가속 실험요령에 대한 진단 Flow

(3) 계통별 진단

계통별 진단은 연료, 점화 흡·배기, 시동, 충전계통으로 분류하여 각 계통에 관계되는 예측 가능한 중요 요인들을 단독, 또는 복합으로 봐야할 아이템으로 소분류되어 있다.

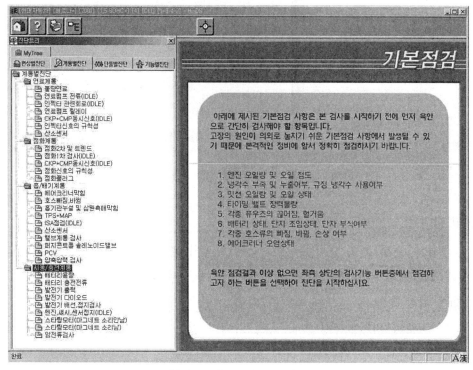

[그림 252] 계통별 진단 화면

(4) 단품별 진단

단품별 진단은 입·출력 구분요령 진단에 의거하여 입력과 출력계통으로 분류하여 이원화하였다. 이로 인해 이것저것 무작위로 집히는데 마다 점검하는 낭비를 원천적으로 차단할 수 있다.

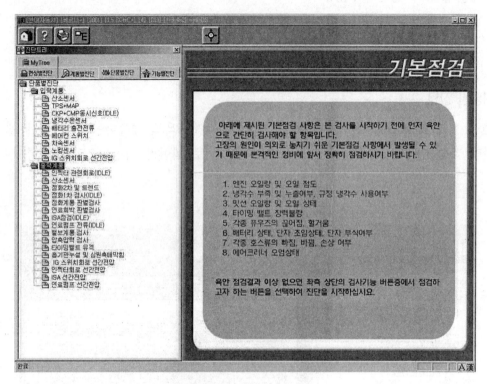

[그림 253] 단품별 진단 화면

(5) 기능별 진단

Hi-DS에서 사용된 기능별 진단 기능에서 항목이 증가되고 측정이 합리적으로 진행될 수 있게 되었으며 두 가지 복합적으로 판정해야할 부분이 강화되었다.

① 가장 난해한 작업을 신속한 정비를 위한 진단 기능 30가지 이상

② 원하는 부품의 위치, 측정단자, 측정 커넥터 핀, 기준파형, 측정파형, 관련부분 회로도, 전체회로도를 일목요연하게 제시

③ 각 항목별로 측정의 순서, 측정값의 분석요령과 과정, 그 다음 단계의 작업유도를 통하여 장비가 작업자의 방향을 잡아주며 원하는 목적까지 가게 만든 논리적 Flow

④ 특히, 어느 실린더가 부조하는지의 원인 규명은 물론 기계적인 문제에서 연료압력을 안 재고도 간접적으로 압력을 알 수 있고 스파크플러그를 안 빼고도 거의 100% 압축압력을 알아낼 수 있다.

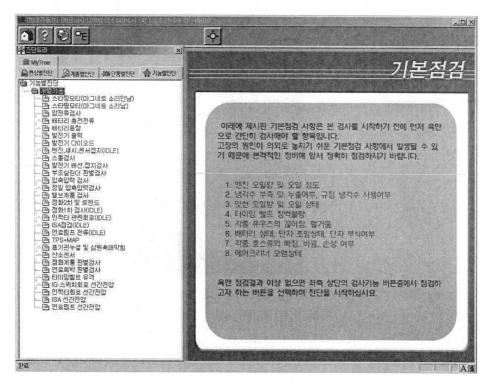

[그림 254] 단품별 진단 화면

⑤ 밸브 구동계의 기계적인 문제점까지 잡아내는 월등한 노하우가 각 기능별로 분포
되어 있다.

⑥ 수십개 차종 각각의 특징을 텍스트로 처리하여 어떤 차량이든지 작업 유도

⑦ 이들의 Flow는 Tree 구조로 작업의 진행이 표시되어 작업자가 진단흐름의 논리
적 흐름대로 진행하면 실수 없이 측정 및 판정이 가능하다.

⑧ 더욱 고성능화 된 ADC사용으로 6채널을 동시에 봐도 점화 1차 써지 끝을 고성능
스코프미터로 측정한 것과 같은 성능은 접지 공통 다채널 스코프 마위외는 비교힐
수 없이 뛰어나다.

[2] 진단작업 흐름

① 엔진회전 가능, 시동이 불능, 점화가 안되는 차량, CKP+CMP 발생여부 선택

[그림 255] 항목선택(CKP+CMP 발생 선택)화면

② 오른쪽 프레임에는 실차의 커넥터 위치와 배선을 나타내고 왼쪽에는 아래의 그림
처럼 검사목적과 검사조건 사항이 나열되어 있으며 순서대로 검사 준비.

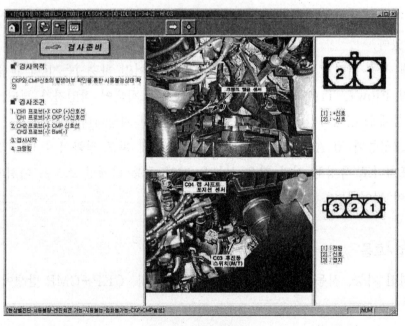

[그림 256] 검사준비화면

③ 다음 검사시작을 누르고 크랭킹 중인 상태이고, CKP+CMP의 정상작동 여부를
확인하기 위한 단계

[그림 257] 데이터 측정 화면

④ 크랭킹 후 CKP+CMP의 신호가 검출되어 데이터를 IB에서 PC로 가져오는 중의
화면

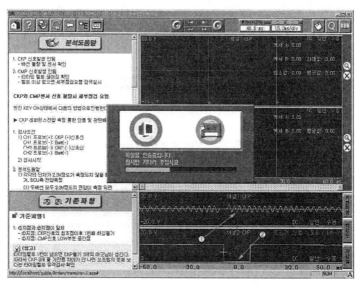

[그림 258] 데이터 포착화면

⑤ CKP와 CMP가 측정되어 측정 창(추측 상단)에 표출하여주고 정상기준 파형(우측 하단)과 비교 분석하도록 좌측의 분석 도움말과 기준파형에 대한 설명

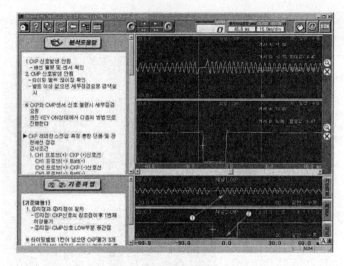

[그림 259] 데이터 분석화면

2.5.4. Info-Out 기능

[1] Info-Out의 개요

(1) Info-Out 선택

Hi-DS 초기화면에서 Info-Out에 있는 정비지침서, 전기회로도, 부품정보 등의 아이콘을 선택한다.

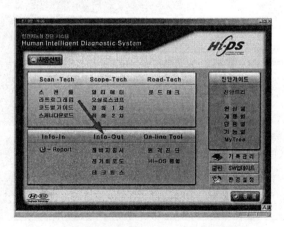

[그림 260] Info-Out 선택 화면

Automotive Electronic Control Engine

[2] Info-Out 기능

⑴ 정비지침서

초기화면의 Info-Out에서 "정비지침서" 아이콘을 클릭하면 아래그림과 같은 정보지원 초기화면이 나타난다.

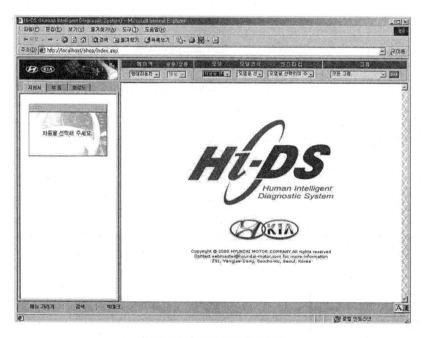

[그림 261] 정보지원 초기화면

① 정비지침서 보는법 : 화면상단의 제원입력을 위해 아래의 절차를 행한다.

㉮ 해당차종을 선택한다.
㉯ 모델 연식을 선택한다.
㉰ 엔진 타입을 선택한다.
㉱ 해당 장치의 그룹을 선택한다.

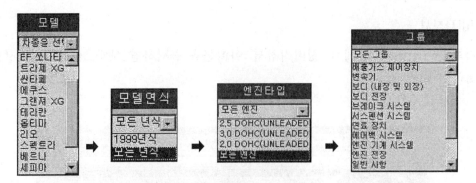

[그림 262] 정비지침서를 보기위한 절차

㉙ 아이콘 GO을 클릭하여 설정을 마친다.

[그림 263] 목차 및 본문창 화면

㉠ 목차창(왼편에서) 밑줄친 항목을 누르면 아래그림과 같은 정비정보를 볼 수 있다.

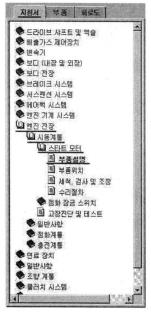

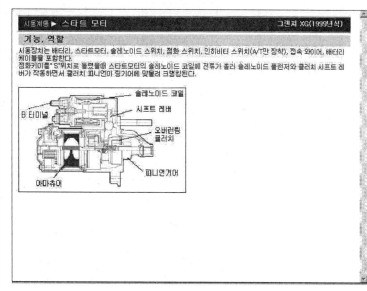

(a) 목차창   (b) 정비지침서

[그림 264] 목차 및 정비지침서 화면

㉮ 위 정비지침의 내용에서 나타난 화면을 마우스로 클릭하면 그림이 확대되어 표시된다. 그리고 [+확대 -축소 X그림닫기] 아이콘을 클릭하면 그림의 크기가 결정된다.

(2) 전기회로도

① **전기회로도 보는법** : 화면상단의 제원입력을 위해 아래의 절차를 행한다.

㉮ 해당차종을 선택한다.

㉯ 모델 연식을 선택한다.

㉰ 엔진 타입을 선택한다.

㉱ 해당 장치의 그룹을 선택한다.

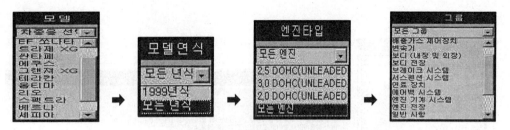

[그림 265] 정비회로도를 보기위한 절차

㉮ 아이콘 GO 을 클릭하여 설정을 마친다.

㉯ 목차창(왼편)에서 회로도 아이콘 회로도 을 클릭하면 다음과 같은 목차창이 나타나며 목차창에서 밑줄친 항목을 클릭하면 아래 그림과 같은 전기회로도를 볼 수 있다.

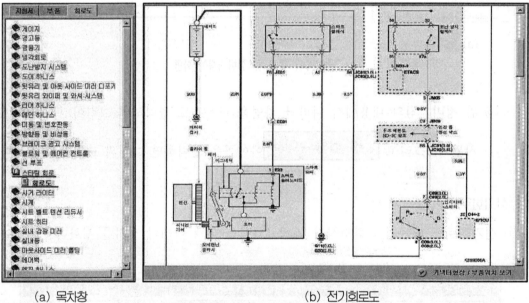

(a) 목차창   (b) 전기회로도

[그림 266] 목차 및 전기회로도 화면

㉰ 본문 화면에서 커넥터형상 / 부품위치 보기 아이콘을 클릭하면 커넥터의 형상과 부품의 위치를 볼 수 있다.

㉱ 본문 화면에서 커넥터형상 / 부품위치 보기 아이콘을 클릭하면 목차창이 나타나며 목차창의 밑줄친 부분을 클릭하면 아래와 같은 부품위치 화면이 표시된다.

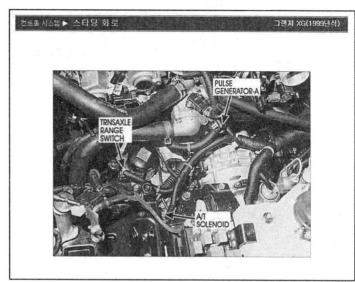

(a) 목차창　　　　　　　　　　　(b) 부품위치 화면

[그림 267] 목차 및 부품위치 화면

㉮ 부품위치 화면도 역시 ┃⊕확대　⊖축소┃을 클릭하여 그림의 크기를 조절하여 볼 수
있다.

(3) 부품정보

화면상단의 제원입력을 위해 아래의 절차를 행한다.

메이커	승용/상용	모델	모델연식	엔진타입	그룹	
현대자동차 ▾	승용 ▾	차종을선택 ▾	모델을선 ▾	모델을 선택하여 주 ▾	모든 그룹 ▾	GO

① 해당차종을 선택한다.

② 모델 연식을 선택한다.

③ 엔진 타입을 선택한다.

④ 해당 장치의 그룹을 선택한다.

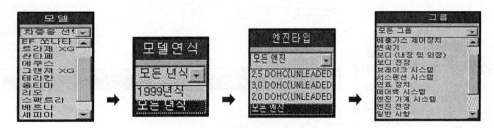

[그림 268] 전기회로도를 보기위한 절차

⑤ 아이콘 GO 을 클릭하여 설정을 마친다.

⑥ 목차창(왼편)에서 부품아이콘을 클릭하면 다음과 같은 목차창이 나타나며 목차창
에서 밑줄친 항목을 클릭하면 부품 정보를 볼 수 있다.

⑦ 부품위치 화면도 역시 ＋확대 －축소 을 클릭하여 그림의 크기를 조절하여 볼 수 있
다.

[3] 정보지원 공통항목

(1) 검색 이용방법

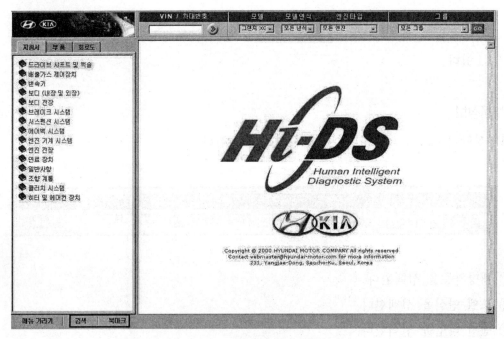

[그림 269] 목차창 화면

① 정보지원 초기화면의 목차창 하단의 검색을 클릭하면 아래와 같은 화면이 나타난다.

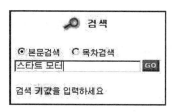

② 본문검색 또는 목차검색을 표시한 후 검색창에 검색어를 입력시키고 ⏹를 클릭하면 아래와 같은 검색중 화면이 나타난다.

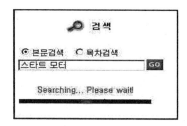

③ 검색이 끝나면 아래와 같은 화면이 나타나며 목차창에서 원하는 항목을 클릭하면 해당항목이 나타난다.

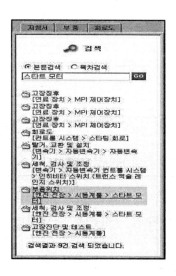

④ 목차검색은 본문검색과 동일하다.

(2) 북마크 이용방법

사용자가 지침서 혹은 회로도 검색시 자주 보는 부분을 북마크 해놓으면 검색된 화면이 자동으로 기록되어 재 검색이 용이하게 된다.

① 정비지침서나 회로도 검색시 사용자가 자주 보는 화면을 검색한다.

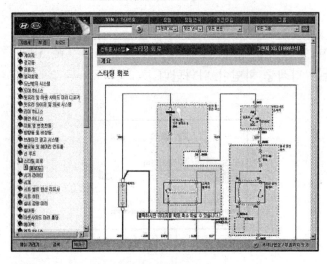

[그림 270] 현재 화면

② 위 화면 하단의 밑줄친 "북마크" 아이콘을 클릭하면 다음과 같은 북마크 등록 화면이 나타난다.

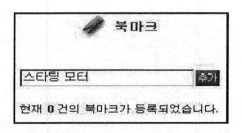

③ 내용의 명칭을 입력한 후 "추가"아이콘을 클릭하면 다음과 같이 북마크가 추가된다.

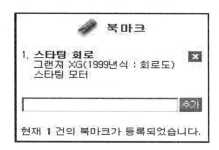

이외 다른 항목들도 마찬가지로 위의 방법처럼 북마크를 이용할 수 있다.

④ 북마크한 내용을 다시 보려면 초기화면에서 "북마크" 아이콘을 클릭하면 사용자가
북마크한 내용을 볼 수 있다.

[파형 측정 및 분석 실습]

● 파형측정 및 분석

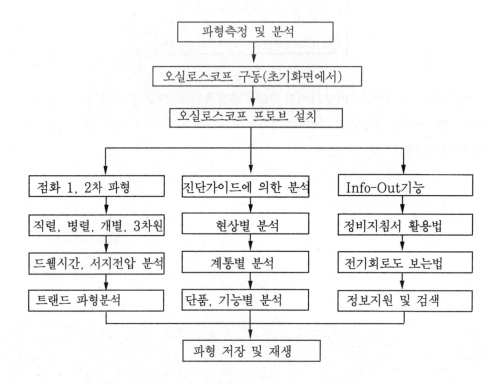

[파형측정 및 분석 실습 모델]

1. 점화 1차 파형

① Hi-DS 메인화면에서 Scope-Tech의 점화 1차를 클릭한다.

② 환경설정을 하여 가장 이상적인 파형이 측정되도록 한다.

③ 점화코일 (-)에 오실로스코프 프로브를 연결한 후 파형을 측정한다.

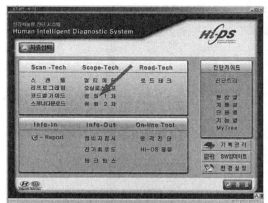

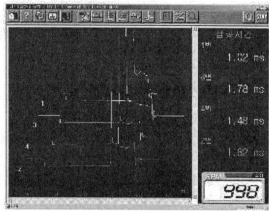

(a) Hi-DS 초기화면   (b) 점화1차 파형 측정화면

[그림 271] 점화 1차 파형 측정 기본화면

2. 점화 2차 파형

① Hi-DS메인화면에서 Scope-Tech의 점화 2차를 클릭한다.

② 환경설정을 하여 가장 이상적인 파형이 측정되도록 한다.

③ 점화 2차 파형 측정용 프로브를 고압케이블에 연결한 후 파형을 측정한다.

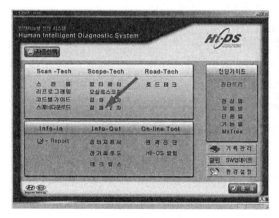

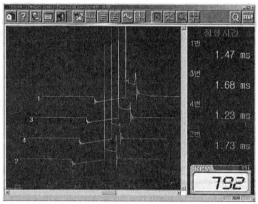

(a) Hi-DS 초기화면   (b) 점화 2차 초기화면

[그림 272] 점화 2차 파형측정 화면

3. 진단가이드에 의한 분석

① Hi-DS메인화면에서 진단가이드의 진단트리를 선택한다.

② 현상별, 계통별, 기능별, 단품별 항목을 점검 분석한다.

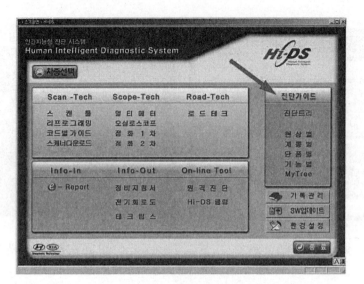

[그림 273] Hi-DS 초기화면(진단가이드)

(a) 진단가이드 목록

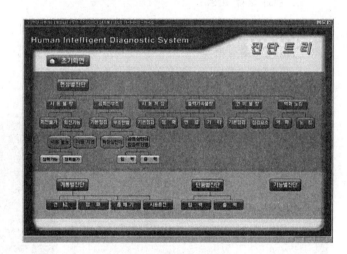

(b) 진단트리 화면

[그림 274] 진단가이드 목록 및 진단트리 화면

4. Info-Out 기능

Hi-DS메인화면의 Info-Out에 있는 정비지침서, 전기회로도, 부품정보 등의 아이콘을 클릭한 후 관련 내용을 확인한다.

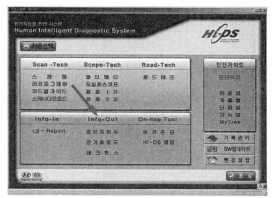

[그림 275] Info-Out / 정보지원 초기화면

(a) 목차창

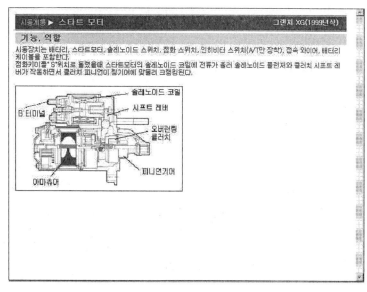

(b) 정비지침서

[그림 276] 목차 및 정비지침서 화면

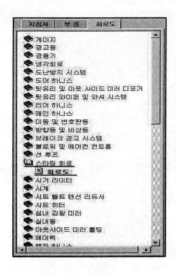

(a) 목차창

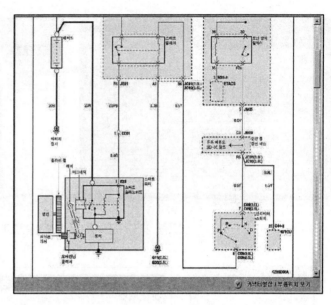

(b) 전기회로도

[그림 277] 목차 및 전기회로도 화면

[성취 기준]

Scope-Tech의 오실로스코프를 이용하여 점화1차 및 2차 파형을 측정하고 각 파형을 정밀 분석함으로써 점화장치 관련 고장 및 이상여부를 진단한다. 그리고 진단가이드의 진단트리를 이용하여 전자제어엔진에서 발생하는 고장을 현상별, 계통별, 단품별, 기능별로 나누어 정밀 분석하는 능력을 기른다.

[결과 정리]

본 소모듈에서는 Hi-DS의 오실로스코프를 이용한 센서 및 액추에이터의 신호파형을 측정하고 분석하는 방법을 습득하였다.

① 점화 1차 및 2차 파형의 측정 및 분석(개별, 직렬, 병렬, 3차원, 트렌드파형)
② 진단가이드의 진단트리구조에 의한 시스템의 정밀 분석
③ 현상별, 계통별, 단품별, 기능별 진단 분석
④ Info-Out 기능을 이용한 정비지침서, 회로도 보는 법
⑤ 데이터 저장기능

[자기진단 평가표]

- 점화 1차, 2차 파형을 측정 분석할 수 있다.〔매우우수   우수   미흡   매우미흡〕
- 진단가이드에 의한 분석방법을 이해하고 있다.〔매우우수   우수   미흡   매우미흡〕
- Info-Out 기능을 수행할 수 있다.〔매우우수   우수   미흡   매우미흡〕

[심화수준에 따른 자기평가]

　각 항목의 보통 이하로 표시된 부분은 부족한 내용을 반복 학습하여야 하며, 이해되지 않는 부분은 담당교수에게 확인을 한다.

➡ 저자 소개

• 이상문　現 동부산대학교 자동차과 교수
• 박재림　現 부산과학기술대학교 자동차공학계열 교수
• 김성현　現 부산과학기술대학교 자동차공학계열 교수
• 조일영　現 두원공과대학교 자동차과 교수

✳ 자동차 전자제어 엔진 이론실무

초판 인쇄	2012년 7월 10일
재판 발행	2020년 1월 20일
저　　　자	이상문 박재림 김성현 조일영
발 행 인	박 필 만
발 행 처	📖 MIJEON SCIENCE 도서출판 **미전사이언스**

(08338) 서울시 구로구 개봉로 17나길 33, 1층(개봉동)
TEL: 02) **2611-3846, 2618-8742** FAX: 02) **2611-3847**

E - m a i l	mjsbook@hanmail.net
등　　　록	제12-318호(2001.10.10)
I S B N	978 - 89 - 6345 - 106 - 0 - 93550

정가 22,000원

도서출간안내

MIJEON SCIENCE

도 서
출 판
미전사이언스
MI JEON SCIENCE PUBLISHING CO.

주소: (152-092) 서울시 구로구 개봉로 17나길 33, 1층(개봉동)

TEL: 02) 2611-3846, 2618-8742 FAX: 02) 2611-3847

자동차 기관

도 서 명	저 자	면수	정가	비고(ISBN)
[친환경] 그 린 카 정 비 공 학	이원청 外 5	550	25,000	978-89-6345-184-8-93550
[신기술수록] 新 編•자 동 차 공 학 개 론	오영택 外 3	540	22,000	978-89-89920-31-1-93550
자 동 차 공 학	오영택 外 3	592	24,000	978-89-6345-144-2-93550
오 토 엔 진	김보한 外 2	382	20,000	978-89-6345-186-2-93550
자 동 차 공 학 기 초	박종상 外 3	410	20,000	978-89-6345-160-2-93550
자 동 차 엔 진 공 학	이병학 外 3	474	22,000	978-89-6345-153-4-93550
[基礎] 자 동 차 해 석	엄소연 外 1	240	18,000	978-89-6345-175-6-93550
자 동 차 가 솔 린 기 관 공 학	이철승 外 3	398	20,000	978-89-6345-215-9-93550
자 동 차 디 젤 엔 진	이승재 外 2	436	20,000	978-89-6345-143-5-93550
[종합] 자 동 차 기 관 이 론 실 습	김태한 外 1	514	24,000	978-89-6345-158-9-93550
[NCS를 활용한] 자 동 차 기 관 실 습	이철승 外 3	564	24,000	978-89-6345-208-1-93550
[NCS를 활용한] 자동차 디젤기관 이론실습	조일영 外 1	434	22,000	978-89-6345-234-0-93550
[NCS교육과정에 준한] 자동차 기관 공학	정 찬 문	416	20,000	978-89-6345-236-4-93550
[NCS국가직무능력표준에 따른] 자 동 차 기 관	김광희 外 1	596	23,000	978-89-6345-237-1-93550
자 동 차 전 자 제 어 엔 진 이 론 실 무	이상문 外 3	524	22,000	978-89-6345-106-0-93550
[하이테크] 자동차 전자 제어 현장 실무	유환신 外 3	600	24,000	978-89-6345-052-0-03550
[자농차 전자제어] 스 마 트 자 동 차	김병우 外 1	344	18,000	978-89-6345-088-9-93550
내 연 기 관	이상문 外 2	420	20,000	978-89-6345-145-9-93550
[最新] 자 동 차 공 학	최 두 석	560	22,000	978-89-6345-074-2-93550
자 동 차 구 조 학	정 찬 문	242	16,000	978-89-6345-023-0-93550
자 동 차 엔 진 튠 업	박 재 림	360	20,000	978-89-6345-027-8-93550
자 동 차 기 초 실 습 [공 구 사 용 법]	손병래 外 3	352	20,000	978-89-6345-246-3-93550
자 동 차 기 관 개 론	최 두 석	420	22,000	978-89-6345-272-3-93550
[지능형] 스 마 트 자 동 차 개 론	이용주 外 2	410	22,000	978-89-6345-274-6-93550

도 서 명	저 자	면수	정 가	비고(ISBN)
자 동 차 전 기 · 전 자	김광열 外 1	310	**19,000**	978－89－6345－238－8－93550
자 동 차 전 기 시 스 템	김병지 外 3	490	**20,000**	978－89－6345－050－6－93550
친 환 경 전 기 자 동 차	정용욱 外 2	420	**22,000**	978－89－6345－148－0－93550
자 동 차 전 기 · 전 자 공 학	정용욱 外 3	382	**20,000**	978－89－6345－210－4－93550
자 동 차 전 기 장 치 실 습	지명석 外 2	390	**20,000**	978－89－6345－152－7－93550
[新] 자 동 차 전 기 실 습	김규성 外 2	440	**20,000**	978－89－6345－091－9－93550
[알기 쉬운] 기 초 전 기·전 자 개 론	김상영 外 3	328	**18,000**	978－89－89920－00－7－93550
자 동 차 회 로 판 독 실 습	이용주 外 3	268	**17,000**	978－89－6345－048－3－93550
하 이 브 리 드 전 기 자 동 차	김영일 外 2	312	**19,000**	978－89－6345－188－6－93550
[NCS기반] 자 동 차 충 전·시 동 장 치	김재욱 外 1	402	**20,000**	978－89－6345－223－4－93550
[NCS를 활용한] 자동차 전기 · 전자 실습	윤재곤 外 1	540	**23,000**	978－89－6345－225－8－93550
[最新] 자 동 차 전 기·전 자 공 학	송용식 外 1	400	**22,000**	978－89－6345－233－3－93550
하 이 테 크 진 단 정 비	이용주 外 3	266	**18,000**	978－89－6345－264－7－93550
[새로운 시스템] 전 기 자 동 차	정용욱 外 1	394	**20,000**	978－89－6345－265－4－93550

자동차 섀시

도 서 명	저 자	면수	정 가	비고(ISBN)
자 동 차 섀 시	이성만 外 3	426	22,000	978-89-6345-212-8-93550
차 량 동 력 전 달 장 치	오태일 外 2	420	20,000	978-89-6345-190-9-93550
차 량 현 가 장 치[조향·제동]	손일선 外 2	504	24,000	978-89-6345-206-8-93550
자 동 차 섀 시 공 학	이상훈 外 4	450	22,000	978-89-6345-176-3-93550
[NCS를 활용한] 종 합 자 동 차 섀 시	민규식 外 3	518	22,000	978-89-6345-247-0-93550
전 자 제 어 자 동 차 섀 시	이철승 外 2	410	22,000	978-89-6345-253-1-93550
자 동·무 단 변 속 기(이론·실습응용)	장성규 外 3	380	18,000	978-89-89920-24-3-93550
자 동 차 섀 시 정 비 실 습	김홍성 外 3	470	22,000	978-89-6345-174-9-93550
자 동 차 섀 시 실 습	오재건 外 3	470	20,000	978-89-6345-086-5-93550
자 동 차 전 자 제 어 섀 시 실 습	최병희 外 2	380	20,000	978-89-6345-125-1-93550
[NCS 교육과정에 의한] 자 동 차 섀 시 실 습 지 침 서	이 형 복	394	20,000	978-89-6345-207-4-93550
[NCS를 활용한] 자동차 전자제어 섀시실습	오태일 外 2	396	20,000	978-89-6345-229-6-93550
CAR 에 어 컨 시 스 템	김찬원 外 3	400	20,000	978-89-6345-130-5-93550
커 먼 레 일 이 론 실 무	장명원 外 3	464	22,000	978-89-89920-72-4-93550
자 동 차 보 수 도 장	이 강 복	230	18,000	978-89-6345-113-8-93550
자 동 차 차 체 수 리 실 무	김 태 원	420	20,000	978-89-89920-86-1-93550
자 동 차 수 리 견 적 실 무	권순익 外 2	450	20,000	978-89-6345-136-7-93550
휠 얼 라 인 먼 트	최 국 식	260	19,000	978-89-6345-227-2-93550
[最新] 자 동 차 섀 시 실 습	조성철 外 3	450	23,000	978-89-6345-273-9-93550

기 계

도 서 명	저 자	면수	정 가	비 고(ISBN)
[쉽게 풀이한] 재 료 역 학	남정환 外 2	340	**18,000**	978 – 89 – 89920 – 53 – 3 – 93550
[AutoCAD활용] 전 산 응 용 기 계 제 도	신동명 外 2	508	**22,000**	978 – 89 – 6345 – 085 – 8 – 13550
[따라하며 익히는] AutoCAD 기계제도실습	이상현	334	**18,000**	978 – 89 – 6345 – 231 – 9 – 93550
CATIA V5 모 델 링 예 제 가 이 드	최홍태	616	**26,000**	978 – 89 – 6345 – 068 – 1 – 93550
[新] 일 반 기 계 공 학	조성철 外 3	480	**20,000**	978 – 89 – 6345 – 024 – 7 – 93550
유 체 역 학	박정우 外 2	320	**19,000**	978 – 89 – 6345 – 151 – 0 – 93550
유 • 공 압 제 어 기 술	김근묵 外 3	412	**18,000**	978 – 89 – 89920 – 70 – 0 – 93530
[新編] 기 계 재 료	신동명 外 1	440	**22,000**	978 – 89 – 6345 – 156 – 5 – 93550
공 업 열 역 학	박상규	440	**20,000**	978 – 89 – 6345 – 149 – 7 – 93550
기 계 열 역 학	배태열 外 2	350	**20,000**	978 – 89 – 6345 – 150 – 3 – 93550
연 소 공 학	오영택 外 3	412	**22,000**	978 – 89 – 6345 – 070 – 4 – 93570
공 압 제 어	정태현 外 2	312	**19,000**	978 – 89 – 6345 – 099 – 5 – 93560
[最新] 전 산 유 체 역 학	서용권 外 5	370	**20,000**	978 – 89 – 6345 – 101 – 5 – 93560
P L C 제 어	정태현 外 1	328	**19,000**	978 – 89 – 6345 – 107 – 7 – 93560
C N C 공 작 법	황석렬 外 1	200	**17,000**	978 – 89 – 6345 – 142 – 8 – 93550
[알기 쉬운] 유 압 공 학	배태열 外 1	292	**17,000**	978 – 89 – 6345 – 109 – 1 – 93550
[수정판] 공 업 열 역 학	윤준규	612	**28,000**	978 – 89 – 6345 – 018 – 6 – 93550
공 업 기 초 수 학	이용주 外 1	310	**19,000**	978 – 89 – 6345 – 057 – 5 – 93410
공 업 수 학	이용주 外 1	238	**18,000**	978 – 89 – 6345 – 241 – 8 – 93410

법규 및 기타 · 수험서

도 서 명	저 자	면수	정가	비 고(ISBN)
[2017 개정판] 자동차 보험 보상 실무	목진영 外 1	558	**24,000**	978－89－6345－240－1－93550
[2017 개정판] 자 동 차 관 리 법 규	박재림 外 3	620	**26,000**	978－89－6345－239－0－13550
[NCS를 활용한] 자 동 차 검 사 실 무	신동명 外 3	512	**23,000**	978－89－6345－203－6－93550
현 장 개 선 기 법 개 론	이승호 外 2	270	**17,000**	978－89－6345－115－2－13320
[공학도를 위한] 창 의 적 공 학 설 계	이태근 外 1	296	**18,000**	978－89－6345－129－9－93550
냉 동 실 무	배 태 열	280	**17,000**	978－89－6345－134－3－93550
[最 新] 선 박 기 관	양 현 수	334	**18,000**	978－89－6345－114－5－93550
[산업기사시험대비] 자 동 차 정 비 실 무	최국식 外 3	516	**25,000**	978－89－6345－226－5－13550
자 동 차 정 비 산 업 기 사	이철승 外 3	620	**26,000**	978－89－6345－214－2－13550
[컬러판] 자 동 차 정 비 기 능 사 실 기	최인배 外 3	494	**23,000**	978－89－6345－217－3－13550
[신개념] 자동차 정비 기능사 총정리	김선양 外 3	584	**21,000**	978－89－6345－093－3－93550
[개정판] 건 설 기 계 [중장비] 공 학	김세광 外 2	508	**20,000**	978－89－89920－56－4－93550
건 설 기 계 운 전 기 능 사	김희찬 外 4	588	**20,000**	978－89－6345－230－2－13550
[단기완성] 건 설 기 계 운 전 기 능 사	이원청 外 5	438	**18,000**	978－89－6345－211－1－13550
[상시검정대비] 굴 삭 기 운 전 기 능 사	이영환 外 2	440	**20,000**	978－89－6345－257－9－13550
[상시검정대비] 지 게 차 운 전 기 능 사	이영환 外 3	400	**20,000**	978－89－6345－258－6－13550

도서출간안내

도서출판 미광

주소: (152-092) 서울시 구로구 개봉로 17나길 33, 1층(개봉동)
TEL: 02) 2611-3846, 2618-8742 FAX: 02) 2611-3847

도 서 명	저 자	면수	정 가	비 고(ISBN)
자 동 차 공 학	이철승 外 3	466	20,000	978 – 89 – 98497 – 14 – 9 – 93550
내 연 기 관 공 학	최낙정 外 2	486	22,000	978 – 89 – 98497 – 04 – 0 – 93550
[통신회로를 이용한] 자 동 차 전 기 회 로	이 용 주	330	18,000	978 – 89 – 98497 – 07 – 1 – 93550
공 업 기 초 수 학	박정우 外 3	324	19,000	978 – 89 – 98497 – 00 – 2 – 93410
열 역 학	이찬규 外 3	400	20,000	978 – 89 – 98497 – 03 – 3 – 93550
열 · 유 체 공 학	이원섭 外 1	484	20,000	978 – 89 – 98497 – 06 – 4 – 93550
Project를 통 한 Surface실무	김 태 규	340	18,000	978 – 89 – 98497 – 11 – 8 – 93550
[最新版] 기계 제도 & 도면 해독	신동명 外 2	454	22,000	978 – 89 – 98497 – 21 – 7 – 93550
[자가운전을 위한] 내 차 는 내 가 고 친 다.	박 광 희	246	15,000	978 – 89 – 98497 – 19 – 4 – 13550